21世纪高职高专规划教材

计算机基础教育系列

计算机应用基础项目化教程

(Windows 10+Office 2013)

丛国凤　杨廷璋　主　编

谢　楠　徐　涛　刘明国　副主编

清华大学出版社

北京

内容简介

本书以“项目教学、任务驱动、工作过程导向”为出发点，积极围绕高等职业教育理念，以学生为主体，以技能型、应用型人才的能力培养为核心编写。每一节内容以“任务要点→任务要求→实施过程→知识链接→知识拓展→技能训练”的思路组织，把工作和生活中的典型计算机应用案例作为项目实例有机地组织在教材中，以实际工作项目结合相关知识点循序渐进地进行能力培养。

全书共分为6个项目，内容包括计算机配置、维护与管理 Windows 10 操作系统、文字处理软件 Word 2013、利用 Excel 2013 制作“学生成绩登记管理系统”、利用 PowerPoint 2013 制作演示文稿和计算机网络设置。

本书编写思路紧紧围绕最新的职业育人理念，强化对技能型人才计算机应用能力的培养，具有内容安排合理、思路新颖、语言精练，项目任务实用、案例丰富、图文并茂、由浅入深、通俗易懂等特点。每个任务后配有技能训练，每个项目后配有综合实例练习和习题。

本书可作为技能型、应用型人才培养的各类高等专科学院及高等职业技术学院计算机公共基础课能力培养教材，也可供计算机培训和个人自学使用。

图书在版编目(CIP)数据

计算机应用基础项目化教程：Windows 10＋Office 2013/丛国凤，杨廷璋主编．—北京：清华大学出版社，2017 (2018.8 重印)
(21世纪高职高专规划教材．计算机基础教育系列)
ISBN 978-7-302-47508-8

Ⅰ．①计… Ⅱ．①丛… ②杨… Ⅲ．①Windows 操作系统－高等职业教育－教材 ②办公自动化－应用软件－高等职业教育－教材 Ⅳ．①TP316.7 ②TP317.1

中国版本图书馆 CIP 数据核字(2017)第 142128 号

责任编辑：孟毅新
封面设计：常雪影
责任校对：袁　芳
责任印制：刘海龙

出版发行：清华大学出版社
网　　址：http://www.tup.com.cn，http://www.wqbook.com
地　　址：北京清华大学学研大厦 A 座　**邮　　编**：100084
社 总 机：010-62770175　**邮　　购**：010-62786544
投稿与读者服务：010-62776969，c-service@tup.tsinghua.edu.cn
质量反馈：010-62772015，zhiliang@tup.tsinghua.edu.cn
课件下载：http://www.tup.com.cn,010-62770175-4278
印 装 者：北京建宏印刷有限公司
经　　销：全国新华书店
开　　本：185mm×260mm　**印　　张**：19　**字　　数**：458 千字
版　　次：2017 年 8 月第 1 版　**印　　次**：2018 年 8 月第 3 次印刷
定　　价：46.00 元

产品编号：075254-01

前　言

掌握计算机应用基础，熟练使用计算机解决实际问题，是21世纪人才必备的基本素质。目前，计算机应用已经渗透到人类社会生产、生活的各个方面。计算机的应用已成为各学科发展的基础，是现代社会的一种工具。因此，具备熟练应用计算机的能力，也就增加了时代的竞争力。

本书由多年来在教育一线从事高职计算机应用基础教学、具有丰富教学经验的教师编写。本书整体以"项目教学、任务驱动、工作过程导向"为出发点，积极围绕高等职业教育理念，以学生为主体，以技能型、应用型人才的能力培养为核心编写。每一节内容以"任务要点→任务要求→实施过程→知识链接→知识拓展→技能训练"的思路组织，把工作和生活中的典型计算机案例作为项目实例有机地组织在教材中。以实际工作项目结合相关知识点循序渐进地进行能力培养。相关知识点讲解时辅以一些实例，加强读者对重要知识点的理解和应用。

全书共分为6个项目。项目1　计算机配置，主要内容包括计算机的组成、发展、应用及数据在计算机中的表示和计算机安全方面的知识；项目2　维护与管理Windows 10操作系统，通过具体任务的实施使读者具备对Windows 10操作系统的基本操作、文件的管理、软硬件管理及熟练使用系统中一些使用工具的能力；项目3　文字处理软件Word 2013，培养读者具备文字的输入、编辑、文档格式化、图文混排、表格的编辑及邮件合并、生成目录等能力；项目4　利用Excel 2013制作"学生成绩登记管理系统"，培养读者具备电子表格的创建、编排、格式化、使用公式和函数计算、数据分析与处理、建立各种图表等能力；项目5　利用PowerPoint 2013制作演示文稿，通过一个完整的案例使读者具备利用PowerPoint 2013制作精美幻灯片的能力；项目6　计算机网络设置，培养读者具备Internet接入、浏览器使用、局域网连接等能力。

本书编写思路紧紧围绕最新的职业育人理念，强化对技能型人才计算机应用能力的培养，具有内容安排合理、思路新颖、语言精练，项目任务实用、案例丰富、图文并茂、由浅入深、通俗易懂等特点。每个任务后配有技能训练题，每个项目后配有综合实例练习和习题。本书可作为技能型、应用型人才培养的各类高等专科学院及高等职业技术学院计算机公共基础课能力培养教材，也可供计算机培训和个人自学使用。

本书由丛国风、杨廷璋担任主编，负责对全书初稿进行修改、补充、统编工作。谢楠、徐涛、刘明国担任副主编，潘继姮、章硕、郎艳、霍焱参与了编写工作。丛国风编写项目1和项目6，杨廷璋编写项目2和项目4，谢楠、刘明国编写项目3，徐涛编写项目5。

由于编者水平有限，书中难免存在不足之处，敬请专家和读者批评、指正。

编　者

2017年7月

目　录

项目 1

计算机配置

一个完整的计算机系统由硬件系统(Hardware)和软件系统(Software)两大部分组成,如图 1-1 所示。

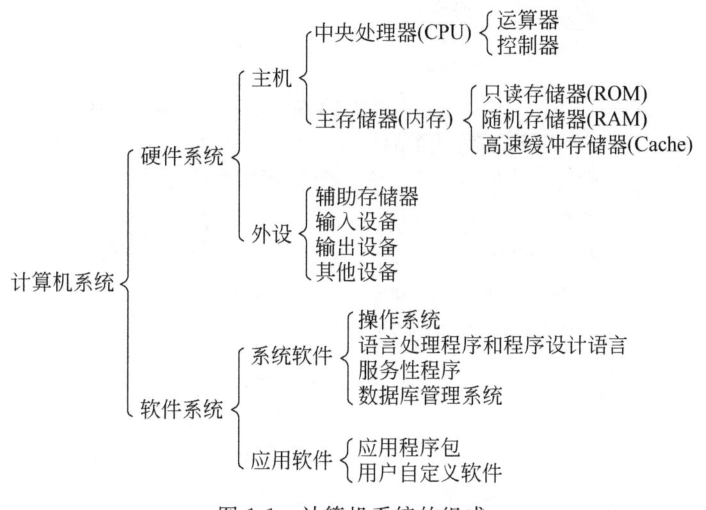

图 1-1　计算机系统的组成

硬件系统通常是指组成计算机的所有物理设备,简单地说就是看得见、摸得着的东西,包括计算机的输入设备、输出设备、存储器、CPU 等。通常把不装备任何软件的计算机称为"裸机"。

软件系统是指在硬件设备上运行的程序、数据及相关文档的总称。软件是以文件的形式存放在软盘、硬盘、光盘等存储器上,一般包括程序文件和数据文件两类。软件系统按照功能的不同,通常分为系统软件和应用软件两类。

任务 1.1　计算机硬件配置

1.1.1　任务要点

(1) 计算机系统的硬件组成。

(2) 主要配件功能及参数的意义。

(3) 根据需求选配计算机。

(4) 填写阅读计算机配置清单,并能掌握市场价格。

1.1.2 任务要求

某公司行政部门因工作需要配置一台能处理办公文档的台式机,并提供4000元专项经费,不能超出经费最大金额。要求经过市场价格调查,提供性价比高的配置清单。

1.1.3 实施过程

通过市场调查价格,根据客户用途,形成计算机组装硬件参数及配置价格清单,如图1-2所示,根据硬件参数指标及其计算机总价选择一组性价比较高的组装计算机。

配置	品牌型号	数量	当时的单价	现在的单价	商家数量
CPU	AMD A10-5800K(盒)	1	¥650	¥650	120家商家
主板	华硕A88XM-E	1	¥569	¥569	158家商家
内存	金邦4GB DDR3 1600(千禧条/单条)	2	¥253	¥253	2家商家
硬盘	希捷Barracuda 1TB 7200转 64MB 单碟(ST1000DM003)	1	¥350	¥350	70家商家
固态硬盘	三星SSD 840 EVO(120GB)	1	¥480	¥480	52家商家
机箱	先马商睿	1	¥109	¥109	27家商家
电源	航嘉冷静王钻石Win8版	1	¥258	¥258	25家商家
显示器	飞利浦234E5QSB/93	1	¥989	¥989	78家商家
光驱	华硕DVD-E818A9T	1	¥79	¥79	2家商家

复制此表格 (可以粘贴到论坛、blog、淘宝等) 合计金额: 4000元

图1-2 配置价格清单

1.1.4 知识链接

1. 计算机工作原理

1945年,著名美籍匈牙利数学家冯·诺依曼通过分析、总结发现,计算机主要是由运算器、控制器、存储器、输入设备和输出设备五大功能部件组成。

计算机根据编制好的程序,通过输入设备向其内部发出一系列指令到存储器中,再根据指令要求对数据进行分析和处理后,通过输出设备将处理结果进行输出,这一过程称为计算机工作原理,也称为“冯·诺依曼原理”,如图1-3所示。

2. 中央处理器(Central Processing Unit, CPU)

中央处理器主要由运算器、控制器两大功能部件组成,它是计算机系统的核心。中央处

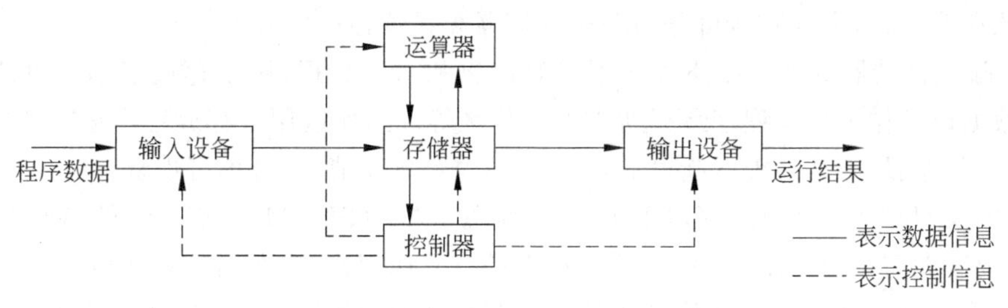

图 1-3 计算机工作原理

理器和内存储器构成了计算机的主机。

CPU 的主要功能是按照程序给出的指令序列分析指令、执行指令，完成对数据的加工处理。计算机的所有操作，如键盘的输入、显示器的显示、打印机的打印、结果的计算等都是在 CPU 的控制下进行的，如图 1-4 所示。

图 1-4 中央处理器(CPU)

(1) 运算器。运算器主要完成各种算术运算和逻辑运算，是对信息进行加工和处理的部件，它主要由算术逻辑单元(Arithmetic Logic Unit，ALU)、寄存器组组成。算术逻辑部件主要完成对二进制数的加、减、乘、除等算术运算和或、与、非等逻辑运算以及各种移位操作；寄存器组一般包括累加器、数据寄存器等，主要用来保存参加运算的操作数和运算结果，状态寄存器则用来记录每次运算结果的状态，如结果是零还是非零、是正还是负等。

(2) 控制器。控制器是整个计算机的神经中枢，用来协调和指挥整个计算机系统的操作，它本身不具有运算功能，而是通过读取各种指令，并对其进行翻译、分析，而后对各部件做出相应的控制。它主要由指令寄存器、译码器、程序计数器、时序电路等组成。

3. 存储器(Memory)

存储器是计算机系统中的记忆设备，用来存放程序和数据。计算机中的全部信息(包括输入的原始数据、计算机程序、中间运行结果和最终运行结果等。)都保存在存储器中，它根据控制器指定的位置存入和取出信息。有了存储器，计算机才有记忆功能，才能保证正常工作。按存储器在计算机中的作用，可以分为主存储器、辅助存储器、高速缓冲存储器。

1) 主存储器

主存储器又称内存储器，简称主存(内存)，用于存放当前正在执行的数据和程序，与外存储器相比，其速度快、容量小、价格较高。主存储器与 CPU 直接连接，并与 CPU 直接进行数据交换。

按照存取方式，主存储器可分为随机存储器和只读存储器两类。

(1) 随机存储器(RAM)。RAM 可随时读出和写入数据，用于存放当前运算所需要的程序和数据以及作为各种程序运行所需的工作区等。工作区用于存放程序运行产生的中间结果、中间状态、最终结果等。断电后，RAM 的内容自动消失，且不可恢复。

RAM 又可分为动态 RAM(DRAM)和静态 RAM(SRAM)，DRAM 的特点是集成度高，主要用于大容量内存储器；SRAM 的特点是存取速度快，主要用于高速缓冲存储器。

通常购买或升级的内存条就是用作计算机的内存，内存条(SIMM)就是将 RAM 集成块集中在一起的一小块电路板，它插在计算机的内存插槽上，以减少 RAM 集成块占用的空间。目前市场上常见的内存条有 1GB/条、2GB/条、4GB/条等，如图 1-5 所示。

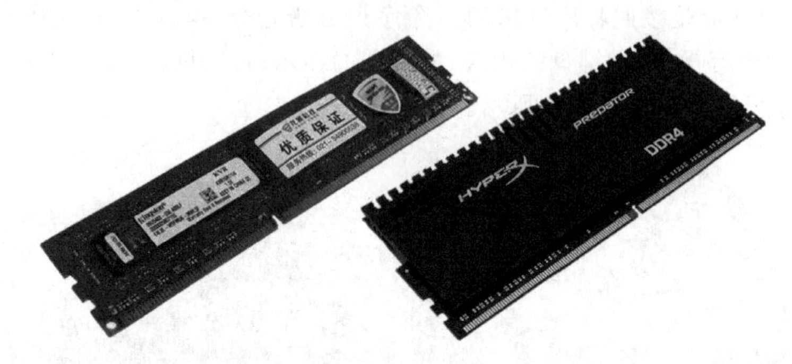

图 1-5 内存条

(2) 只读存储器(ROM)。ROM 是一种只能读出不能写入的存储器，其信息通常是在脱机情况下写入的。ROM 最大的特点是在断电后它的内容不会消失，因此，在微型计算机中常用 ROM 来存放固定的程序和数据，例如监控程序、操作系统专用模块等。

主存储器主要的技术指标有存取时间、存储容量和数据传输速度。

① 存取时间：从存储器读出一个数据或将一个数据写入存储器的时间为存取时间。存取时间通常用纳秒(ns)表示。

② 存储容量：存储器中可存储的数据总量，一般以字节为单位。

③ 数据传输速度：指单位时间内存取的数据总量，一般以位/秒或字节/秒表示。

2) 辅助存储器

辅助存储器又称外存储器，简称外存。与主存储器相比，它的特点是存储容量大、成本低、速度慢、可以永久地脱机保存信息。它不直接与 CPU 交换数据，而是和主存成批交换信息，再由主存去和 CPU 通信。辅助存储器在断电的情况下可长期保存数据，又称为永久性存储器。

(1) 硬盘。硬盘是一种将可移动磁头、盘片组固定安装在驱动器中的磁盘存储器，具有存储容量大、数据传输率高、存储数据可长期保存等特点。在计算机系统中，常用于存放操作系统、各种程序和数据，如图 1-6 所示。

当今硬盘有固态硬盘(SSD 新式硬盘)、机械硬盘(HDD 传统硬盘)、混合硬盘(HHD 基于传统机械硬盘诞生出来的新硬盘)。SSD 采用闪存颗粒来存储，HDD 采用磁性碟片来存储，混合硬盘(Hybrid Hard Disk，HHD)是把磁性硬盘和闪存集成到一起的一种硬盘。绝大多数硬盘都是固定硬盘，被永久性地密封固定在硬盘驱动器中。

图1-6　硬盘

(2) 光盘。光盘是以光信息作为存储物的载体，用来存储数据的一种存储器，需要使用光盘驱动器来读写，按功能可分为只读型光盘(CD-ROM)、一次性写入光盘(CD-R)、可擦写光盘(CD-RW)等，如图1-7所示。

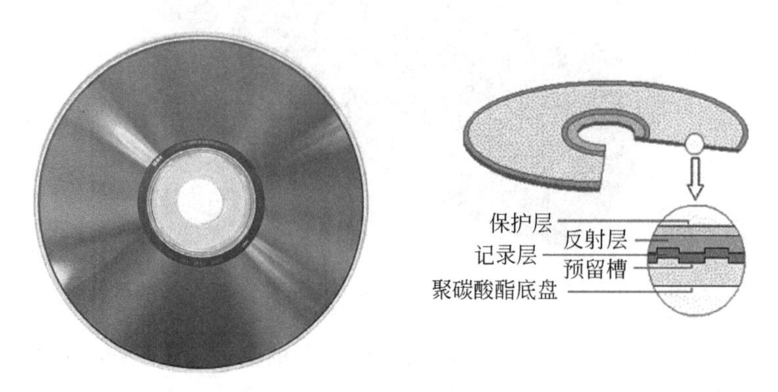

图1-7　光盘

光盘的最大特点是存储容量大、可靠性高，光盘的优势还在于它具有存取速度快、保存管理方便等特点。光盘主要分为CD、DVD、蓝光光盘等，其中CD的存储容量可以达到700MB左右，DVD可以达到4.7GB，而蓝光光盘更是可以达到25GB。

(3) U盘。U盘又称优盘，是一种新型存储器，全称USB闪存盘，英文名USB Flash Disk。它是一种使用USB接口的无须物理驱动器的微型高容量移动存储产品，通过USB接口与计算机连接，实现即插即用，如图1-8所示。

图1-8　U盘

U盘的优点包括小巧、便于携带、存储容量大、价格便宜、性能可靠等。另外，U盘还具有防潮防磁、耐高低温等特性，安全可靠性很好。U盘可重复使用，性能稳定，可反复擦写达100万次，数据至少可保存10年。

3）高速缓冲存储器(Cache)

高速缓冲存储器是为了解决CPU和主存之间速度不匹配而采用的一项重要技术，是介于CPU和主存之间的小容量存储器，但存取速度比主存快。目前主存容量配置几百MB的情况下，Cache的典型值是几百KB。Cache能高速地向CPU提供指令和数据，从而加快了程序的执行速度。从功能上来看，它是主存的缓冲存储器，由高速的SRAM组成。

4. 输入设备(Input Device)

输入设备是向计算机输入数据和信息的设备，是计算机与用户或其他设备之间通信的桥梁。输入设备是人或外部与计算机进行交互的一种装置，用于把原始数据和处理这些数据的程序输入计算机中。常用的输入设备有键盘、鼠标、软盘驱动器、硬盘驱动器、光盘驱动器、麦克风、摄像头、扫描仪等，如图1-9所示。

图1-9 键盘、鼠标

(1) 键盘(Keyboard)。键盘是最常用也是最主要的输入设备，通过键盘，可以将英文字母、数字、标点符号等输入计算机中，从而向计算机发出命令、输入数据等。键盘接口分为XT、AT、PS/2、USB等。PC系列机使用的键盘有83键、84键、101键、102键和104键等多种。

(2) 鼠标(Mouse)。鼠标是将位移信号转换为电脉冲信号，再通过程序的处理和转换来控制屏幕上的光标箭头的移动的一种硬件设备。目前广泛使用的光电鼠标，是用光电传感器取代了传统的滚球。

5. 输出设备(Output Device)

输出设备是计算机的终端设备，用于接收计算机数据的输出显示、打印、声音、控制外围设备操作等，也是把各种计算结果的数据或信息以数字、字符、图像、声音等形式表示出来。常用的输出设备有显示器、打印机、软盘驱动器、硬盘驱动器、光盘驱动器、绘图仪、音箱、耳机等。

1）显示器(Monitor)

显示器是计算机必备的输出设备，常用的可以分为CRT、LCD、PDP、LED、OLED等多种，如图1-10所示。

CRT纯平显示器具有可视角度大、无坏点、色彩还原度高、色度均匀、可调节的多分辨率模式、响应时间极短等LCD显示器难以超越的优点，而且价格更便宜。

LCD显示器即液晶显示器，具有辐射小、耗电少、散热小、体积小、图像还原精确、字符

图 1-10 显示器

显示锐利等特点。

PDP 等离子显示器比 LCD 显示器体积更小、重量更轻,而且具有无 X 射线辐射、显示亮度高、色彩还原性好、灰度丰富、对迅速变化的画面响应速度快等优点。

LED 显示器具有耗电少、使用寿命长、成本低、亮度高、故障少、视角大、可视距离远等特点。

OLED 显示器的特点是主动发光、视角范围大、响应速度快、图像稳定、亮度高、色彩丰富、分辨率高等。

2) 打印机(Printer)

打印机是计算机的输出设备之一,用于将计算机处理的结果打印在相关介质上,如图 1-11 所示。

图 1-11 打印机

衡量打印机好坏的指标有 3 项:打印分辨率、打印速度和噪声。打印机的种类很多,按打印元件对纸是否有击打动作,分为击打式打印机和非击打式打印机。

打印机分辨率一般指最大分辨率,分辨率越大,打印质量越好。一般针式打印机的分辨率是 180DPI,高的达到 360DPI;喷墨打印机为 720DPI,稍高的为 1440DPI,而近期推出的喷墨打印机分辨率最高可达 2880DPI;激光打印机为 300DPI、600DPI,较高的为 1200DPI,甚至达 2400DPI。

常见的打印机主要包括以下 3 种。

(1) 喷墨打印机(Ink Jet Printer)。喷墨打印机使用大量的喷嘴,将墨点喷射到纸张上。由于喷嘴的数量较多,且墨点细小,能够做出比针式打印机更细致、混合更多种的色彩效果。喷墨打印机的价格居中,打印品质也较好,较低的一次性购买成本可获得彩色照片级输出的效果;使用耗材为墨盒,成本较高,长时间不用容易堵头。

(2) 激光打印机(Laser Printer)。激光打印机是利用碳粉附着在纸上而成像的一种打印机,其工作原理主要是利用激光打印机内的一个控制激光束的磁鼓,借着控制激光束的开启和关闭,当纸张在磁鼓间卷动时,上下起伏的激光束会在磁鼓产生带电核的图像区,此时打印机内部的碳粉会受到电荷的吸引而附着在纸上,形成文字或图形。由于碳粉属于固体,而激光束有不受环境影响的特性,所以激光打印机可以长年保持印刷效果清晰细致,打印在任何纸张上都可得到好的效果。激光打印机打印速度快,高端产品可以满足高负荷企业级输出以及图文输出;中低端产品的彩色打印效果不如喷墨打印机,可使用的打印介质较少。

(3) 针式打印机(Dot Matrix Printer)。针式打印机也称撞击式打印机,其基本工作原理类似于用复写纸复写资料一样。针式打印机中的打印头是由多支金属撞针组成,撞针排列成一直行。当指定的撞针到达某个位置时,便会弹射出来,在色带上打击一下,让色素印在纸上做成其中一个色点,配合多个撞针的排列样式,便能在纸上打印出文字或图形。针式打印机可以复写打印(如发票及多联单据打印),可以超厚打印(如存折证书打印),耗材为色带,耗材成本低;但工作噪音大,体积不可能缩小,打印精度不如喷墨打印机和激光打印机。

6. 其他设备(Other Device)

其他设备也称为外部设备,包括组成计算机系统的扩展接口设备及其必备部件。

1) 主板

主板(Motherboard)在整个PC系统里扮演着非常重要的角色,所有的配件和外设都必须以主板作为运行平台,才能进行数据交换等工作。可以说主板是整个计算机的中枢,所有部件及外设只有通过它才能与处理器连接在一起进行通信,并由处理器发出相应的操作指令,执行相应的操作。因此主板是把CPU、存储器、输入/输出设备连接起来的纽带。

主板的种类非常多,有正方形的、长方形的,有ATX主板、BTX主板等多种,但主板的组成形式基本相同。主板上包含CPU插座、内存插槽、芯片组、BIOS芯片、供电电路、各种接口插座、各种散热器等部件,它们决定了主板的性能和类型,如图1-12所示。

2) 机箱

机箱作为计算机配件中的一部分,它起的主要作用是放置和固定各计算机配件,起到一个承托和保护的作用。此外,计算机机箱具有屏蔽电磁辐射的重要作用。

从外观来看,机箱包括外壳、各种开关、USB扩展接口、指示灯等,另外,机箱的内部还包括各种支架,如图1-13所示。

图1-12 主板

图1-13 机箱

机箱的作用主要有两个:第一,它提供空间给电源、主机板、各种扩展板卡、软盘驱动器、光盘驱动器、硬盘驱动器等存储设备,并通过机箱内部的支撑、支架、各种螺丝或卡子夹子等连接件将这些零配件牢固地固定在机箱内部,形成一个集约型的整体;第二,它坚实的外壳保护着板卡、电源及存储设备,能防压、防冲击、防尘,并且它还能发挥防电磁干扰和辐射的功能。

机箱的品牌较多,常见的品牌主要有爱国者、MSI(微星)、DELUX(多彩)、Tt、Foxconn(富士康)、金河田、世纪之星、HuntKey(航嘉)、新战线、麦蓝、技展等。

3) 电源

电源是把220V交流电转换成直流电,并专门为计算机配件如主板、驱动器、显卡等供电的设备,如图1-14所示。电源是计算机各部件供电的枢纽,是计算机的重要组成部分,目前PC电源大多都是开关型电源。

电源的品牌比较多,常见的品牌有航嘉、长城、多彩、金河田、技展、Tt、鑫符、冷酷至尊、HKC、新战线等。

4) 显卡

显卡全称为显示接口卡(Video Card,Graphics Card),是计算机最基本的配置之一,如图1-15所示。显卡作为计算机主机里的一个重要组成部分,承担输出显示图形的任务,对于从事专业图形设计的人来说显卡非常重要。显卡图形芯片供应商主要包括AMD(超微半导体)和Nvidia(英伟达)两家。

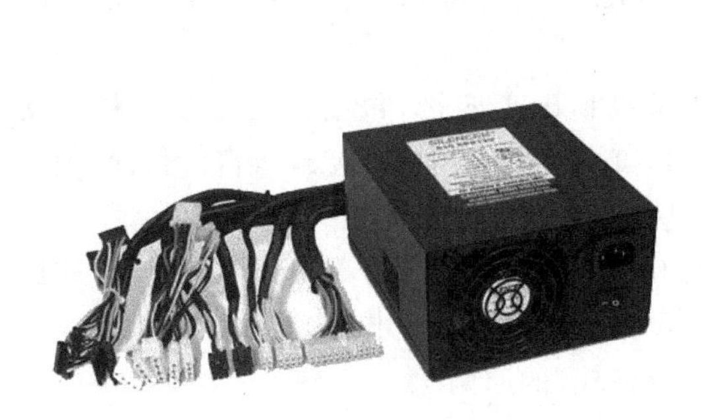

图1-14 电源

图1-15 显卡

显卡按独立性可以分为集成显卡和独立显卡。

(1) 集成显卡。集成显卡是将显示芯片、显存及其相关电路都集成在主板上,与其融为一体的元件。集成显卡的显示芯片有单独的,但大部分都集成在主板的北桥芯片中;一些主板集成的显卡也在主板上单独安装了显存,但其容量较小,集成显卡的显示效果与处理性能相对较弱,不能对显卡进行硬件升级,但可以通过CMOS调节频率或刷入新BIOS文件实现软件升级来挖掘显示芯片的潜能。

集成显卡的优点是功耗低、发热量小,部分集成显卡的性能已经可以媲美入门级的独立显卡,所以不用花费额外的资金购买独立显卡。

集成显卡的缺点是性能相对略低,且固化在主板或CPU上,本身无法更换,如果必须更换,就只能换主板。

(2) 独立显卡。独立显卡是指将显示芯片、显存及其相关电路单独做在一块电路板上,自成一体而作为一块独立的板卡存在,它需占用主板的扩展插槽(ISA、PCI、AGP或PCI-E)。

独立显卡的优点是单独安装有显存,一般不占用系统内存,在技术上也较集成显卡先进得多,容易进行显卡的硬件升级。

独立显卡的缺点是系统功耗有所加大,发热量也较大,需额外花费购买显卡的资金,同时(特别是对笔记本电脑)占用更多空间。

常见显卡品牌有蓝宝石、华硕、迪兰恒进、丽台、索泰、讯景、技嘉、映众、微星、映泰、耕升、旌宇、影驰、铭瑄、翔升、盈通、北影、七彩虹、斯巴达克、昂达、小影霸等。

7. 计算机的性能指标

对于大多数普通用户来说,可以从以下几个指标来大体评价计算机的性能。

(1) 主频。主频是衡量计算机性能的一项重要指标。微型计算机一般采用主频来描述运算速度,例如 PentiumⅢ的主频为 800MHz,Intel Corei7-4790K 的主频为 4.0GHz。一般来说,主频越高,运算速度就越快。

(2) 字长。一般来说,计算机在同一时间内处理的一组二进制数称为一个计算机的“字”,而这组二进制数的位数就是“字长”。在其他指标相同时,字长越大,计算机处理数据的速度就越快。现在的计算机字长大都采用 64 位。

(3) 内存储器的容量。内存是 CPU 可以直接访问的物理存储器,需要执行的程序与需要处理的数据就是存放在内存中,内存储器容量的大小反映了计算机即时存储信息的能力。随着操作系统的升级,应用软件的不断丰富及其功能的不断扩展,人们对计算机内存容量的需求也在不断提高。目前,常见的内存容量都在 1GB 以上。内存容量越大,系统功能就越强大,能处理的数据量就越庞大。

(4) 外存储器的容量。外存储器的容量通常是指硬盘容量(包括内置硬盘和移动硬盘)。外存储器容量的越大,可存储的信息就越多,可安装的应用软件就越丰富。目前,硬盘容量一般为 300GB 至 1TB,以后存储容量还会更大。

除了上述这些主要性能指标外,计算机还有其他一些指标,例如,所配置外围设备的性能指标以及所配置系统软件的情况等。另外,各项指标之间也不是相互独立的,在实际应用时,应该把它们综合起来考虑,而且要遵循“性能价格比”的原则。

1.1.5 知识拓展

1. 计算机的诞生和发展

1) 计算机的诞生

1946 年 2 月,世界上第一台电子数字计算机(Electronic Numerical Integrator and Calculator,ENIAC)在美国诞生,它是在美国陆军部赞助下,由美国国防部和宾夕法尼亚大学共同研制的。ENIAC 使用了 18000 只电子管,10000 只电容,7000 只电阻,体积 3000 立方英尺,占地 170 平方米,重量 30 吨,耗电 140～150 千瓦,是一个名副其实的“庞然大物”,如图 1-16 所示。

ENIAC 诞生后的短短几十年间,计算机的发展突飞猛进。主要是电子元器件相继使用了真空电子管,晶体管,中、小规模集成电路和大规模、超大规模集成电路,实现了计算机的几次更新换代。目前,计算机的应用已扩展到社会的各个领域。

2) 计算机的发展历程

第一代计算机(1946—1957 年):电子管计算机。硬件方面,逻辑元件采用真空电子管;主存储器采用汞延迟线、阴极射线示波管静电存储器、磁鼓、磁芯;外存储器采用磁带。软件方面,采用机器语言、汇编语言。应用领域,以军事和科学计算为主。其特点是体积大、功耗高、可靠性差、速度慢(一般为每秒数千次至数万次)、价格昂贵,但第一代计算机为以后

图 1-16 第一台计算机 ENIAC

的计算机发展奠定了基础。

第二代计算机(1958—1964 年):晶体管计算机。硬件方面,逻辑元件采用晶体管,主存储器采用磁芯;外存储器采用磁盘。软件方面,出现了以批处理为主的操作系统、高级语言及其编译程序。应用领域,以科学计算和事务处理为主,并开始进入工业控制领域。其特点是体积缩小、能耗降低、可靠性提高、运算速度提高(一般为每秒数十万次,可高达 300 万次)、性能相比第一代计算机有很大的提高。

第三代计算机(1965—1970 年):中小规模集成电路计算机。硬件方面,逻辑元件采用中、小规模集成电路(MSI、SSI);主存储器仍采用磁芯。软件方面,出现了分时操作系统以及结构化、规模化程序设计方法。应用领域,开始进入文字处理和图形图像处理领域。其特点是速度更快(一般为每秒数百万次至数千万次)、可靠性显著提高、价格进一步下降,产品走向了通用化、系列化和标准化。

第四代计算机(1971 年至今):大规模、超大规模集成电路计算机。硬件方面,逻辑元件采用大规模、超大规模集成电路(LSI 和 VLSI)。软件方面出现了数据库管理系统、网络管理系统和面向对象语言等。1971 年世界上第一台微处理器在美国硅谷诞生,开创了微型计算机的新时代。应用领域从科学计算、事务管理、过程控制逐步走向家庭。

3) 计算机的发展趋势

(1) 巨型化。巨型化是指研制速度更快、存储量更大、功能更强大的巨型计算机。其运算能力一般在每秒一百亿以上、内存容量在几百兆字节以上,主要应用于天文、气象、地质、核技术、航天飞机和卫星轨道计算等尖端科学技术领域。巨型计算机的技术水平是衡量一个国家技术和工业发展水平的重要标志。

(2) 微型化。微型化是指利用微电子技术和超大规模集成电路技术,把计算机的体积进一步缩小,价格进一步降低。计算机微型化已成为计算机发展的重要方向,各种笔记本电脑和 PDA 的大量面世就是计算机微型化的一个标志。

(3) 网络化。网络技术可以更好地管理网上的资源,它把整个互联网虚拟为功能强大的一体化系统,犹如一台巨型机,在这个动态变化的网络环境中,实现计算资源、存储资源、数据资源、信息资源、知识资源、专家资源的全面共享,从而让用户享受可灵活控制的、智能的、协作式的信息服务,并获得前所未有的使用方便性。

(4) 智能化。计算机智能化是指计算机具有模拟人的感觉和思维过程的能力。智能化的研究包括模拟识别、物形分析、自然语言的生成和理解、博弈、定理自动证明、自动程序设计、专家系统、学习系统以及智能机器人等。目前已研制出多种具有人的部分智能的机器人,可以代替人在一些危险的工作岗位上工作。

(5) 多媒体化。多媒体计算机是当前计算机领域中最引人注目的高新技术之一。多媒体计算机就是利用计算机技术、通信技术和大众传播技术,来综合处理多种媒体信息的计算机。这些信息包括文本、视频图像、图形、声音、文字等。多媒体技术使多种信息建立了有机联系,并集成为一个具有人机交互性的系统。多媒体计算机将真正改善人机界面,使计算机朝着人类接收和处理信息的最自然的方向发展。

2. 计算机的分类和特点

1) 计算机的分类

(1) 按照性能指标分类

巨型机:高速度、大容量。

大型机:速度快、应用于军事技术、科研领域。

小型机:结构简单、造价低、性能价格比突出。

微型机:体积小、重量轻、价格低。

(2) 按照用途分类

专用机:针对性强、特定服务、专门设计。

通用机:通过科学计算、数据处理、过程控制解决各类问题。

(3) 按照原理分类

数字机:速度快、精度高、自动化、通用性强。

模拟机:用模拟量作为运算量,速度快、精度差。

混合机:集中前两者的优点、避免其缺点,处于发展阶段。

2) 计算机的特点

计算机作为一种通用的信息处理工具,它具有极高的处理速度、很强的存储能力、精确的计算和逻辑判断能力,其主要特点如下。

(1) 运算速度快。当今计算机系统的运算速度已经达到每秒万亿次,微型计算机也可以高达每秒亿次以上,使大量复杂的科学计算问题得以解决。

(2) 计算精确度高。科学技术的发展尤其是尖端科学技术的发展,需要高度精确的计算。计算机的计算精度从千分之几到百万分之几,令其他任何计算工具都望尘莫及。

(3) 具有记忆和逻辑判断能力。随着计算机存储容量的不断增大,可存储记忆的信息越来越多。计算机不仅能进行计算,而且能把参加运算的数据、程序以及计算结果保存起来,以供用户随时调用,还可以对各种信息通过编码进行算术运算和逻辑运算,甚至进行推理和证明。

(4) 具有自动控制能力。计算机内部操作是根据人们事先编好的程序自动控制进行的。用户根据实际应用需要,事先设计好运行步骤与程序,计算机会十分严格地按设定的步骤操作,整个过程无须人工干预。

(5) 可靠性高。计算机的运行不会受外力、情绪的影响,只要内部元器件不损坏就可以连续工作。

3. 计算机的应用领域

计算机的应用已渗透到社会的各个领域，正在改变着传统的工作、学习和生活方式，推动着社会的发展。总结起来，计算机的主要应用领域有以下几个方面。

1）科学计算

科学计算也称为数值计算，是计算机最基本的功能之一。计算机最开始是为了解决科学研究和工程设计中遇到的大量数学问题中的数值计算而研制的计算工具。随着现代科学技术的进一步发展，数值计算在现代科学研究中的地位不断提高，在尖端科学领域中，显得尤为重要。例如，卫星运行轨迹、水坝应力、气象预报、油田布局、潮汐规律等，这些无法用人工解决的复杂的数值计算，都可以使用计算机快速而准确地解决。

2）数据处理

数据处理也叫信息处理，是计算机应用最广泛的领域。计算机早期主要用于数值计算，但不久应用范围就突破了这个局限，除了能进行数值计算之外，还能对字母、符号、表格、图形、图像等信息进行处理。计算机系统也发展了非数值算法和相应的数据结构，现代计算机可对数据进行采集、分类、排序、统计、制表、计算等方面的加工，并对处理的数据进行存储和传输。与科学计算相比，数据处理的特点是数据输入/输出量大，而计算则相对简单得多。

计算机的应用从数值计算发展到非数值计算的数据处理，大大拓宽了计算机应用的领域。目前，计算机的信息处理已经应用得非常普遍，如人事管理、库存管理、财务管理、图书资料管理、商业数据交流、情报检索和经济管理等。信息处理已成为当代计算机的主要任务，是现代化管理的基础。

3）自动控制

自动控制是通过计算机对某一过程进行自动操作的行为，它不需要人工干预，能够按人预定的目标和预定的状态进行过程控制。所谓过程控制，是指对操作数据进行实时采集、检测、处理和判断，按最佳值进行调节的过程。

计算机加上感应检测设备及模/数转换器，就构成了自动控制系统。使用计算机进行自动控制可以大大提高控制的实时性和准确性，提高劳动效率和产品质量，降低成本，缩短生产周期，自动控制目前被广泛地用于操作复杂的钢铁工业、石油化工业和医药工业等生产过程中。计算机自动控制还在国防和航空航天领域中起着决定性作用，例如，无人驾驶飞机、导弹、人造卫星和宇宙飞船等飞行器的控制，都是靠计算机来实现的。可以说计算机在现代国防和航空航天领域是必不可少的。

4）辅助设计和辅助教学

计算机辅助设计(Computer Aided Design，CAD)是指借助计算机的帮助自动或半自动地完成各类工程设计工作。目前 CAD 技术已应用于飞机设计、船舶设计、建筑设计、机械设计和大规模集成电路设计等。采用计算机辅助设计，可以缩短设计时间，提高工作效率，节省人力、物力和财力，更重要的是提高了设计质量。CAD 已经得到各国工程技术人员的高度重视，有些国家甚至把 CAD 和计算机辅助制造(Computer Aided Manufacturing)、计算机辅助测试(Computer Aided Test)及计算机辅助工程(Computer Aided Engineering)组成一个集成系统，使设计、制造、测试和管理有机地组成一体，形成高度的自动化系统，因此产生了自动化生产线和“无人工厂”。

计算机辅助教学(Computer Aided Instruction，CAI)是指用计算机来辅助完成教学计划或模拟某个实验过程。计算机可按不同要求，分别提供所需的教材内容，还可以个别教学，及时指出学生在学习中出现的错误，根据计算机对学生的测试成绩决定学生的学习从一个阶段进入另一个阶段。CAI 不仅能够减轻教师的负担，还能够激发学生的学习兴趣，提高教学质量，为培养现代化高质量人才提供有效的方法。

5）人工智能

人工智能(Artificial Intelligence，AI)是指计算机模拟人类某些智力行为的理论、技术和应用。人工智能是计算机应用的一个新的领域，这方面的研究和应用正处于发展阶段，在医疗诊断、定理证明、语言翻译、机器人等方面已有显著的成效。例如，用计算机模拟人脑的部分功能进行思维学习、推理、联想和决策，使计算机具有一定的“思维能力”。

机器人是计算机人工智能的典型例子，其核心就是计算机。第一代机器人是机械手；第二代机器人对外界信息能够反馈，有一定的触觉、视觉、听觉；第三代机器人是智能机器人，具有感知和理解周围环境，使用语言、推理、规划和操纵工具的技能，可以模仿人完成某些动作。机器人不怕疲劳，精确度高，适应力强，现已开始用于搬运、喷漆、焊接、装配等工作中。机器人还能代替人在危险工作中进行繁重的劳动，如在有放射线、污染有毒、高温、低温、高压、水下等环境中工作。

6）多媒体技术应用

随着电子技术特别是通信和计算机技术的发展，人们已经有能力把文本、动画、图形、图像、音频、视频等各种媒体综合起来，构成一种全新的概念——多媒体(Multimedia)。在医疗、教育、商业、银行、保险、行政管理、军事、工业、广播和出版等领域中，多媒体的应用发展很快。

7）计算机网络

计算机网络是现代计算机技术与通信技术高度发展和密切结合的产物，它利用通信设备和线路将地理位置不同、功能独立的多个计算机系统互联起来，以功能完善的网络软件实现网络中资源共享和信息传递的系统。

人类已经进入信息社会，处理信息的计算机和传输信息的计算机网络组成了信息社会的基础。目前，各种各样的计算机局域网在学校、政府机关甚至家庭中起着举足轻重的作用，全世界最大的计算机网络 Internet(因特网)把整个地球变成了一个小小的村落，人们通过计算机网络实现数据与信息的查询、高速通信服务(电子邮件、电视电话、电视会议、文档传输)、电子教育、电子娱乐、电子商务、远程医疗和会诊、交通信息管理等。

1.1.6 技能训练

练习 1：根据个人的功能要求，填写一份个人计算机配置清单。

练习 2：按照完成的配置清单进行市场价格调研，完善清单，使其性价比更高。

任务 1.2 计算机软件配置

1.2.1 任务要点

(1) 计算机软件系统组成。

(2) 计算机系统软件组成。

(3) 计算机应用软件组成。

1.2.2 任务要求

在某公司采购完计算机后，根据公司实际要求，填写安装软件清单，包括装机所必需的操作系统等系统软件和日常工作所需的应用软件。

1.2.3 实施过程

根据公司提出的实际工作要求，分类填写软件清单，首先讨论并填写适用的操作系统和数据库管理系统，然后综合工作需求和员工使用习惯，填写需要安装的应用软件。

1.2.4 知识链接

软件是用户与硬件之间的接口界面，是计算机系统必不可少的组成部分，用户主要是通过软件与计算机进行交流。微型计算机的软件系统分为系统软件和应用软件两类。

1. 系统软件

系统软件是指控制和协调计算机及外部设备，支持应用软件开发和运行的软件，是无须用户干预的各种程序的集合。应用软件是利用计算机解决某类问题而设计的程序的集合，供多用户使用。例如，文字处理软件、表格处理软件、绘图软件、财务软件、过程控制软件等。

1) 操作系统

操作系统(Operating System,OS)是最基本、最重要的系统软件。它负责管理计算机系统的全部软件资源和硬件资源，合理地组织计算机各部分协调工作，为用户提供操作和编程界面。随着用户对操作系统的功能、应用环境、使用方式不断提出了新的要求，逐步形成了不同类型的操作系统。根据操作系统的功能分为以下几类。

(1) 单用户单任务操作系统。计算机系统在单用户单任务操作系统的控制下，只能串行地执行用户程序，个人独占计算机的全部资源，CPU 运行效率低。DOS 操作系统即属于单用户单任务操作系统。

现在大多数的个人计算机操作系统是单用户多任务操作系统，允许多个程序或多个作业同时存在和运行。在常用的操作系统中，Windows 3. x 是基于图形界面的 16 位单用户多任务操作系统；Windows 95 或 Windows 98 是 32 位单用户多任务操作系统；而目前使用较多的 Windows 7、Windows 10 则是多用户多任务操作系统。

(2) 批处理操作系统。批处理操作系统是以作业为处理对象，连续处理在计算机系统运行的作业流。这类操作系统的特点是作业的运行完全由系统自动控制，系统的吞吐量大，资源的利用率高。

(3) 分时操作系统。分时操作系统使多个用户同时在各自的终端上联机使用同一台计算机，CPU 按优先级分配各个终端的时间片，轮流为各个终端服务，对用户而言，有“独占”这一台计算机的感觉。分时操作系统侧重于及时性和交互性，使用户的请求尽量能在较短的时间内得到响应。常用的分时操作系统有 UNIX、VMS 等。

(4) 实时操作系统。实时操作系统是对随机发生的外部事件在限定时间范围内做出响应并对其进行处理的系统。外部事件一般指来自与计算机系统相关联系的设备服务和 OS

数据采集。实时操作系统广泛应用于工业生产过程的控制和事务数据处理中,常用的实时操作系统有 RDOS 等。

(5) 网络操作系统。为计算机网络配置的操作系统称为网络操作系统。它负责网络管理、网络通信、资源共享和系统安全等工作。常见的网络操作系统主要有 NetWare、Windows NT 系列和 UNIX 系列等,NetWare 操作系统虽然对服务器硬件的要求较低,但管理复杂、常用软件支持较弱,目前基本上适用较少。Windows NT Server 是 Microsoft 公司的产品。

(6) 分布式操作系统。分布式操作系统是用于分布式计算机系统的操作系统。分布式操作系统是由多个并行工作的处理机组成的系统,提供高度的并行性和有效的同步算法与通信机制,自动实行全系统范围的任务分配并自动调节各处理机的工作负载,如 MDS、CDCS 等。

2) 语言编译程序

人和计算机交流信息使用的语言称为计算机语言或程序设计语言。计算机语言通常分为机器语言、汇编语言和高级语言 3 类。

(1) 机器语言。机器语言是用二进制代码表示的计算机能直接识别和执行的一种机器指令的集合。它是计算机的设计者通过计算机的硬件结构赋予计算机的操作功能。机器语言具有灵活、直接执行和速度快等特点。

(2) 汇编语言。汇编语言是由一组与机器语言指令一一对应的符号指令和一些简单语法组成的,比机器语言更加直观,也易于书写和修改,可读性较好。用汇编语言编写的程序,计算机不能直接识别和执行。只有通过汇编程序翻译成机器语言(称为“目标程序”),计算机才能执行。

(3) 高级语言。高级语言比较接近自然语言,便于记忆和掌握,如 Basic 语言、C++ 语言、Java 语言等。但用高级语言编写的程序,计算机也不能直接执行,只有通过编译或解释程序翻译成目标程序,计算机才能执行。这种翻译过程一般有解释和编译两种方式。解释程序是将高级语言编写的源程序翻译成机器指令,翻译一条执行一条;而编译程序是将源程序整段地翻译成目标程序,然后执行。

3) 数据库管理系统

数据库管理系统(DataBase Management System,DBMS)是一种针对对象数据库,为管理数据库而设计的大型计算机软件管理系统。数据库管理系统是有效地进行数据存储、共享和处理的工具,具有代表性的数据库管理系统有 Oracle、Microsoft SQL Server、Access、MySQL 及 PostgreSQL 等。

2. 应用软件

应用软件(Application Software)是用户可以使用的各种程序设计语言,以及用各种程序设计语言编制的应用程序的集合,分为应用软件包和用户程序。例如,文字处理软件、表格处理软件、绘图软件、财务软件、过程控制软件等。

1) 文字处理软件

文字处理软件主要用于用户对输入计算机的文字进行编辑,并能将输入的文字以多种字形、字体及格式打印出来。目前,常用的文字处理软件有 Microsoft Word、WPS 2000 等。

2）表格处理软件

表格处理软件是根据用户的要求处理各式各样的表格并存盘打印出来。目前，常用的表格处理软件有 Microsoft Excel 等。

1.2.5　知识拓展

计算机要处理的信息是多种多样的，如日常的十进制数、文字、符号、图形、图像和语言等。但是计算机无法直接“理解”这些信息，所以计算机需要采用数字化编码的形式对信息进行存储、加工和传送。

1. 数据的表示

1）二进制数与计算机

计算机的电子元件间只能识别两种状态，如电流的通断、电平的高低，磁性材料的正反向磁化、晶体管的导通与截止等，这两种状态由 0 和 1 分别表示，形成了二进制数。计算机中所有的数据或指令都用二进制数来表示，但二进制数不便于阅读、书写和记忆，通常用十六进制和八进制来简化二进制数的表达。

2）数据单位

计算机中表示数据的单位有位和字节等。

位(bit)：是计算机处理数据的最小单位，用 0 或 1 表示，如二进制数 10011101 是由 8 个“位”组成的，“位”常用 b 表示。

字节(Byte)：是计算机中数据的最小存储单元，常用 B 表示。计算机中由 8 个二进制位组成一个字节，一个字节可存放一个半角英文字符的编码，两个字节可存放一个汉字编码。

计算机中的计量单位关系如下。

$$1B=8b$$
$$1KB=2^{10}B=1024B$$
$$1MB=2^{10}KB=1024KB$$
$$1GB=2^{10}MB=1024MB$$
$$1TB=2^{10}GB=1024GB$$
$$1PB=2^{10}TB=1024TB$$

2. 数制的转换

1）进位计数制

在日常生活和计算机中采用的是进位计数制，每一种进位计数制都包含 1 组数码符号和 3 个基本因素。

数码：一组用来表示某种数制的符号。十进制的数码是 0、1、2、3、4、5、6、7、8、9，二进制的数码是 0、1。

基数：某数制可以使用的数码个数。十进制的基数是 10，二进制的基数是 2。

数位：数码在一个数中所处的位置。

权：权是基数的幂，表示数码在不同位置上的数值。

2）常用的进位计数制

(1) 二进制。二进制数据是用0和1两个数码来表示的数。它的基数为2,进位规则是"逢二进一",借位规则是"借一当二",由18世纪德国数理哲学大师莱布尼兹发明。当前的计算机系统使用的是二进制系统。

(2) 八进制。八进制数据采用0、1、2、3、4、5、6、7共8个数码,逢八进一。八进制的数较二进制的数书写方便,常应用在计算机的计算中。

(3) 十进制。十进制计数法是相对二进制计数法而言的,是日常使用最多的计数方法,逢十进一,每一个数码符号根据它在这个数中所处的位置(数位),按逢十进一来决定其实际数值,即各数位的位权是以10为底的幂次方。例如:

$$(123.456)_{10}=1\times10^{2}+2\times10^{1}+3\times10^{0}+4\times10^{-1}+5\times10^{-2}+6\times10^{-3}$$

(4) 十六进制。十六进制是计算机中数据的一种表示方法。同日常中的十进制表示法不一样,它由0～9、A～F组成,与十进制的对应关系是0～9对应0～9,A～F对应10～15。

3. 进制的转换

不同进位计数制之间的转换,实质上是基数间的转换。一般转换的原则是如果两个有理数相等,则两数的整数部分和小数部分一定分别相等。因此,各数制之间进行转换时,通常对整数部分和小数部分分别进行转换,然后将其转换结果合并即可。

1）非十进制数转换成十进制数

非十进制数转换成十进制数的方法是把各个非十进制数按以下求和公式展开求和即可,即把二进制数(或八进制数,或十六进制数)写成2(或8或16)的各次幂之和的形式,然后计算其结果。

例 1-1 把二进制数$(110101)_2$和$(1101.101)_2$分别转换成十进制数。

解
$$\begin{aligned}(110101)_2&=1\times2^5+1\times2^4+0\times2^3+1\times2^2+0\times2^1+1\times2^0\\&=32+16+0+4+0+1\\&=(53)_{10}\end{aligned}$$

$$\begin{aligned}(1101.101)_2&=1\times2^3+1\times2^2+0\times2^1+1\times2^0+1\times2^{-1}+0\times2^{-2}+1\times2^{-3}\\&=8+4+0+1+0.5+0+0.125\\&=(13.625)_{10}\end{aligned}$$

例 1-2 把八进制数$(305)_8$和$(456.124)_8$分别转换成十进制数。

解
$$\begin{aligned}(305)_8&=3\times8^2+0\times8^1+5\times8^0\\&=192+5=(197)_{10}\end{aligned}$$

$$\begin{aligned}(456.124)_8&=4\times8^2+5\times8^1+6\times8^0+1\times8^{-1}+2\times8^{-2}+4\times8^{-3}\\&=256+40+6+0.125+0.03125+0.0078125\\&=(302.1640625)_{10}\end{aligned}$$

例 1-3 把十六进制数$(2A4E)_{16}$和$(32CF.48)_{16}$分别转换成十进制数。

解
$$\begin{aligned}(2A4E)_{16}&=2\times16^3+A\times16^2+4\times16^1+E\times16^0\\&=8192+2560+64+14\\&=(10830)_{10}\end{aligned}$$

$$(32CF.48)_{16}=3\times16^3+2\times16^2+C\times16^1+F\times16^0+4\times16^{-1}+8\times16^{-2}$$

$=12288+512+192+15+0.25+0.03125$

$=(13007.28125)_{10}$

2）十进制数转换成非十(R)进制数

把十进制数转换为二、八、十六进制数的方法是整数部分转换采用“除 R 取余法”；小数部分转换采用“乘 R 取整法”，然后再拼接起来即可。

十进制整数转换成 R 进制的整数，可用十进制数连续地除以 R，其余数即为 R 进制的各位系数。

十进制小数转换成 R 进制数时，可连续的乘以 R，直到小数部分为 0，或达到所要求的精度为止。

例 1-4　将十进制数$(22.8125)_{10}$转换成二进制数。

(1) 整数除以 2，商继续除以 2，得到 0 为止，将余数逆序排列。

22/2　　得 11 余 0

11/2　　得 5 余 1

5/2　　得 2 余 1

2/2　　得 1 余 0

1/2　　得 0 余 1

即$(22)_{10}=(10110)_2$。

(2) 小数乘以 2，取整，小数部分继续乘以 2，取整，得到小数部分 0 为止，将整数顺序排列。

$0.8125\times2=1.625$　　取整 1　小数部分是 0.625

$0.625\times2=1.25$　　取整 1　小数部分是 0.25

$0.25\times2=0.5$　　取整 0　小数部分是 0.5

$0.5\times2=1.0$　　取整 1　小数部分是 0，结束

即$(0.8125)_{10}=(0.1101)_2$。

拼接起来即：$(22.8125)_{10}=(10110.1101)_2$

3）二、八、十六进制数之间的相互转换

由于一位八(十六)进制数相当于三(四)位二进制数，因此，要将八(十六)进制数转换成二进制数时，只须以小数点为界，向左或向右每一位八(十六)进制数用相应的三(四)位二进制数取代即可。如果不足三(四)位，可用 0 补足。反之，二进制数转换成相应的八(十六)进制数，只是上述方法的逆过程，即以小数点为界，向左或向右每三(四)位二进制数用相应的一位八(十六)进制数取代即可。

例 1-5　将八进制数$(714.431)_8$ 转换成二进制数。

7	1	4	.	4	3	1
111	001	100	.	100	011	001

即$(714.431)_8=(111001100.100011001)_2$。

例 1-6　将二进制数$(11101110.00101011)_2$ 转换成八进制数。

011	101	110	.	001	010	110
3	5	6	.	1	2	6

即$(11101110.00101011)_2=(356.126)_8$。

例 1-7 将十六进制数$(1AC0.6D)_{16}$转换成相应的二进制数。

1	A	C	0	.	6	D
0001	1010	1100	0000	.	0110	1101

即$(1AC0.6D)_{16}=(1101011000000.01101101)_2$。

例 1-8 将二进制数$(10111100101.00011001101)_2$转换成相应的十六进制数。

0101	1110	0101	.	0001	1001	1010
5	E	5	.	1	9	A

即$(10111100101.00011001101)_2=(5E5.19A)_{16}$。

1.2.6 技能训练

练习 1：根据个人要求及学习需要，填写个人需要安装的操作系统和日常学习生活所需的应用软件清单。

练习 2：将$(11101011.1101)_2$转换成十进制数。

练习 3：将$(258)_{10}$转换成二进制数。

任务 1.3 计算机安全防范

1.3.1 任务要点

(1) 计算机病毒的预防和清除。

(2) 杀毒软件的安装。

(3) 查杀病毒。

(4) 计算机病毒的传播途径。

1.3.2 任务要求

某公司行政部门配置的台式机忘记安装杀毒软件，使用一段时间后，运行速度比原来慢，同时 U 盘里的文件出现莫名丢失的状况，根据这些情况，请为这台计算机安装杀毒软件，并进行病毒的查杀。

1.3.3 实施过程

计算机系统安装完毕时为了给计算机加一道安全屏障，需要为计算机安装一个杀毒软件，保障计算机系统不被计算机病毒侵犯，防止数据信息泄露。

1.3.4 知识链接

计算机病毒的产生是计算机技术和以计算机为核心的社会信息化进程发展到一定阶段的必然产物。随着 Internet 的普及，越来越多的计算机连接到 Internet 上，计算机病毒制造者开始将 Internet 作为计算机病毒的主要传播载体。

我国于 1994 年 2 月 18 日正式颁布实施了《中华人民共和国计算机信息系统安全保护条例》，在《条例》第二十八条中明确指出，“计算机病毒是指编制或者在计算机程序内插入的破坏计算机功能或者毁坏数据，影响计算机使用，并能够自我复制的一组计算机指令或者程序代码。”

1. 计算机病毒的特征

1）传染性

传染性是计算机病毒的基本特征。病毒程序一旦侵入计算机系统就开始搜索可以传染的程序或磁盘介质，通过各种渠道（磁盘、共享目录、邮件等）从已被感染的计算机扩散到其他计算机上，然后通过自我复制迅速传播，其速度之快令人难以预防。因此，是否具有传染性，是判别一个程序是否为计算机病毒的最重要条件。

2）破坏性

计算机病毒具有破坏文件或数据、扰乱系统正常工作的特性。计算机病毒是一段可执行程序，所以对系统来讲，计算机病毒都存在一个共同的危害，即降低计算机系统的工作效率，占用系统效率，其具体情况取决于入侵系统的病毒程序。同时计算机病毒的破坏性主要取决于计算机病毒设计者的目的，如果病毒设计者的目的在于彻底破坏系统的正常运行的话，那么这种病毒对于计算机系统进行攻击造成的后果是难以设想的，它可以破坏全部数据并使之无法恢复。

3）潜伏性

计算机病毒的内部往往有一种机制不会马上发作，它的发作一般都需要一个触发条件，可以是日期、时间、特定程序的运行或程序的运行次数等。不满足发作条件时，计算机病毒除了传染外不做任何破坏。发作条件一旦得到满足，有的在屏幕上显示信息、图形或特殊标识，有的则执行破坏系统的操作，例如，格式化磁盘、删除磁盘文件、对数据文件加密、封锁键盘以及使系统锁死等。

4）隐蔽性

计算机病毒的存在、传染和对数据的破坏过程不易被计算机操作人员发现。如果不用专用检测程序，病毒程序与正常程序是不容易区分开来的。因此，病毒可以静静地躲在文件里待上几天，甚至几年。受感染的计算机系统通常仍能正常运行，用户不会感到任何异常。一旦条件满足，得到运行机会，就又要四处繁殖、扩散。大部分病毒代码之所以设计得非常短小，也是为了隐藏，病毒一般只有几百或一千字节。

5）寄生性

计算机病毒不是一个通常意义的完整的计算机程序，通常是依附于其他文件（一般是可执行程序）而存在的，它能享有被寄生的程序所能得到的一切权力。

6）不可预见性

计算机病毒在发展、演变过程中可以产生变种，有些病毒能产生几十种变种。有变形能力的病毒能在传播过程中隐藏自己，使之不易被反病毒程序发现及清除。因此，计算机病毒相对于杀毒软件永远是超前的，理论上讲，没有任何杀毒软件能将所有病毒杀掉。

7）非授权性

病毒未经授权而执行。一般正常的程序是由用户调用，再由系统分配资源，完成用户交给的任务，其目的对用户是可见的、透明的；而病毒具有正常程序的一切特性，它隐藏在正常程序中，当用户调用正常程序时窃取到系统的控制权，先于正常程序执行，病毒的动作、目的对用户是未知的，是未经用户允许的。

2. 计算机病毒的分类

根据计算机病毒的特点及特性，从不同的角度，可以对计算机病毒进行不同的分类。下面是几种常见的分类方法。

(1) 按照计算机病毒的破坏情况，计算机病毒可分为良性计算机病毒、恶性计算机病毒。

(2) 按照计算机病毒的传播方式和感染方式，计算机病毒可分为引导型病毒、分区表病毒、宏病毒、文件型病毒、复合型病毒。

(3) 按照计算机病毒的连接方式，计算机病毒可分为源码型病毒、嵌入型病毒、外壳型病毒、操作系统型病毒。

(4) 按照计算机病毒的寄生部位或传染对象，计算机病毒可分为磁盘引导区传染的计算机病毒、操作系统传染的计算机病毒、可执行程序传染的计算机病毒。

3. 计算机病毒的传播途径

计算机病毒的传播主要通过文件复制、文件传送、文件执行等方式进行。主要的传播途径有以下几种。

(1) 通过不可移动的计算机硬件设备进行传播，这些设备通常有计算机的专用 ASIC 芯片和硬盘等。这种病毒虽然极少，但破坏力极强，目前尚没有较好的检测手段对付。

(2) 通过移动存储设备来传播，这些设备包括软盘、磁带等。在移动存储设备中，软盘是使用最广泛、移动最频繁的存储介质，因此也成了计算机病毒寄生的“温床”。目前，大多数计算机都是从这类途径感染病毒的。

(3) 通过计算机网络进行传播。现代信息技术的巨大进步已使空间距离不再遥远，但也为计算机病毒的传播提供了新的“高速公路”。计算机病毒可以附着在正常文件中通过网络进入一个又一个系统，国内计算机感染一种“进口”病毒已不再是什么大惊小怪的事了。在信息国际化的同时，病毒也在国际化。估计以后这种方式将成为第一传播途径。

(4) 通过点对点通信系统和无线通道传播。目前，这种传播途径还不是十分广泛，但预计在未来的信息时代，这种途径很可能与网络传播途径成为病毒扩散的两大“时尚渠道”。

4. 计算机病毒的危害

在计算机病毒出现的初期，说到计算机病毒的危害，往往注重于病毒对信息系统的直接破坏作用，如格式化硬盘、删除文件数据等，并以此来区分恶性计算机病毒和良性计算机病毒。其实这些只是病毒劣迹的一部分，随着计算机应用的发展，人们深刻地认识到凡是病毒都可能对计算机信息系统造成严重的破坏。常见的影响表现如下。

(1) 对计算机数据信息的直接破坏作用。大部分病毒在激发的时候直接破坏计算机的重要信息数据，所利用的手段有格式化磁盘、改写文件分配表和目录区、删除重要文件或者用无意义的“垃圾”数据改写文件、破坏 CMOS 设置等。

(2) 占用磁盘空间。寄生在磁盘上的病毒总要非法占用一部分磁盘空间。

(3) 抢占系统资源。除 VIENNA、CASPER 等少数病毒外，其他大多数病毒在动态下都是常驻内存的，这就必然抢占一部分系统资源。病毒所占用的基本内存长度大致与病毒本身长度相当。病毒抢占内存，导致内存减少，一部分软件不能运行。

(4) 影响计算机运行速度。病毒进驻内存后不但干扰系统运行，还影响计算机速度。

（5）计算机病毒错误与不可预见的危害。计算机病毒与其他计算机软件的一大差别是病毒的无责任性。编制一个完善的计算机软件需要耗费大量的人力、物力，经过长时间调试完善，软件才能推出。

（6）计算机病毒的兼容性对系统运行的影响。兼容性是计算机软件的一项重要指标，兼容性好的软件可以在各种计算机环境下运行；反之兼容性差的软件则对运行条件“挑肥拣瘦”，要求机型和操作系统版本等。

（7）计算机病毒给用户造成严重的心理压力。计算机病毒给用户造成巨大的心理压力，极大地影响了现代计算机的使用效率，由此带来的无形损失是难以估量的。

5. 计算机病毒的预防

防止病毒的侵入要比病毒入侵后再去发现和消除它更重要。为了将病毒拒之门外，就要做好以下预防措施。

（1）树立病毒防范意识，从思想上重视计算机病毒可能会给计算机安全运行带来的危害。对于计算机病毒，有病毒防范意识的人和没有病毒防范意识的人态度完全不同。

（2）安装正版的杀毒软件和防火墙，并及时升级到最新版本（如瑞星、金山毒霸、江民、卡巴斯基、诺顿等）。另外，还要及时升级杀毒软件病毒库，这样才能防范新病毒，为系统提供真正安全的环境。

（3）及时对系统和应用程序进行升级，及时更新操作系统，安装相应补丁程序，从根源上杜绝黑客利用系统漏洞攻击用户的计算机。可以利用系统自带的自动更新功能或者开启有些软件的“系统漏洞检查”功能（如360安全卫士），全面扫描操作系统漏洞，要尽量使用正版软件，并及时将计算机中所安装的各种应用软件升级到最新版本，其中包括各种即时通信工具、下载工具、播放器软件、搜索工具等，避免病毒利用应用软件的漏洞进行木马病毒传播。

（4）把好入口关。很多病毒都是因为使用了含有病毒的盗版光盘、复制了隐藏病毒的U盘资料等而感染的，所以必须把好计算机的入口关，在使用这些光盘、U盘以及从网络上下载的程序之前必须使用杀毒工具进行扫描，查看是否带有病毒，确认无病毒后再使用。

（5）不要随便登录不明网站、黑客网站或色情网站，不要随便打开QQ、MSN等聊天工具上发来的链接信息，不要随便打开或运行陌生、可疑文件和程序，如邮件中的陌生附件、外挂程序等，这样可以避免网络上的恶意软件插件进入计算机。

（6）养成经常备份重要数据的习惯。要定期与不定期地对磁盘文件进行备份，特别是一些比较重要的数据资料，以便在感染病毒导致系统崩溃时可以最大限度地恢复数据，尽量减少可能造成的损失。

（7）养成使用计算机的良好习惯。在日常使用计算机的过程中，应该养成定期查毒、杀毒的习惯。因为很多病毒在感染后会在后台运行，用肉眼是无法看到的，而有的病毒会存在潜伏期，在特定的时间会自动发作，所以要定期对自己的计算机进行检查，一旦发现感染了病毒，要及时清除。

（8）要学习和掌握一些必备的相关知识。无论是只使用家用计算机的发烧友，还是每天上班都要面对屏幕工作的计算机族，都将无一例外地、毫无疑问地会受到病毒的攻击和感染，只是或早或晚而已。因此，一定要学习和掌握一些必备的相关知识，这样才能及时发现新病毒并采取相应措施，在关键时刻减少病毒对自己的计算机造成的危害。

1.3.5 知识拓展

随着计算机科学技术的日益发展，尤其是中央处理器的处理效率和处理带宽的提高，计算机不仅可以处理数值型数据和字符型数据，而且可以处理声音、图形、图像和视频等多种形式的数据。

多媒体技术(Multimedia Technology)就是将文本、图形、图像、动画、视频和音频等形式的信息，通过计算及处理，使多种媒体建立逻辑连接，集成为一个具有实时性和交互性的系统化表现信息的技术。简而言之，多媒体技术就是综合处理图、文、声、像信息，并使之具有集成性和交互性的计算机技术。

1. 媒体信息

根据媒体信息的表现形式，可以将媒体信息分为下面几类。

(1) 感觉媒体。感觉媒体(Perception Medium)指的是能够直接作用于人的器官，使人能够直接产生感觉的一类媒体。例如，作用于听觉器官的声音媒体，作用于视觉器官的图形媒体和图像媒体，作用于嗅觉器官的气味媒体，作用于触觉器官的温度媒体以及同时作用于听觉器官和视觉器官的视频媒体。

(2) 表示媒体。表示媒体(Representation Medium)是为了能够有效地加工、处理和传输感觉媒体而构造出来的一类媒体，通常是计算机中对各种感觉媒体的编码。例如，各种字符的 ASCII 编码、图形图像编码、音频编码、视频编码等。

(3) 显示媒体。显示媒体(Presentation Medium)指的是感觉媒体和用于通信的电信号之间转换的一类媒体，包括输入显示媒体和输出显示媒体。其中，输入显示媒体包括键盘、摄像机、话筒、扫描仪、鼠标等，输出显示媒体包括显示器、打印机、绘图仪等。

(4) 存储媒体。存储媒体(Storage Medium)指的是用于存放各种数字化的表示媒体的存储介质。常见的存储媒体包括磁盘、光盘、U 盘、磁带等。

(5) 传输媒体。传输媒体(Transmission Medium)指的是将各种数字化的表示媒体从一个位置传递到另一个位置的传输介质，常见的传输媒体包括同轴电缆、双绞线、光纤、无线电波等。

2. 多媒体技术的特点

多媒体技术是融合两种以上媒体的人机交互式信息交流和传播媒体，具有以下几个主要特点。

(1) 集成性。能够对信息进行多通道统一获取、存储、组织与合成。

(2) 控制性。多媒体技术是以计算机为中心，综合处理和控制多媒体信息，并按人的要求以多种媒体形式表现出来，同时作用于人的多种感官。

(3) 交互性。交互性是多媒体应用有别于传统信息交流媒体的主要特点之一。传统信息交流媒体只能单向地、被动地传播信息，而多媒体技术则可以实现人对信息的主动选择和控制。

(4) 非线性。多媒体技术的非线性特点将改变人们传统循序性的读/写方式。以往人们读/写方式大都采用章、节、页的框架，循序渐进地获取知识，而多媒体技术将借助超文本链接(HyperText Link)的方法，把内容以一种更灵活、更具变化的方式呈现给读者。

(5) 实时性。当用户给出操作命令时,相应的多媒体信息都能够得到实时控制。

(6) 互动性。它可以形成人与机器、人与人及机器间的互动,互相交流的操作环境及身临其境的场景,人们根据需要进行控制。人机相互交流是多媒体最大的特点。

(7) 信息使用的方便性。用户可以按照自己的需要、兴趣、任务要求、偏爱和认知特点来使用信息,任取图、文、声等信息表现形式。

(8) 信息结构的动态性。"多媒体是一部永远读不完的书",用户可以按照自己的目的和认知特征重新组织信息,增加、删除或修改节点,重新建立信息链。

3. 多媒体技术的应用领域

多媒体技术的应用领域十分广泛,它不仅覆盖了计算机的绝大部分应用领域,而且拓宽了新的应用领域。目前,多媒体技术的主要应用领域如下。

(1) 游戏与娱乐。游戏与娱乐是多媒体技术应用的极为成功的一个领域。人们用计算机既能听音乐、看影视节目,又能参与游戏,与其中的角色联合或者对抗,从而使家庭文化生活进入一个更加美妙的境地。

(2) 教育与培训。多媒体技术为丰富多彩的教学方式又添了一种新的手段,它可以将课文、图表、声音、动画和视频等组合在一起构成辅助教学产品。这种图、文、声、像并茂的产品将大大提高学生的学习兴趣和接受能力,并且可以方便地进行交互式的指导和因材施教。

用于军事、体育、医学和驾驶等各方面培训的多媒体计算机,不仅可以使受训者在生动直观、逼真的场景中完成训练过程,而且能够设置各种复杂环境,提高受训人员对困难和突发事件的应对能力,还能极大地节约成本。

(3) 商业。多媒体技术在商业领域的应用十分广泛,如利用多媒体技术的商品广告、产品展示和商业演讲等会给人一种身临其境的感觉。

(4) 信息。利用 CD-ROM 和 DVD 等大容量的存储空间,与多媒体声像功能结合,可以提供大量的信息产品。例如,百科全书、地理系统、旅游指南等电子工具,还有电子出版物、多媒体电子邮件、多媒体会议等都是多媒体在信息领域中的应用。

(5) 工程模拟。利用多媒体技术可以模拟机构的装配过程、建筑物的室内外效果等,这样借助于多媒体技术,人们就可以在计算机上观察到不存在或者不容易观察到的工程效果。

(6) 服务。多媒体计算机可以为家庭提供全方位的服务,如家庭教师、家庭医生和家庭商场等。

多媒体正在迅速地以意想不到的方式进入人们生活的各个方面,正朝着智能化、网络化、立体化方向发展。

4. 多媒体技术的发展趋势

1) 流媒体技术

流媒体技术大大地促进了多媒体技术在网络上的应用。网络的多媒体化趋势是不可逆转的,相信在很短的时间里,多媒体技术一定能在网络这片新天地里找到更大的发展空间。

2) 智能多媒体技术

多媒体技术充分利用了计算机的快速运算能力,综合处理声、文、图信息,用交互式弥补计算机智能的不足。把人工智能领域某些研究课题和多媒体计算机技术很好地结合,就是多媒体计算机长远的发展方向。

3）虚拟现实

虚拟现实是一项与多媒体密切相关的边缘技术，它通过综合应用计算机图像处理、模拟与仿真、传感、显示系统等技术和设备，以模拟仿真的方式，给用户提供一个真实反映操作对象变化与相互作用的三维图像环境，从而构成一个虚拟世界，并通过特殊的输入/输出设备(如数据手套、头盔式三维显示装置等)提供给用户一个与该虚拟世界相互作用的三维交互式用户界面。虚拟现实技术结合了人工智能、计算机图形技术、人机接口技术、传感技术计算机动画等多种技术，它的应用包括模拟训练、军事演习、航天仿真、娱乐、设计与规划、教育与培训、商业等领域，发展潜力不可估量。

1.3.6 技能训练

练习1：为个人计算机安装适用的杀毒软件。

练习2：使用已安装的杀毒软件进行病毒的查杀。

综合实例练习

小张是某公司采购部的A组组长，现在公司需要采购一批办公计算机，部门经理安排小张带领A组完成此项目，共有两项任务。

1. 填写采购配置清单。

任务要求：

(1) 根据价格预期，初步填写配置清单。

(2) 根据使用要求，修改配置清单。

(3) 进行市场价格调研，完善配置清单。

(4) 组内讨论，最终确定采购配置清单。

2. 填写需要安装的常用软件清单。

任务要求：

(1) 讨论公司办公所需的常用办公软件并记录。

(2) 比较不同杀毒软件，确定需要安装的杀毒软件。

(3) 组内讨论，最终确定并填写软件清单。

习　题　1

一、选择题

1. 世界上第一台电子数字计算机起名为(　　)。

　A. UNIVAC　　B. EDSAC　　C. ENIAC　　D. EDVAC

2. 操作系统的作用是(　　)。

　A. 把源程序翻译成目标程序　　B. 进行数据处理

　C. 控制和管理系统资源的使用　　D. 实现软硬件的转换

3. 个人计算机简称为PC，这种计算机属于(　　)。

　A. 微型计算机　　B. 小型计算机　　C. 超级计算机　　D. 巨型计算机

4. 目前,制造计算机所采用的电子元器件是(　　)。

A. 晶体管　　B. 超导体

C. 中小规模集成电路　　D. 超大规模集成电路

5. 一个完整的计算机系统通常包括(　　)。

A. 硬件系统和软件系统　　B. 计算机及其外部设备

C. 主机、键盘与显示器　　D. 系统软件和应用软件

6. 计算机软件是指(　　)。

A. 计算机程序　　B. 源程序和目标程序

C. 源程序　　D. 计算机程序及有关资料

7. 计算机的软件系统一般分为(　　)两大部分。

A. 系统软件和应用软件　　B. 操作系统和计算机语言

C. 程序和数据　　D. DOS和Windows

8. 决定计算机性能的主要是(　　)。

A. CPU　　B. 耗电量　　C. 质量　　D. 价格

9. 微型计算机中运算器的主要功能是进行(　　)。

A. 算术运算　　B. 逻辑运算

C. 初等函数运算　　D. 算术运算和逻辑运算

10. 计算机存储数据的最小单位是二进制的(　　)。

A. 位(比特)　　B. 字节　　C. 字长　　D. 千字节

11. 一个字节包括(　　)个二进制位。

A. 8　　B. 16　　C. 32　　D. 64

12. 1MB等于(　　)字节。

A. 100000　　B. 1024000　　C. 1000000　　D. 1048576

13. 下列数据中,有可能是八进制数的是(　　)。

A. 488　　B. 317　　C. 597　　D. 189

14. 与十进制数36.875等值的二进制数是(　　)。

A. 110100.011　　B. 100100.111　　C. 100110.111　　D. 100101.101

15. 下列逻辑运算结果不正确的是(　　)。

A. 0+0=0　　B. 1+0=1　　C. 0+1=0　　D. 1+1=1

16. 硬盘属于(　　)。

A. 输入设备　　B. 输出设备　　C. 内存储器　　D. 外存储器

17. 具有多媒体功能系统的计算机常用CD-ROM作为外存储设备,它是(　　)。

A. 只读存储器　　B. 只读光盘

C. 只读硬磁盘　　D. 只读大容量软磁盘

18. 在下列计算机应用项目中,属于数值计算应用领域的是(　　)。

A. 气象预报　　B. 文字编辑系统　　C. 运输行李调度　　D. 专家系统

19. 在下列计算机应用项目中,属于过程控制应用领域的是(　　)。

A. 气象预报　　B. 文字编辑系统　　C. 运输行李调度　　D. 专家系统

20. 计算机采用二进制最主要的理由是(　　)。

A. 存储信息量大　　B. 符合习惯
C. 结构简单、运算方便　　D. 数据输入、输出方便

21. 在不同进制的4个数中,最小的一个数是(　　)。
A. $(1101100)_2$　　B. $(65)_{10}$　　C. $(70)_8$　　D. $(A7)_{16}$

22. 根据计算机的(　　),计算机的发展可划分为4代。
A. 体积　　B. 应用范围　　C. 运算速度　　D. 主要元器件

23. 在计算机系统中,任何外部设备都必须通过(　　)才能和主机相连。
A. 存储器　　B. 接口适配器　　C. 电缆　　D. CPU

24. 一台计算机的字长是4字节,这意味着它(　　)。
A. 能处理的字符串最多由4个英文字母组成
B. 能处理的数值最大为4位十进制数9999
C. 在CPU中作为一个整体加以传送处理的二进制数码为32位
D. 在CPU中运算的结果最大为2的32次方

25. 从软件分类来看,Windows属于(　　)。
A. 应用软件　　B. 系统软件　　C. 支撑软件　　D. 数据处理软件

26. 计算机中信息存储的最小单位是(　　)。
A. 二进制位　　B. 字节　　C. 字　　D. 字长

27. 术语ROM是指(　　)。
A. 内存储器　　B. 随机存取存储器
C. 只读存储器　　D. 只读型光盘存储器

28. 术语RAM是指(　　)。
A. 内存储器　　B. 随机存取存储器
C. 只读存储器　　D. 只读型光盘存储器

29. 完整的计算机系统应包括(　　)。
A. 主机、键盘和显示器　　B. 主机和操作系统
C. 主机和外部设备　　D. 硬件系统和软件系统

二、填空题

1. 1GB等于________MB。
2. 在同一台计算机中,内存存取速度比外存________。
3. 在计算机内存中要存放256个ASCII码字符,需________B的存储空间。
4. 在计算机断电后________中的信息将会丢失。
5. 计算机的存储系统一般是指________。
6. 与十六进制数26.E等值的二进制数是________。
7. 32位微处理器中的32表示的技术指标是________。
8. 在计算机中访问速度最快的存储器是________。
9. 计算机的存储器是一种________部件。
10. 内存中的随机存储器的英文缩写为________。
11. 在计算机硬件设备中,________、________合在一起称为中央处理器,简称CPU。
12. 在计算机内部,用来传送、存储、加工处理的数据或指令都是以________形式进

行的。

13. 现代计算机的基本工作原理是________。

14. 要把一张照片输入计算机，必须用到________的输入设备。

15. 建立计算机网络的主要目的是________。

16. 计算机病毒主要是通过________传播的。

17. 目前，计算机病毒对计算机造成的危害主要是破坏________实现的。

三、简答题

1. 简述计算机的主要应用领域。
2. 简述未来计算机的发展趋势。
3. 简述计算机系统组成。
4. 简述计算机的主要特点。
5. 简述计算机病毒的主要来源。
6. 简述计算机病毒传染方式。
7. 简述目前在我国常用的防病毒软件。

项目 2

维护与管理 Windows 10 操作系统

任务 2.1　Windows 10 操作系统的安装及驱动安装

维护与管理计算机是保证一台计算机能够正常工作的基础工作,能够为计算机安装操作系统则是更加基础的工作,可以说在计算机维护方面遇到再大的困难都能解决。这个任务就是在一台笔记本电脑上安装 Windows 10 操作系统。

2.1.1　任务要点

(1) 安装 Windows 10 操作系统。
(2) 驱动程序的获取和安装。
(3) 计算机管理软件 360 的获取和安装。
(4) Windows 10 的桌面组成。
(5) 窗口的组成及管理。

2.1.2　任务要求

(1) 安装 Windows 10 操作系统。
(2) 安装驱动程序。
(3) 安装 360 安全卫士。
(4) 检测系统并打补丁。

2.1.3　实施过程

1. 选择 Windows 10 版本

Windows 10 一共有 4 个主要版本:Home 家庭版是最基础的,功能相对最少,但也最便宜,适合普通用户;Pro 专业版面向高端消费者,功能强大了不少;Enterprise 企业版是给大客户用的,仅提供批量授权;Education 教育版则适合学校师生,按惯例会有特殊优惠。

2. 安装操作系统

启动计算机,将购买的 Windows 10 操作系统盘放进计算机光驱中,进入光盘安装系统,如图 2-1 所示。

图 2-1　进入 Windows 10 光盘安装系统

3. 进入 Windows 10 操作系统安装界面

单击“现在安装”按钮，开始安装系统，如图 2-2 所示。

图 2-2　Windows 10 操作系统安装界面

4. 系统安装过程选项

输入产品密钥环节可以在这里直接输入，也可以单击“跳过”按钮等系统装好后再输入，如图 2-3 所示；选择要安装的系统版本，如图 2-4 所示；单击“下一步”按钮选择安装方式，如图 2-5 所示，再次单击“确定”按钮开始安装。

5. 系统的安装过程

选择系统安装盘，如图 2-6 所示，单击“下一步”按钮进入系统文件安装等待界面，如图 2-7 所示，整个过程大约需要一段时间，安装完成后计算机会自动重启，重新进入 Windows 10 界面，如图 2-8 所示。

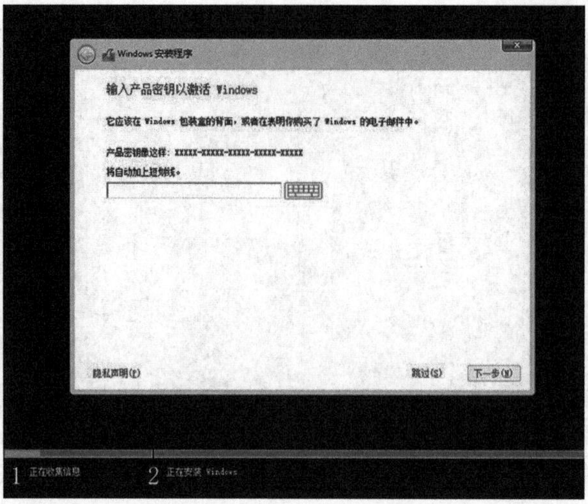

图 2-3　输入产品密钥

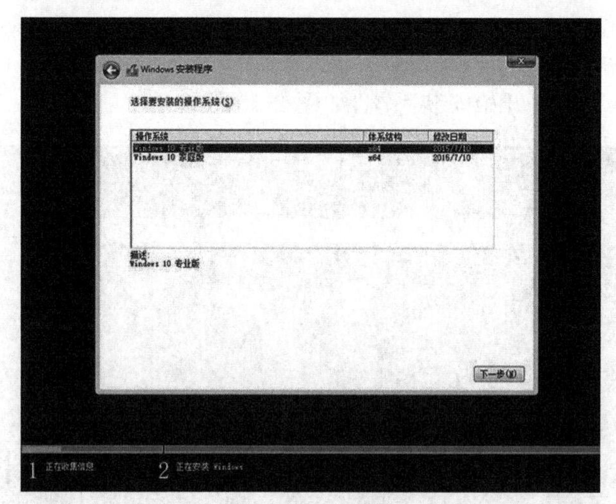

图 2-4　选择要安装的系统版本

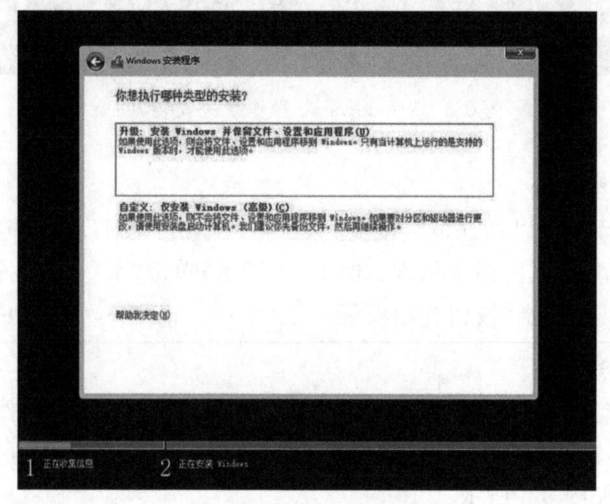

图 2-5　选择安装方式

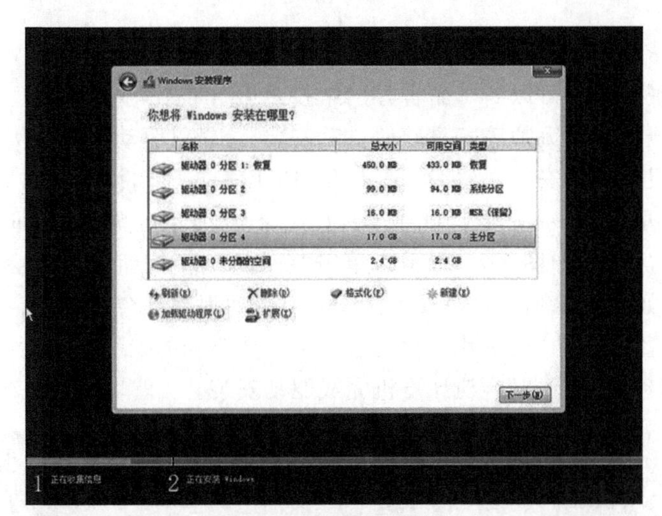

图 2-6　选择系统安装盘

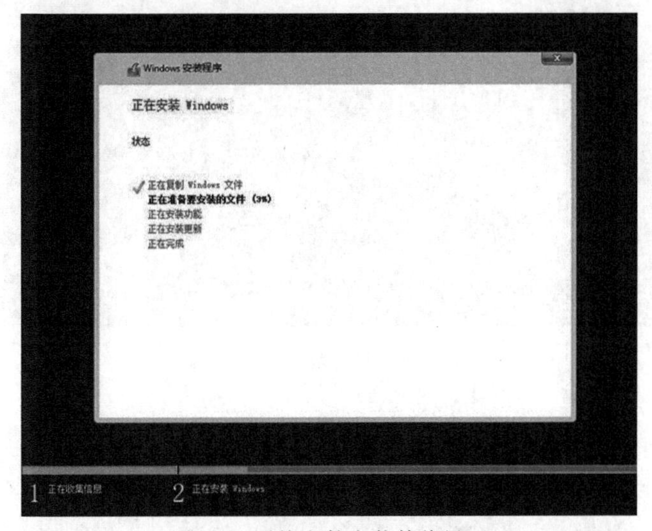

图 2-7　系统文件安装等待界面

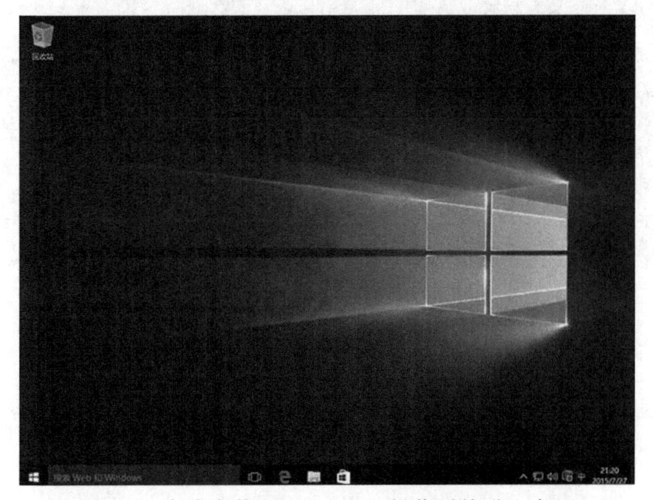

图 2-8　完成安装 Windows 10 操作系统进入桌面

6. 驱动程序的安装

安装计算机硬件驱动可以到产品官方网站技术服务查找对应硬件型号下载安装,也可以利用驱动精灵或者驱动大师等工具软件自动安装,这里以驱动精灵为例进行操作。

运行驱动精灵软件的安装文件 DGSETUP. EXE 安装驱动精灵如图 2-9 所示,单击"一键安装"按钮安装驱动精灵,安装后自动运行如图 2-10 所示。单击"立即检测"按钮进入驱动检测环节,检测后界面如图 2-11 所示。单击"一键安装"按钮计算机会自动按顺序安装打√的驱动程序,如图 2-12 所示。每安装完成一个驱动程序都会弹出重启对话框,如图 2-13 所示。单击"稍后重新启动"按钮就会自动进入下一个驱动的安装,直到所有驱动安装完毕,单击"立即重新启动"按钮重新启动计算机完成驱动安装。

图 2-9　驱动精灵安装界面

图 2-10　驱动精灵操作界面

图 2-11　驱动精灵检测结果

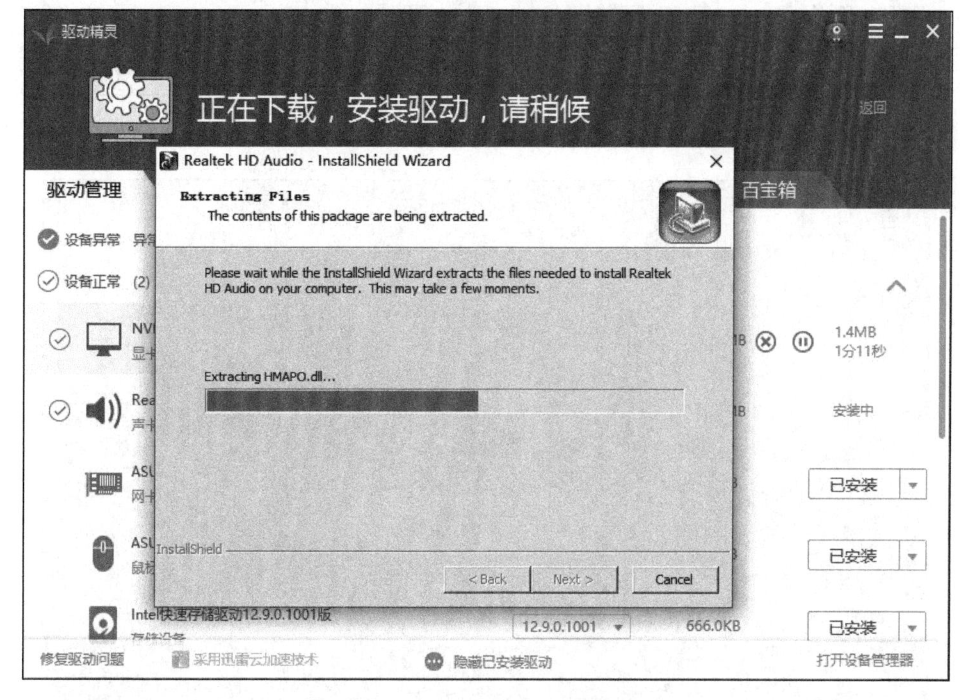

图 2-12　驱动程序安装过程

7. 安装 360 管理系统

打开 IE 浏览器并打开网页 www.360.cn 进入 360 官网，如图 2-14 所示。单击“快速下

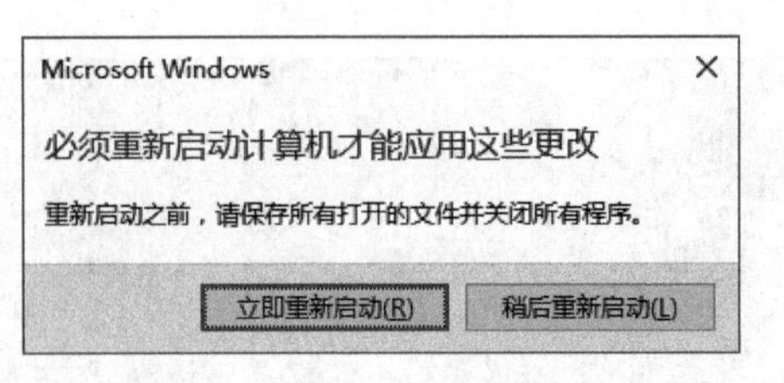

图 2-13　驱动安装后重启提示

载”区域的“安全卫士”按钮进入 360 安全卫士安装状态,如图 2-15 所示。安装结束后 360 安全卫士自动运行,如图 2-16 所示。单击“立即体检”按钮对计算机进行全面检查,结束后如图 2-17 所示。单击“一键修复”按钮进入自动修复状态,约 40 分钟后修复结束,如图 2-18 所示,此时标志着这台计算机操作系统完全安装结束,可以正常使用。

图 2-14　360 官网主页

图 2-15　360 安全卫士安装状态

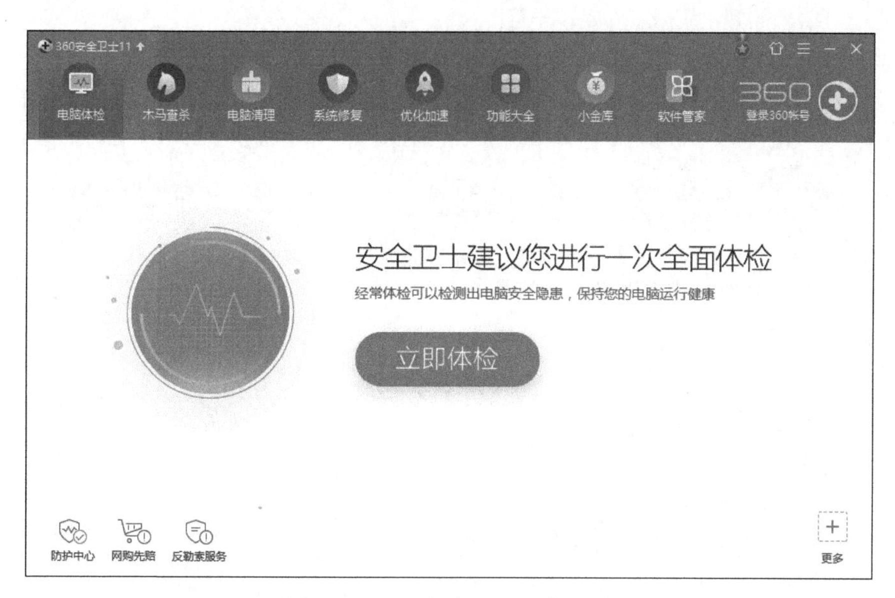

图 2-16　360 安全卫士操作界面

图 2-17　360 安全卫士检查结果

2.1.4　知识链接

1. Windows 10 版本介绍

Windows 10 是美国微软公司所研发的新一代跨平台及设备应用的操作系统。

在正式版本发布后的一年内，所有符合条件的 Windows 7、Windows 8.1 以及 Windows Phone 8.1 用户都可以免费升级到 Windows 10。所有升级到 Windows 10 的设备，微软都将提供永久生命周期的支持。Windows 10 可能是微软发布的最后一个 Windows 版本，下一代 Windows 将作为 Update 形式出现。Windows 10 将发布 7 个发行

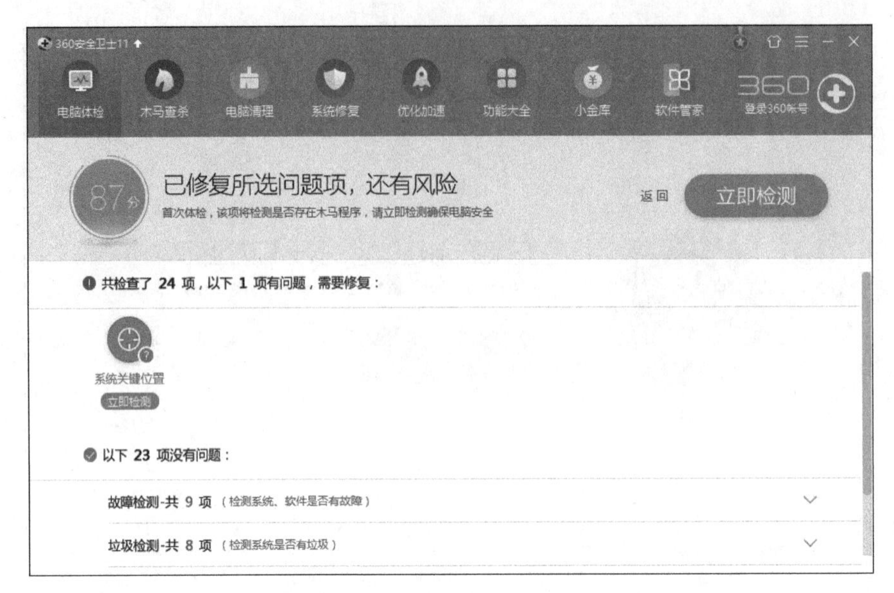

图 2-18　360 安全卫士自动修复结果

版本，分别面向不同用户和设备。2016 年 7 月 31 日，微软开始以 119.99 美元起的价格销售 Windows 10。

2. 配置要求

处理器：1.0GHz 或更快。

屏幕：800×600 像素以上分辨率(消费者版本大于等于 8 英寸，专业版本大于等于 7 英寸)。

安装要求如下。

固件：UEFI 2.3.1，支持安全启动。

启动内存：2GB(64 位版)，1GB(32 位版)。

硬盘空间：大于等于 16GB(32 位版)，大于等于 20GB(64 位版)。

图形卡：支持 DirectX 9 平板。

3. 窗口的组成及管理

窗口是 Windows 10 操作系统最重要的对象，当用户打开程序、文件或者文件夹时，都会在屏幕上出现一个窗口。在 Windows 10 中，几乎所有的操作都是通过窗口来实现的。因此，了解窗口的基本知识和操作方法是非常重要的。

1) 窗口的组成

在 Windows 10 中，虽然各个窗口的内容各不相同，但所有的窗口都有一些共同点。一方面，窗口始终在桌面上；另一方面，大多数窗口都具有相同的基本组成部分。本小节以“计算机”窗口为例，介绍 Windows 10 窗口的组成。

双击桌面上的“计算机”图标，弹出“计算机”窗口。可以看到窗口一般由控制按钮区、地址栏、搜索栏、功能区、导航窗格、工作区、细节窗格和状态栏 8 个部分组成，如图 2-19 所示。

(1) 控制按钮区。在控制按钮区有 3 个窗口控制按钮，分别为最小化按钮、最大化按钮和关闭按钮，每个按钮都有其特殊的功能和作用。

(2) 地址栏。显示文件和文件夹所在的路径，通过它还可以访问因特网中的资源。

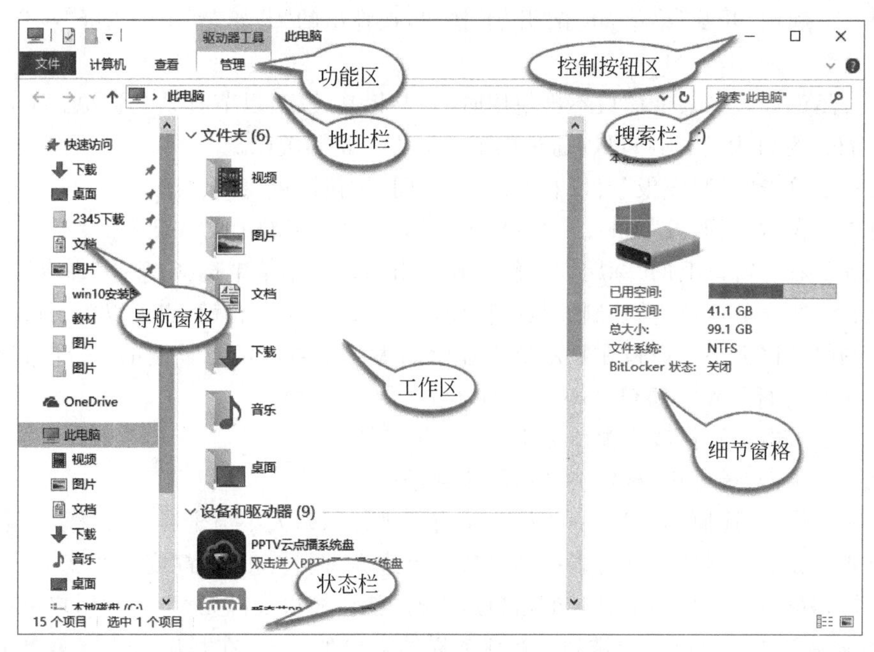

图 2-19　窗口的组成

(3) 搜索栏。将要查找的目标名称输入“搜索栏”文本框中，然后按 Enter 键即可。窗口中“搜索栏”的功能和“开始”菜单中的“搜索”的功能相似，只不过在此处只能搜索当前窗口范围的目标，还可以添加搜索筛选器，以便更精确、更快速地搜索到所需要的内容。

(4) 功能区。一般来说，打开功能区后会出现功能区工具栏。

(5) 导航窗格。导航窗格位于工作区的左边区域。与以往的 Windows 版本不同的是，在 Windows 10 操作系统中，导航窗格一般包括收藏夹、库、计算机和网络 4 个部分。单击前面的箭头按钮既可以打开列表，也可以打开相应的窗口，方便用户随时准确地查找相应的内容。

(6) 工作区。工作区位于窗口的右侧，是整个窗口中最大的矩形区域，用于显示窗口中的操作对象和操作结果。当窗口中显示的内容太多而无法在一个屏幕内显示出来时，可以单击窗口右侧的垂直滚动条两端的上箭头按钮和下箭头按钮，或者拖动滚动条，都可以使窗口中的内容垂直滚动。

(7) 细节窗格。细节窗格位于窗口下方，用来显示选中对象的详细信息。例如，要显示“本地磁盘(C:)”的详细信息，只需单击一下“本地磁盘(C:)”图标，就会在窗口右方显示它的详细信息。当用户不需要显示详细信息时，可以将细节窗格隐藏进来。单击“工具栏”中的组织按钮，在弹出的下拉菜单中选择“布局”命令，然后选择“细节窗格”选项即可。

(8) 状态栏。状态栏位于窗口的最下方，显示当前窗口的相关信息和被选中对象的状态信息。

2) 窗口的操作

窗口是 Windows 10 环境中的基本对象，同时对窗口的操作也是最基本的操作。

(1) 打开窗口。这里以打开“控制面板”窗口为例，用户可以通过以下 3 种方法将其打开。

方法一：利用桌面图标，双击桌面上的“此电脑”图标即可。

方法二：右击图标，从弹出的快捷菜单中选择“打开”命令即可。

方法三：利用“开始”菜单，单击“开始”按钮，在弹出的“开始”菜单中选择“控制面板”命令即可。

(2) 关闭窗口。当某个窗口不再使用时，需要将其关闭，以节省系统资源。下面以打开的“控制面板”窗口为例，用户可以通过以下4种方法将其关闭。

方法一：单击“控制面板”窗口右上角的“关闭”按钮即可将其关闭。

方法二：在“控制面板”窗口的菜单栏中选择“文件”菜单中的“关闭”命令即可。

方法三：右击窗口上的“标题栏”，然后在弹出的快捷菜单中选择“关闭”命令即可。

方法四：在当前窗口为“控制面板”窗口时，按Alt＋F4组合键，也可以关闭窗口。

(3) 调整窗口大小。窗口在显示器中显示的大小是可以随意控制的，这样可以方便用户对多个窗口进行操作。窗口大小调整的方法主要有4种。

方法一：双击标题栏改变窗口大小。

方法二：单击“最小化”按钮将窗口隐藏到任务栏。

方法三：单击“还原”和“最大化”按钮将窗口进行原始大小与全屏切换显示。

方法四：在非全屏状态下可以拖动窗口4个边界，调整窗口的高度和宽度。

(4) 排列窗口。当桌面上打开的窗口过多时，就会显得杂乱无章，这时用户可以通过设置窗口的显示形式对窗口进行排列。在任务栏的空白处右击，在弹出的快捷菜单中包含了显示窗口的3种形式，即层叠窗口、堆叠窗口和并排显示窗口，用户可以根据需要选择一种窗口的排列方式，对桌面上的窗口进行排列。

如果要对窗口进行平铺，可以按Ctrl＋Alt＋Delete组合键开启“任务管理器”，在其中按住Ctrl键单击选取需要平铺的窗口，然后右击，在弹出的快捷菜单中选择“纵向平铺”或“横向平铺”命令即可。

(5) 切换窗口。在Windows 10操作系统环境下可以同时打开多个窗口，但是当前活动窗口只能有一个。因此，用户在操作的过程中经常需要在不同的窗口间切换。具体操作步骤如下，先按Alt＋Tab组合键，弹出窗口缩略图图标方块；再按住Alt键不放，同时按Tab键逐一选择窗口图标，当方框移动到需要使用的窗口图标时释放，即可打开相应的窗口。

2.1.5 知识拓展

1. Windows PE简介

Windows PE是简化版的Windows XP或Windows Server 2003，放在一张可直接激活的CD或DVD光盘中，特点是激活时出现Windows XP或Windows Server 2003的激活画面，以及出现简单的图形用户接口(GUI)，亦能运行Internet Explorer。Windows PE支持网络，但只附带以下工具：命令提示符、记事本和一些命令提示符的维护工具。Windows PE初衷只是方便企业制造自定义的Windows XP或Windows Server 2003，因此市面上并没有而且不可能出售。在微软的批准下，其他软件公司可附上自己的软件于Windows PE，令激活计算机的时候运行有关的程序。这些软件通常是系统维护软件，在计算机不能正常运作的情况下，可运用有关的系统维护软件修复计算机。系统维护软件包括Symantec Norton Ghost(诺顿克隆精灵)等。Windows Vista的安装程序，亦是基于Windows PE。Windows PE大多被OEM厂商所使用，举例来说就像刚买回来的品牌套装计算机，不需要完全从头安装操作系统，而是从完成安装开始。OEM厂商可以自定系统安装完成后，运行安装驱动程序的动作、修改“我的计算机”中的 OEM 商标、安装辅助程序、……简单来说 Windows PE 的作用是使用在大量的计算机安装(同规格的计算机)中,以达到快速且一致性的安装,也就是说安装必备操作系统。

2. 驱动精灵软件简介

驱动精灵是一款集驱动管理和硬件检测于一体的、专业级的驱动管理和维护工具。驱动精灵为用户提供驱动备份,恢复、安装、删除、在线更新等实用功能。另外,除了驱动备份、恢复功能外,还提供了 Outlook 地址簿、邮件和 IE 收藏夹的备份与恢复,并且有多国语言界面供用户选择。

利用驱动精灵的驱动程序备份功能,在计算机重装前,将计算机中的最新版本驱动程序进行备份下载,待重装完成时,再使用它的驱动程序还原功能安装,便可以节省掉许多驱动程序安装的时间,并且再也不怕找不到驱动程序了。驱动精灵对于手头上没有驱动安装盘的用户十分实用,用户可以通过本软件将系统中的驱动程序提取并备份出来。

3. 360 安全卫士软件简介

360 安全卫士是北京奇虎科技有限公司推出的一款永久免费杀毒防毒软件。2006 年 7 月 27 日,360 安全卫士正式推出。目前,4.2 亿中国网民中,首选安装 360 安全卫士的已超过 3.78 亿。360 安全卫士拥有查杀木马、清理插件、修复漏洞、计算机体检、清理垃圾等多种常用功能,并独创了“木马防火墙”功能,依靠抢先侦测和 360 安全中心云端鉴别,可全面、智能地拦截各类木马,保护用户的账号、隐私等重要信息。

目前,木马威胁之大已远超病毒,360 安全卫士运用云安全技术,在拦截和查杀木马的效果、速度以及专业性上表现出色,能有效防止个人数据和隐私被木马窃取,被誉为“防范木马的第一选择”。360 安全卫士自身非常轻巧,同时还具备开机加速、清理垃圾等多种系统优化功能,可大大加快计算机运行速度,内含的 360 软件管家、360 网盾还可帮助用户轻松下载、升级和强力卸载各种应用软件和帮助用户拦截广告,安全下载,聊天和上网保护。

2.1.6　技能训练

练习 1：为一台笔记本电脑安装 Windows 10 操作系统。

练习 2：使用驱动精灵安装驱动和常用软件。

练习 3：使用驱动精灵进行驱动备份。

任务 2.2　在 Windows 10 中安装并管理软件

安装系统后的工作就应该是安装软件了,由于课程需要,这里需要安装 Office 2013,接着把不需要的驱动精灵软件彻底删除。

2.2.1　任务要点

(1) 管理磁盘。

(2) 安装软件。

(3) 卸载软件。

(4) 管理文件和文件夹。

2.2.2 任务要求

(1) 格式化D盘。
(2) 在D盘下新建名为office的文件夹。
(3) 在office文件夹中安装Office 2013。
(4) 卸载驱动精灵。
(5) 删除驱动精灵文件夹。

2.2.3 实施过程

1. 格式化D盘

双击桌面上"此电脑"图标,在打开的窗口中右击D盘图标,弹出的快捷菜单如图2-20所示,选择"格式化"命令进入"格式化 本地磁盘"对话框,如图2-21所示,单击"开始"按钮执行对D盘的格式化。

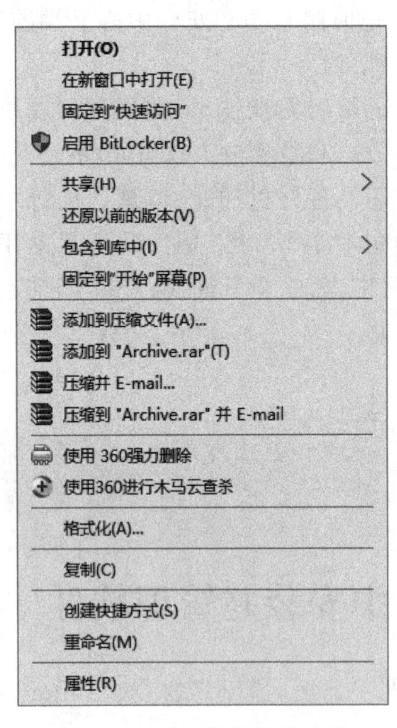

图2-20 磁盘操作快捷菜单

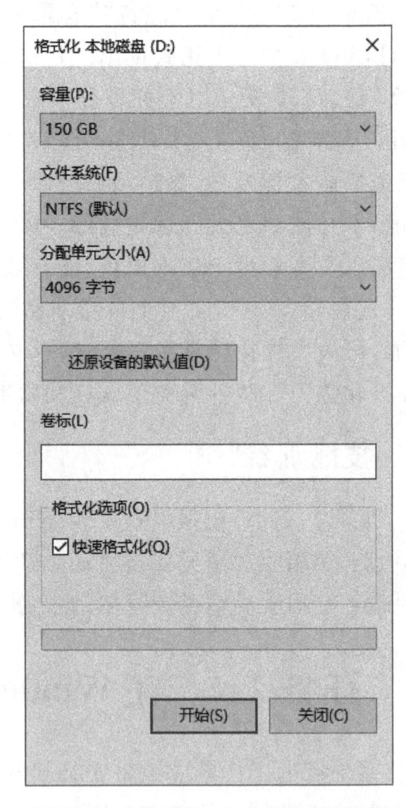

图2-21 "格式化 本地磁盘"对话框

2. 在D盘下新建名为office的文件夹

双击桌面上的"此电脑"图标,在打开的窗口中单击D盘图标,在空白区右击弹出快捷菜单,选择"新建"命令,如图2-22所示,选择"文件夹"命令此时出现"新建文件夹"文件夹,文件夹名为蓝色选中状态可以直接输入office将文件夹名改为office。如果这时执行了其他鼠标操作，文件夹名称则被确定为“新建文件夹”，这时再次选中“新建文件夹”文件夹，右击，弹出快捷菜单，如图 2-23 所示，选择“重命名”命令后输入 office 将文件夹重命名为 office。

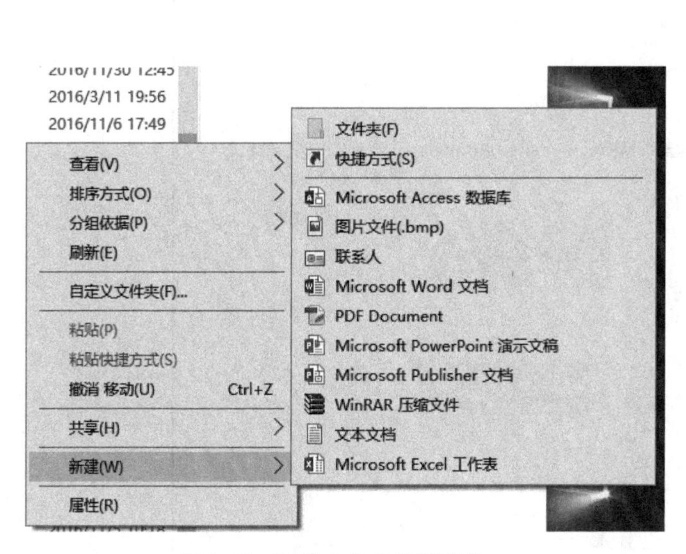

图 2-22　新建文件夹快捷菜单

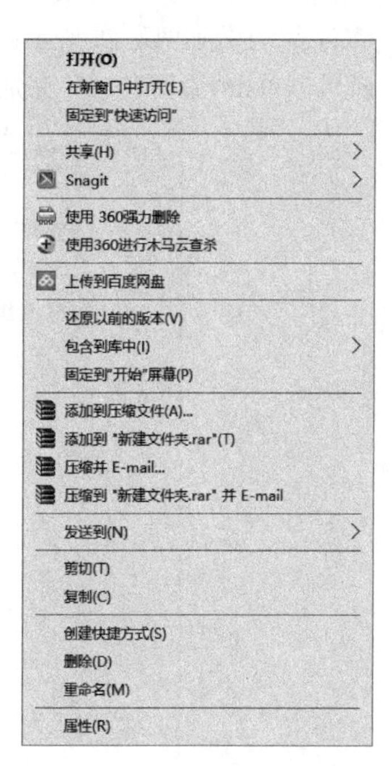

图 2-23　文件操作快捷菜单

3. 在 office 文件夹中安装 Office 2013

打开 Office 2013 文件安装包，双击 setup.exe 执行文件执行安装命令，弹出软件许可证条款对话框，如图 2-24 所示。选中“我接受此协议的条款”复选框，单击“继续”按钮，进

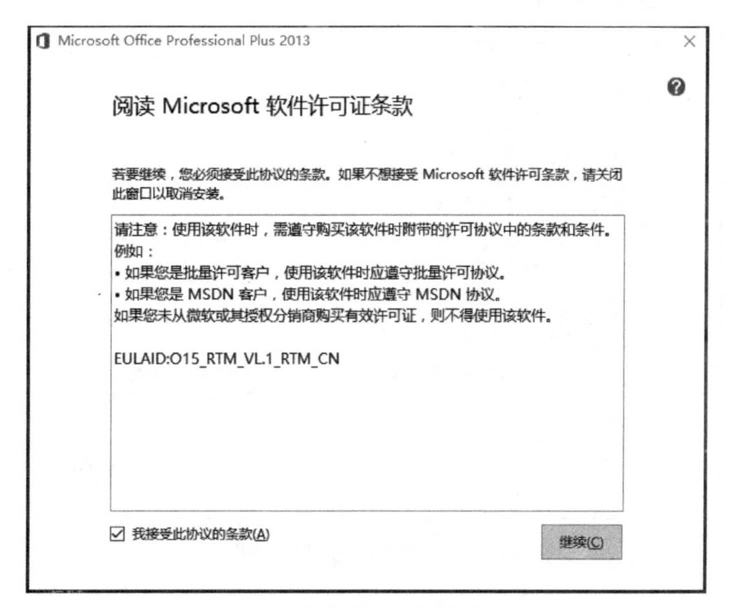

图 2-24　软件许可证条款对话框

入“所需的安装”对话框，如图 2-25 所示，单击“自定义”按钮，进入“安装选项”对话框，如图 2-26 所示，选择“文件位置”选项卡，进入“选择文件位置”对话框，如图 2-27 所示。单击“浏览”按钮，选择 D:\office 文件夹，单击“确定”按钮后再单击“立即安装”按钮，开始安装 Office 2013，如图 2-28 所示。安装结束后出现完成 Office 安装体验的提示对话框，如图 2-29 所示。单击“关闭”按钮，完成 Office 2013 的安装。

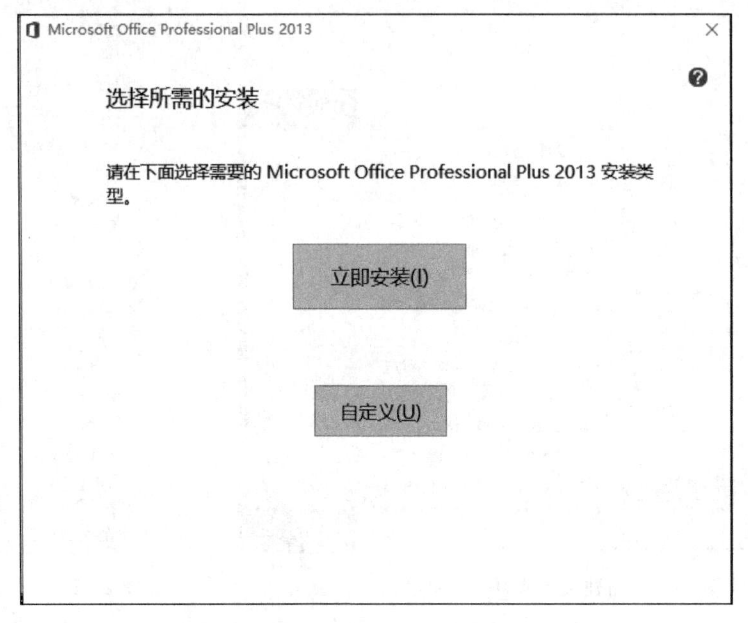

图 2-25　选择“所需的安装”对话框

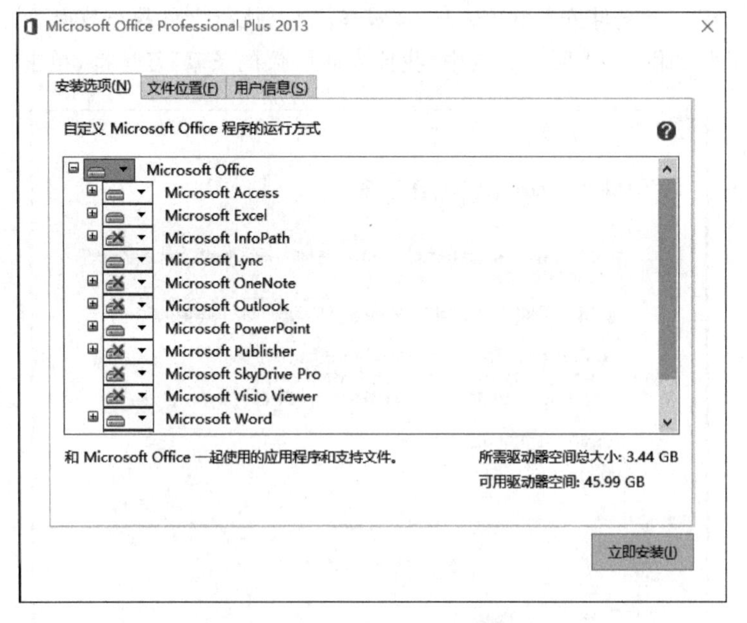

图 2-26　“安装选项”对话框

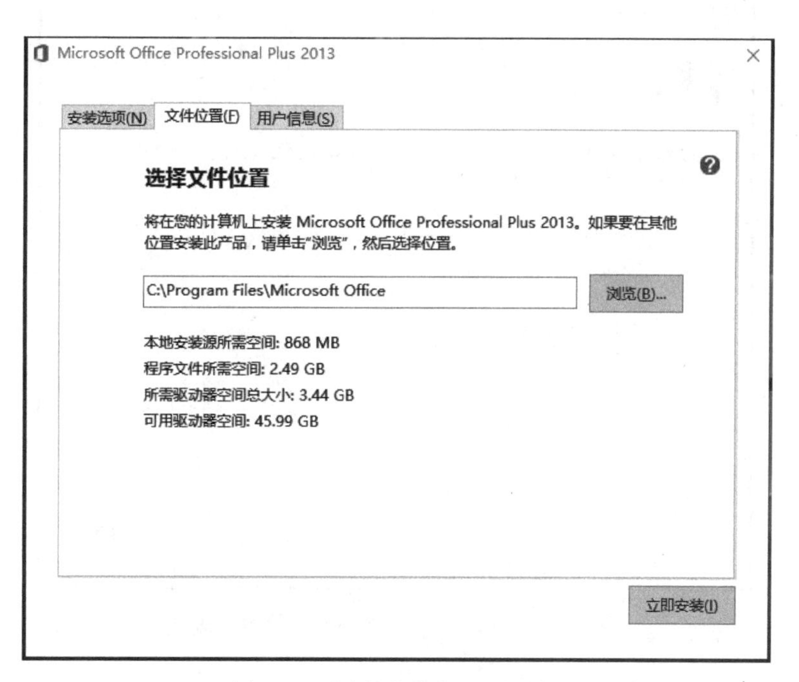

图 2-27　"选择文件位置"对话框

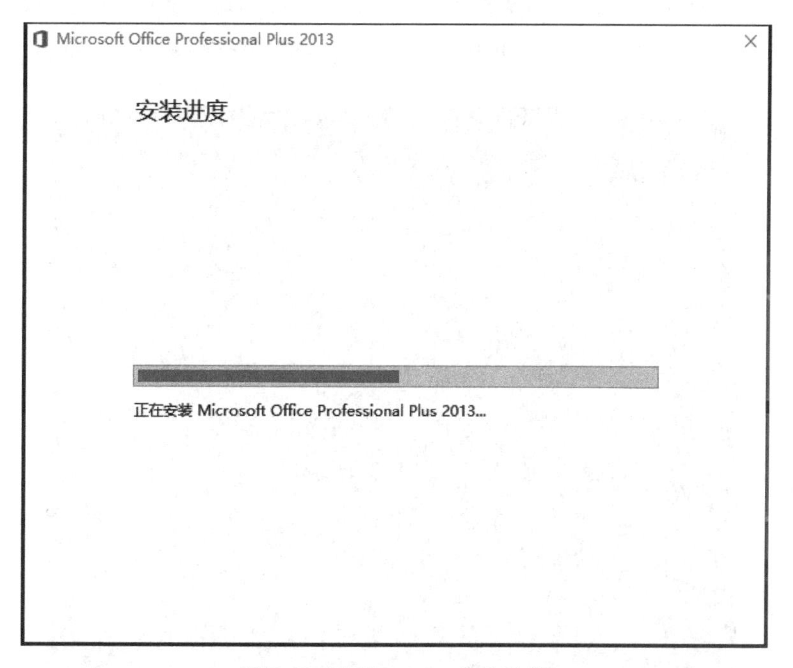

图 2-28　Office 2013 安装进度

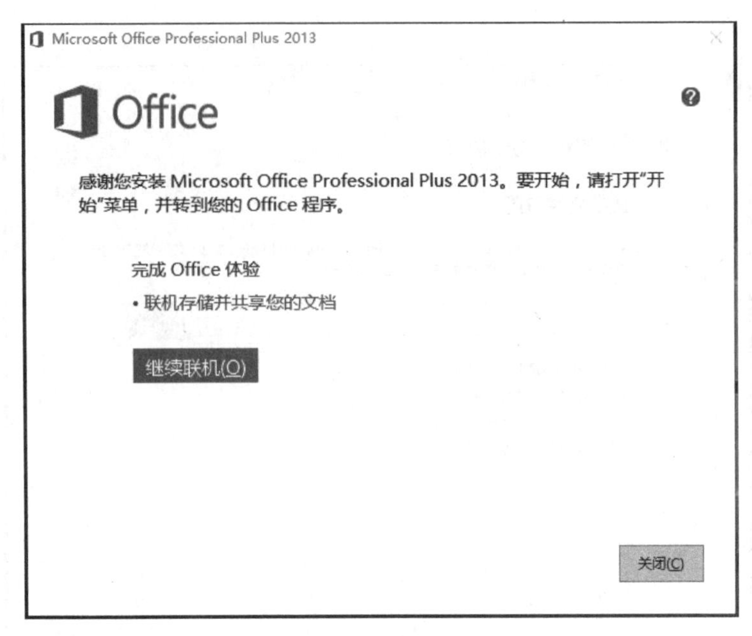

图 2-29　Office 2013 安装体验的提示对话框

4. 卸载驱动精灵

单击桌面左下角的"开始"按钮，在拼音 Q 区中找到驱动精灵，如图 2-30 所示，右击"驱动精灵"图标选择"卸载"命令，如图 2-31 所示。弹出"程序和功能"窗口，如图 2-32 所

图 2-30　"开始"菜单

示。单击“驱动精灵”图标选择 卸载/更改 命令，弹出驱动精灵卸载对话框，如图 2-33 所示，单击“继续卸载”按钮，在弹出的对话框中接着单击“狠心卸载”按钮后，再次单击“开始卸载”按钮运行卸载程序，卸载完成后弹出如图 2-34 所示的对话框，单击“卸载完成”按钮完成卸载。

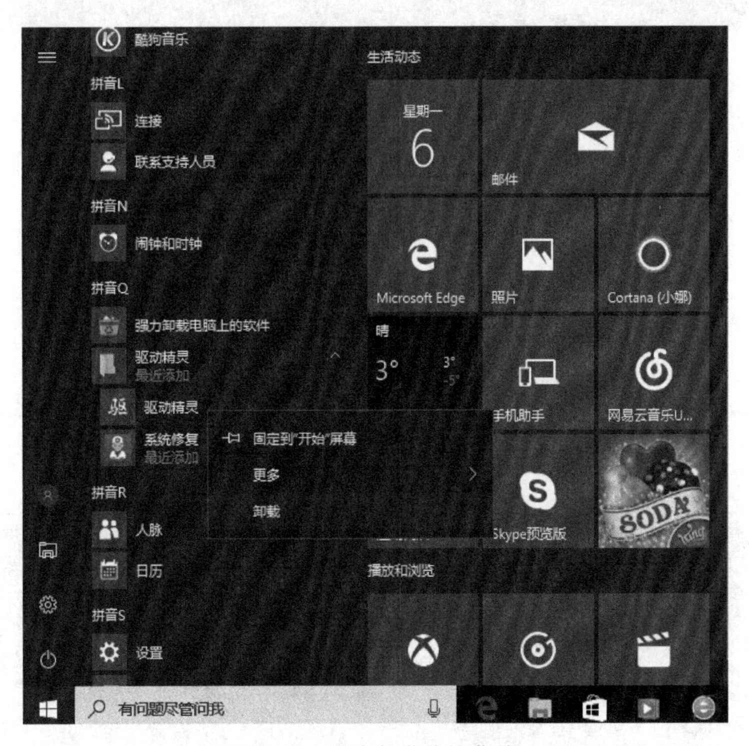

图 2-31　程序卸载快捷菜单

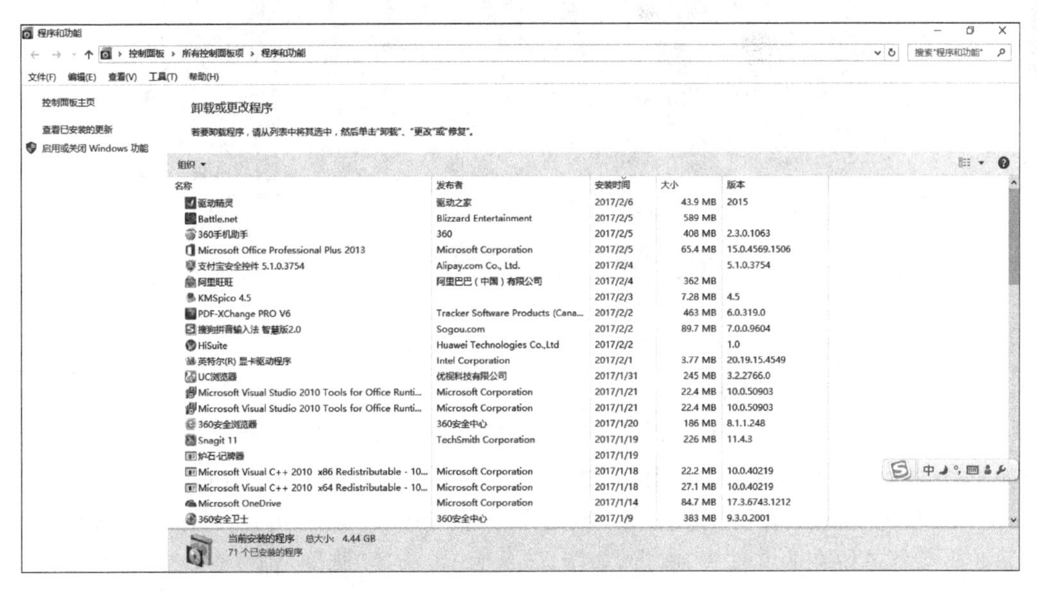

图 2-32　“程序和功能”窗口

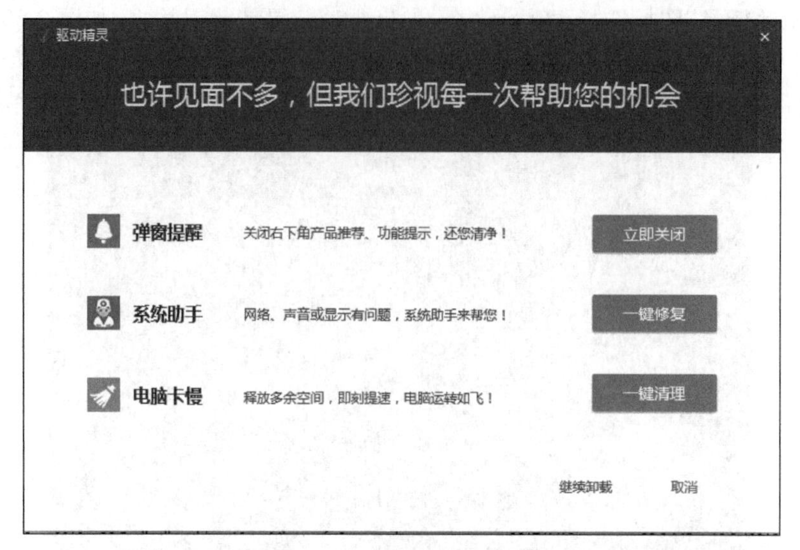

图 2-33　驱动精灵卸载对话框

图 2-34　卸载完成对话框

5. 删除驱动精灵文件夹

驱动精灵程序虽然已经卸载，但是还有文件夹残留在计算机中，需要彻底删除才算完成删除驱动精灵的过程。双击桌面上"此电脑"图标，在打开的窗口中单击C盘，打开Program Files文件夹(一般的安装程序默认安装到这个文件夹中)。选中MyDrivers文件夹(此文件夹就是驱动精灵所在的文件夹)右击，如图2-35所示，选择"删除"命令，弹出"删除文件夹"对话框，如图2-35所示，单击"是"按钮删除文件。这时文件夹并未真正删除，选中桌面上的回收站图标右击，在弹出的快捷菜单中选择"清空回收站"命令后彻底删除MyDrivers文件夹。

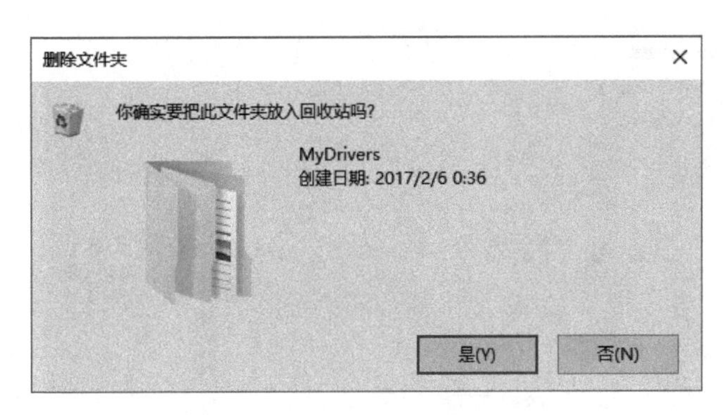

图 2-35　“删除文件夹”对话框

2.2.4　知识链接

1. 文件资源管理器

文件资源管理器是 Windows 10 操作系统提供的资源管理工具,用户可以用它查看本台计算机的所有资源,特别是通过它提供的树形文件系统结构,能更清楚、更直观地认识计算机的文件和文件夹。在文件资源管理器中还可以很方便地对文件进行各种操作,如打开、复制、移动等。

1) 启动文件资源管理器

单击“开始”菜单,单击按钮,如图 2-36 所示,即可启动文件资源管理器。

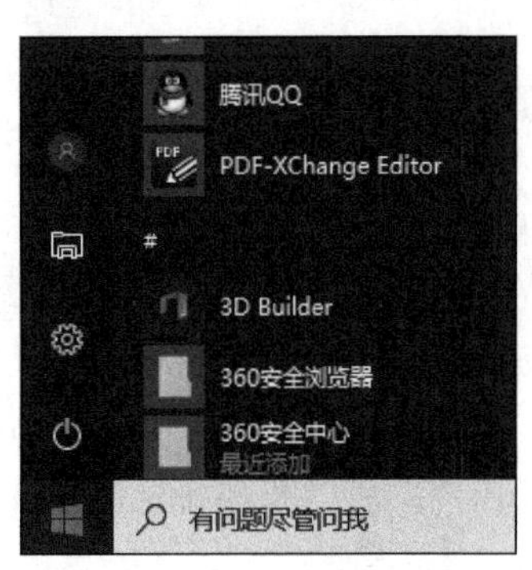

图 2-36　启动文件资源管理器

文件资源管理器启动后的窗口如图 2-37 所示,在左侧窗格中会以树形结构显示计算机中的资源(包括网络),单击某一个文件夹会显示更详细的信息,同时文件夹中的内容会显示在中间的主窗格中。

2) 搜索框

计算机中的资源种类繁多、数目庞大,而“文件资源管理器”窗口的右上角内置了搜索框。此搜索框具有动态搜索功能,如果用户找不到文件的准确位置,便可以利用搜索框进行搜索。当输入关键字的一部分时,搜索就已经开始了。随着输入关键字的增多,搜索的结果会被反复筛选,直到搜索出所需要的内容,无论是什么窗口,如文件资源管理器、Windows 10 自带的很多程序中都有搜索框存在。在搜索框中输入想要搜索的关键字,系统就会将需要的内容显示出来。

3) 地址栏

地址栏是 Windows 的“文件资源管理器”窗口中的一个保留项目。通过地址栏,不仅可以知道当前打开的文件夹名称,而且可以在地址栏中输入本地硬盘的地址或者网络地址,直接打开相应内容。

2. 文件或文件夹的排序方式

文件与文件夹在窗口中的排列顺序可以影响到用户查找文件与文件夹的效率。

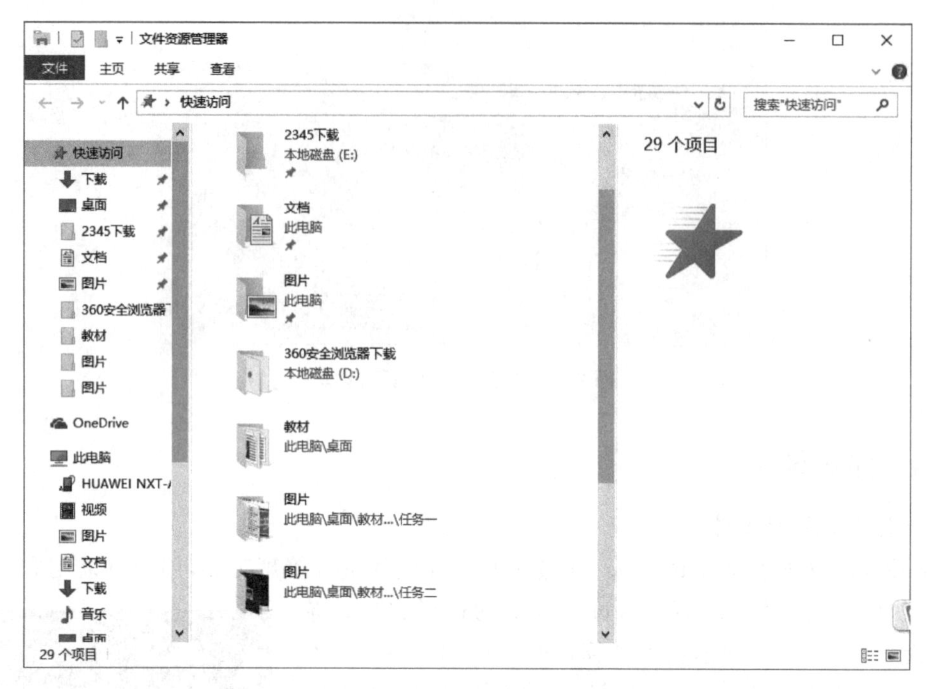

图 2-37 “文件资源管理器”窗口

Windows 10 提供文件名称、修改日期、类型、大小等排序方式，当一个窗口中包含大量文件与文件夹时，用户可以选择一种适合自己的排序方式。

其具体操作方法：在窗口空白处右击，在弹出的快捷菜单中选择“排序方式”命令，之后选择自己所需要的排序方式。

3. 文件和文件夹的基本操作

1）选择文件或文件夹

Windows 10 在选择文件和文件夹方面相较于前期的操作系统有所简化，每个文件或文件夹前面都有一个复选框，只要在复选框中打√就表示选中了这个文件或文件夹，同样取消了√就表示放弃了选择。

2）创建文件或文件夹

首先定位到需要创建文件或文件夹的目标位置，在空白处右击，在弹出的快捷菜单中选择“新建”命令，在对应子菜单中选择需要创建的文件类型，输入文件或文件夹的名称后，按 Enter 键或单击空白处即可。

3）重命名文件或文件夹

选中要重命名的文件或文件夹，右击，在弹出的快捷菜单中选择“重命名”命令，文件或文件夹的名称将处于编辑状态（蓝色反白显示），输入新的名称，按 Enter 键或单击空白处即可。

4）复制文件或文件夹

复制文件或文件夹是将文件或文件夹复制一份，原位置和目标位置均有该文件或文件夹（可以同时复制多个文件）。

方法一：选中要进行复制的文件或文件夹，单击“主页”功能区，在弹出的工具栏中选择“复制”命令，打开目标窗口，单击“主页”功能区，在弹出的工具栏中选择“粘贴”命令即可。

方法二：选中要进行复制的文件或文件夹，右击，在弹出的快捷菜单中选择“复制”命令，打开目标窗口，在空白处右击，在弹出的快捷菜单中选择“粘贴”命令即可。

5）移动文件或文件夹

移动文件或文件夹就是将文件或文件夹转移到其他地方，原位置的文件或文件夹消失（可以同时移动多个文件）。

方法一：选中要进行移动的文件或文件夹，单击“主页”功能区，在弹出的工具栏中选择“剪切”命令，打开目标窗口，单击“主页”功能区，在弹出的工具栏中选择“粘贴”命令即可。

方法二：选中要进行移动的文件或文件夹，右击，在弹出的快捷菜单中选择“剪切”命令，打开目标窗口，在空白处右击，在弹出的快捷菜单中选择“粘贴”命令即可。

6）设置文件或文件夹的属性

文件或文件夹常见的有两种属性：只读和隐藏。“只读”属性表示该文件或文件夹只能读取和运行，而不能更改和删除；“隐藏”属性表示该文件或文件夹被系统隐藏了，不能正常地显示出来。

选中要设置属性的文件或文件夹，右击，在弹出的快捷菜单中选择“属性”命令，打开“属性”对话框。选择“常规”选项卡，在“属性”选项组中选中需要的属性复选框，单击“确定”按钮即可，如图 2-38 所示。

图 2-38 “属性”对话框

7）文件或文件夹的删除与恢复

删除文件或文件夹是指将计算机中不需要的文件或文件夹删除，以节省磁盘空间。

（1）删除文件或文件夹。要将文件或文件夹删除，需要用文件资源管理器找到要删除文件所在的文件夹。选中需要删除的文件，单击“主页”功能区，在弹出的工具栏中选择“删除”命令或按键盘上的 Delete 键，可以将文件移动到“回收站”中。删除文件时会弹出如图 2-39 所示的确认对话框，单击“是”按钮执行删除操作；单击“否”按钮取消删除操作。

（2）恢复被删除的文件或文件夹。文件或文件夹的删除并不是真正意义上的删除操作，而是将删除的文件暂时保存在“回收站”中，以便对误删除的操作进行还原。

在桌面上双击“回收站”图标，打开“回收站”窗口，可以发现被删除的文件，如果需要恢复被删除的文件，可以在选中文件后，右击，在弹出的快捷菜单中选择“还原”命令，即可将文件还原到删除前的位置，如图 2-40 所示。

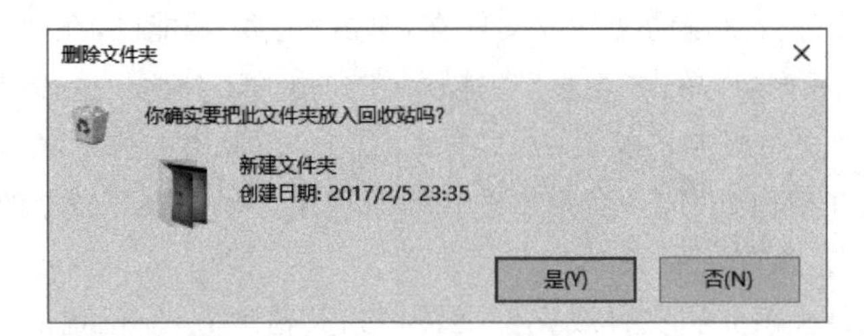

图 2-39 “删除文件夹”的确认对话框

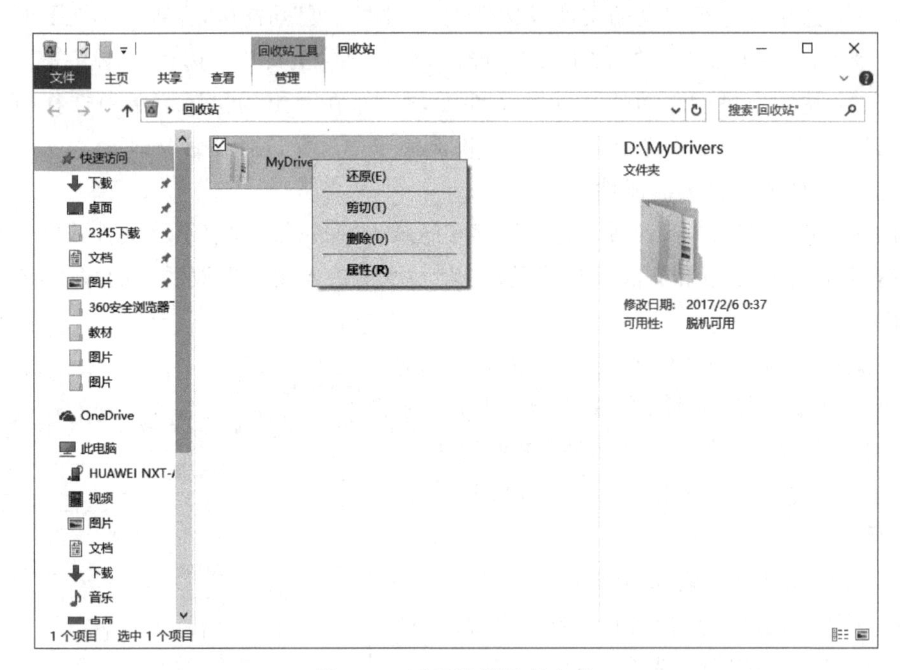

图 2-40 还原被删除的文件

2.2.5 知识拓展

1. 文件和文件夹的概念

在计算机系统中,文件是最小的数据组织单位。文件中可以存放文本、图像以及数值数据等信息。文件夹是在磁盘上组织程序和文档的一种手段,它既可包含文件,也可包含其他文件夹。文件夹中包含的文件夹通常称为子文件夹。而硬盘则是存储文件的大容量存储设备,可以存储很多文件。

1) 文件名与扩展名

计算机中的文件名称是由文件名和扩展名组成,文件名和扩展名之间用圆点“.”分隔。文件名可以根据需要进行更改,而文件的扩展名不能随意更改。不同类型文件的扩展名也不相同,不同类型的文件必须由相对应的软件才能创建或打开,如扩展名为.docx 的文档只能用 Word 软件创建或打开。

扩展名是文件名的重要组成部分,是标识文件类型的重要方式。Windows 10 中的扩展名总是隐藏的,可以通过以下操作步骤显示文件的扩展名。

在“文件夹”窗口中单击“查看”功能区，在弹出的工具栏中选择“选项”命令，如图 2-41 所示，在打开的“文件夹选项”对话框中选择“查看”选项卡，取消选中“隐藏已知文件类型的扩展名”复选框，如图 2-42 所示，单击“确定”按钮即可显示文件的扩展名。

图 2-41　“查看”功能区

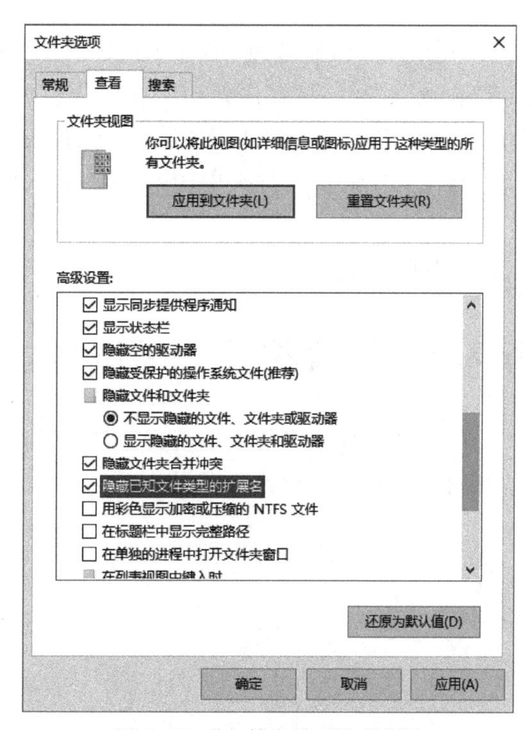

图 2-42　“文件夹选项”对话框

2）常见的文件类型

根据文件中存储信息的不同以及功能的不同，文件分为不同的类型。不同类型的文件使用不同的扩展名，常见的扩展名及所对应的文件类型如表2-1所示。

表2-1 常见的扩展名及所对应的文件类型

扩展名	文件类型	扩展名	文件类型
.exe	可执行文件	.bmp	位图文件
.txt	文本文件	.gif	Gif格式动画文件
.sys	系统文件	.wav	声音文件
.bat	批处理文件	.zip	Zip格式压缩文件
.ini	Windows配置文件	.html	超文本多媒体语言文件
.xls	Excel文档文件	.doc	Word文档文件

2. 显示被设置隐藏属性的文件或文件夹

与取消隐藏文件扩展名方法相同，在“文件资源管理器”窗口中单击“查看”选项卡，在弹出的工具栏中选择“选项”命令，在打开的“文件夹选项”对话框中选择“查看”选项卡，选中“显示隐藏的文件、文件夹和驱动器”复选框，如图2-42所示，单击“确定”按钮即可显示被设置隐藏属性的文件或文件夹。

2.2.6 技能训练

练习1：在D盘中新建一个文件夹，命名为CAD并在其中安装CAD 2014。

练习2：在桌面上新建“作业”和“练习”文件夹。

练习3：在“作业”文件夹中新建1.docx文件，在“练习”文件夹中新建2.xlsx文件。

练习4：把1.docx文件移动到“练习”文件夹中，并设置为隐藏属性，并且通过设置使其不显示。

练习5：将此文件夹复制到可移动磁盘中。

任务2.3 设置和维护Windows 10

完成了系统安装、软件安装后，对计算机的维护就成为日常工作，比如，如何设置新的用户和为用户加密码、如何隐藏任务栏、如何设置背景图片、怎样清理优化磁盘等。

2.3.1 任务要点

(1) 用户和账户。

(2) 任务栏和导航。

(3) 个性化。

(4) 磁盘优化。

2.3.2　任务要求

(1) 启动控制面板。

(2) 创建一个新的账户,账户名为 student 并设置密码为 student001。

(3) 将 student 账户设置为管理员。

(4) 将任务栏设置为不用时隐藏。

(5) 桌面主题设为鲜花。

(6) 对 D 盘进行磁盘优化操作。

2.3.3　实施过程

1. 启动控制面板

单击“开始”按钮,在所有程序应用中寻找 W 区域,选择其中的“Windows 系统”,在弹出的菜单中选择“控制面板”,如图 2-43 所示。系统弹出的“控制面板”窗口如图 2-44 所示,单击“类别”按钮,选择“大图标”命令,将控制面板改为大图标方式显示,如图 2-45 所示。

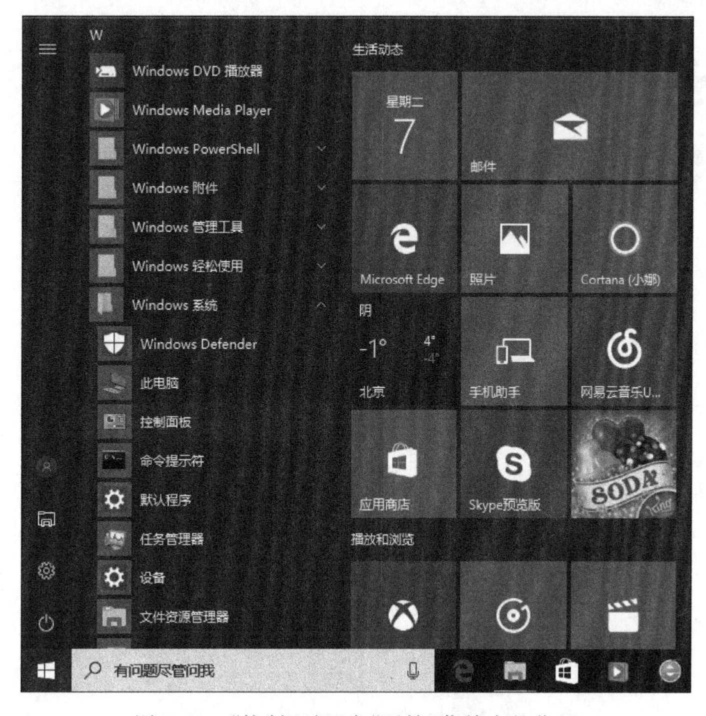

图 2-43　“控制面板”在“开始”菜单中的位置

2. 创建一个新的账户,账户名为 student 并设置密码为 student001

在桌面上右击“此电脑”图标弹出快捷菜单,如图 2-46 所示。选择“管理”命令进入“计算机管理”窗口,如图 2-47 所示。单击“本地用户和组”弹出“用户”和“组”,右击“用户”弹出快捷菜单,如图 2-48 所示。选择“新用户”命令,在弹出的“新用户”对话框中输入用户名 student、密码 student001,再次输入确认密码 student001,如图 2-49 所示,单击“创建”按钮后关闭窗口完成新建用户。

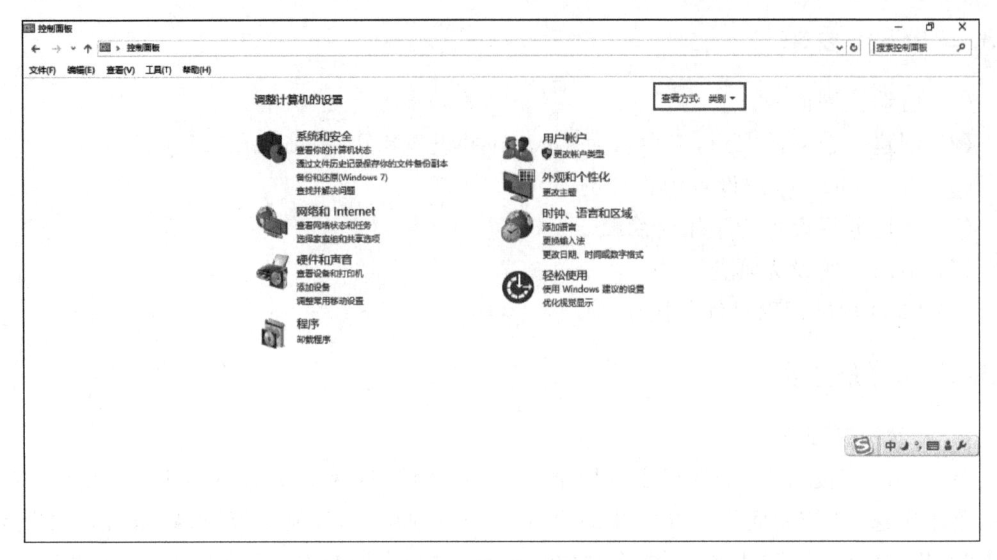

图 2-44 “控制面板”窗口

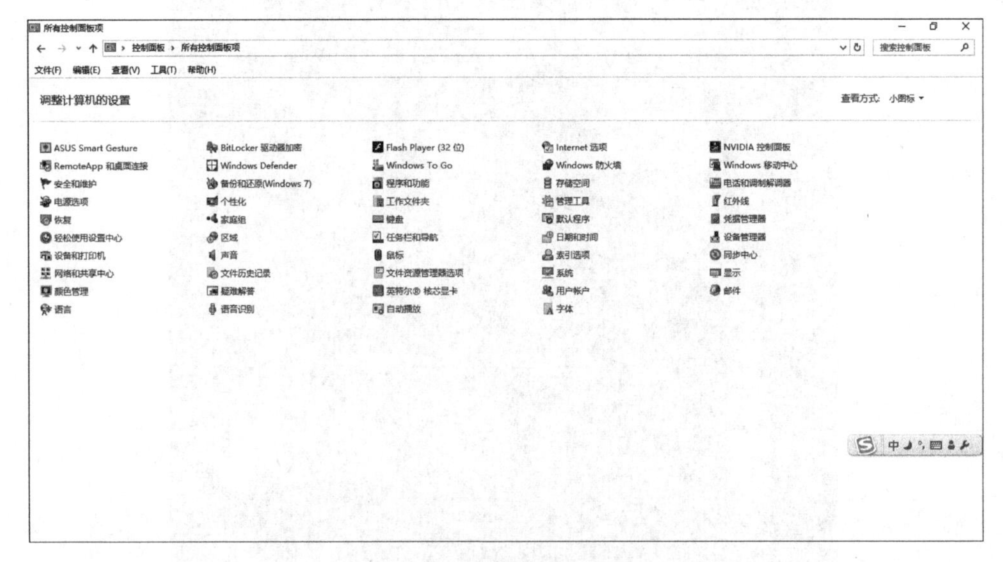

图 2-45 “控制面板”大图标显示方式

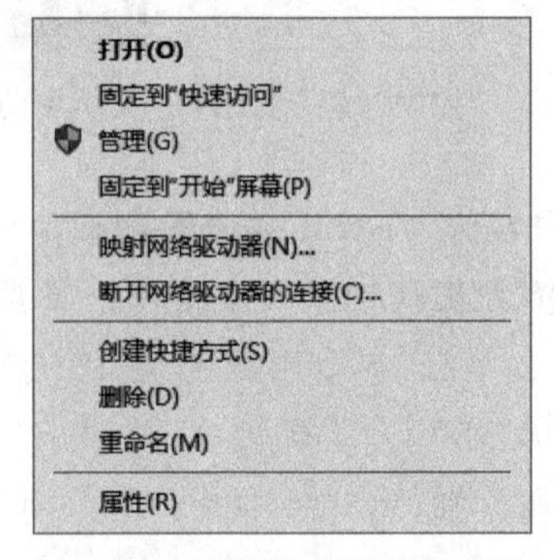

图 2-46 计算机管理快捷菜单

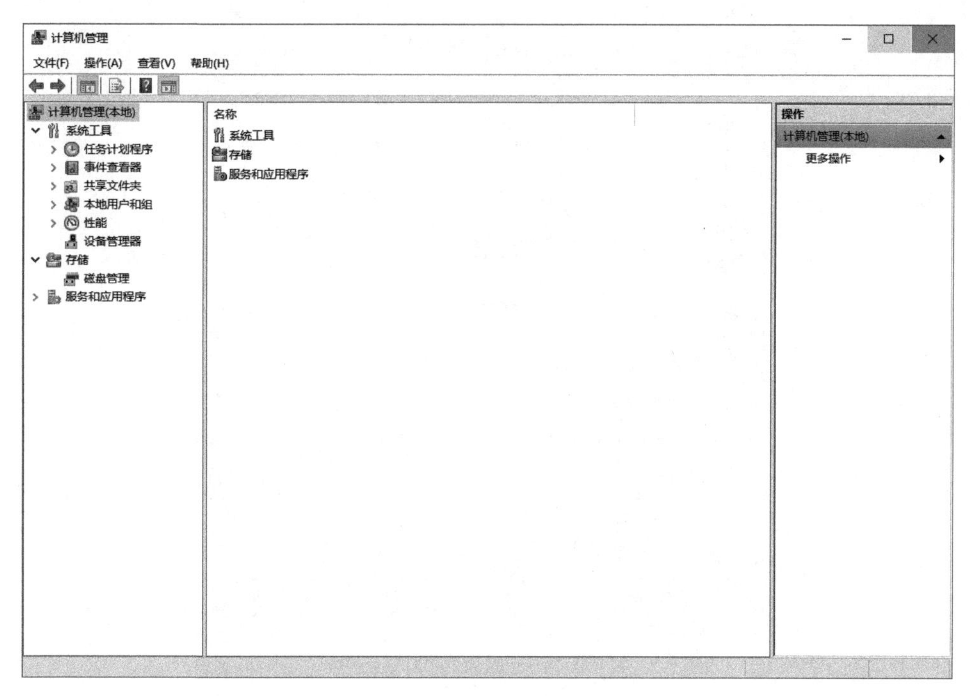

图 2-47　“计算机管理”窗口

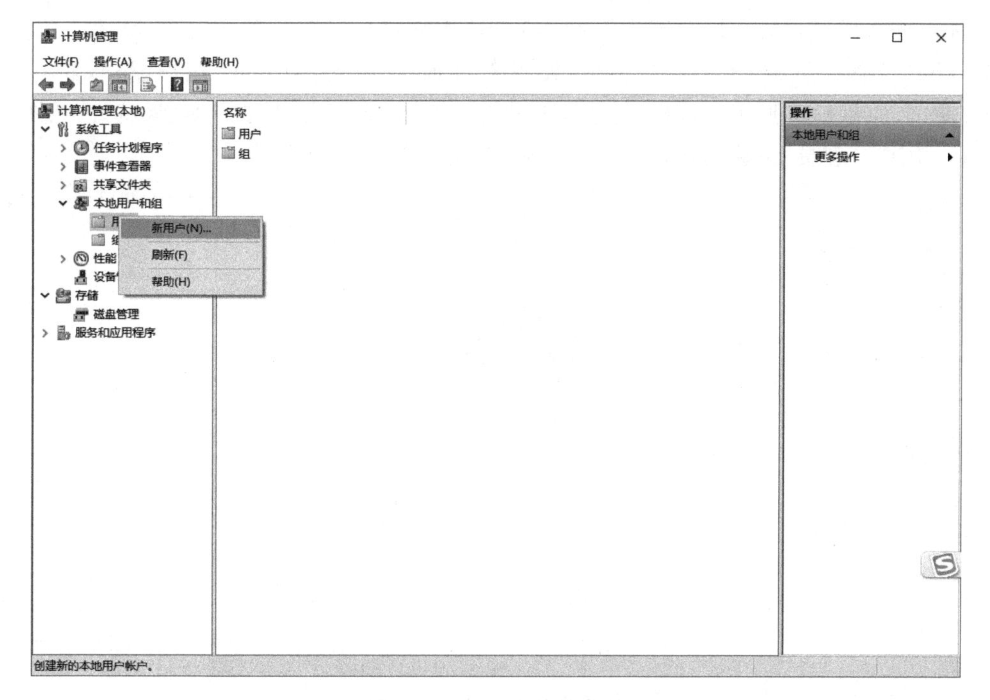

图 2-48　新用户快捷菜单

新用户 ? ×

用户名(U): student

全名(F):

描述(D):

密码(P): ●●●●●●●●●●●

确认密码(C): ●●●●●●●●●●●

☑ 用户下次登录时须更改密码(M)

☐ 用户不能更改密码(S)

☐ 密码永不过期(W)

☐ 帐户已禁用(B)

帮助(H) 创建(E) 关闭(O)

图 2-49 “新用户”对话框

3. 将 student 账户设置为管理员

进入控制面板，单击“用户账户”图标，弹出“用户账户”窗口，如图 2-50 所示。选择“管理其他账户”命令进入“管理账户”窗口，如图 2-51 所示。单击 student 用户图标，弹出“更改账户”窗口，如图 2-52 所示。选择“更改账户类型”命令，弹出“更改账户类型”窗口，如图 2-53 所示。选中“管理员”单选按钮，单击“更改账户类型”按钮完成设置。

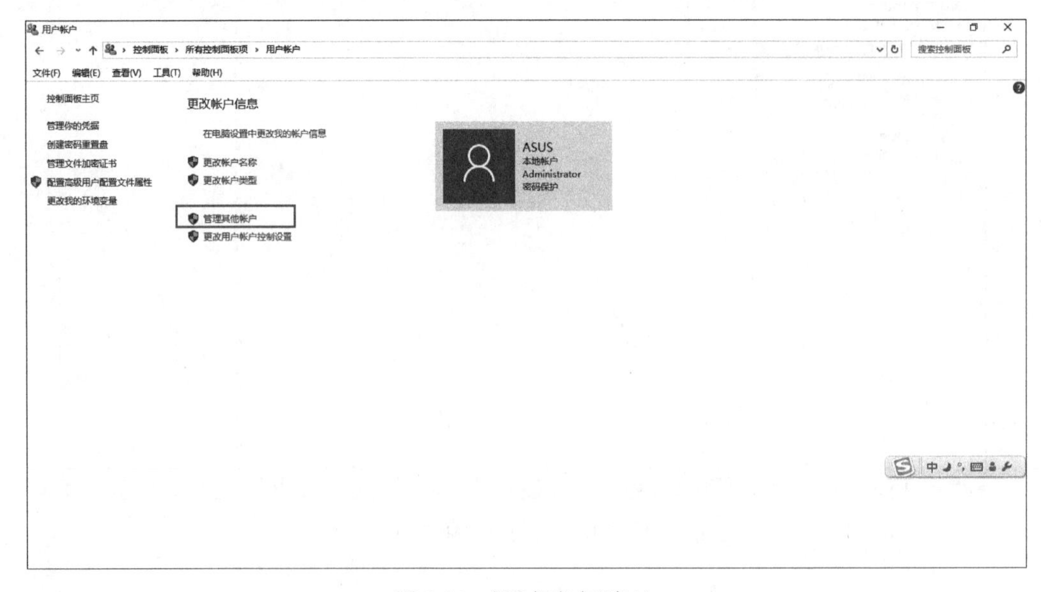

图 2-50 “用户账户”窗口

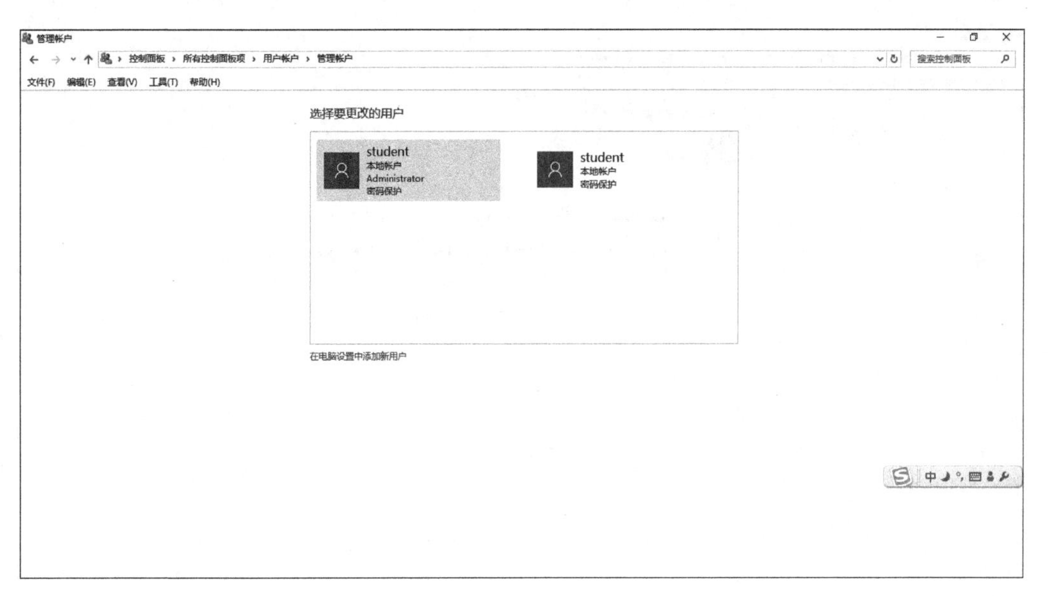

图 2-51　“管理账户”窗口

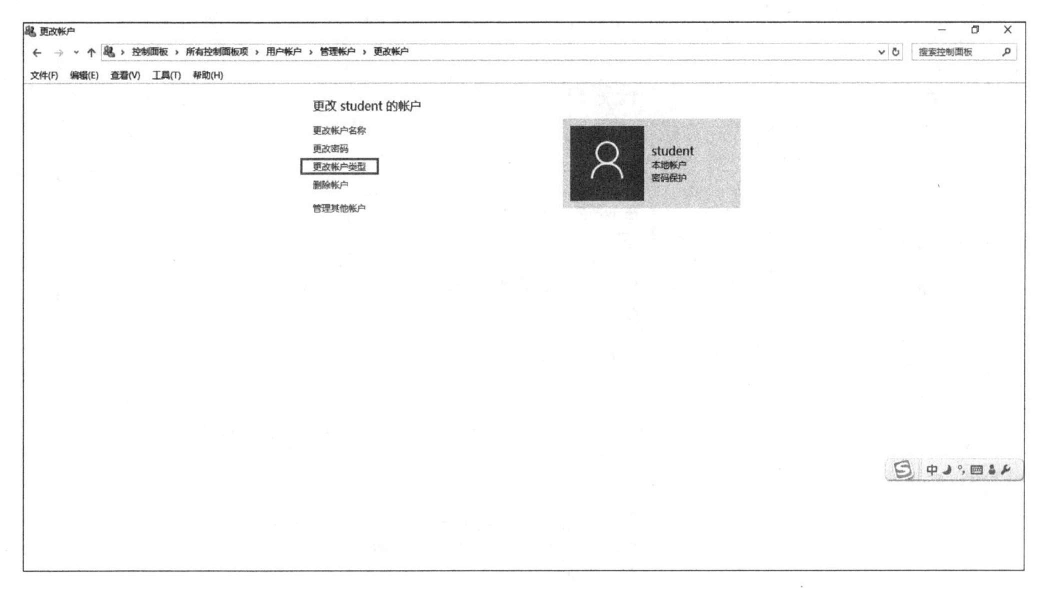

图 2-52　“更改账户”窗口

4. 将任务栏设置为不用时隐藏

进入控制面板单击“任务栏和导航”图标，弹出“设置”对话框，如图 2-54 所示。将“在桌面模式下自动隐藏任务栏”的开关设为“开”，关闭对话框设置完成。

5. 桌面主题设为鲜花

进入控制面板单击“个性化”图标，弹出“个性化”窗口，如图 2-55 所示。选择“鲜花”图标，关闭窗口完成设置。

图 2-53 “更改账户类型”窗口

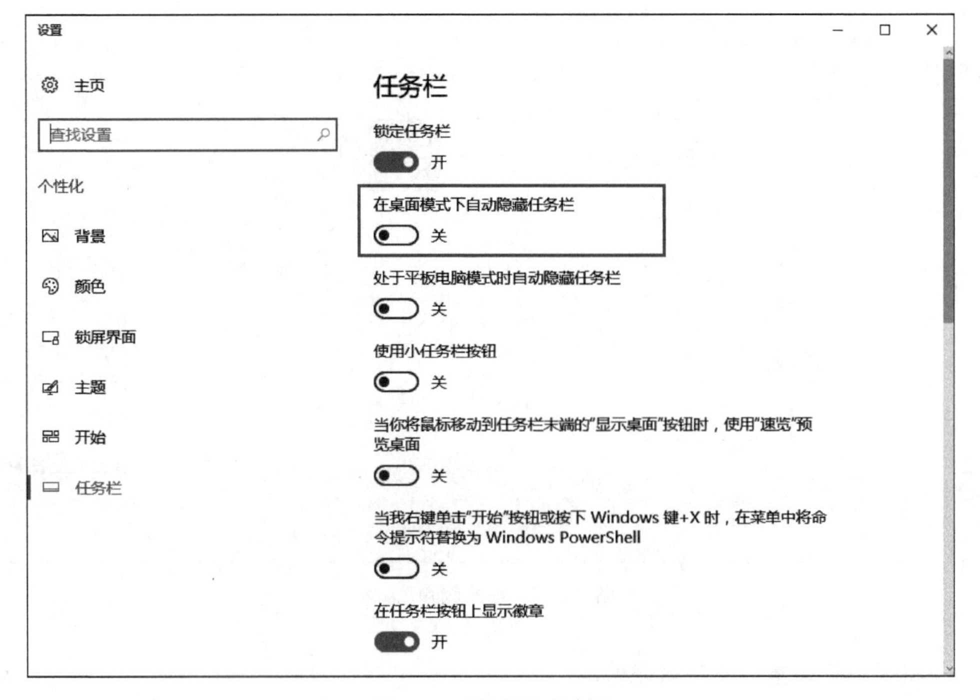

图 2-54 “设置”对话框

6. 对 D 盘进行磁盘优化操作

进入桌面打开“此电脑”选择 D 盘，在窗口中单击“管理”功能区，如图 2-56 所示。选择命令进入“优化驱动器”对话框，如图 2-57 所示。选择 D 盘，单击“优化”按钮进行优化，经过碎片整理、合并等步骤优化完成。

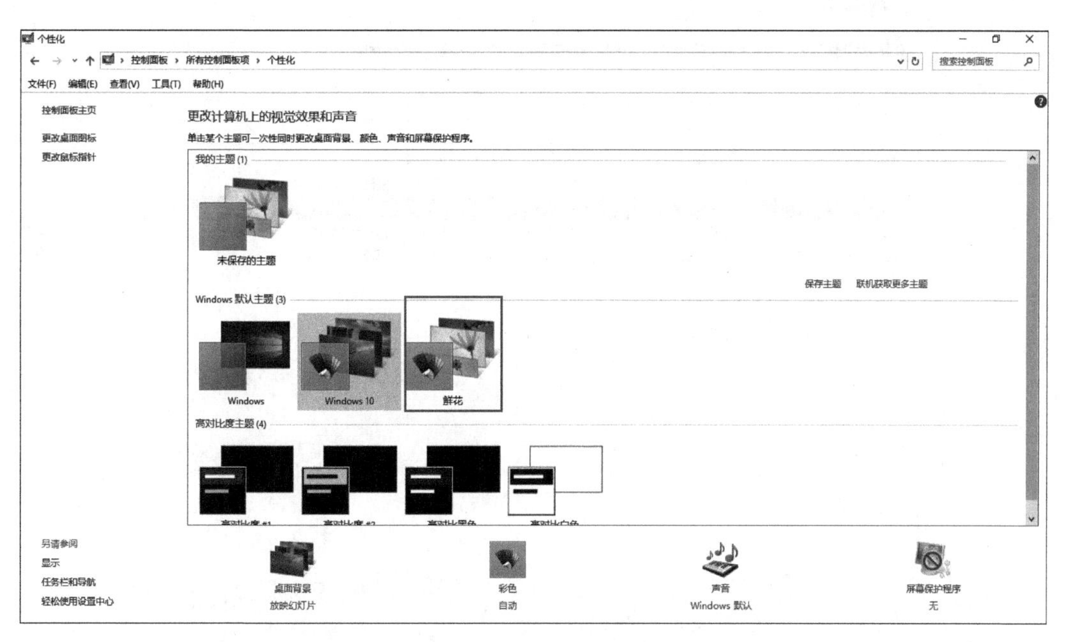

图 2-55　"个性化"窗口

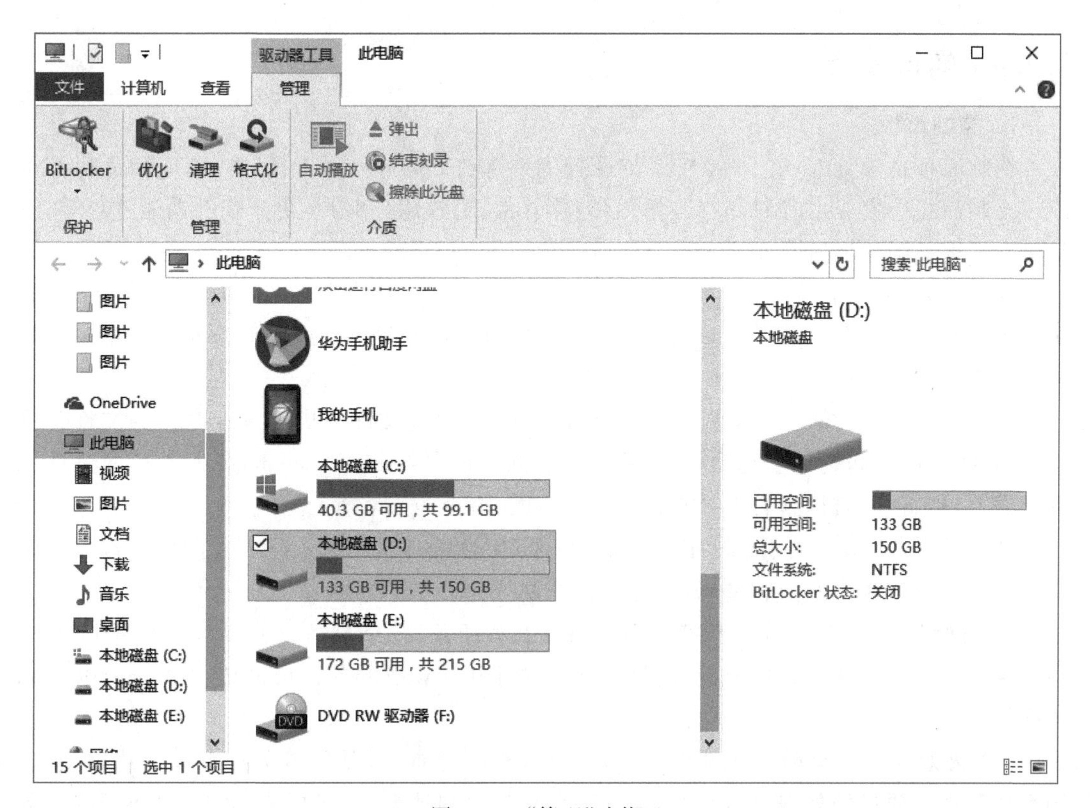

图 2-56　"管理"功能区

图 2-57 “优化驱动器”对话框

2.3.4 知识链接

1. 控制面板

控制面板是 Windows 10 操作系统设置的一部分，系统的安装、配置、管理和优化都可以在控制面板中完成，如添加硬件、添加/删除软件、更改用户账户、更改辅助功能选项等，它是集中管理系统的场所。

Windows 10 中的控制面板主要分成 8 组，分别是系统和安全，用户账户，网络和 Internet，外观和个性化，硬件和声音，时钟、语言和区域，程序，轻松访问，而每个分组中又具体分为很多功能选项。

(1) 系统和安全。包括查看你的计算机状态、通过文件历史记录保存你的文件备份副本、查找并解决问题 3 个选项，主要用来查看并更改系统和安全状态，备份并还原文件和系统设置，更新计算机，查看 RAM 和处理器速度，检查防火墙等。

(2) 用户账户。包括添加或删除用户账户、为所有用户设置家长控制两个选项。主要用来更改用户账户设置和密码，设置家长控制等。

(3) 网络和 Internet。包括查看网络状态和任务、选择家庭组和共享选项两个选项，主要用来检查网络状态并更改设置，设置共享文件和计算机的首选项，配置 Internet 显示和连接等。

(4) 外观和个性化。包括更改主题、更改桌面背景、调整屏幕分辨率 3 个选项，主要用来更改桌面项目的外观、应用主题或屏幕保护程序到计算机，或自定义“开始”菜单和任务栏等。

(5) 硬件和声音。包括查看设备和打印机、添加设备两个选项，主要用来添加或删除打印机和其他硬件，更改系统声音，自动播放 CD，节省电影，更新设备驱动程序等。

(6) 时钟、语言和区域。包括更改键盘或其他输入法、更改显示语言两个选项，主要用来为计算机更改时间、日期、时区、使用的语言以及货币、日期、时间显示的方式等。

(7) 程序。只有卸载程序一个选项。主要用来卸载程序或 Windows 功能，卸载小工具，从网络或通过联机获取新程序等。

(8) 轻松访问。包括使用 Windows 建议的设置、优化视频显示两个选项，主要用来为视觉、听觉和移动能力的需要调整计算机设置，并通过声音命令使用语音识别控制计算机等。

2. 磁盘优化

频繁地进行应用程序的安装、卸载，以及经常进行文件的移动、复制、删除等操作，会使计算机硬盘上产生很多磁盘碎片(即许多不连续单元)，造成读/写速度变慢，使计算机的系统性能下降，磁盘优化拥有碎片整理和合并两个过程，磁盘碎片整理程序可以将没有存放连续单元的文件进行重组，合并程序将同一程序放在一起提高磁盘的存取速度。

3. Windows 设置

Windows 设置是 Windows 10 全新的设置系统，与控制面板有异曲同工之妙，位置在"开始"菜单下的处，"设置"窗口如图 2-58 所示，查找非常方便，下设 9 个组分别是系统、设备、网络和 Internet、个性化、账户、时间和语言、轻松使用、隐私、更新和安全。相当于控制面板中的系统和安全分成了 2 组，即系统、更新和安全。其他设置可以与控制面板一一对应。

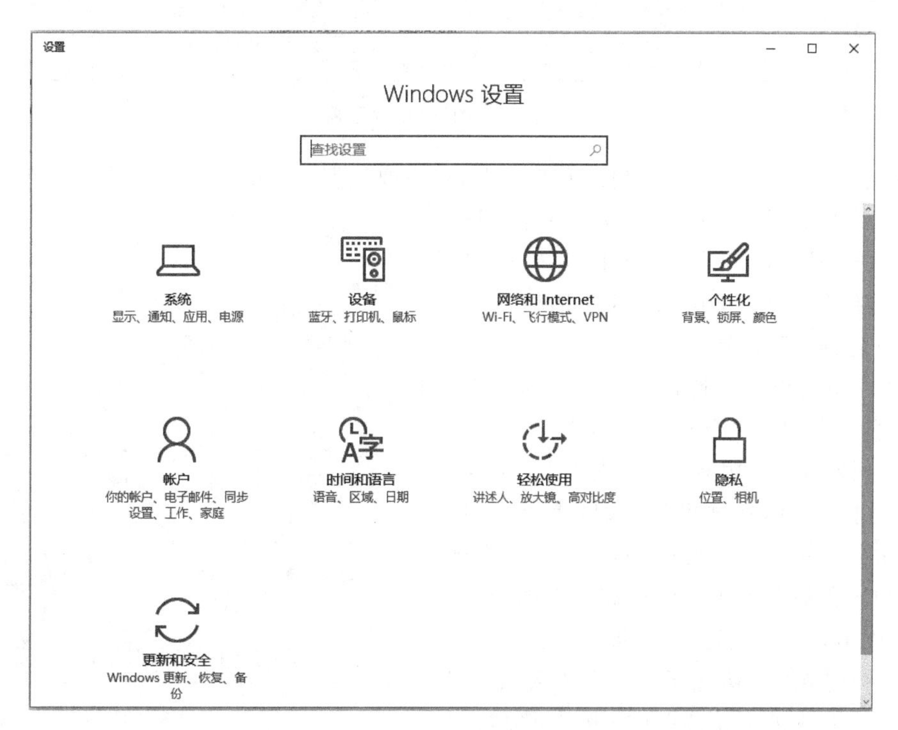

图 2-58 "设置"窗口

2.3.5 知识拓展

1. 画图工具

“画图”是一个用来绘图和进行简单图像处理的应用程序。用户可以使用它绘制黑白或彩色的位图图形，可以对图像进行反色、旋转、翻转、拉伸以及扭曲等处理，最后可以把图形保存为位图格式(扩展名为.bmp、.jpg、.gif 等)的图形文件或打印出来。

(1) 启动“画图”程序。选择“开始”→“W 选区”→“Windows 附件”→“画图”命令，打开“画图”应用程序窗口，如图 2-59 所示。

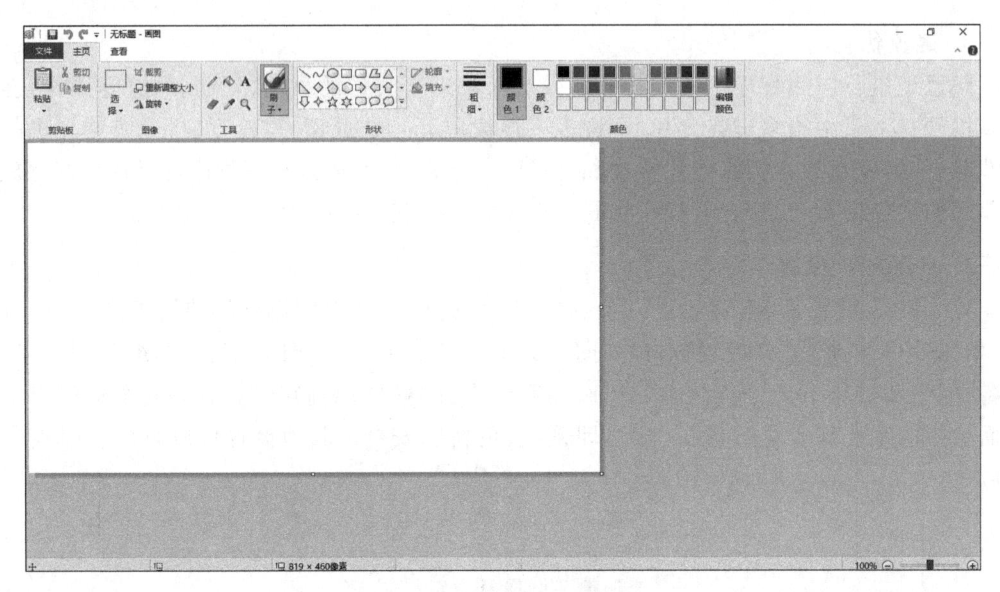

图 2-59 “画图”应用程序窗口

(2) 属性。在用户使用“画图”程序之前，首先要根据自己的实际需要进行画布的选择，确定所要绘制的图画大小以及各种具体的格式。单击“文件”按钮，弹出对应的下拉菜单，选择“属性”命令，弹出如图 2-60 所示的对话框，在其中可以进行各种页面设置。

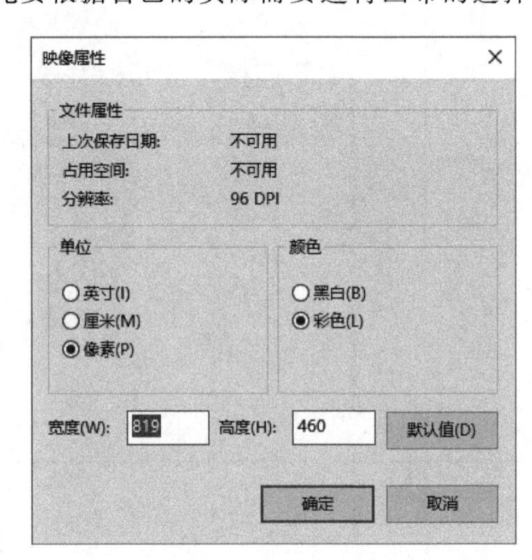

图 2-60 “映像属性”对话框

(3) 主页功能区。通过“主页”功能区中“图像”组中的工具可以进行图像的编辑。

① 选择“主页”功能区中“图像”组中的“重新调整大小”命令，在弹出的“调整大小和扭曲”对话框中，有“重新调整大小”和“倾斜”两个选项组。用户可以设置大小的比例和倾斜的角度，如图 2-61 所示，单击“确定”按钮即可。

② 选择“主页”功能区中“图像”组中的“旋转”命令，在弹出的下拉菜单中，用户可以根据自己的需要选择旋转的角度，如图 2-62 所示。

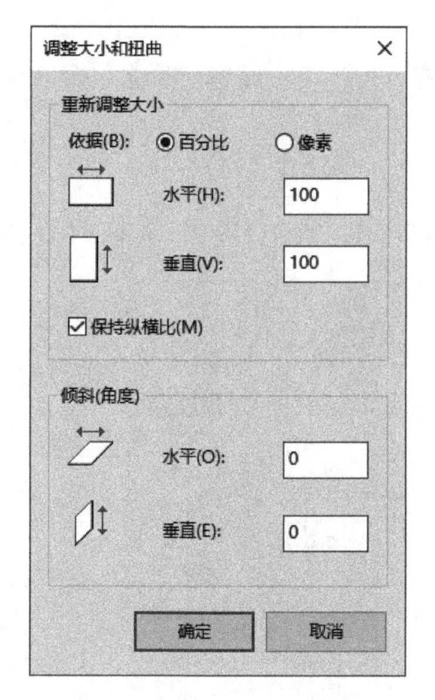

图 2-61　“调整大小和扭曲”对话框

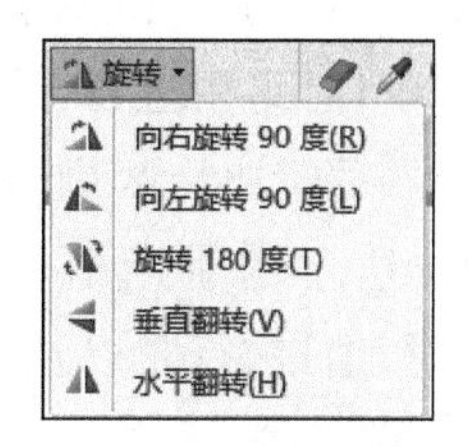

图 2-62　“旋转”下拉菜单

2. 写字板

写字板是 Windows 10 操作系统的附件中提供的一个文本编辑器，是一个使用简单、方便的文字处理程序。它编辑和保存的文件可以设置不同的字体和段落格式，而且可以图文混排，插入图片、声音、视频剪辑等多媒体资料。

1）启动“写字板”程序

选择“开始”→“W 选区”→“Windows 附件”→“写字板”命令，打开“写字板”应用程序窗口，如图 2-63 所示。

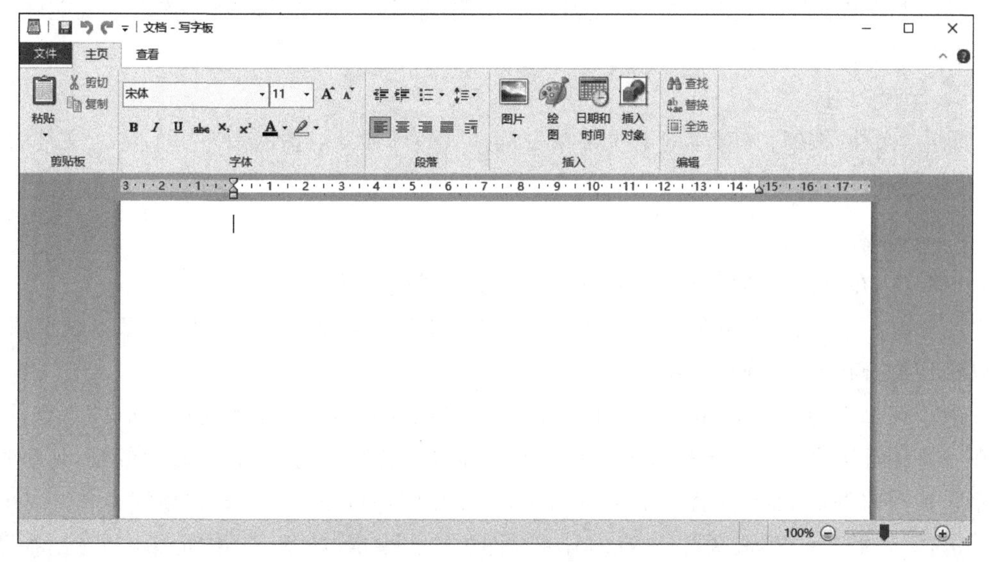

图 2-63　“写字板”应用程序窗口

2) 新建文档

单击“文件”按钮,在对应的下拉菜单中选择“新建”命令,即可默认新建一个.rtf 格式的文档。

3) 页面设置

单击“文件”按钮,在对应的下拉菜单中选择“页面设置”命令,弹出“页面设置”对话框,在其中用户可以选择纸张的大小、来源及纸张方向,还可以进行页边距的调整。

4) 字体、段落设置

(1) 字体、字形、字号和字体颜色,可以直接在“主页”功能区的“字体”组中进行设置。

(2) 选择“主页”功能区中“段落”组中的 命令,弹出如图 2-64 所示的对话框,在其中可以进行左缩进、右缩进、首行缩进、行距以及对齐方式的设置。

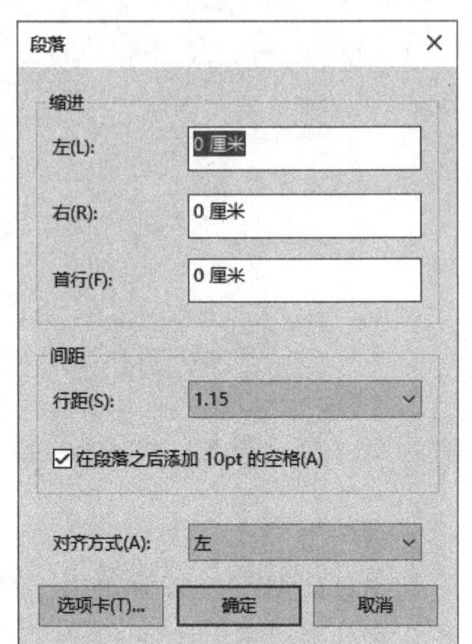

图 2-64 “段落”对话框

5) 编辑文档

(1) 选择:按住鼠标左键,在所需要操作的对象上拖动,当文字呈反白显示时,说明已经选中对象。

(2) 删除:选定要删除的对象,在键盘上按 Delete 键,即可删除内容。

(3) 移动:先选中对象,按住鼠标左键拖到所需要的位置再放手。

(4) 复制:先选定对象,选择“主页”功能区的“剪贴板”组中的“复制”命令,或使用快捷键 Ctrl+C。

(5) 查找和替换:选择“主页”功能区的“编辑”组中的“查找”和“替换”命令就能轻松地找到所想要的内容。

6) 保存文档

单击“文件”按钮,在对应的下拉菜单中选择“保存”命令,选择保存位置,输入文件名,单击“保存”按钮即可。

3. 记事本

记事本,在日常生活中指的是用来记录各类事情的小册子。

此软件相当常见,其存储文件的扩展名为.txt,文件属性没有任何格式标签或者风格,所以相当适合在 DOS 环境中编辑。

由于记事本功能简单,稍有经验的程序员都可以开发出与记事本功能近似的小软件,所以在一些编程语言工具书上也会出现仿照记事本功能作为参考的示例,有趣的是,记事本亦可用来撰写软件,但不包含程序的编译功能,编译程序仍得通过外部程序解决。

选择“开始”→“W 选区”→“Windows 附件”→“记事本”命令,打开“记事本”应用程序窗口,如图 2-65 所示。

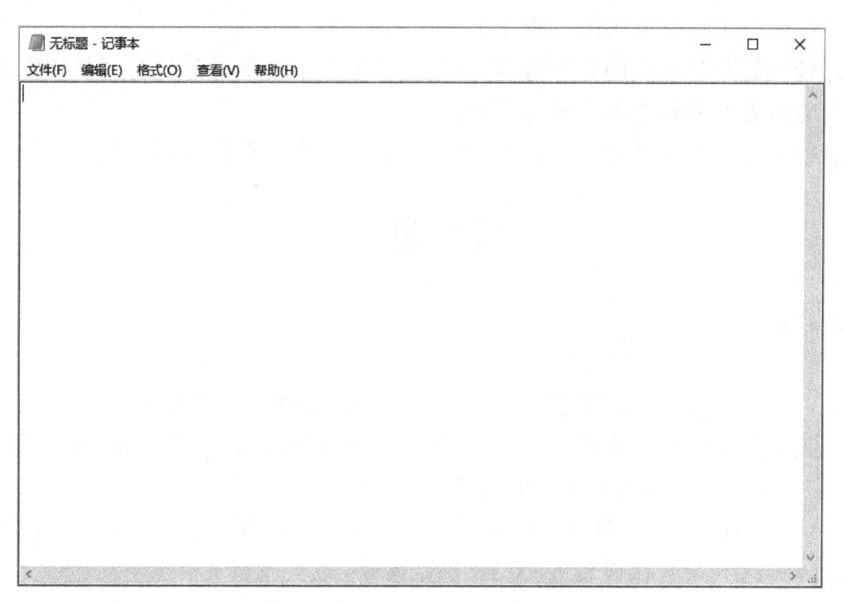

图 2-65　“记事本”应用程序窗口

2.3.6　技能训练

练习 1：系统设置。

(1) 将系统的日期、时间、时区分别设置为纽约时间、2015 年 3 月 11 日 10 时 20 分。

(2) 将自己喜欢的图片文件设置为桌面背景。

练习 2：使用“写字板”应用程序建立一份简报，要求如下。

(1) 输入两段中文文字。

(2) 文本首行缩进 0.85cm，居中对齐。

(3) 插入任意一幅图片。

(4) 在文档尾部插入日期。

综合实例练习

小张是某公司技术部的 A 组组长，现在公司承担了一个项目，为某公司进行办公计算机维护，部门经理安排小张带领 A 组完成此项目，共有两项任务。

1. 重装操作系统及相关设置。

任务要求：

(1) 选择适合此公司的操作系统。

(2) 进行批量操作系统安装，并合理解决安装过程中出现的各种问题。

(3) 安装完整的驱动程序。

(4) 对系统加以设置使其最大限度地贴合此公司的使用需求。

2. 安装办公软件。

任务要求：

(1) 讨论此公司办公所需的所有办公软件并记录。

(2) 比较所需办公软件的各种版本,找到能够最大限度地满足此公司使用需求的版本。

(3) 获取所需办公软件的绿色安装包。

(4) 进行批量办公软件安装,并合理解决安装过程中出现的各种问题。

习 题 2

一、选择题

1. 快捷键 Ctrl+Esc 的功能是(　　)。

A. 在打开的项目之间切换　　B. 显示"开始"菜单
C. 查看所选项目的属性　　D. 以项目打开的顺序循环切换

2. 选定一个文件夹内所有文件的快捷键为(　　)。

A. Ctrl+A　　B. Ctrl+C　　C. Ctrl+V　　D. Ctrl+X

3. Windows 10 中默认设置的磁盘文件系统是(　　)。

A. FAT16　　B. FAT32　　C. NTFS　　D. Linux

4. Windows 10 的本地安全设置没有的项目是(　　)。

A. 实时保护　　B. 基于云的保护
C. 服务保护　　D. 有限的定期扫描

5. 使用 Windows Update,可以(　　)。

A. 杀毒　　B. 升级驱动程序
C. 升级杀毒软件病毒库　　D. 及时更新计算机系统

6. Windows 10 中电源选项中不存在的选项(　　)。

A. 睡眠　　B. 关机　　C. 注销　　D. 重启

7. Windows 10 是一个(　　)的桌面操作系统。

A. 16 位　　B. 32 位
C. 32 位与 64 位并存　　D. 64 位

8. Windows 10 中想找到照片工具可以使用"开始"菜单的区域是(　　)。

A. 生活动态　　B. 播放和浏览　　C. 命名组　　D. 最常用

9. 当用户想看所选对象的大小、类型等信息时,可以选择的查看方式是(　　)。

A. 缩略图　　B. 详细信息　　C. 平铺　　D. 列表

10. 当用户想要对自己最近打开的程序进行快速的再次访问,可以(　　)。

A. 在搜索中查找该程序　　B. 直接到磁盘中寻找该程序
C. 在命名组中找到该程序　　D. 在"最常用"中找到该程序

11. 给文件或文件夹重命名的快捷键为(　　)。

A. F1　　B. F2　　C. F3　　D. F4

12. Windows 10 对于内存的最小要求是(　　)。

A. 64 位 2GB 内存　　B. 32 位 2GB 内存
C. 32 位 4GB 内存　　D. 64 位 4GB 内存

13. 要在任务栏中显示音量,应在(　　)设置。

A. 桌面的空白处右击,选择“属性”命令

B. 任务栏上右击,选择“属性”命令

C. 控制面板中的“系统”选项

D. 控制面板中的“声音”选项

14. (　　)操作系统不能升级为 Windows 10。

A. Windows XP　B. Windows 7　C. Windows 8.0　D. Windows 8.1

15. 无法安装 Windows 10 的设备是(　　)。

A. 手机　B. 平板电脑　C. 笔记本电脑　D. 智能手环

二、填空题

1. 将制作好的系统盘插入计算机的接口是________。

2. 安装 Windows 10 时启动盘进入的操作系统为________。

3. 窗口的排列方式有层叠窗口、________和________。

4. 查找文件时可以利用通配符代替一部分未知的文件名,可以代替一个字符的通配符是________。

5. 图标的排列方式有“按名称排列”“按大小排列”“按类型排列”和“________”。

6. 磁盘检查中工具________可以检查驱动系统中文件系统的错误。

7. TCP/IP 协议可设置的选项有 IP 地址、子网掩码、网关和________。

8. 在鼠标的设置中滚轮的默认设置为一次滚动________行。

9. ________设备为短距离无线通信设备,大量的运用在日常生活中,比如无线鼠标、无线键盘等。

10. 在控制面板中想改变显示分辨率需要选择________图标。

项目 3

文字处理软件 Word 2013

在校大学生李强，马上就要毕业了，目前摆在他面前最重要的工作就是编写一份个人简历，投去各大招聘网站和各个公司。但是问题来了，由于李强同学毕业季需要处理的事情较多，没时间制作个人简历，现在请同学们帮助他完成一份个人简历，并把自己的个人简历也完成。

任务 3.1　编写个人简历（文字输入部分）

3.1.1　任务要点

（1）Word 2013 的安装、启动、退出。

（2）Word 文档的创建、保存。

（3）Word 界面介绍。

（4）文本的编辑。

（5）使用不同的视图方式浏览文档。

（6）对文档进行加密。

3.1.2　任务要求

（1）安装 Word 2013。

（2）启动 Word 2013。

（3）创建一个以“个人简历”为名字的 Word 文档，并保存到 D 盘。

（4）输入个人简历的自荐信部分，内容如图 3-1 所示。

（5）使用不同的视图方式显示该文档。

（6）给文档设置打开密码。

3.1.3　实施过程

步骤一：安装 Word 2013。选择“我的电脑”→“D:\素材实例\Office 2013\setup. exe”命令，如图 3-2 所示。

步骤二：启动 Word 2013。选择“开始”→“所有应用”→Microsoft Office 2013→Word 2013 命令。

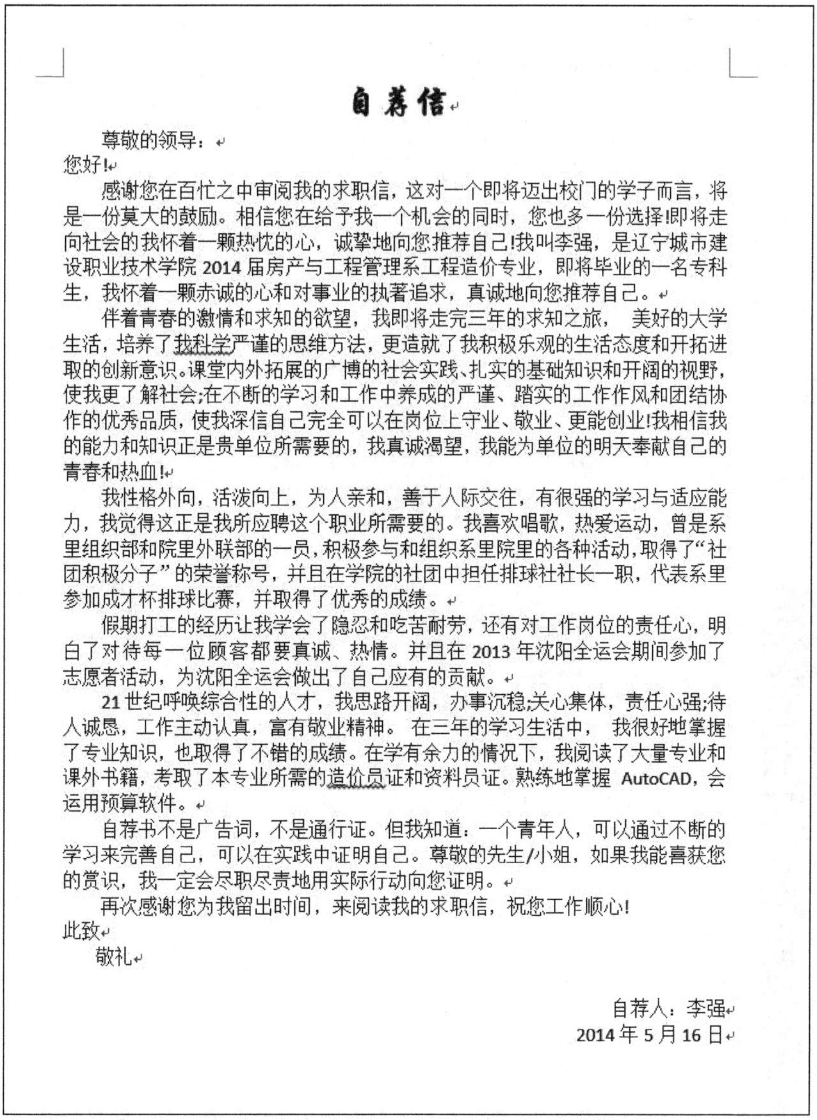

自荐信

尊敬的领导：

您好!

感谢您在百忙之中审阅我的求职信，这对一个即将迈出校门的学子而言，将是一份莫大的鼓励。相信您在给予我一个机会的同时，您也多一份选择!即将走向社会的我怀着一颗热忱的心，诚挚地向您推荐自己!我叫李强，是辽宁城市建设职业技术学院 2014 届房产与工程管理系工程造价专业，即将毕业的一名专科生，我怀着一颗赤诚的心和对事业的执著追求，真诚地向您推荐自己。

伴着青春的激情和求知的欲望，我即将走完三年的求知之旅， 美好的大学生活，培养了我科学严谨的思维方法，更造就了我积极乐观的生活态度和开拓进取的创新意识。课堂内外拓展的广博的社会实践、扎实的基础知识和开阔的视野，使我更了解社会;在不断的学习和工作中养成的严谨、踏实的工作作风和团结协作的优秀品质，使我深信自己完全可以在岗位上守业、敬业、更能创业!我相信我的能力和知识正是贵单位所需要的，我真诚渴望，我能为单位的明天奉献自己的青春和热血!

我性格外向，活泼向上，为人亲和，善于人际交往，有很强的学习与适应能力，我觉得这正是我所应聘这个职业所需要的。我喜欢唱歌，热爱运动，曾是系里组织部和院里外联部的一员，积极参与和组织系里院里的各种活动，取得了“社团积极分子”的荣誉称号，并且在学院的社团中担任排球社社长一职，代表系里参加成才杯排球比赛，并取得了优秀的成绩。

假期打工的经历让我学会了隐忍和吃苦耐劳，还有对工作岗位的责任心，明白了对待每一位顾客都要真诚、热情。并且在 2013 年沈阳全运会期间参加了志愿者活动，为沈阳全运会做出了自己应有的贡献。

21 世纪呼唤综合性的人才，我思路开阔，办事沉稳;关心集体，责任心强;待人诚恳，工作主动认真，富有敬业精神。 在三年的学习生活中， 我很好地掌握了专业知识，也取得了不错的成绩。在学有余力的情况下，我阅读了大量专业和课外书籍，考取了本专业所需的造价员证和资料员证。熟练地掌握 AutoCAD，会运用预算软件。

自荐书不是广告词，不是通行证。但我知道：一个青年人，可以通过不断的学习来完善自己，可以在实践中证明自己。尊敬的先生/小姐，如果我能喜获您的赏识，我一定会尽职尽责地用实际行动向您证明。

再次感谢您为我留出时间，来阅读我的求职信，祝您工作顺心!

此致

敬礼

自荐人：李强

2014 年 5 月 16 日

图 3-1 自荐信

步骤三：保存文件。选择“文件”功能区中的“另存为”命令，如图 3-3 所示，在右侧选择“浏览”命令，弹出对话框，在左侧选择“此电脑”，然后在右侧双击“本地磁盘(D：)”，在文件名栏中输入“个人简历”，然后单击“保存”按钮。

步骤四：输入文件。单击文档编辑窗口，切换到适合的中文输入法，输入文字。

步骤五：切换视图显示方式。在“视图”选项卡下“文档视图”组中自由切换文档视图，或在 Word 2013 编辑窗口的右下方单击“视图”按钮切换视图。

步骤六：文档加密。选择“文件”功能区中的“另存为”命令，在右侧选择“浏览”命令，弹出对话框，选择“工具”→“常规选项”命令，如图 3-4 所示，弹出对话框，在文本框中输入自己设定的密码。

步骤七：退出 Word 2013 文档。单击“文件”选项卡，在打开的菜单中单击“关闭”按钮，

图 3-2 安装过程

图 3-3 “另存为”命令

即可退出 Word 2013 文档。

3.1.4 知识链接

1. Office 2013 简介

Microsoft Office 2013 又称为 Office 2013 或 Office 15，是应用于 Microsoft Windows 视窗系统的一套办公室套装软件，是继 Microsoft Office 2010 后的新一代套装软件。2012 年 7 月，微软发布了免费的 Office 2013 预览版版本。

在 Office 2013 的开发进程中，Outlook 2013、Access 2013、SharePoint 2013 和 Excel 2013 处在同步进行中。其中，Excel 2013 包括一个“重大的新功能”——PowerPivot，而 Word 2013 也在协作和通信方面上升一个层次，为用户提供更强大的共同编辑服务。值得

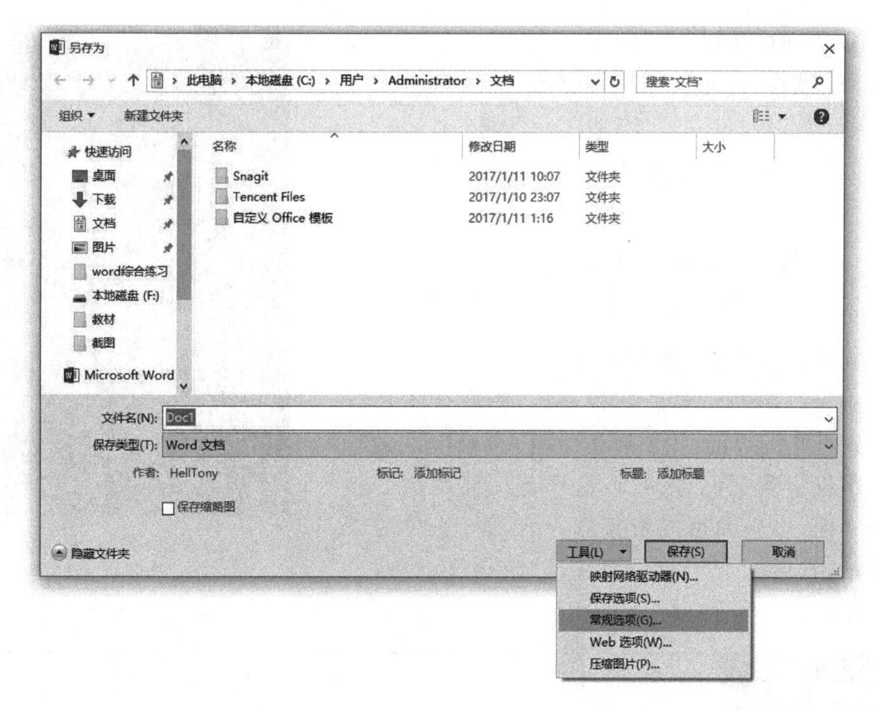

图 3-4　“常规选项”位置

一提的是，Office 2013 的自动化架构也得到了进一步完善。

2. 安装 Office 2013

目前，微软公司为用户提供 Office 2013 x86 和 x64 两个版本的软件，请用户根据自己的系统位数进行安装。注：本书截图为 Office 2013 x64 软件版本。

找到 Office 2013 文件安装位置，双击 setup. exe 文件，如图 3-5 所示。

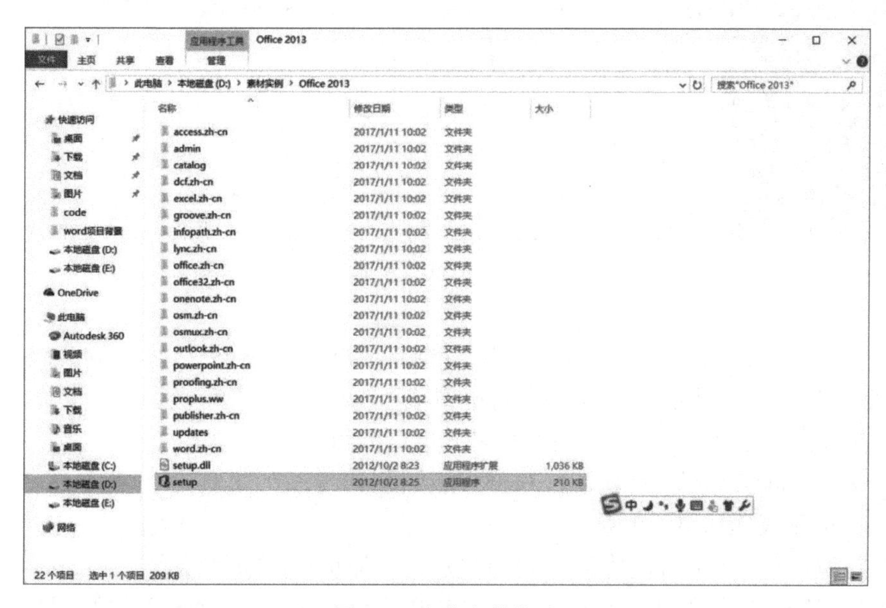

图 3-5　安装文件位置

3. 启动 Word 2013

方法一：选择“开始”→“所有应用”→Microsoft Office 2013→Word 2013 命令，如图 3-6 所示。

方法二：双击打开原有的 Microsoft Office Word 2013 文档。

图 3-6 通过“开始”菜单启动 Word 2013

4. 第一次打开 Word 2013

用方法一打开 Word 2013 窗口，如图 3-7 所示。

5. Word 2013 界面、创建文档

用方法一启动 Word 2013 程序后，程序会出现一个非常人性化的界面，用户单击“空白文档”，该文档具有通用性设置(注：该版本程序首次使用这个人性化的界面，本界面可以直接选择 Office 提供的内置模板，通常情况下一般用户选择“空白文档”)，如图 3-8 所示。

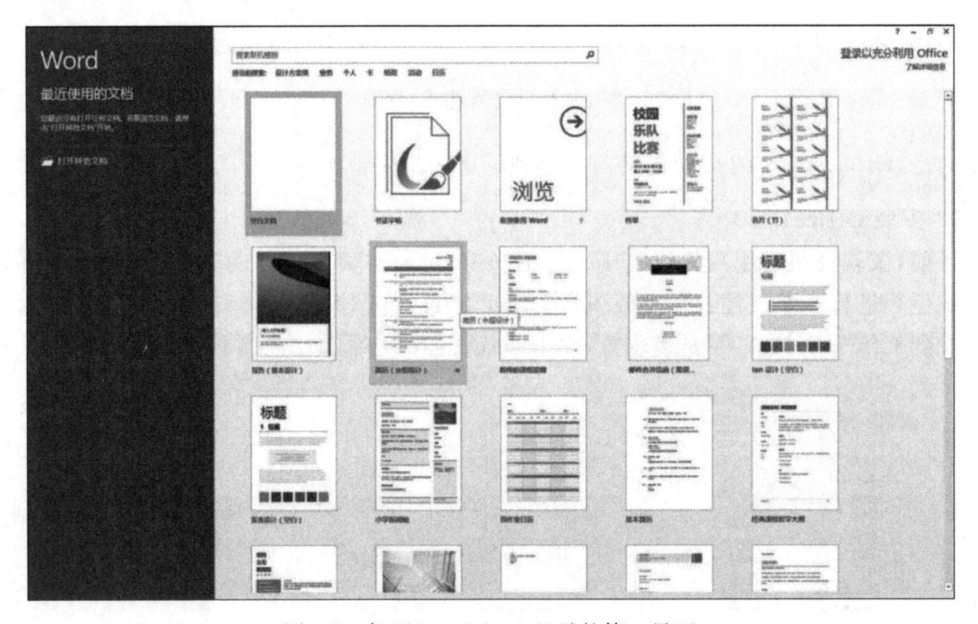

图 3-7 打开 Word 2013 显示的第一界面

Word 窗口由标题栏、快速访问工具栏、窗口控制按钮、功能区、文本编辑区、状态栏、标尺显示或隐藏按钮、滚动条、浏览对象等部分组成。

(1) 标题栏：主要显示当前编辑文档名和窗口标题。

(2) 快速访问工具栏：是功能区顶部(默认位置)显示的工具集合，默认工具包括“保存”“撤销”和“恢复”，如图 3-9 所示。

(3) 窗口控制按钮：可以使 Word 窗口最大化、最小化、还原和关闭。

(4) 功能区：Word 2013 中，功能区由多个选项卡组成。单击每个“选项卡”会打开相对

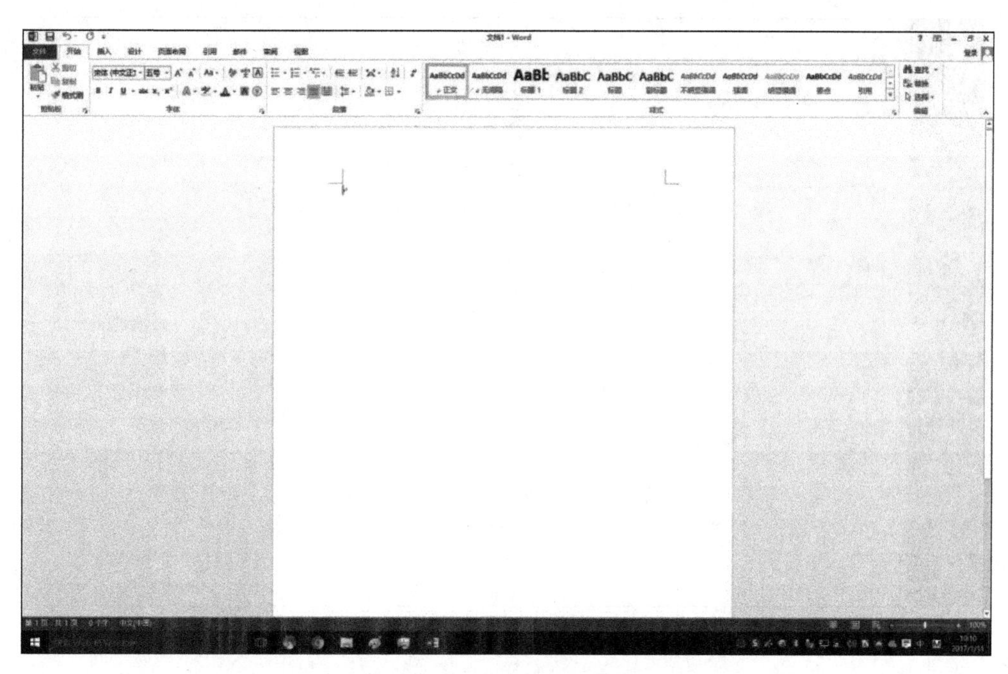

图 3-8　空白文档界面

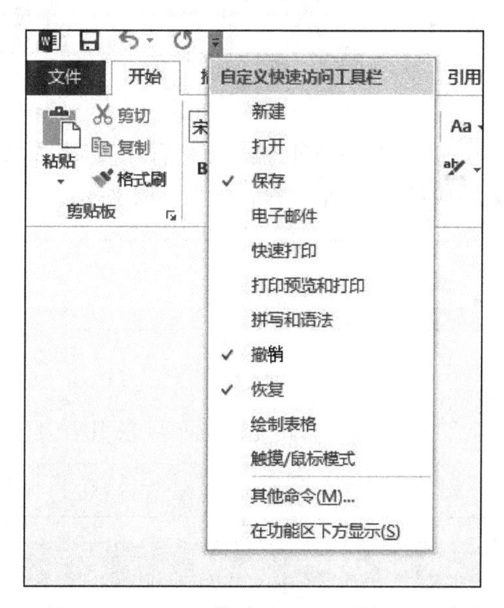

图 3-9　快速访问工具栏

应的面板。每个选项卡根据功能的不同又分为若干个组，每个选项卡所拥有的功能如下所述。

① “文件”选项卡：包括新建、打开、保存、另存为、打印、选项等命令，主要用于帮助用户对 Word 2013 文档进行各种基本操作，如图 3-10 所示。

② “开始”选项卡：包括剪贴板、字体、段落、样式和编辑 5 个组，主要用于帮助用户对 Word 2013 文档进行文字编辑和格式设置，是用户最常用的选项卡，如图 3-11 所示。

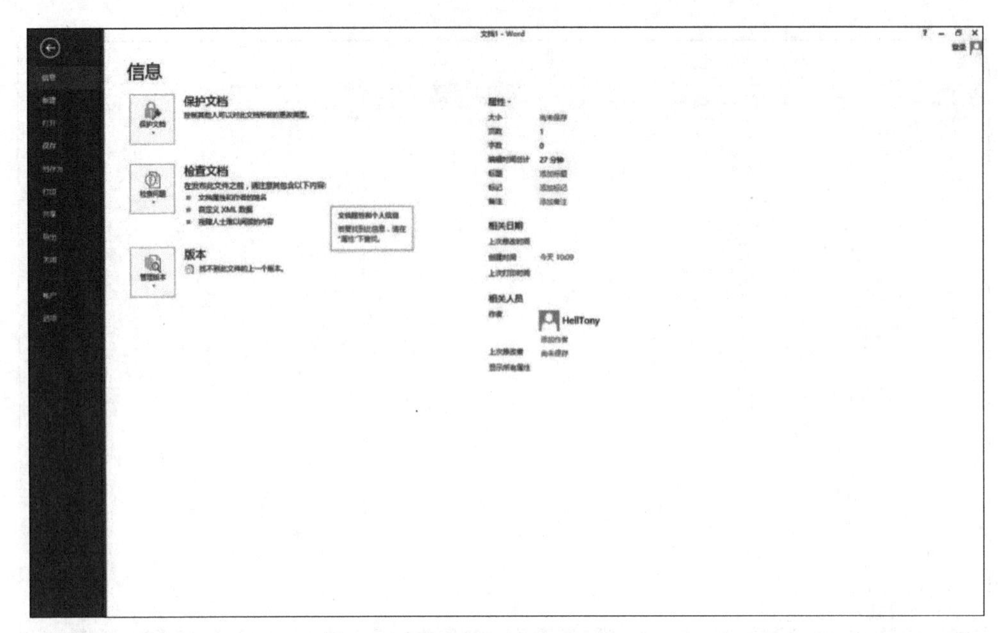

图 3-10 “文件”选项卡

图 3-11 “开始”选项卡

③“插入”选项卡：包括页、表格、插图、链接、页眉和页脚、文本、符号几个组，主要用于帮助用户在 Word 2013 文档中插入各种元素，如图 3-12 所示。

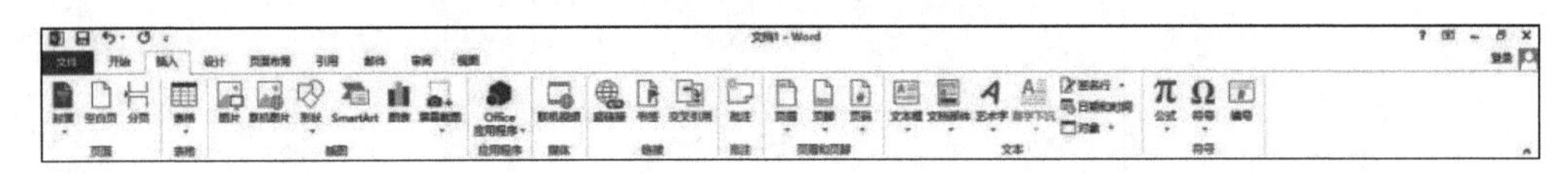

图 3-12 “插入”选项卡

④“设计”选项卡：包括主题、文档样式、页面背景几个组，主要用于帮助用户设置 Word 2013 文档样式，如图 3-13 所示。

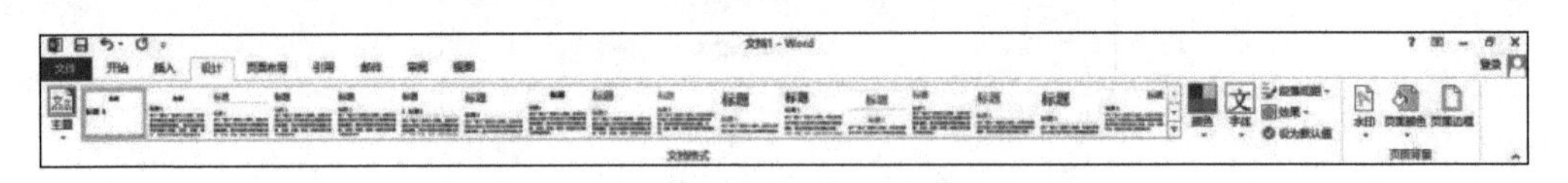

图 3-13 “设计”选项卡

⑤“页面布局”选项卡：包括页面设置、稿纸、段落、排列几个组，主要用于帮助用户设置 Word 2013 文档页面样式，如图 3-14 所示。

⑥“引用”选项卡：包括目录、脚注、引文与书目、题注、索引和引文目录几个组，主要用于帮助用户实现在 Word 2013 文档中插入目录等比较高级的功能，如图 3-15 所示。

⑦“邮件”选项卡：包括创建、开始邮件合并、编写和插入域、预览结果和完成几个组，该功能区的作用比较专一，专门用于帮助用户在 Word 2013 文档中进行邮件合并方面的操

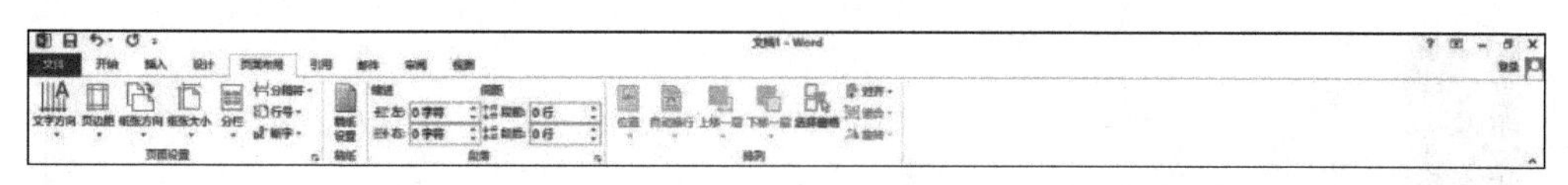

图 3-14　“页面布局”选项卡

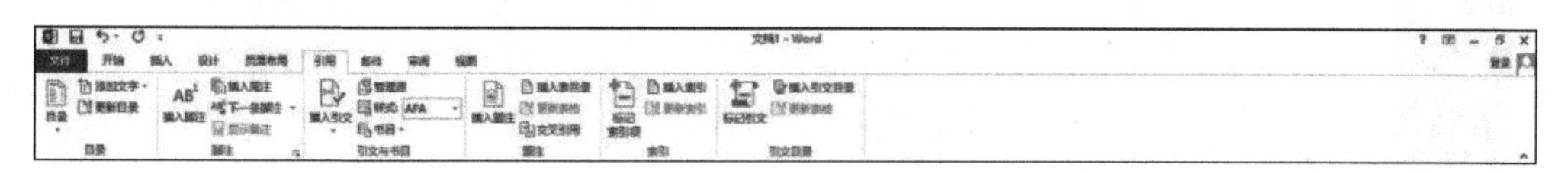

图 3-15　“引用”选项卡

作，如图 3-16 所示。

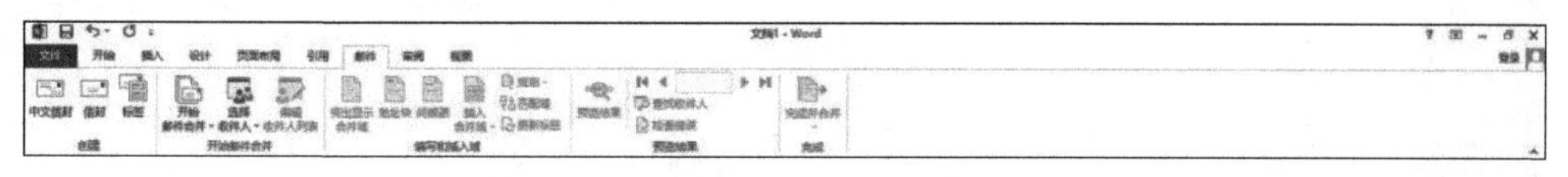

图 3-16　“邮件”选项卡

⑧ “审阅”选项卡：包括校对、语言、中文简繁转换、批注、修订、更改、比较和保护几个组，主要用于帮助用户对 Word 2013 文档进行校对和修订等操作，适用于多人协作处理 Word 2013 长文档，如图 3-17 所示。

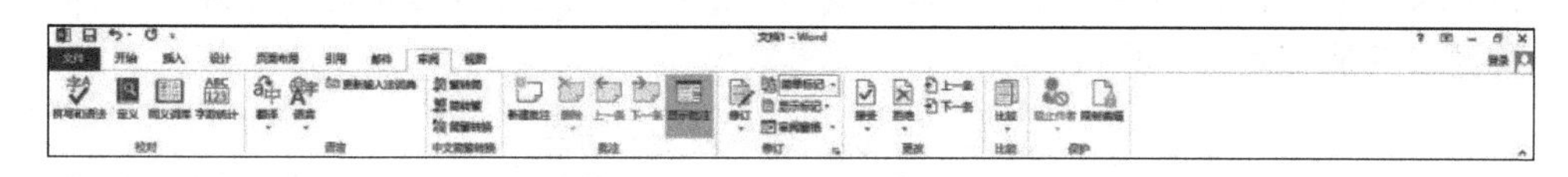

图 3-17　“审阅”选项卡

⑨ “视图”选项卡：包括文档视图、显示、显示比例、窗口和宏几个组，主要用于帮助用户设置 Word 2013 操作窗口的视图类型，以方便操作，如图 3-18 所示。

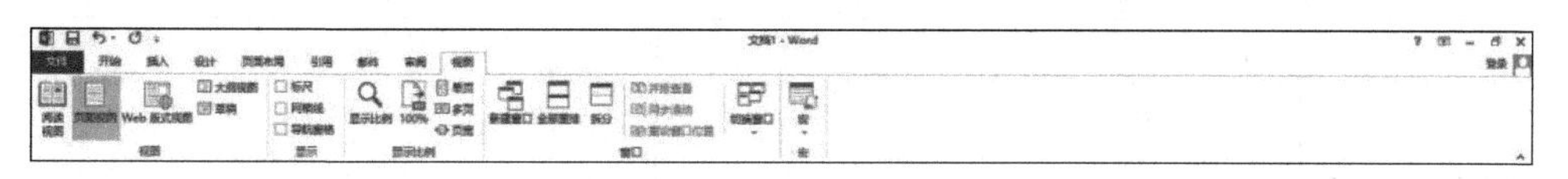

图 3-18　“视图”选项卡

⑩ 用“方法二”启动 Word 2013 程序后，程序会自动出现上次用户编辑的文档。

在使用该文档完成 Word 文档的输入和编辑后，需要再次新建一个空白文档。下面介绍新建文档的方法。

(1) 选择“文件”→“新建”命令，在新建区域选择需要文档，如图 3-19 所示。

(2) 单击快速访问工具栏中“新建(Ctrl＋N)”图标创建一个新文档。

6. 文本的输入与修改

用 Word 进行文字处理的第一步是进行文字的输入，输入文本前，首先要确定光标的位置，然后再输入文字。当插入点到达右边距时，系统会自动换行，当一个段落结束，要开始新的段落时，应按 Enter(回车)键换行。

1) 光标移动方法

在文本输入过程中可以移动鼠标至文档的任意位置单击，即可改变插入点位置，在新的

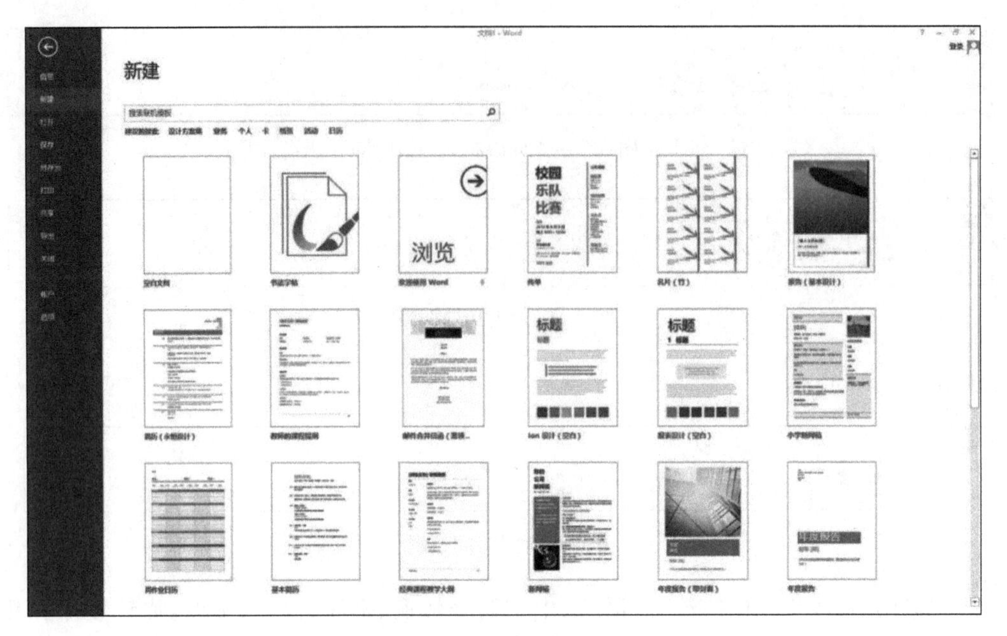

图 3-19 "新建文档"界面

位置输入文本。光标移动方法除了移动鼠标外,还可以通过键盘的编辑键进行,插入点移动按键及键盘功能如表 3-1 所示。

表 3-1 插入点移动按键及功能

按 键	功 能	按 键	功 能
←	左移一个字符或汉字	Backspace	删除光标左边的内容
→	右移一个字符或汉字	Home	放置到当前行的开始
↑	上移一行	End	放置到当前行的末尾
↓	下移一行	Ctrl＋PageUp	放置到上一页的第一行
PageUp	上移一屏幕	Ctrl＋PageDown	放置到下一页的第一行
PageDown	下移一屏幕	Ctrl＋Home	放置到当前文档的第一行
Delete	删除光标右边的内容	Ctrl＋End	放置到当前文档的最后一行

若当前处于"插入"状态,即 Word 状态栏中的"改写"区域为灰色,则将插入点光标移动到需要修改的位置后面,按一次 Backspace 键可删除光标当前位置前面的一个字符,再输入新的内容;若当前处于"改写"状态,即 Word 状态栏中的"改写"区域为黑色,则将插入点光标移动到需要修改的位置前面,所输入的新文本会替换原来相应位置上的文本。"插入"和"改写"编辑状态可通过键盘上的 Insert 键或双击状态栏中的"改写"区域进行切换。Word 的默认状态为"插入"状态。

2) 规范化的指法

(1) 基准键。基准键共有 8 个,左边的 4 个键是 A、S、D、F,右边的 4 个键是 J、K、L、;。操作时,左手小拇指放在 A 键上,无名指放在 S 键上,中指放在 D 键上,食指放在 F 键上;右手小拇指放在";"键上,无名指放在 L 键上,中指放在 K 键上,食指放在 J 键上。

(2) 键位分配。提高输入速度的途径和目标之一是实现盲打(即击键时眼睛不看键盘只看稿纸)，为此要求每一根手指所击打的键位是固定的，如图 3-20 所示，左手小拇指管辖 Z、A、Q、1 键；无名指管辖 X、S、W、2 键；中指管辖 C、D、E、3 键；食指管辖 V、F、R、4 键；右手 4 根手指管辖范围依次类推，两手的拇指负责空格键；B、G、T、5 键和 N、H、Y、6 键也分别由左、右手的食指管辖。

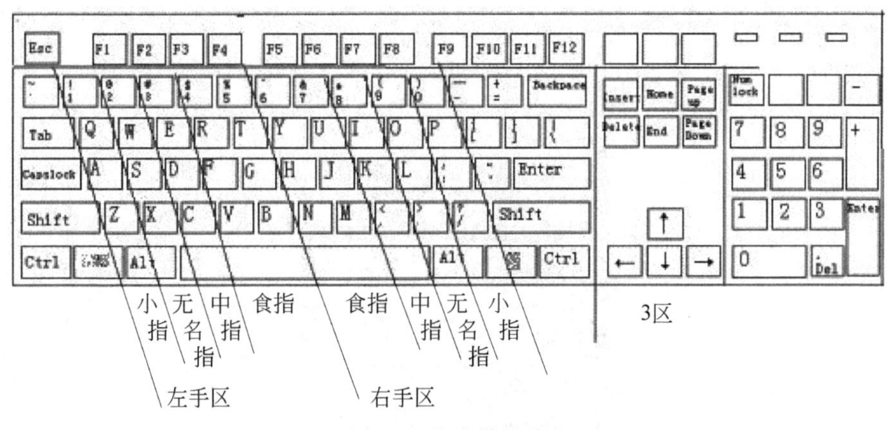

图 3-20　指法键位分配

(3) 指法。操作时，两手各手指自然弯曲、悬腕放在各自的基准键位上，眼睛看稿纸或显示器屏幕。输入时手略抬起，只有需击键的手指可伸出击键，击键后手形恢复原状。在基准键以外击键后，要立即返回到基准键。基准键 F 键与 J 键下方各有一凸起的短横作为标记，供“回归”时触摸定位。

双手的 8 个指头一定要分别轻轻放在“A、S、D、F、J、K、L、;” 8 个基准键位上，两个大拇指轻轻放在空格键上。

(4) 手指击键的要领如下。

手腕平直，手指略微弯曲，指尖后的第一关节应近乎垂直地放在基准键位上。

击键时，指尖垂直向下，瞬间发力触键，击毕应立即恢复原位。

击空格键时，用大拇指外侧垂直向下敲击，击毕迅速抬起，否则会产生连击。

需要换行时，右手 4 指稍展开，用小指击回车键(Enter 键)，击毕，右手立即返回到原基准键位上。

输入大写字母时，用一根小手指按住 Shift 键不放，用另一手的手指敲击相应的字母键，有时也按住 CapsLock 键，使其后输入的字母全部为大写字母。

3) 常用中文输入法

要快速熟练地输入文本，输入法的选择也至关重要。常用的中文输入法有搜狗输入法、QQ 输入法、五笔输入法、智能 ABC 等，用户要能够根据自己的输入习惯选择适合自己的输入法。

7. 文档视图

在 Word 2013 中提供了 5 种视图供用户选择，这 5 种视图包括页面视图、阅读版式视图、Web 版式视图、大纲视图和草稿视图。用户可以在“视图”选项卡中自由切换文档视图，也可以在 Word 2013 窗口的右下方单击视图按钮切换视图。

1）页面视图

页面视图可以显示 Word 2013 文档的打印结果外观，主要包括页眉、页脚、图形对象、分栏设置、页面边距等元素，是最接近打印结果的页面视图，如图 3-21 所示。

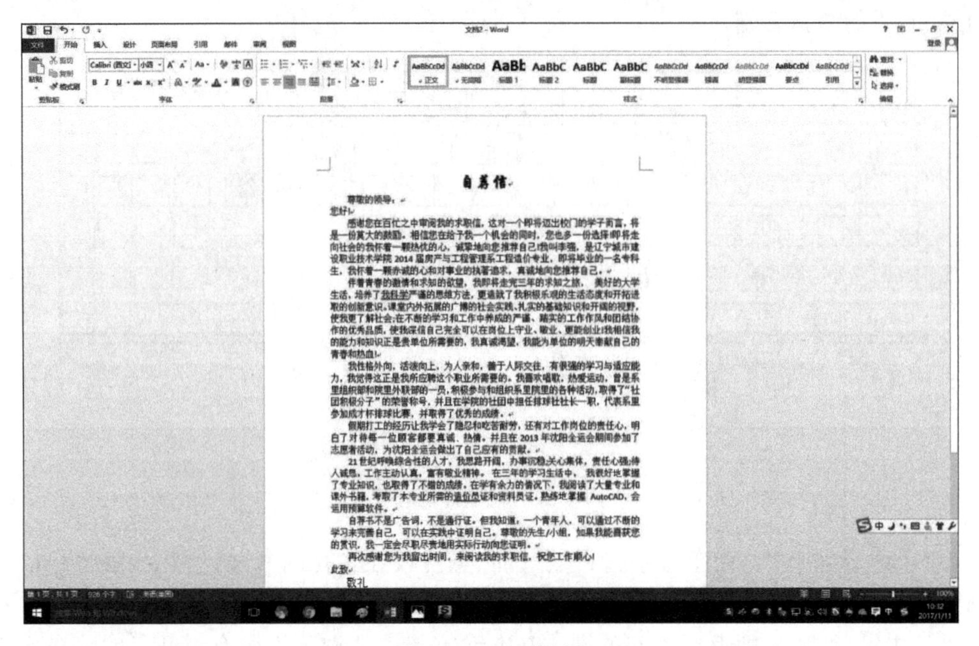

图 3-21　页面视图

2）阅读版式视图

阅读版式视图以图书的分栏样式显示 Word 2013 文档，各种功能区等窗口元素被隐藏起来。在阅读版式视图中，用户还可以单击“工具”按钮选择各种阅读工具，如图 3-22 所示。

图 3-22　阅读版式视图

3）Web版式视图

Web版式视图以网页的形式显示Word 2013文档，Web版式视图适用于发送电子邮件和创建网页，如图3-23所示。

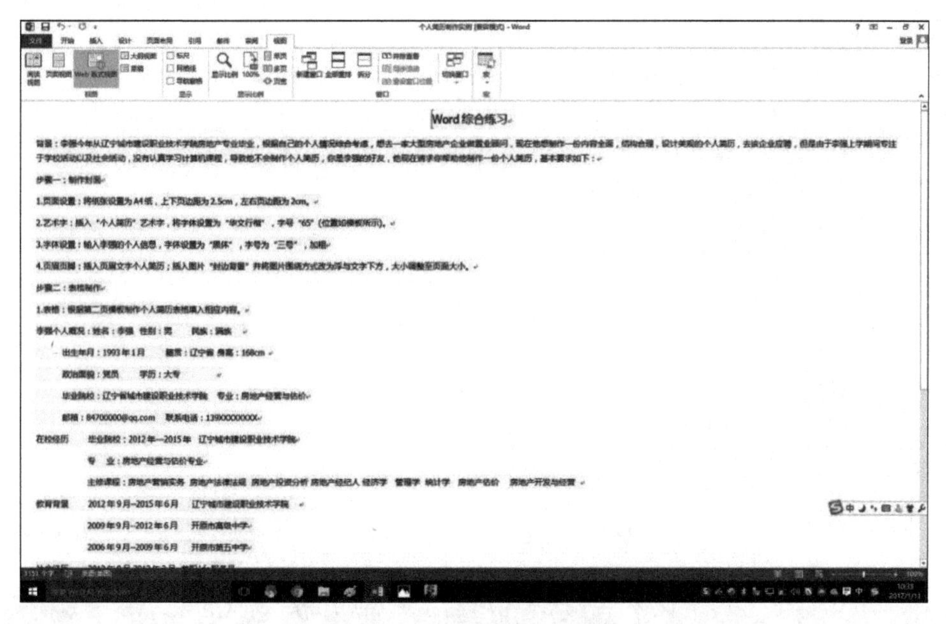

图3-23　Web版式视图

4）大纲视图

大纲视图主要用于Word 2013文档的设置和显示标题的层级结构，并可以方便地折叠和展开各种层级的文档。大纲视图广泛应用于Word 2013长文档的快速浏览和设置，如图3-24所示。

图3-24　大纲视图

5）草稿视图

草稿视图取消了页面边距、分栏、页眉页脚和图片等元素，仅显示标题和正文，是最节省计算机系统硬件资源的视图方式，如图 3-25 所示。

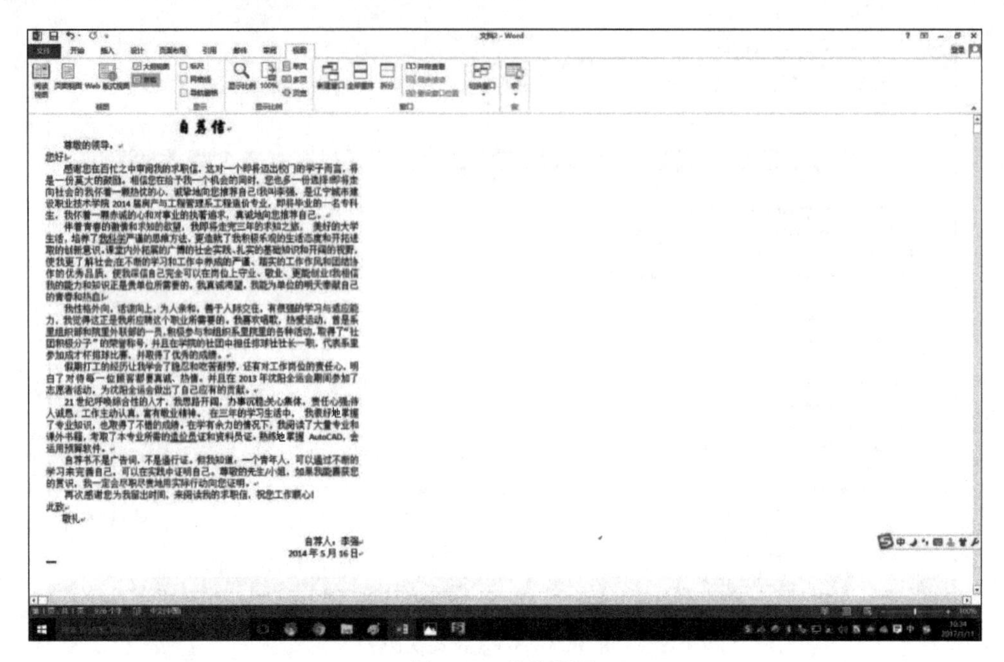

图 3-25　草稿视图

8. 文档的保存

保存文档时，一定要注意“文档三要素”，即保存位置、名字、类型，否则以后可能不易找到文档。保存文档常用下面几种方法。

方法一：单击快速访问工具栏中的“保存”按钮进行保存文档。

方法二：通过 Ctrl＋S 组合键保存文档。

方法三：单击“文件”选项卡，在打开的菜单中选择“保存”命令进行文档的保存。

如果文档已经命名，不会出现“另存为”对话框，而直接保存到原来的文档中以当前内容代替原来内容，当前编辑状态保持不变，可继续编辑文档。如果正在保存的文档没有命名，将弹出“另存为”对话框，如图 3-26 所示。

(1) 如果要保存到其他位置，打开“保存位置”处的下拉菜单，选择保存文档的驱动器和文件夹。

(2) 在“文件名”文本框中输入一个合适的文件名(注：如果兼容以前版本，选取保存类型为“Word 97-2003”)。

(3) 单击“保存”按钮。保存后该文档标题栏中的名称已改为命名后的名字。

9. 设置文档权限

给文档设置一个口令进行加密，把文档保护起来。当打开加密文档时，将显示“密码”对话框要求输入密码，只有输入正确的密码才能打开该文档，为文档设置权限可按下面的操作步骤进行。

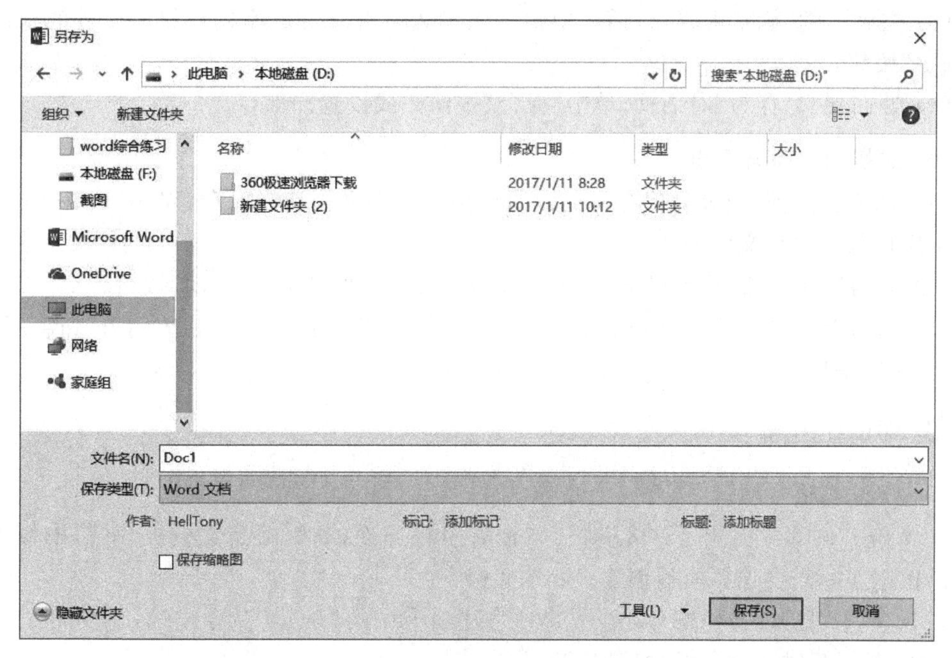

图 3-26　"另存为"对话框

(1) 选择"文件"选项卡中的"另存为"命令，在右侧单击"浏览"命令，在弹出的对话框中选择"工具"→"常规选项"命令，弹出对话框，在文本框中输入自己设定的密码。

(2) 在弹出的"常规选项"对话框中，分别在"打开文件时的密码"和"修改文件时的密码"文本框中输入各自的密码，单击"确定"按钮，如图 3-27 所示。

图 3-27　"常规选项"对话框

(3) 在弹出的"确定密码"对话框中再一次输入打开文件的密码和修改文件的密码,单击"确定"按钮。

(4) 返回到"另存为"对话框,单击"保存"按钮完成设置和保存。

10. 文档的关闭与退出

在关闭文档之前,应该先保存所创建的文档。如果文档尚未保存,Word 会在关闭窗口时提示用户是否保存文件。

(1) 关闭当前文档,并不退出 Word:单击"文件"选项卡中的"关闭"按钮。

(2) 退出 Word,即关闭 Word 应用程序:单击"文件"选项卡中的"关闭"按钮或者单击标题栏中的"关闭"按钮。

3.1.5 知识拓展

1. Word 模板

在 Word 2013 中内置了许多模板,模板有多种用途,如编写公文模板、书信模板等,用户可以根据实际需要选择模板创建 Word 文档。

打开 Word 2013 文档窗口,选择"文件"选项卡中的"新建"命令,在右侧列出了 Word 2013 中内置的新建文档模板,如图 3-28 所示。

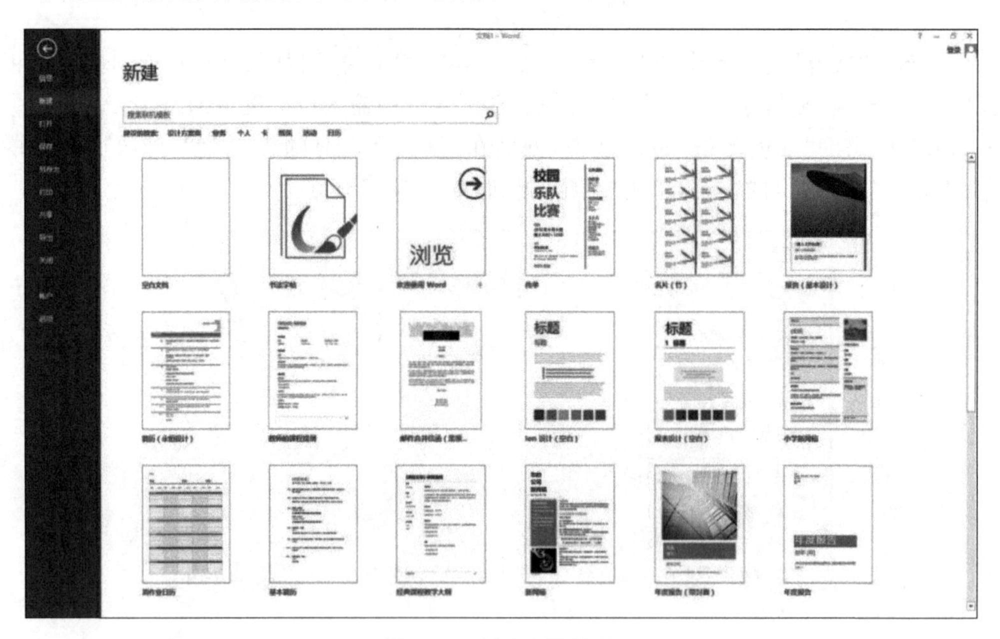

图 3-28 新建文档模板

2. 文档的打印

当一个文档完成文本的输入和排版,为了方便阅读,通过打印机把文档打印出来。

(1) 单击"文件"选项卡中的"打印"按钮,窗口右侧即可显示出"打印预览"窗口,如图 3-29 所示。

(2) 在"打印预览"窗口左侧即可指定打印机进行打印,可以设置打印部分文档、选择打印文档份数以及选择纸张缩放进行打印,单击"打印"按钮即可进行文件的打印。

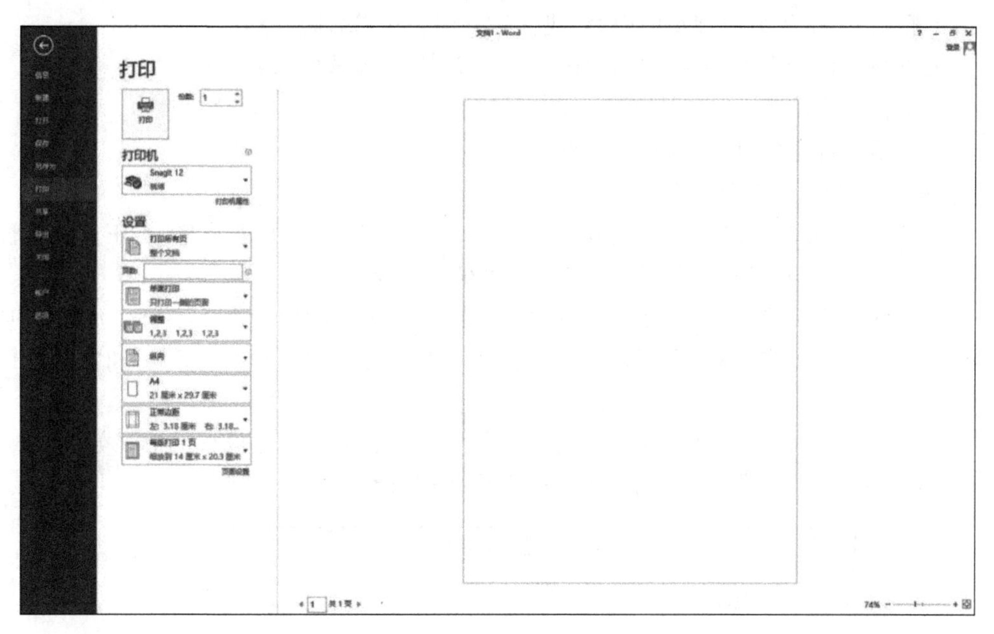

图 3-29　“打印预览”窗口

3.1.6　技能训练

练习：打开“..\实例素材项目 1\Just for Toady.jpg”文件，输入文章，注意输入时的指法，注意大小写及标点符号的输入。

任务 3.2　编写个人简历（文字排版部分）

3.2.1　任务要点

(1) 选择、复制、移动、删除文本。
(2) 查找与替换文本。
(3) 撤销与恢复操作。
(4) 字符格式设置。
(5) 项目符号和编号。
(6) 段落格式设置。
(7) 格式刷的使用。

3.2.2　任务要求

(1) 打开文档，打开上节编辑的“个人简历（自荐信）”。

(2) 复制文本，将正文第五段“我性格外向……”复制到正文的第六段“假期打工……自己应有的贡献。”后面另起一段。

(3) 移动文本，将复制的内容再移动到第三段“感谢您在百忙……推荐自己。”后面，另起一段。

(4) 删除文本,将上面移动的内容"我性格外向……"这一段删除。

(5) 查找与替换文本,查找文档中的"真心"文本,替换成"真诚"。

(6) 字符格式设置。

① 将标题"自荐信"设置为华文行楷、二号、加粗。

② 将正文文本设置为宋体、五号。

③ 给正文倒数第三段中"再次感谢……祝您工作顺心"文本加着重号,给正文第三段中的"我叫李强……真诚地向您推荐自己"文本加双下划线。

(7) 段落格式设置,设置标题居中对齐;将正文设置为首行缩进 2 字符("您好"和"此致"除外),行间距为"单倍行距",段前、段后间距各 0.5 行;将"自荐人:李强"和"年月日"右对齐。

(8) 另存文档,将文档另存为"D:\练习\自己的姓名.docx",完成后的效果如图 3-30 所示。在操作中遇到误操作时,利用撤销与恢复操作进行修改。

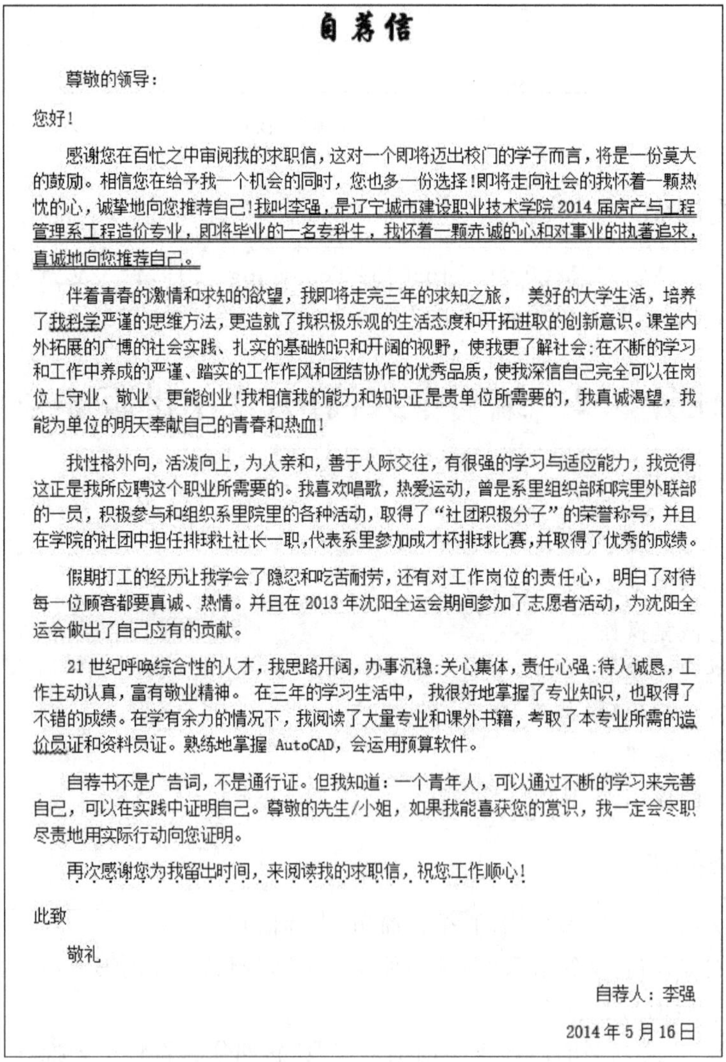

自荐信

尊敬的领导:

您好!

感谢您在百忙之中审阅我的求职信,这对一个即将迈出校门的学子而言,将是一份莫大的鼓励。相信您在给予我一个机会的同时,您也多一份选择!即将走向社会的我怀着一颗热忱的心,诚挚地向您推荐自己!我叫李强,是辽宁城市建设职业技术学院 2014 届房产与工程管理系工程造价专业,即将毕业的一名专科生,我怀着一颗赤诚的心和对事业的执著追求,真诚地向您推荐自己。

伴着青春的激情和求知的欲望,我即将走完三年的求知之旅, 美好的大学生活,培养了我科学严谨的思维方法,更造就了我积极乐观的生活态度和开拓进取的创新意识。课堂内外拓展的广博的社会实践、扎实的基础知识和开阔的视野,使我更了解社会;在不断的学习和工作中养成的严谨、踏实的工作作风和团结协作的优秀品质,使我深信自己完全可以在岗位上守业、敬业、更能创业!我相信我的能力和知识正是贵单位所需要的,我真诚渴望,我能为单位的明天奉献自己的青春和热血!

我性格外向,活泼向上,为人亲和,善于人际交往,有很强的学习与适应能力,我觉得这正是我所应聘这个职业所需要的。我喜欢唱歌,热爱运动,曾是系里组织部和院里外联部的一员,积极参与和组织系里院里的各种活动,取得了"社团积极分子"的荣誉称号,并且在学院的社团中担任排球社社长一职,代表系里参加成才杯排球比赛,并取得了优秀的成绩。

假期打工的经历让我学会了隐忍和吃苦耐劳,还有对工作岗位的责任心,明白了对待每一位顾客都要真诚、热情。并且在 2013 年沈阳全运会期间参加了志愿者活动,为沈阳全运会做出了自己应有的贡献。

21 世纪呼唤综合性的人才,我思路开阔,办事沉稳;关心集体,责任心强;待人诚恳,工作主动认真,富有敬业精神。 在三年的学习生活中, 我很好地掌握了专业知识,也取得了不错的成绩。在学有余力的情况下,我阅读了大量专业和课外书籍,考取了本专业所需的造价员证和资料员证。熟练地掌握 AutoCAD,会运用预算软件。

自荐书不是广告词,不是通行证。但我知道:一个青年人,可以通过不断的学习来完善自己,可以在实践中证明自己。尊敬的先生/小姐,如果我能喜获您的赏识,我一定会尽职尽责地用实际行动向您证明。

再次感谢您为我留出时间,来阅读我的求职信,祝您工作顺心!

此致

敬礼

自荐人:李强

2014 年 5 月 16 日

图 3-30 个人简历(自荐信)完成效果

3.2.3　实施过程

步骤一：启动 Word 2013，打开文档。选择"开始"→"所有应用"→Microsoft Office 2013→Word 2013 命令，启动 Word 2013。在左侧的"最近使用的文档"里面，单击"个人简历"文件名，如图 3-31 所示。

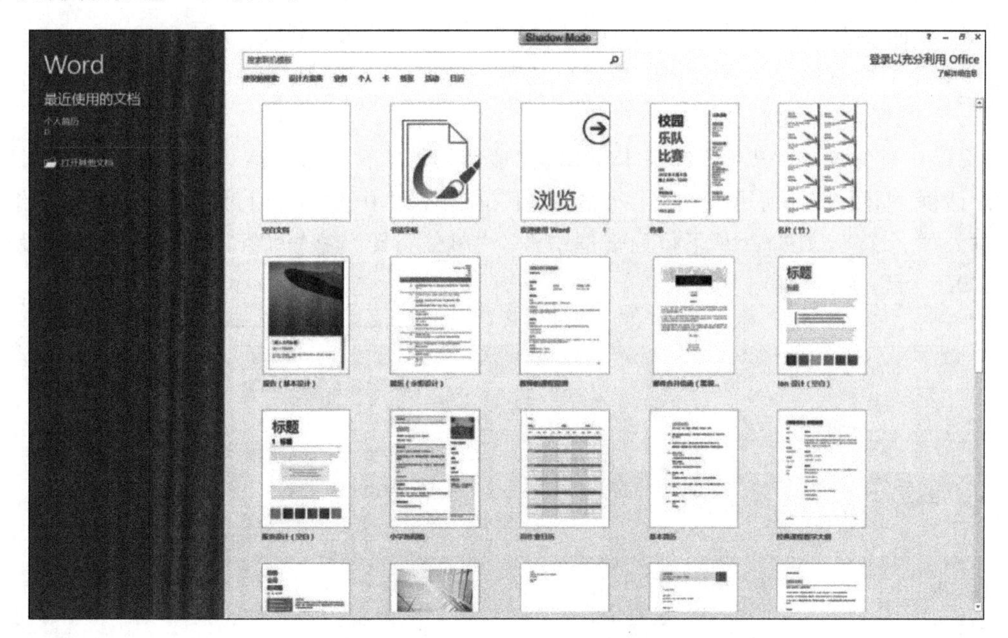

图 3-31　"最近使用的文档"窗口

步骤二：复制文本。拖动鼠标选择正文第五段"我性格外向……"的全部文本，在所选择的文本上右击弹出快捷菜单，选择"复制"命令。移动光标到第六段"假期打工……自己应有的贡献。"后，按 Enter 键另起一段，单击空白行，右击，在弹出的快捷菜单中选择"粘贴"命令，则将选定的文本复制到了光标所在的位置。

步骤三：移动文本。拖动鼠标选择上一步复制的全部内容，即"我性格外向……"段，在所选择的内容上右击，在弹出的快捷菜单中选择"剪切"命令，移动光标到正文第三段"感谢您在百忙……推荐自己"后的段尾处，按 Enter 键另起一段。右击，在弹出的快捷菜单中选择"粘贴"命令，则将选定的文本移动到了光标所在的位置。

步骤四：删除文本。拖动鼠标选择刚才移动的内容，即"我性格外向……"段，按键盘上 Delete 键后删除所选择的内容。

步骤五：查找与替换文本。在"开始"选项卡中单击"编辑"组中"替换"按钮，弹出"查找和替换"对话框。在"查找内容"文本框中输入"真心"，在"替换为"文本框中输入"真诚"，单击"查找下一处"按钮，可进行查找直至查找完成；单击"全部替换"按钮，可进行文本替换。

步骤六：字符格式设置。选取标题行文字"自荐信"，切换到"开始"功能区，在"字体"组中单击"字体"下拉列表框 宋体 (中文正 中选择"华文行楷"，在"字号"下拉列表框 五号 中选择"二号"，再单击加粗按钮 B，完成标题格式设置。

选取正文全文，在"字体"组中单击"字体"下拉列表框，选择"宋体"，在"字号"下拉列表框中选择“五号”。

选择正文倒数第三段中文字“再次感谢……祝您工作顺心”,然后在“开始”选项卡下“字体”组右下角单击对话框启动按钮 ,弹出“字体”对话框,如图 3-32 所示。在“着重号”下拉列表框中,选择“.”,单击“确定”按钮。

选择正文第三段中的“我叫李强……真诚地向您推荐自己”,在“字体”组中单击下划线按钮 u 后面的下三角按钮,在展开的下拉列表框中选择“双下划线”选项。

步骤七:段落格式设置。选取标题行文字“自荐信”,切换到“开始”选项卡,在“段落”组中单击 按钮,使标题行文字居中对齐。

选择正文全文,在“开始”选项卡下单击“段落”组右下角的对话框启动按钮 ,弹出“段落”对话框,如图 3-33 所示。在“特殊格式”下拉列表框中选择“首行缩进”并在旁边“缩进值”输入“2 字符”, 在“行距”下拉列表框中选择“单倍行距”,在“间距”下的“段前”和“段后”输入“0.5 行”,单击“确定”按钮。

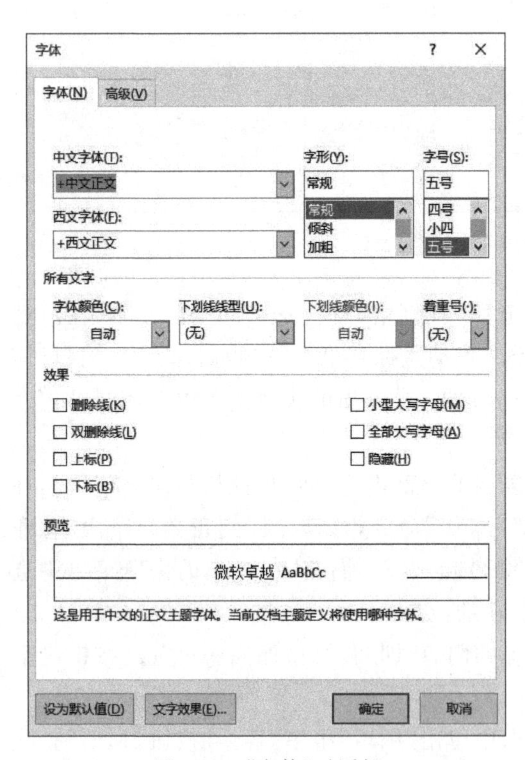

图 3-32 “字体”对话框

图 3-33 “段落”对话框

将光标移动到“您好!”前,按 Backspace 键。

将光标移动到“此致”前,按 Backspace 键。

将光标移动到“自荐人:李强”前,在“段落”组中单击 按钮。

将光标移动到“年月日”前,在“段落”组中单击 按钮。

步骤八:文档的另存。单击“文件”→“另存为”命令,在“另存为”下面选择“计算机”,在右侧“计算机”下面单击“浏览”按钮，如图 3-34 所示，弹出“另存为”对话框，如图 3-35 所示。在左侧选择“此电脑”，然后在右侧单击“本地磁盘(D：)”，在“文件名”文本框中输入“*自己的姓名*(自荐信完成版). docx”(如“张三(自荐信完成版). docx”)，然后单击“保存”按钮。

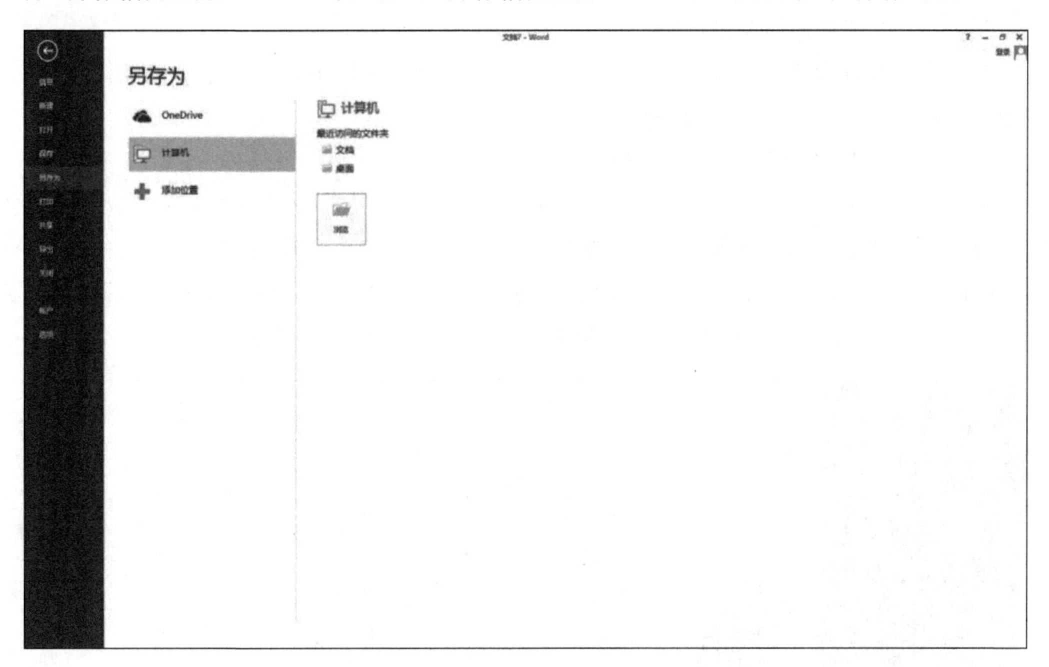

图 3-34　选择“另存为”命令

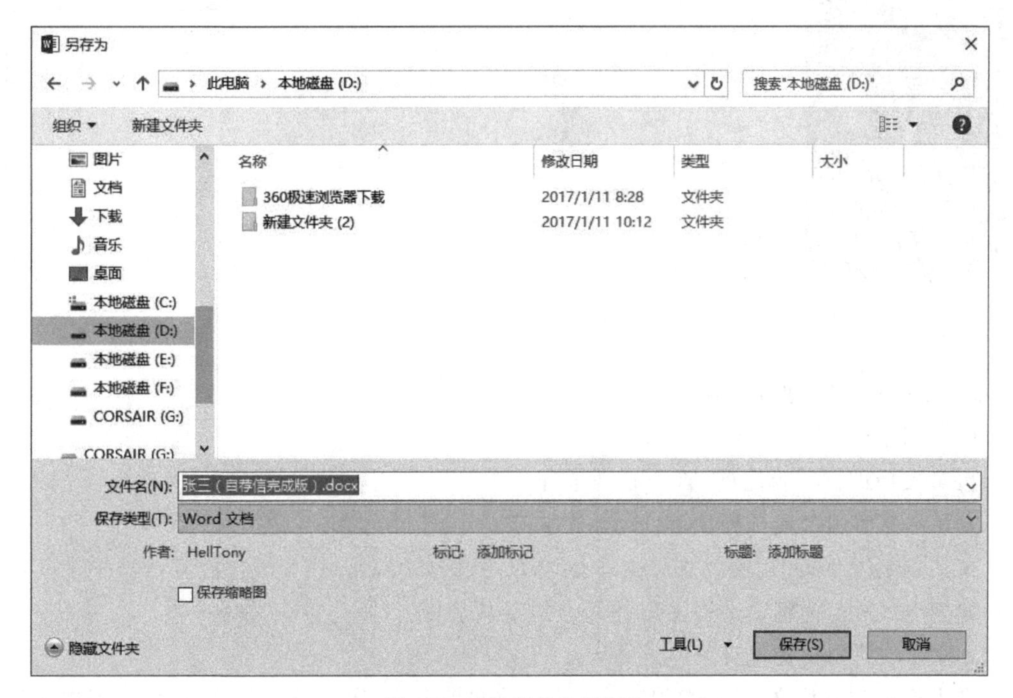

图 3-35　“另存为”对话框

3.2.4 知识链接

1. 文档的打开

方法一：打开最近使用的文档。

Word 2013 具有强大的记忆功能，它可以记忆最近几次使用的文档。左侧的“最近使用的文档”，找到“个人简历”然后单击。

方法二：使用“打开”对话框打开文档。

如果在左侧的“最近使用的文档”中，没有找到“个人简历”，则选择“打开其他文档”，如图 3-36 所示，单击“打开”下面的“计算机”，如图 3-37 所示，然后在右侧“计算机”下面单击“浏览”按钮，则会弹出“打开”窗口，如图 3-38 所示。在“打开”的左侧列表框中选择“本地磁盘(D:)”，在右侧的文件列表框中选择“个人简历”，然后单击“打开”按钮。

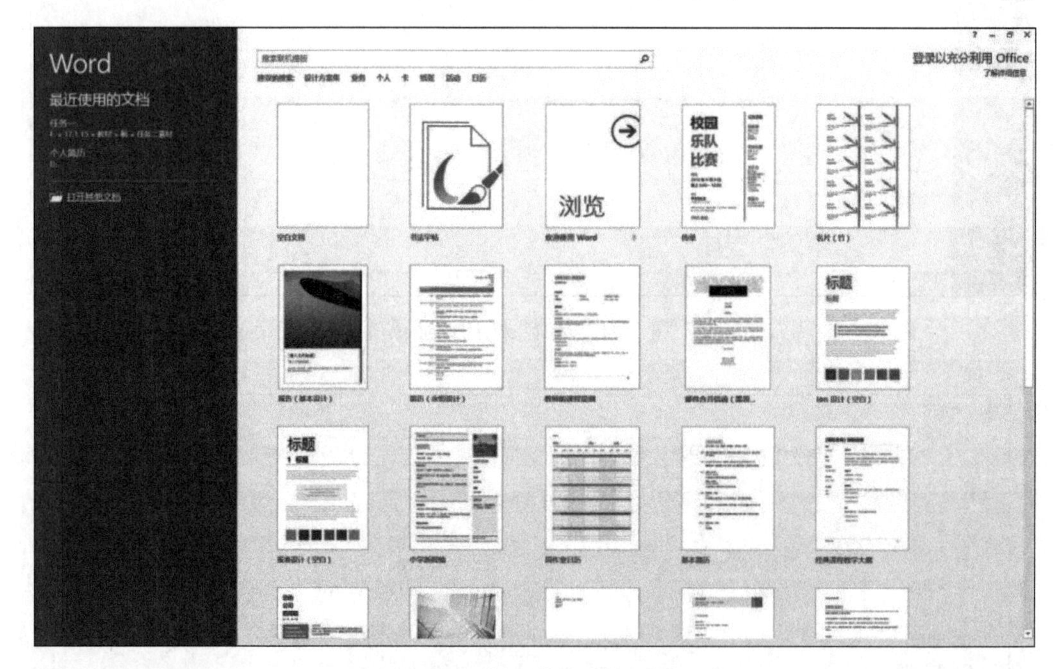

图 3-36 “打开其他文档”位置

2. 文本的选择、复制、移动、删除

1) 文本的选择

在对文档进行编辑之前，首先必须选择文本。

方法一：使用键盘选择文本。

在某些情况下，使用键盘选择文本比较方便，例如按 Ctrl+A 组合键可选择整个文档。

如表 3-2 所示为键盘选择文本的组合键及快捷键。

方法二：使用鼠标选择文本。

将光标移到选取文本内容的第一个字符前并单击，按住鼠标左键并拖动，直到选取到文本内容的结束处后松开鼠标左键。如表 3-3 所示为鼠标选择文本的方法。

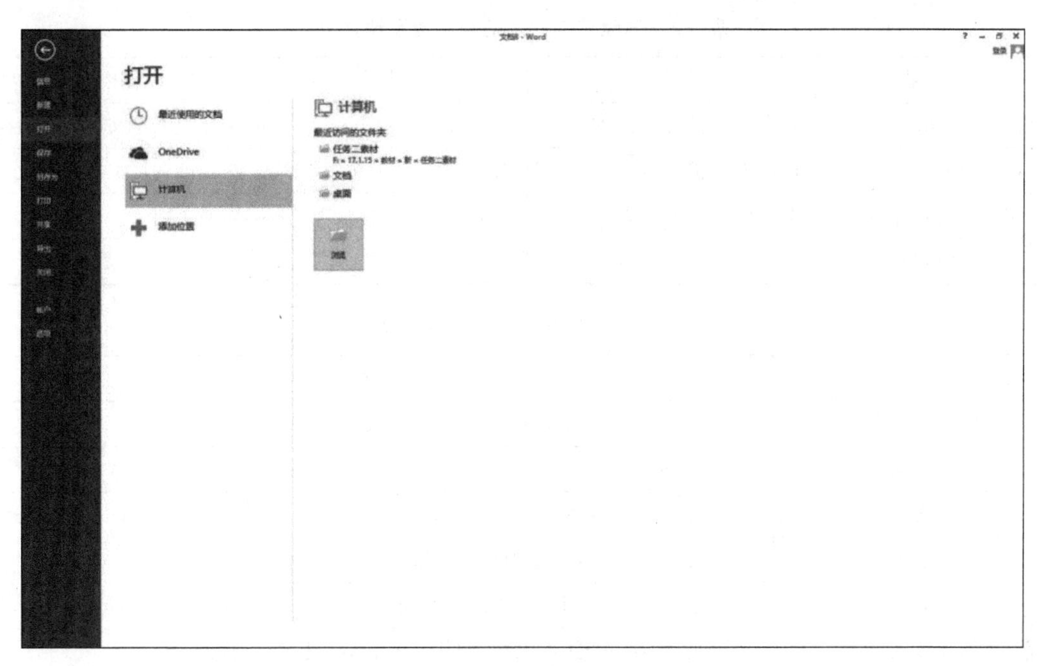

图 3-37　“打开”下的“浏览”位置

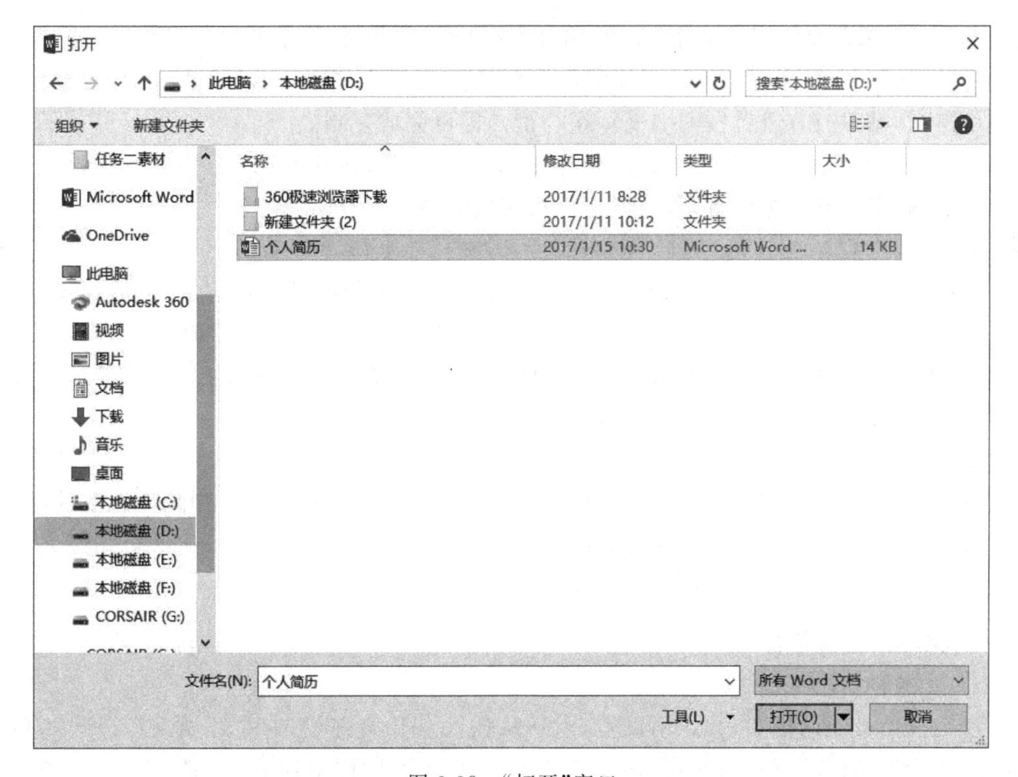

图 3-38　“打开”窗口

表 3-2 键盘选择文本的组合键及快捷键

按　　键	作　　用	按　　键	作　　用
Shift+Home	选定内容扩展至行首	Ctrl+Shift+Home	选定内容扩展至文档开始处
Shift+End	选定内容扩展至行尾	Ctrl+Shift+End	选定内容扩展至文档结尾处
Shift+PageUp	选定内容向上扩展一屏	Ctrl+A	选定整个文档
Shift+PageDown	选定内容向下扩展一屏		

表 3-3 鼠标选择文本的方法

要选的文本	操 作 方 法
任意连续文本	在文本起始位置单击,并拖过这些文本
一个单词	双击该单词
一行文本	单击该行左侧的选定区
一个段落	双击选定区,或在段内任意位置三击
矩形区域	将鼠标指针移到该区域的开始处,按住 Alt 键,拖动鼠标到结尾处
不连续的区域	先选定第一个文本区域,按住 Ctrl 键,再选定其他的文本区域

2) 文本的复制

方法一:选定要复制的文本,单击“开始”选项卡“剪贴板”组中的“复制”按钮(或者选中文本后按 Ctrl+C 组合键),再将鼠标定位在要粘贴的位置,在“开始”功能区中的“剪贴板”组中单击“粘贴”按钮(或者按 Ctrl+V 组合键),即可完成复制。

方法二:利用鼠标也可以复制文本,在选定文本之后,按住 Ctrl 键,当鼠标指针变成箭头形状,拖动鼠标到目标位置,释放鼠标即可完成复制。

3) 文本的移动

方法一:选定要移动的文本,按住鼠标左键,将该文本块拖到目标位置,然后释放鼠标。

方法二:选定要移动的文本,单击“开始”选项卡“剪贴板”组中的“剪切”按钮(或者按 Ctrl+X 组合键),再将鼠标定位在要移动的位置,在“开始”选项卡中的“剪贴板”组中单击“粘贴”按钮(或者按 Ctrl+V 组合键),即可完成移动。

4) 文本的删除

方法一:选取需要删除的文本内容,按 Backspace 键或 Delete 键可删除所选取的内容。

方法二:如果要删除少量文本,则将光标移到指定位置,按 Backspace 键可删除光标左边的一个字符。按 Delete 键可删除光标右边的一个字符。

3. 文本的查找与替换

1) 文本的查找

设定开始查找的位置,如果不设置,默认从插入点开始查找。在“开始”选项卡中,单击“编辑”组中的“查找”下三角按钮,在展开的下拉列表中选择“高级查找”选项,弹出“查找和替换”对话框,默认打开“查找”选项卡,如图 3-39 所示。

在该选项卡中的“查找内容”文本框中输入要查找的文字,单击“查找下一处”按钮,Word 将自动查找指定的字符串,并以反白显示。如果需要继续查找,单击“查找下一处”按

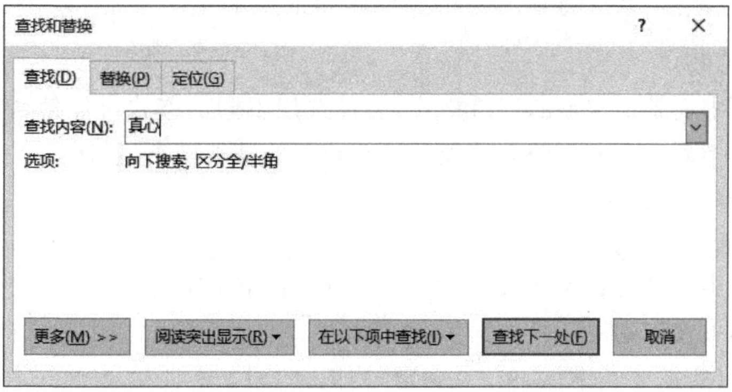

图 3-39　“查找和替换”对话框的“查找”选项卡

钮，Word 2013 将继续查找下一个文本，直到文档的末尾。查找完毕后，系统将弹出提示框，提示用户 Word 已经完成对文档的搜索。

单击“查找”选项卡中的“更多”按钮，将打开“查找”选项卡的高级形式，如图 3-40 所示。在该选项卡中单击“格式”按钮可对替换文本的字体、段落格式等进行设置。

图 3-40　高级“查找”选项卡

2）文本的替换

设置开始替换的位置，在“开始”选项卡的“编辑”组中选择“替换”命令，弹出“查找和替换”对话框，默认打开“替换”选项卡。在该选项卡的“查找内容”文本框中输入要查找的内容；在“替换为”文本框中输入要替换的内容。单击“替换”按钮，即可将文档中的内容进行替换。

如果要一次性替换文档中的全部被替换对象，可单击“全部替换”按钮，系统将自动替换全部内容，替换完成后，系统将弹出如图 3-41 所示的提示框。

4. 字符格式化

Word 2013 中提供了丰富的字符格式，通过选用不同的格式可以使所编辑的文本显得更加美观和与众不同。本节学习有关设置字符格式的基本操作，包括字体、字号、字体颜色、特殊格式、字符缩放等。

1) 设置字体

在文档中选中需要设置字体格式的文本。在“开始”选项卡中，单击“字体”组中右下角的对话框启动器按钮，弹出“字体”对话框，如图 3-42 所示。在“中文字体”或“西文字体”下拉列表中，选择所需要的字体，单击“确定”按钮。

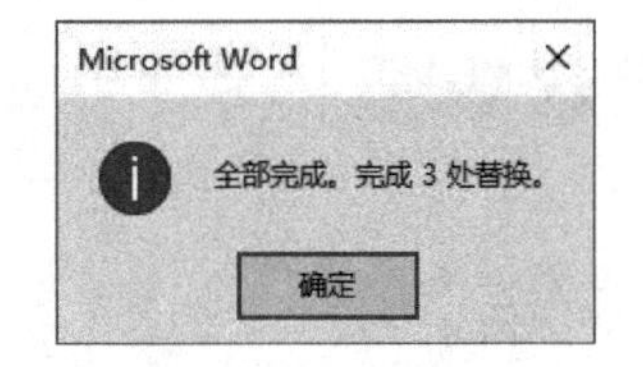

图 3-41 替换信息提示对话框

图 3-42 “字体”对话框

2) 设置字号

在文档中选中需要设置字号的文本。在“开始”选项卡中，单击“字体”组中的“字号”的下三角按钮，在弹出的“字号”下拉列表中选择所需的字号。

3) 设置字形

字形是附加于文本的属性，包括常规、加粗、倾斜或下划线等。Word 2013 的默认字形为常规字形。有时为了强调某些文本，经常需要设置字形。在文档中选中需要设置字形的文本。在“开始”选项卡的“字体”组中单击“加粗”按钮，加粗文本，加强文本的渲染效果；单击“倾斜”按钮，倾斜文本；单击“下划线”按钮，为文本添加下划线。单击“下划线”按钮右侧的下三角按钮，弹出“下划线”下拉列表，如图 3-43 所示。

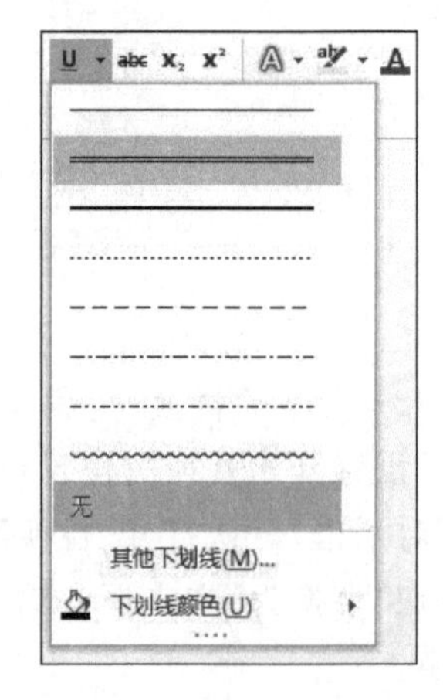

图 3-43 “下划线”下拉列表

4）设置字体颜色

在文档中选中需要设置字体颜色的文本。在“开始”选项卡的“字体”组中单击“字体颜色”按钮 A· 右侧的下三角按钮，在该下拉列表中选择需要的颜色即可。

5. 段落格式化

段落是划分文章的基本单位，是文章的重要格式之一，回车符是段落的结束标记。段落格式的设置主要包括对齐方式、缩进、行间距、段间距、首字下沉、制表位、分栏等。

1）段落对齐方式

段落对齐方式是指段落相对于某一个位置的排列方式。段落对齐方式有文本“左对齐”“居中”“右对齐”“两端对齐”“分散对齐”等。其中“两端对齐”是系统默认的对齐方式。用户可以在功能区用户界面中的“开始”选项卡的“段落”组中设置段落对齐方式。

方法一：

（1）单击“左对齐”按钮 ≡，选定的文本沿页面的左边对齐。

（2）单击“居中”按钮 ≡，选定的文本居中对齐。

（3）单击“右对齐”按钮 ≡，选定的文本沿页面的右边对齐。

（4）单击“两端对齐”按钮 ≡，选定的文本沿页面的左右两边对齐。

（5）单击“分散对齐”按钮 ≡，选定的文本均匀分布。

方法二：段落对齐方式也可以通过对话框来进行设置。

在“开始”选项卡的“段落”组右下角，单击对话框启动器按钮 ↘，弹出“段落”对话框，如图 3-44 所示，在该对话框中的“常规”选区中可设置段落对齐方式，还可以在“大纲级别”下拉列表中设置段落的级别。

提示：用户可以将插入点移到需要设置对齐方式的段落中，按 Ctrl＋J 组合键设置两端对齐；按 Ctrl＋E 组合键设置居中对齐；按 Ctrl＋R 组合键设置右对齐；按 Ctrl＋Shift＋J 组合键设置分散对齐。

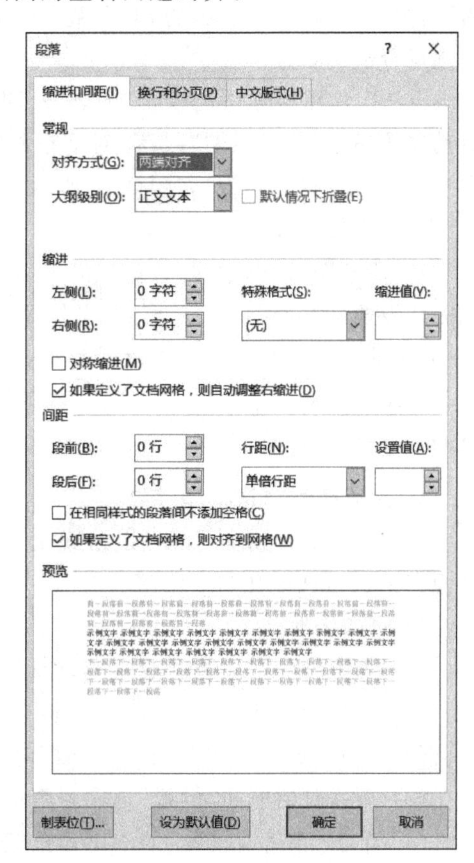

图 3-44　“段落”对话框

2）段落缩进

段落缩进是指文本与页边距之间的距离，其中页边距是指文档与页面边界之间的距离。

方法一：使用水平标尺设置段落缩进。

使用水平标尺是设置段落缩进最方便的方法（注：水平标尺默认是不显示的，打开方法，选择“视图”选项卡，在“显示”组中选中“标尺”复选框，如图 3-45 所示）。水平标尺上有首行缩进、悬挂缩进、左缩进和右缩进 4 个滑块，如图 3-46 所示。选定要缩进的一个或多个段落，用鼠标拖动这些滑块即可改变当前段落的缩进位置。

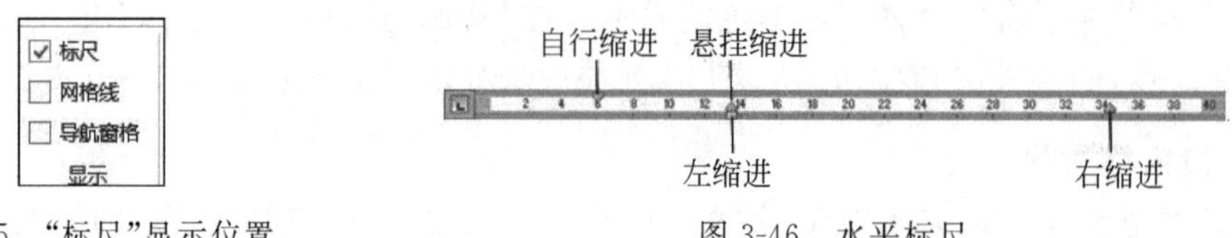

图 3-45 “标尺”显示位置

图 3-46 水平标尺

方法二：使用“段落”对话框设置段落缩进。

在“开始”选项卡的“段落”组右下角，单击对话框启动器按钮，弹出“段落”对话框。在该对话框中的“缩进”选项组中可设置段落的左缩进、右缩进、悬挂缩进和首行缩进，在其后的微调框中设置具体的数值。

3）段落的行间距和段间距

行间距和段间距指的是文档中各行或各段落之间的间隔距离。Word 2013 默认的行间距为一个行高，段间距为 0 行。

（1）设置行间距

方法一：选定要设置行间距的文本，在“开始”选项卡的“段落”组中单击“行距”按钮，弹出“行距”下拉列表，在该下拉列表中选择合适的行距。

方法二：在“开始”选项卡的“段落”组右下角，单击对话框启动器按钮，在弹出的“段落”对话框的“间距”选区的“行距”下拉列表中设置行间距，如图 3-47 所示。

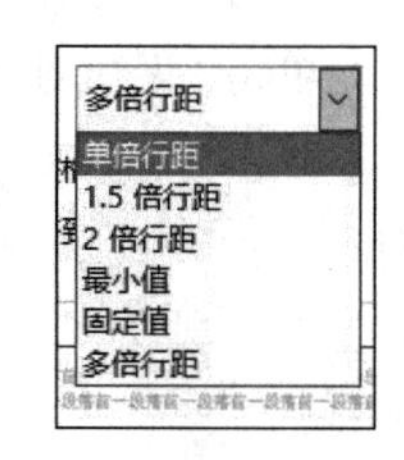

图 3-47 “行距”下拉列表

（2）设置段间距

在“段落”对话框中的“段前”和“段后”微调框中分别设置距前段距离以及距后段距离，此方法设置的段间距与该段文本字号无关。用户还可以直接按 Enter 键设置段落间隔距离，此时的段间距与该段文本字号有关，是该段字号的整数倍。

提示：如果相邻的两段都通过“段落”对话框设置间距，则两段间距是前一段的“段后”值和后一段的“段前”值之和。

6. 为段落添加边框和底纹

在 Word 2013 中，不仅可以格式化文本和段落，还可以给文本和段落加上边框与底纹，进而突出显示这些文本和段落。

1）添加边框

（1）选定需要添加边框的文本或段落。

（2）在“开始”选项卡的“段落”组中单击“下框线”按钮，在弹出的下拉列表中选择“边框和底纹”选项，弹出“边框和底纹”对话框，默认打开“边框”选项卡，如图 3-48 所示。

（3）在该对话框的“设置”选项组中选择边框类型；在“样式”列表框中选择边框的线形。

（4）单击“颜色”选项组的下三角按钮，打开“颜色”下拉列表，在该下拉列表中选择需要的颜色。

（5）如果在“颜色”下拉列表中没有用户需要的颜色，可选择“其他颜色”选项，弹出“颜色”对话框，如图 3-49 所示。在该对话框中选择需要的标准颜色或者自定义颜色。

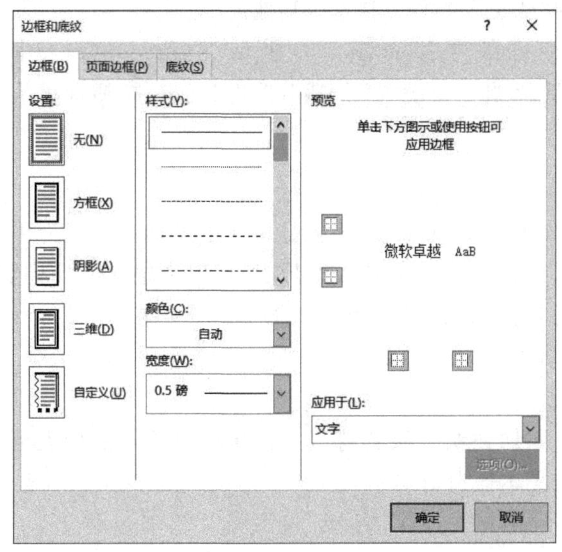

图 3-48 “边框”选项卡

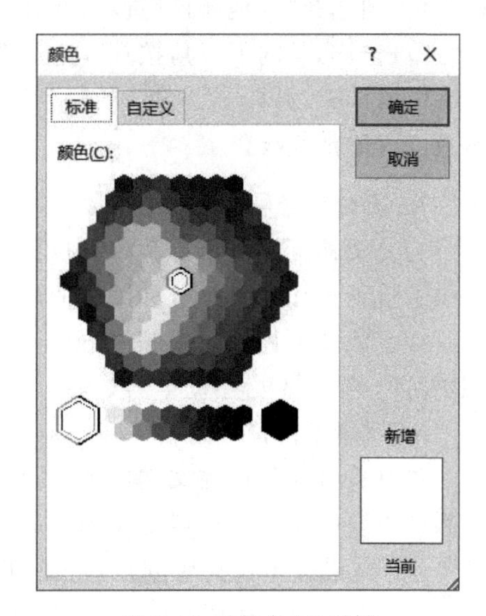

图 3-49 “颜色”对话框

(6) 在“宽度”下拉列表中选择边框的宽度。

(7) 在“应用于”下拉列表中选择边框的应用范围。

(8) 设置完成后,单击“确定”按钮即可为文本或段落添加边框。

2) 添加底纹

选定需要添加底纹的文本或段落,在“开始”选项卡的“段落”组中单击“边框和底纹”按钮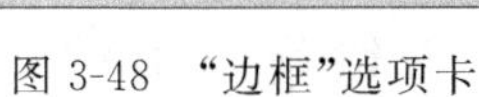

,弹出“边框和底纹”对话框,打开“底纹”选项卡,如图 3-50 所示。在该选项卡中的“填充”选区的下拉列表中选择需要的颜色,如果在“颜色”下拉列表中没有用户需要

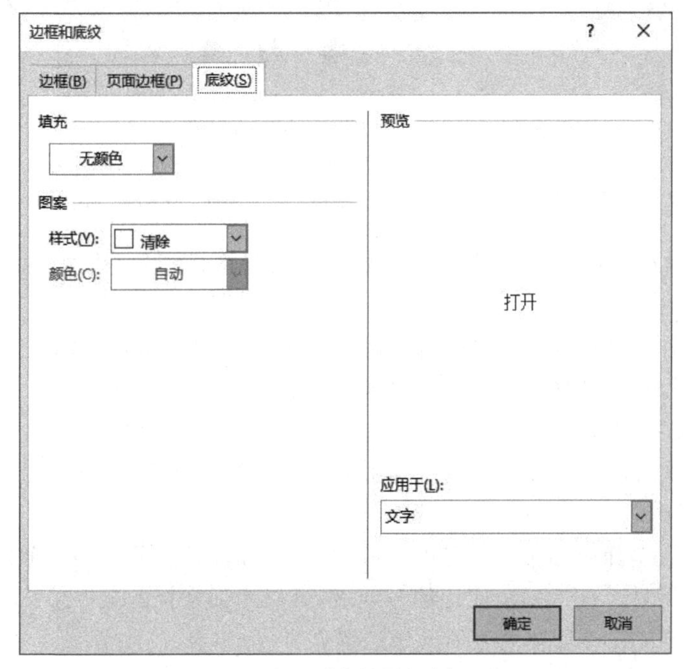

图 3-50 “底纹”选项卡

的颜色,则选择"其他颜色"选项,在弹出的"颜色"对话框中选择其他的颜色。

单击"样式"的下三角按钮 ,打开"样式"下拉列表,如图 3-51 所示。在该下拉列表中选择底纹的样式,并在下面对应的颜色区域选择颜色。设置完成后,单击"确定"按钮即可为文本或段落添加底纹。

7. 项目符号和编号

为使文档更加清晰易懂,用户可以在文本前添加项目符号或编号。Word 2013 为用户提供了自动添加项目符号和编号的功能。在添加项目符号或编号时,可以先输入文字内容,再给文字添加项目符号或编号;也可以先创建项目符号或编号,然后输入文字内容,自动实现项目的编号,不必手动编号。

1) 创建项目符号列表

项目符号就是放在文本或列表前用以添加强调效果的符号。使用项目符号的列表可将一系列重要的条目或论点与文档中其余的文本区分开。

(1) 将光标定位在要创建列表的开始位置。

(2) 在"开始"选项卡的"段落"组中单击"项目符号"按钮 右侧的下三角按钮 ,弹出"项目符号库"下拉列表,如图 3-52 所示。

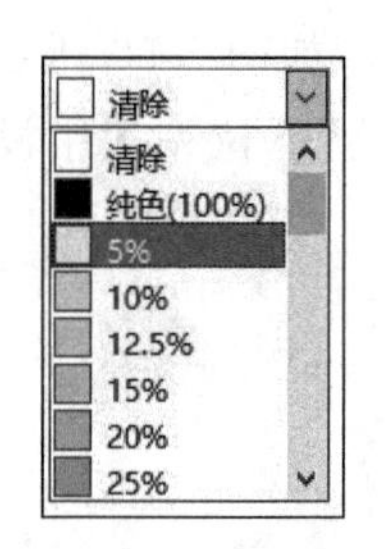

图 3-51 "样式"下拉列表

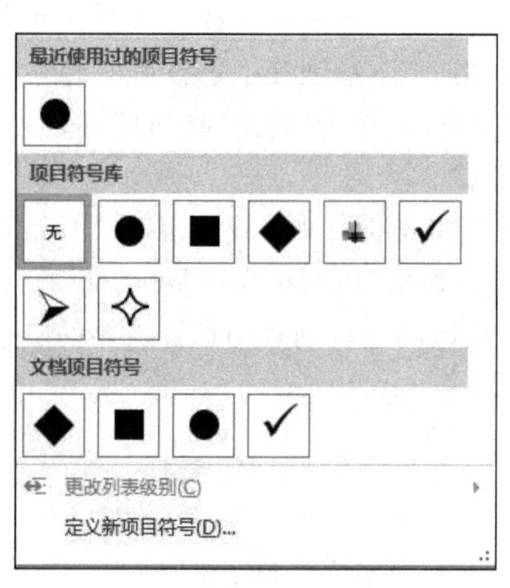

图 3-52 "项目符号库"下拉列表

(3) 在该下拉列表中选择项目符号或选择"定义新项目符号"选项,弹出"定义新项目符号"对话框。

(4) 在该对话框中的"项目符号字符"选区中单击"符号"按钮,在弹出的"符号"对话框中选择需要的符号;单击"图片"按钮,在弹出的"图片项目符号"对话框中选择需要的图片符号;单击"字体"按钮,在弹出的"字体"对话框中设置项目符号中的字体格式。

(5) 设置完成后,单击"确定"按钮,为文本添加了项目符号。

2) 创建编号列表

编号列表是在实际应用中最常见的一种列表,它和项目符号列表类似,只是编号列表用数字替换了项目符号。在文档中应用编号列表,可以增强文档的顺序感。

(1) 将光标定位在要创建列表的开始位置。

(2) 在"开始"选项卡的"段落"组中单击"编号"按钮右侧的下三角按钮,弹出"编号库"

下拉列表，如图 3-53 所示。

(3) 在该下拉列表中选择编号的格式，选择“定义新编号格式”选项，弹出“定义新编号格式”对话框。在该对话框中定义新的编号样式、格式以及编号的对齐方式。

(4) 选择“设置编号值”选项，弹出“起始编号”对话框。在该对话框中设置起始编号的具体值。

8. 分栏

在编辑文档的过程中，一段文字，就是从上到下、从左到右的顺序，但是有时候为了某种特殊目的，需要把一栏变成两栏或者多栏。

(1) 选择文字。选中需要分栏的文字。

(2) 分栏设置。选择“页面布局”选项卡，在“页面设置”组中单击“分栏”按钮，如图 3-54 所示。根据用户需要选择一栏、两栏、三栏、偏左、偏右等。如果用户需要更多设置则选择“更多分栏”选项，如图 3-55 所示。这里可以根据用户需要设定自己需要的值。

图 3-53　“编号库”下拉列表

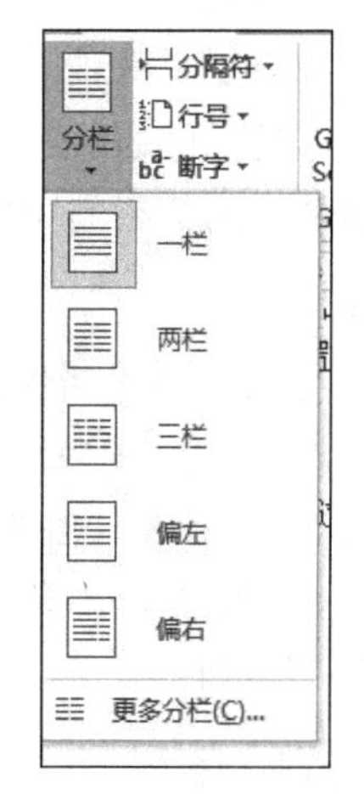

图 3-54　“分栏”下拉列表

9. 格式刷的使用

在编辑文档的过程中，会遇到多处字符或段落具有相同格式的情况，这时可以将已格式化好的字符或段落的格式复制到其他文本或段落，减少重复的排版操作。

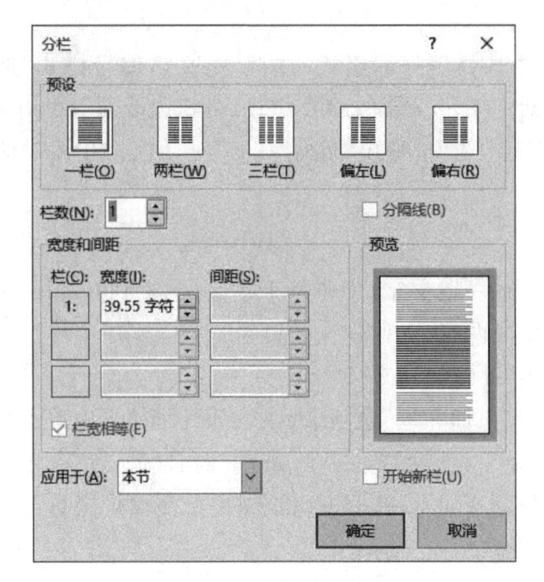

图 3-55 “分栏”设置

1）复制字符格式

(1）选择已设置格式的文本,注意不包含段落标记。

(2）在“开始”选项卡的“剪贴板”组中单击“格式刷”按钮,此时鼠标指针变为刷子形状。

(3）按住鼠标左键,在需要应用格式的文本区域拖动。松开鼠标左键后被拖过的文本就具有了新的格式。

如果需要将格式连续复制到多个文本块,则在第二步中双击格式刷,再分别拖动多个文本块,完成后单击“格式刷”按钮即可取消鼠标指针的刷子形状。

2）复制段落格式

(1）单击希望复制格式的段落,使光标定位在该段落内。

(2）单击工具栏中的“格式刷”按钮,多次复制时双击。

(3）把刷子移到希望应用此格式的段落,单击段内的任意位置。

10. 文档的另存

如果需要将已有的文档保存到其他的文件夹中,可在修改完文档之后,选择“文件”选项卡,选择“另存为”命令,在“另存为”下面选择“计算机”,在右侧“计算机”下面单击“浏览”按钮,弹出“另存为”对话框。在左侧单击“此电脑”,然后在右侧单击“本地磁盘(D:)”,在“文件名”文本框中输入“*自己的姓名*(自荐信完成版).docx”(如“张三(自荐信完成版).docx)”,然后单击“保存”按钮。

3.2.5 知识拓展

1. 撤销与恢复操作

如果不小心删除了不该删除的内容,可直接单击快速访问工具栏中的“撤销”按钮来撤销操作。如果要撤销刚进行的多次操作,可单击快速访问工具栏中的“撤销”按钮右侧的下三角按钮,从下拉列表中选择要撤销的操作。

恢复操作是撤销操作的逆操作，可直接单击快速访问工具栏中的“恢复”按钮，执行恢复操作。

注意：按 Ctrl＋Z 组合键可执行撤销操作；按 Ctrl＋Y 组合键可执行恢复操作。如果对文档没有进行过修改，那么就不能执行撤销操作。同样，如果没有执行过撤销操作，将不能执行恢复操作。此时的“撤销”和“恢复”按钮均显示为不可用状态。

2. 清除格式

对设置了字符格式或段落格式的文本，可以清除其字体和段落格式。

(1) 选取需要清除格式的文本。

(2) 在“开始”选项卡的“样式”组中单击“标题”下拉列表。

(3) 选择底端的“清除格式”选项，即可完成清除格式工作。

3. 插入符号

Word 2013 是一个强大的文字处理软件，通过它不仅可以输入汉字，还可以输入特殊符号，如✋、☎、🕮等，从而使制作的文档更加丰富、活泼。

把插入点置于文档中要插入特殊符号的位置。在“插入”选项卡中，单击“符号”按钮，在下拉列表中选择“其他符号”选项，弹出“符号”对话框，如图 3-56 所示。在该对话框中的“字体”下拉列表中选择所需要的字体，在“子集”下拉列表中选择所需要的选项。在列表框中选择需要的符号，单击“插入”按钮，即可在插入点处插入该符号。

图 3-56　“符号”对话框

3.2.6　技能训练

练习：编辑“语言就是力量”。

(1) 打开文档：“实例素材项目 2\语言就是力量.docx”。

(2) 将文本中所有的“免试”改为“面试”。

(3) 将“突出个人的优点和特长……”这一段移到“突出个人的优点和特长……”这一段的前面。

(4) 设置标题文字格式,中文字体为“黑体”“二号字”、文字颜色为“红色”,添加“下划线(波浪线)”;正文各段文字为“仿宋”“小四号”。

(5) 设置标题行段落格式:居中对齐、左右缩进各为2厘米,段前、段后间距各为10磅,行间距1.57倍;设置正文各段首行缩进2个汉字。

(6) 给标题行添加黄色底纹;给正文中所有的“面试”字符添加边框,颜色设为“深红色”,边框线为“1.5磅”,底纹样式为“浅色网格”,颜色为“橙色”。

(7) 将正文第1段的首字“如”字设置为首字下沉两行,设置字体为“楷体”,字形为“斜体”。

(8) 给正文第2、3、4、5段添加项目符号。

(9) 将正文第6段分为两栏,栏间要有分隔线。

任务3.3 编写个人简历(表格部分)

3.3.1 任务要点

(1) 插入空白页。

(2) 表格的建立。

(3) 表格的编辑与修改。

(4) 设置表格格式。

(5) 表格中数据的计算、排序。

3.3.2 任务要求

用Word 2013制作如图3-57所示的“个人简历(表格部分)”,要求如下。

(1) 打开文档,打开上节课编辑的“个人简历(自荐信)”。

(2) 插入空白页,在“个人简历(自荐信)”首页插入空白页。

(3) 输入表格标题,输入“个人信息”文字,并设置为华文行楷、二号字、居中对齐。

(4) 插入表格。

(5) 行高/列宽设置,第1列设置为“1厘米”,第1行设置为“3厘米”,第2行设置为“2厘米”,第3～7行设置为“3.6厘米”。

(6) 输入文字。

(7) 表格字体设置,表格中的行标题设置为宋体、小四、加粗,文字方向为竖排,文字对齐方式为水平居中;其余文字设置为宋体、五号,文字对齐方式为中部两段对齐。

(8) 表格框线设置,表格内外框线均为0.5磅、单实线;其中列标题下边线和右边线为0.5磅、双实线。

(9) 表格底纹设置,表格第一列加蓝色底纹。

(10) 保存,将文件保存为“个人简历(表格和自荐信部分).docx”。

个人信息

<table>
<tr><td rowspan="5">个人概况</td><td>姓名：李强</td><td>性别：男</td><td>民族：满族</td><td rowspan="3">照片</td></tr>
<tr><td>出生年月：1993 年 1 月</td><td>籍贯：辽宁省</td><td>身高 168cm</td></tr>
<tr><td>政治面貌：党员</td><td>学历：大专</td><td></td></tr>
<tr><td colspan="2">毕业学校：辽宁城市建设职业技术学院</td><td colspan="2">专业：房地产经营与估价</td></tr>
<tr><td colspan="2">邮箱：51400000@qq.com</td><td colspan="2">联系电话：139××××××××</td></tr>
<tr><td>在校经历</td><td colspan="4">毕业院校：2012—2015 年　辽宁城市建设职业技术学院
专　　业：房地产经营与估价专业
主修课程：房地产营销实务　房地产法律法规　房地产投资分析　房地产经纪人　经济学　管理学　统计学　房地产估价　房地产开发与经营</td></tr>
<tr><td>教育背景</td><td colspan="4">2012 年 9 月—2015 年 6 月　辽宁城市建设职业技术学院
2009 年 9 月—2012 年 6 月　开原市高级中学
2006 年 9 月—2009 年 6 月　开原市第五中学</td></tr>
<tr><td>社会经历</td><td colspan="4">2012 年 9 月—2013 年 2 月　兼职 KFC 服务员
2013 年 7 月—2013 年 9 月　在全运会做志愿者</td></tr>
<tr><td>获得奖励</td><td colspan="4">2012 年获得校园十大歌手称号
2013 年获得全运会优秀志愿者称号
2014 年获得校 PPT 大赛一等奖</td></tr>
<tr><td>自我评价</td><td colspan="4">为人亲和，热情随和，善于人际交往，活泼向上，具有进取精神和团队精神，有较强的动手能力，良好协调沟通能力，适应力强，反应快、积极、灵活！</td></tr>
</table>

图 3-57　“个人信息”效果图

3.3.3　实施过程

步骤一：启动 Word 2013，打开文档。选择“开始”→“所有应用”→Microsoft Office

2013→Word 2013 命令,启动 Word 2013。在左侧的"最近使用的文档"里面,找到"个人简历",然后单击。

步骤二:将光标移动到文档首部,选择"插入"选项卡,单击"页面"组中的"空白页"按钮。

步骤三:在空白页首部输入文字"个人信息",选中"个人信息",在"开始"选项卡"字体"组中分别设置字体为"华文行楷",字号为"二号";在"段落"组中单击"居中"对齐按钮。

步骤四:插入表格,在标题"个人信息"后按 Enter 键换行,在"插入"选项卡"表格"组中,单击"表格"按钮,在展开的列表中选择"插入表格"选项,弹出"插入表格"对话框,在"列数"文本框中输入 2,"行数"文本框输入 7,如图 3-58 所示。

步骤五:行高/列宽设置。

(1) 选中整个表格,在选中的表格区域任意位置右击,在弹出的快捷菜单中选择"表格属性"命令,弹出"表格属性"对话框,在"表格"选项卡下选中"指定宽度"复选框,在"度量单位"下拉列表中选择"百分比"选项,然后更改 0% 为 100%,如图 3-59 所示,单击"确定"按钮。

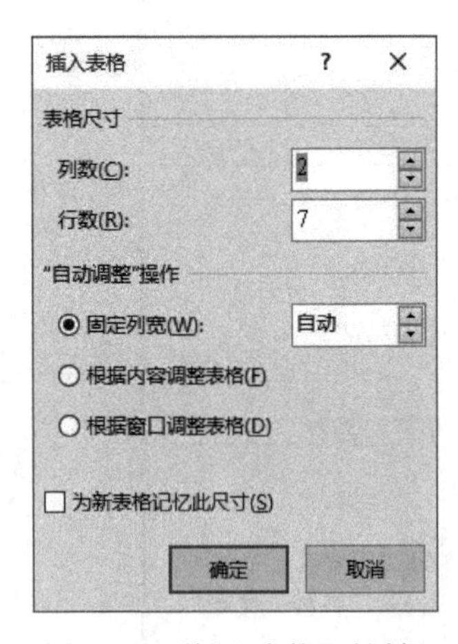

图 3-58 "插入表格"对话框

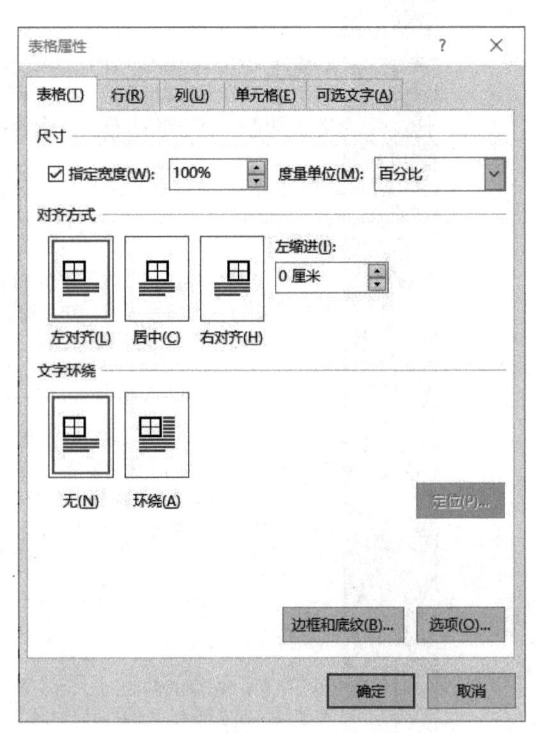

图 3-59 "表格属性"对话框

(2) 选中第 1 列,在选中的表格区域任意位置右击,在弹出的快捷菜单中选择"表格属性"命令,弹出"表格属性"对话框,在"列"选项卡下将"7.32 厘米"改成"1 厘米",单击"确定"按钮。

(3)选中第 1 行,在选中的表格区域任意位置右击,在弹出的快捷菜单中选择"表格属性"命令,弹出"表格属性"对话框,在"行"选项卡下选中"指定高度"复选框,在文本框中输入"3 厘米",单击"确定"按钮。

(4) 选中第2行,在选中的表格区域任意位置右击,在弹出的快捷菜单中选择“表格属性”命令,弹出“表格属性”对话框,在“行”选项卡下选中“指定高度”复选框,在文本框中输入“2厘米”,单击“确定”按钮。

(5) 选中第3～7行,在选中的表格区域任意位置右击,在弹出的快捷菜单中选择“表格属性”命令,弹出“表格属性”对话框,在“行”选项卡下选中“指定高度”复选框,在文本框中输入“3.6厘米”,单击“确定”按钮。

步骤六:合并/拆分单元格。

(1) 将光标移动到第1行第2列处,然后选择“表格工具”下的“布局”选项卡,选择“合并”下拉列表的“拆分单元格”选项,弹出“拆分单元格”对话框,在“列数”文本框中输入4,在“行数”文本框中输入3,并将刚刚拆分的单元格的第1列设置为“4厘米”,第2列设置为“2.75厘米”,第3列设置为“3厘米”,选中刚刚拆分的单元格的第4列全部单元格,然后选择“合并”下拉列表的“合并单元格”选项,将选中的单元格合并。

(2) 将光标移动到第2行第2列处,然后选择“表格工具”下的“布局”选项卡,选择“合并”下拉列表的“拆分单元格”选项,弹出“拆分单元格”对话框,在“列数”文本框中输入2,在“行数”文本框中输入2。

(3) 选中第1行第1列和第1行第2列单元格,然后选择“表格工具”下的“布局”选项卡,选择“合并”下拉列表的“合并单元格”选项,将选中的单元格合并。

步骤七:输入表格文字和设置表格文字。

(1) 选中整个表格,在“开始”选项卡的“字体”组中,将字体设置为“宋体”,字号设置为“五号”,并把“加粗”按钮设置为不选中状态。

(2) 按照图3-57所示输入里面的文字。

(3) 选中第1列,在“开始”选项卡的“字体”组中,将字体设置为“宋体”,字号设置为“小四”,并把“加粗”按钮设置为选中状态。

(4) 在“表格工具”下的“布局”选项卡中,单击“文字方向”按钮,然后再单击“中部居中”按钮。

(5) 选中其他单元格,在“开始”选项卡的“字体”组中,将字体设置为“宋体”,字号设置为“五号”,并把“加粗”按钮设置为不选中状态。

(6) 在“表格工具”下的“布局”选项卡中,单击“中部两端对齐”按钮。

步骤八:表格框线绘制。

(1) 选中整个表格,在“布局”选项卡下“表”组中单击“属性”按钮,弹出“表格属性”对话框。

(2) 切换到“表格”选项卡,单击下部的“底纹和边框”按钮,弹出“底纹和边框”对话框。

(3) 切换到“边框”选项卡,在线条“样式”下拉列表中选择单实线“—”选项,在“宽度”下拉列表中选择“0.5磅”选项,单击“设置”组中“全部”按钮,在“预览”窗口中可见表格预览效果,单击“确定”按钮完成表格表框设置。

(4) 选中表格第1行,重复(1)和(2)两步,切换到“边框”选项卡,选择线条“样式”下拉列表中的双实线“══”选项,在“宽度”下拉列表中选择“0.5磅”选项,再单击“预览”按钮,可见预览中为第1行添加了双实线的下边线,单击"确定"按钮完成。

(5) 选中表格第1列,重复(1)和(2)两步,切换到"边框"选项卡,选择线条"样式"下拉列表中的双实线"══"选项,在"宽度"下拉列表中选择"0.5磅"选项,再单击"预览"按钮,可见预览中为第1列添加了双实线的右边线,单击"确定"按钮完成。

步骤九:选中第1列,弹出"边框和底纹"对话框,切换到"底纹"选项卡,在"填充"下拉列表中选择蓝色,单击"确定"按钮,结果如图3-60所示。

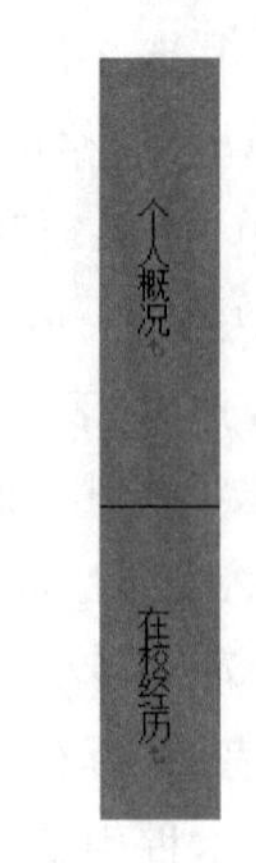

图3-60 第1列"底纹"效果

步骤十:文档的另存。选择"文件"选项卡,选择"另存为"命令,在"另存为"下面选择"计算机",在右侧"计算机"下面单击"浏览"按钮,弹出"另存为"对话框。在左侧单击"此电脑",然后在右侧单击"本地磁盘(D:)",在"文件名"文本框中输入"*自己的姓名*(表格和自荐信完成版).docx"(如"张三(表格和自荐信完成版).docx"),然后单击"保存"按钮。

3.3.4 知识链接

1. 插入空白页

单击"插入"选项卡中的"空白页"按钮,则光标位置出现一个空白页,本节需要在文档首部添加空白页,则将光标放在页面首部。

完成本文档后,可能会出现多余的空白页,这里将光标放到空白页的首部,Delete键直到下一页的内容的首部来到光标处。

2. 建立表格

(1) 将光标定位到要插入表格的位置,选择"插入"→"表格"命令,当光标移动到相应的行和列时就会在Word编辑区内显示出表格样式,但是一次最多插入10列8行,如图3-61所示。

(2) 选择"插入"→"表格"→"插入表格"命令,弹出"插入表格"对话框,通过"表格尺寸"可以设置建立表格的列和行及其他属性,如图3-62所示。

3. 表格的编辑与修改

1) 文字数据的输入和删除

(1) 文字数据的输入。将光标移动到数据输入点,利用不同的输入方式进行数据的输入,输入完数据,将光标移动到下一个插入点。在表格中输入文字不能用Enter键,Enter键只能使行高加高。

(2) 文字数据的删除。选择要删除的内容的单元格,按Delete键或Backspace键。

2) 表格、单元格、行、列的选择

(1) 选择表格。将光标移动到表格上的时候,表格左上角会出现移动控制点,把光标移动到控制点上并单击,即可选定表格,如图3-63所示。

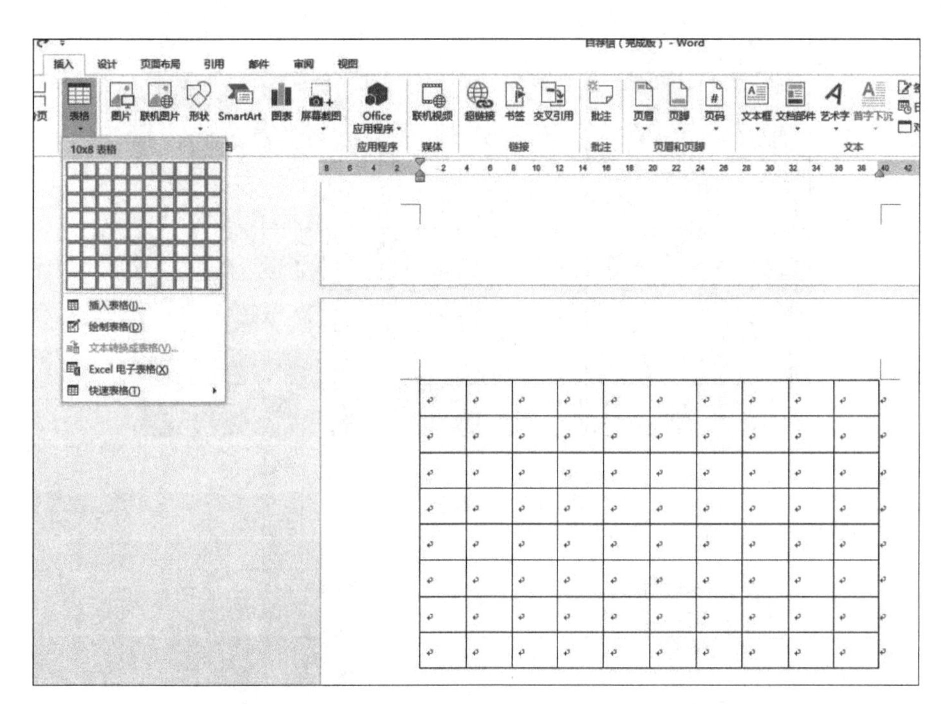

图 3-61　插入表格

(2) 选择单元格。每个单元格的左侧有一个选定栏，当光标移到选定栏时指针形状会变成向右上方的箭头，单击即可选定该单元格，利用鼠标拖曳或者按住 Shift 键可以选定多个单元格。

(3) 选择行。将鼠标指针移至行左侧，鼠标指针形状会变成向右上的箭头，单击即可选定当前行，按住鼠标左键不动纵向拖动鼠标可选择多行。

(4) 选择列。将鼠标指针移至表格上方，鼠标指针形状会变成向下的箭头，单击即可选定当前列，横向拖动鼠标可选择多列。

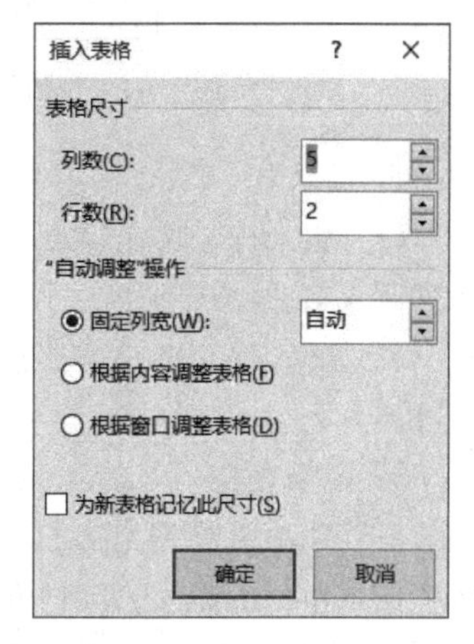

图 3-62　"插入表格"对话框

此外，对于喜欢使用菜单的用户，Word 还提供了菜单选择的方法。当把光标插入点置于表格中时，选择"布局"→"表"→"选择"命令，会弹出一个下拉列表，如图 3-64 所示。从中可以选择单元格、行、列或整个表格。

3) 表格的拆分、单元格的合并与拆分

(1) 表格的拆分：选定表格需要拆分的位置，选择"布局"→"拆分表格"命令，即可将一个表格分成两个表格。

(2) 单元格的合并：选定需要合并的若干单元格，选择"布局"→"合并单元格"命令，即可合并单元格。

(3) 单元格的拆分：选定需要拆分的单元格，选择"布局"→"拆分单元格"命令，弹出"拆分单元格"对话框，设置行数和列数，单击"确定"按钮即可拆分单元格，如图 3-65 所示。

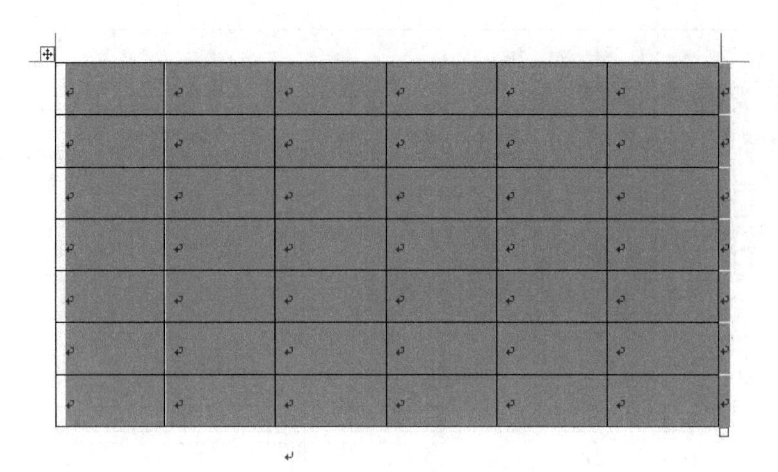

图 3-63 选取整个表格

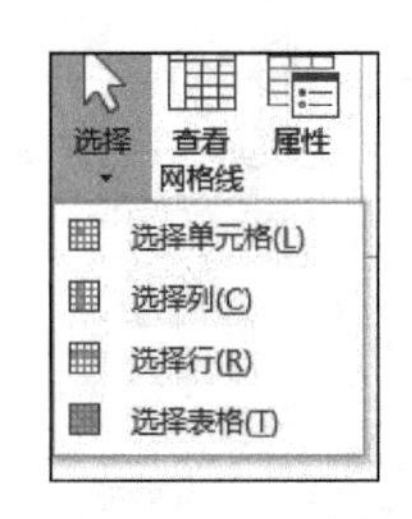

图 3-64 “选择表格”菜单

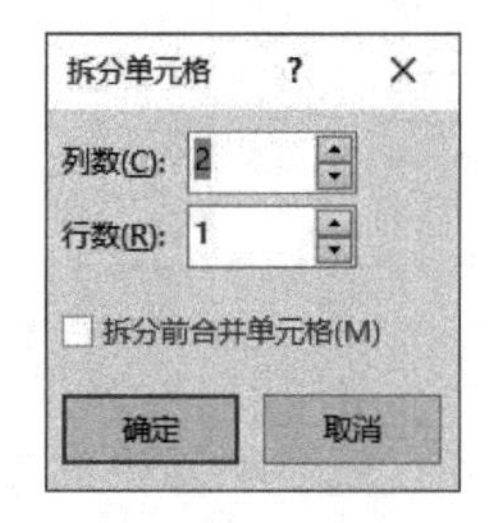

图 3-65 “拆分单元格”对话框

4）插入行、列

(1) 插入行。选定需要插入行的位置,选择“布局”→“在上方插入(在下方插入)”命令,即可插入行。

(2) 插入列。选定需要插入列的位置,选择“布局”→“在左侧插入(在右侧插入)”命令,即可插入列。

5）调整表格

(1) 自动调整表格。打开 Word 2013 文档窗口,单击表格中任意单元格。切换到“布局”选项卡,然后在“单元格大小”分组中单击“自动调整”按钮,如图 3-66 所示。

图 3-66 “自动调整”对话框

(2) 手动调整表格。

调整行或列尺寸:将鼠标指针指向准备调整尺寸列的左边框或行的下边框,当鼠标指针呈现双竖线或双横线形状时,按住鼠标左键左右或上下拖动即可改变当前行或列的尺寸。

调整单元格尺寸:如果仅仅想调整表格中某个单元格的尺寸,而不是调整表格中整行或整列尺寸,则可以首先选中某个单元格,然后拖动该单元格左边框调整其尺寸。

调整表格尺寸:如果准备调整整个表格的尺寸,则可以将鼠标指针指向表格右下角的控制点,当鼠标指针呈现双向的倾斜箭头时,按住鼠标左键拖动控制点调整表格的大小。在调整整个表格尺寸的同时,其内部的单元格将按比例调整尺寸。

6）表格的对齐方式

在 Word 2013 文档中，如果所创建的表格没有完全占用 Word 文档页边距以内的页面，可以为表格设置相对于页面的对齐方式，如左对齐、居中、右对齐，操作步骤如下所述。

(1) 打开 Word 2013 文档窗口，并单击 Word 表格中的任意单元格。切换到“布局”选项卡，并在“表”分组中单击“属性”按钮，如图 3-67 所示。

(2) 打开“表格属性”对话框，在“表格”选项卡中根据实际需要选择对齐方式，如“左对齐”“居中”或“右对齐”。如果选择“左对齐”选项，可以设置“左缩进”数值(与段落缩进的作用相同)。设置完毕单击“确定”按钮，如图 3-68 所示。

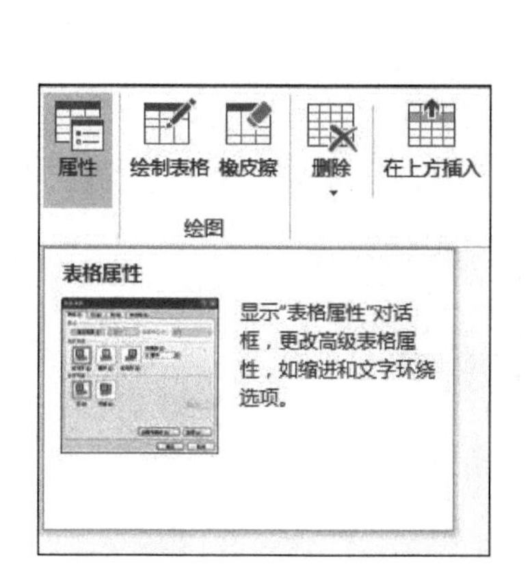

图 3-67　表格“属性”按钮

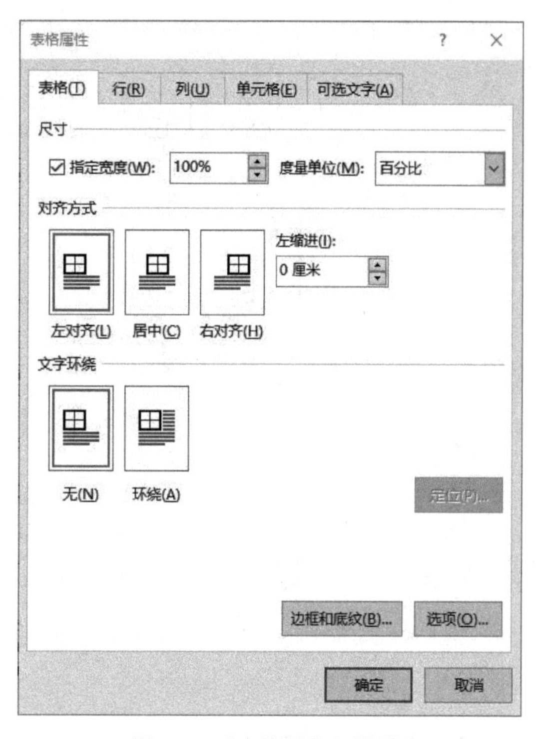

图 3-68　“表格属性”对话框

7）表格的复制、移动、删除

复制：选择整个表格后，用常规复制的方法进行操作即可。

移动：将光标移到表格左上角移动控点上，按住鼠标左键并拖动至指定的位置。

删除：选择整个表格后，选择“布局”→“删除”→“删除表格”命令。

8）表格中数据的对齐方式

选择要对齐的数据的单元格，然后选择“表格工具”下的“布局”选项卡中的“对齐方式”组，在对应的子菜单中选择适当的单元格对齐方式，如图 3-69 所示。

单元格一共有 9 种对齐方式，这 9 个选项分别一一对应单元格的 9 个位子。

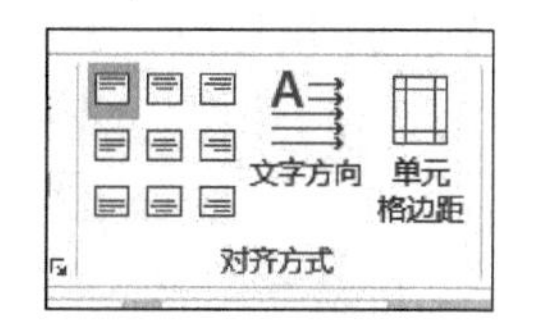

图 3-69　“对齐方式”选项

4. 设置表格格式

1) 表格属性

选中表格,选择"布局"→"属性"命令,弹出"表格属性"对话框,可以对表格的行、列、单元格和表格进行设置,如图 3-70 所示。

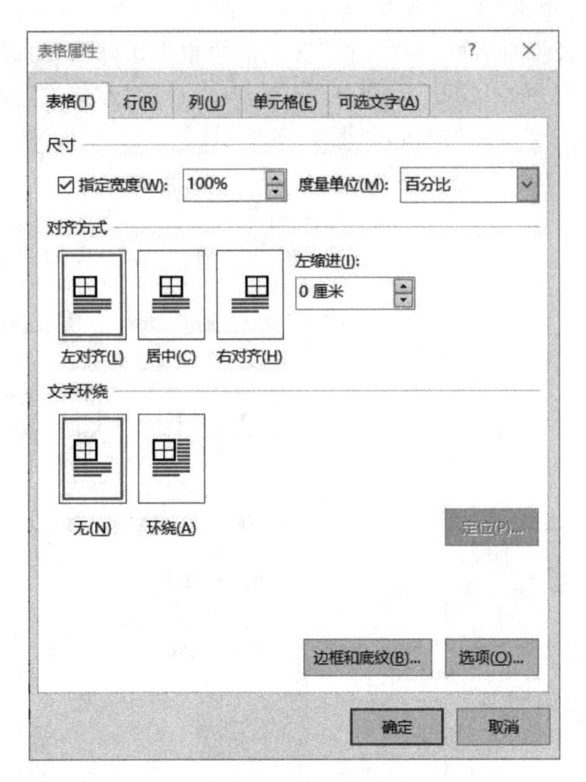

图 3-70 "表格属性"对话框

2) 边框和底纹

在 Word 2013 中,不仅可以在"设计"选项卡设置表格边框,还可以在"边框和底纹"对话框中设置表格边框。

(1) 在 Word 表格中选中需要设置边框的单元格或整个表格。切换到"设计"选项卡,然后在"边框"组中单击"边框"下三角按钮,如图 3-71 所示。

(2) 选择"边框和底纹"选项,弹出对话框后切换到"边框"选项卡,在"设置"区域选择边框显示位置,用户根据实际需要自定义设置边框的显示状态,如图 3-72 所示。

(3) 打开"边框和底纹"对话框,并切换到"底纹"选项卡。在"图案"区域单击"样式"下三角按钮,选择一种样式,单击"颜色"下三角按钮,选择合适的底纹颜色,如图 3-73 所示。

3) 自动套用格式

Word 内置了一些设计好的表格样式,包括表格的边框、底纹、字体等格式设置。利用它可以快速地引用以下预定的样式。

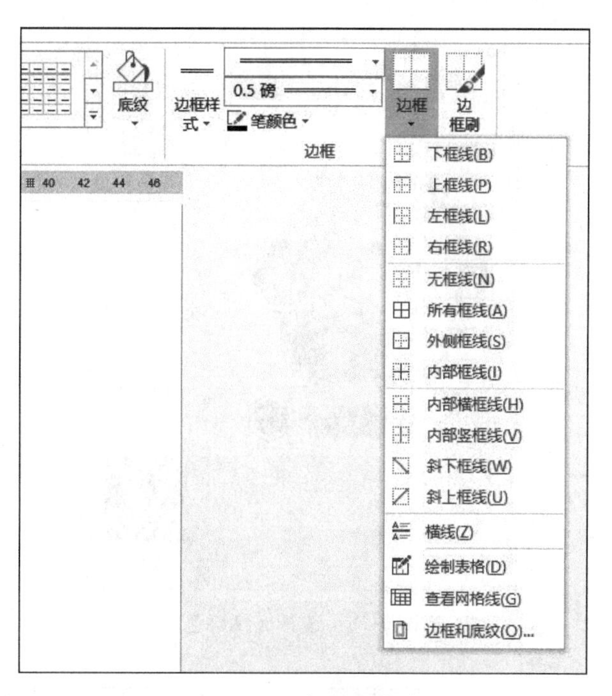

图 3-71 边框设置菜单

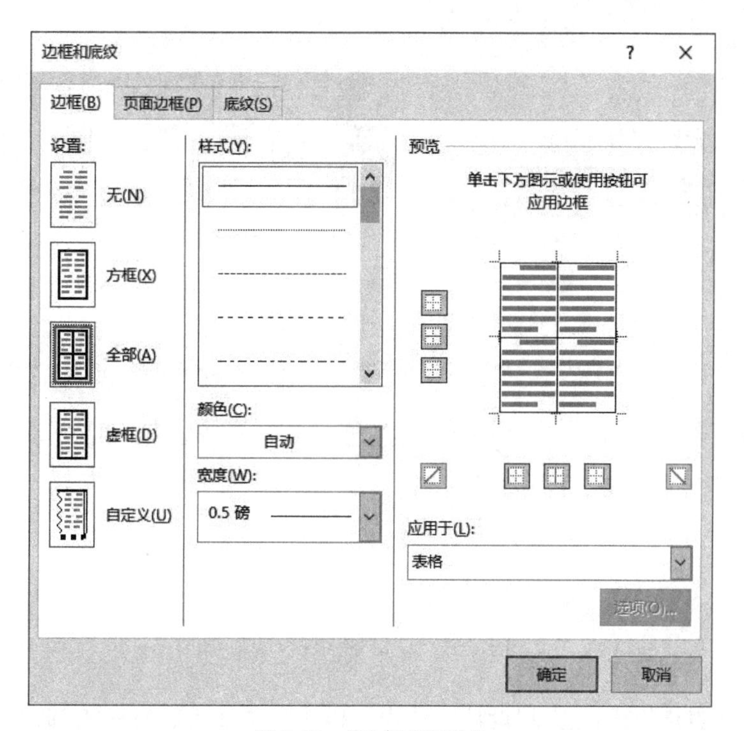

图 3-72 “边框”选项卡

（1）预设表格样式：选择要修改的表格，选择“设计”→“表格样式”命令预设表格样式，如图 3-74 所示。

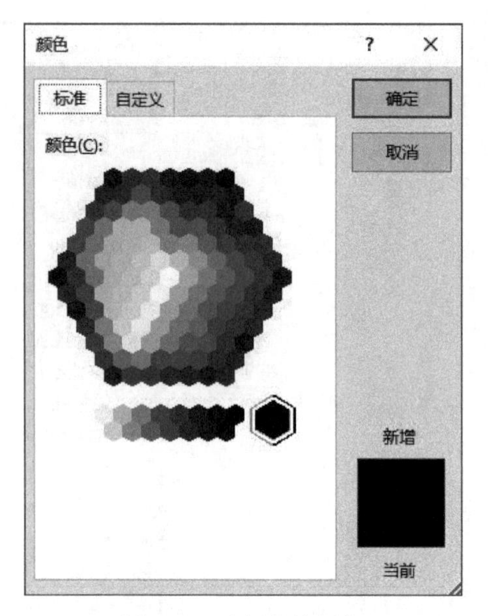

图 3-73 选择底纹颜色

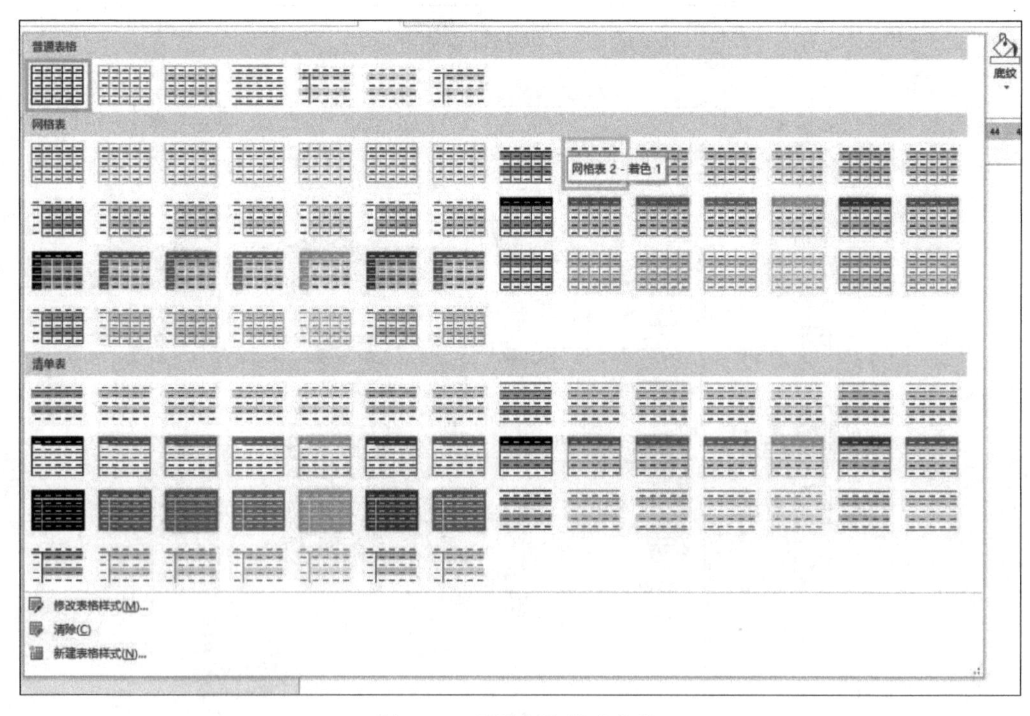

图 3-74 预设表格样式菜单

(2) 自定义表格样式：选择"设计"→"表格样式"→"修改表格样式"命令，弹出"修改样式"对话框，对格式进行设置，如图 3-75 所示。

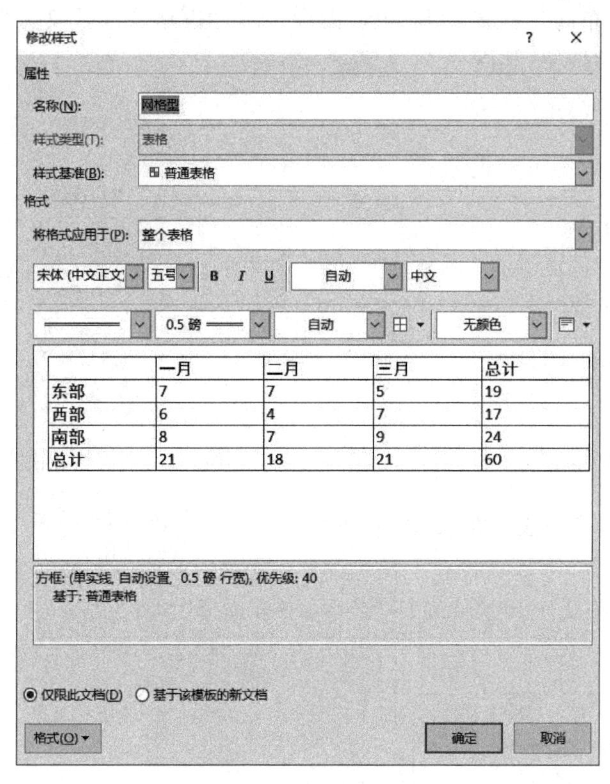

图 3-75　“修改样式”对话框

3.3.5　知识拓展

1. 手工绘制表格

注意：手工绘制表格不容易控制表格本身，请减少使用。

(1) 将插入点移到要插入表格的位置，选择“插入”→“表格”→“绘制表格”命令，鼠标指针会变成铅笔状，如图 3-76 所示。

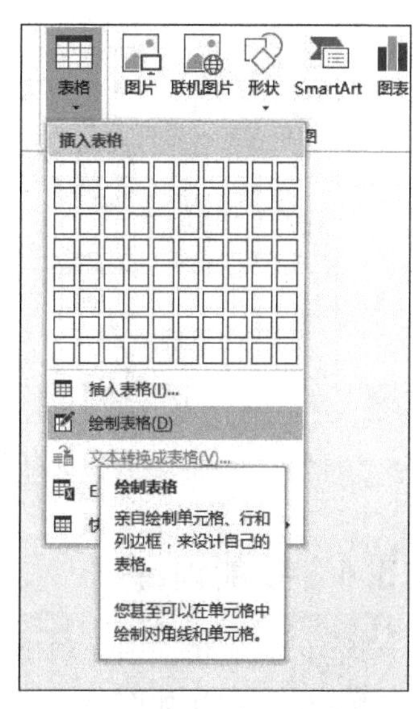

图 3-76　“绘制表格”菜单命令

(2) 按住鼠标左键，从左上方向右下方拖动鼠标绘制表格外框线，松开鼠标，再绘制表格的列线和行线，也可以绘制对角线。

(3) 利用“设计”选项卡“绘图”组中的“橡皮擦”工具可以擦除列线和行线，对表格进行编辑，如图 3-77 所示。

2. 表格与文本间的相互转换

在 Word 2013 文档中，用户可以将 Word 表格中指定单元格或整个表格转换为文本内容，前提是 Word 表格中含有文本内容。

(1) 打开 Word 2013 文档窗口，选中需要转换为文本的单元格。如果需要将整个表格转换为文本，则只须单击表格任意单元格。选择"布局"→"转换为文本"命令,弹出"表格转换成文本"对话框,选择"文字分隔符",单击"确定"按钮,如图 3-78 所示。

图 3-77 "绘制表格"工具栏

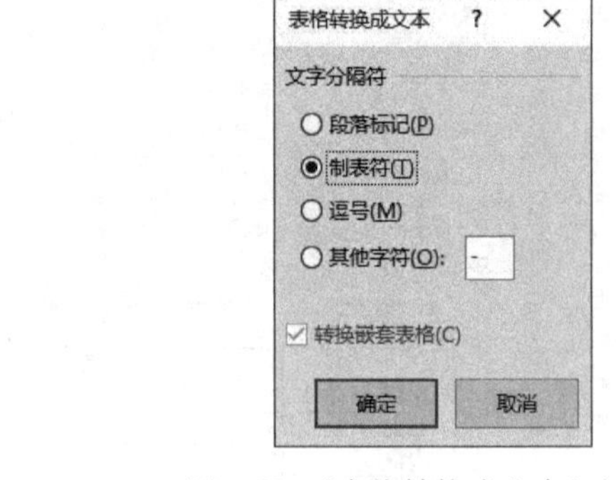

图 3-78 "表格转换成文本"对话框

(2) 选中需要转换为表格的文本,选择"插入"→"表格"→"文本转换成表格"命令,如图 3-79 所示。

(3) 在弹出的"将文字转换成表格"对话框中,选择"文字分隔位置",单击"确定"按钮,如图 3-80 所示。

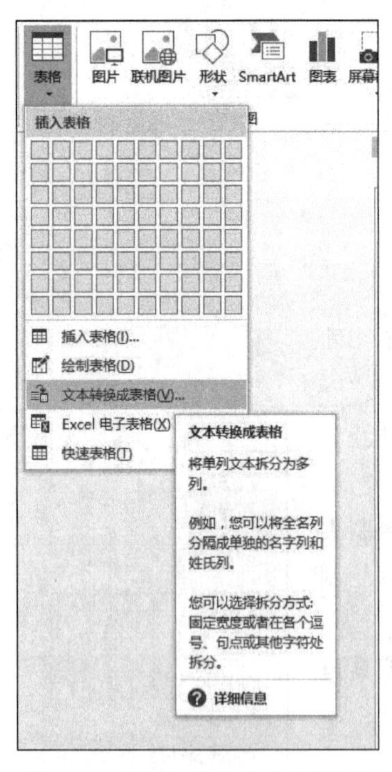

图 3-79 "文本转换成表格"命令

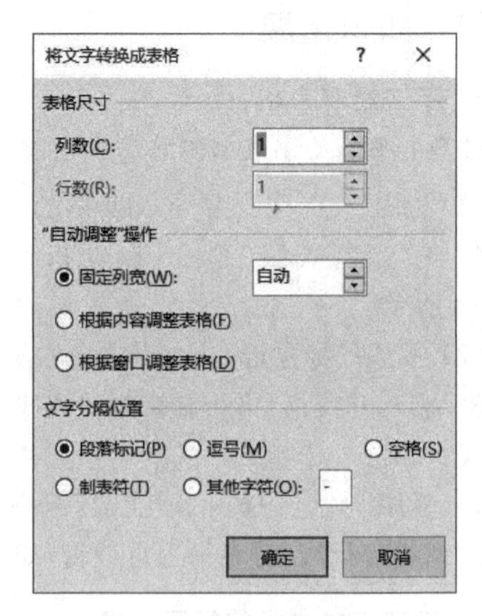

图 3-80 "将文字转换成表格"对话框

3.3.6 技能训练

练习 1:制作如图 3-81 所示的表格。

练习 2:制作如图 3-82 所示的表格。

零用现金支出凭单

Petty cash voucher

<table>
<tr><td rowspan="2">零用现金支出凭单
PETTY CASH VOUCHER</td><td colspan="3">部门 Department</td></tr>
<tr><td colspan="3">科室 Section</td></tr>
<tr><td>姓名 Name</td><td colspan="3">编号 Number</td></tr>
<tr><td colspan="2" rowspan="2">物品 Item</td><td colspan="2">金额 Amount</td></tr>
<tr><td>英镑£</td><td>便士 P</td></tr>
<tr><td colspan="2"></td><td></td><td></td></tr>
<tr><td></td><td>总计 Total</td><td></td><td></td></tr>
<tr><td>申请人 Required by</td><td colspan="3">核准人 Authorized by</td></tr>
<tr><td>签名 Signature</td><td colspan="3">签名 Signature</td></tr>
<tr><td>日期 Date</td><td colspan="3">日期 Date</td></tr>
</table>

图 3-81 练习 1 表格

原始凭证分割单 编号

年 月 日

<table>
<tr><td colspan="2">接受单位名称</td><td colspan="2"></td><td>地址</td><td colspan="10"></td></tr>
<tr><td>原始凭证</td><td>单位名称</td><td colspan="2"></td><td>地址</td><td colspan="10"></td></tr>
<tr><td></td><td>名称</td><td></td><td>日期</td><td></td><td colspan="2">编号</td><td colspan="8"></td></tr>
<tr><td colspan="2" rowspan="2">总金额</td><td colspan="4" rowspan="2">人民币
（大写）</td><td>十</td><td>万</td><td>千</td><td>百</td><td>十</td><td>元</td><td>角</td><td>分</td><td>币</td></tr>
<tr><td></td><td></td><td></td><td></td><td></td><td></td><td></td><td></td><td></td></tr>
<tr><td colspan="2" rowspan="2">分割金额</td><td colspan="4" rowspan="2">人民币
（大写）</td><td>十</td><td>万</td><td>千</td><td>百</td><td>十</td><td>元</td><td>角</td><td>分</td><td>币</td></tr>
<tr><td></td><td></td><td></td><td></td><td></td><td></td><td></td><td></td><td></td></tr>
<tr><td colspan="2">原始凭证主要内容
分割原因</td><td colspan="13"></td></tr>
<tr><td colspan="2">备注</td><td colspan="13">原始凭证附在本单位 年月日 记账凭证内</td></tr>
</table>

图 3-82 练习 2 表格

任务 3.4 编辑个人简历(图文排版部分)

3.4.1 任务要点

(1) 插入艺术字。

(2) 插入图片和剪贴画。

(3) 插入文本框。

(4) 绘制简单的图形。

(5) 加入脚注和尾注。

(6) 插入页眉和页脚。

3.4.2 任务要求

用 Word 2013 制作如图 3-83 所示的“个人简历(图文排版)”的效果,要求如下。

(1) 打开文档,打开上节课编辑的“个人简历(自荐信)”。

(2) 插入空白页,在表格页首部插入一个空白页。

(3) 页面设置,纸张设置为 A4 纸,上、下页边距为 2.5 厘米,左、右页边距为 2.5 厘米。

(4) 插入艺术字,在空白页上插入艺术字“个人简历”;艺术字样式为第三行第二列;字体为“华文行楷”“65 号”“加粗”;文字环绕设置为“浮于文字上方”;文本轮廓设置为紫色,文本填充设置为黄色;适当调整艺术字的位置。

(5) 插入文本框,在空白页上插入一个文本框。字体设为“黑体”“三号”“加粗”。

(6) 插入图片。

① 在第二页“个人信息”表格中的“照片”位置,插入“寸照.jpg”。调整图片缩放比例(宽度为 400%,高度为 300%);设置环绕方式为“浮于文字上方”,适当调整图片的位置。

② 在第三页“自荐信”,插入“活动.jpg”。调整图片缩放比例(宽度、高度);设置环绕方式为“紧密型”,适当调整图片的位置。

(7) 插入页眉和页脚。

① 插入页眉文字“个人简历”;字体设置为“宋体”“五号”“居中对齐”。

② 插入页脚,显示为“页码/总页数”。

(8) 保存文件,将文件保存为“个人简历(图片排版部分).docx”。

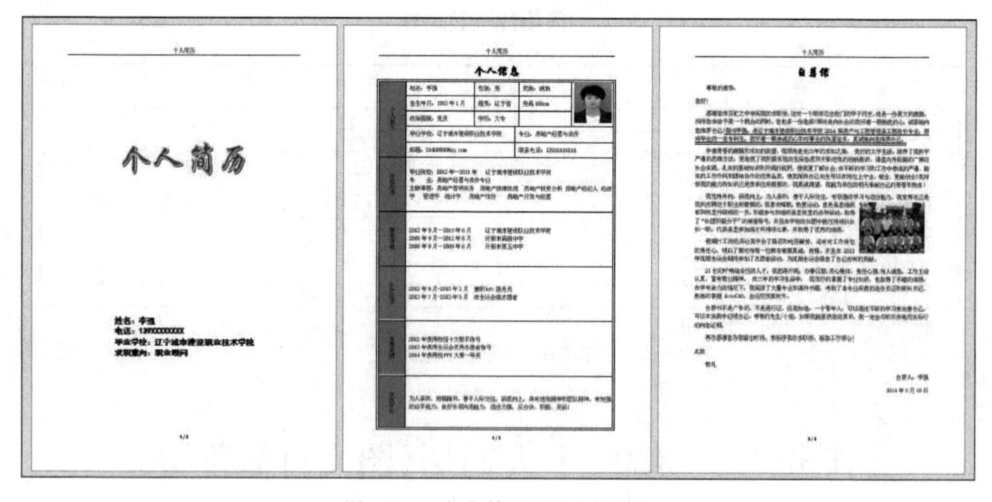

图 3-83　个人简历(图文排版)

3.4.3 实施过程

步骤一:启动 Word 2013,打开文档。选择“开始”→“所有应用”→Microsoft Office 2013→Word 2013 命令,启动 Word 2013。在左侧的“最近使用的文档”里面,找到“个人简历”,然后单击。

步骤二:将光标移动到文档首部,选择“插入”选项卡,单击“页面”组中的“空白页”按钮。

步骤三：页面设置，在“页面布局”选项卡下“页面设置”组中单击“纸张大小”按钮，在展开的下拉列表中选择“A4”选项。单击“页边距”按钮，在打开的下拉列表中选择“自定义边距”选项，在弹出的“页面设置”对话框中，在“页边距”选项卡内分别把上、下页边距设置为 2.5 厘米，左、右页边距设置为 2.5 厘米，如图 3-84 所示，单击“确定”按钮。

步骤四：插入艺术字，选择“插入”选项卡，在“文本”组中单击“艺术字”按钮，弹出如图 3-85所示的下拉列表，移动鼠标至第 3 行第 2 列图标处单击，弹出如图 3-86 所示的艺术字编辑区，输入文字“个人简历”，选中艺术字“个人简历”，在“开始”功能区中设置字体为“华文行楷”、65 磅“加粗”。

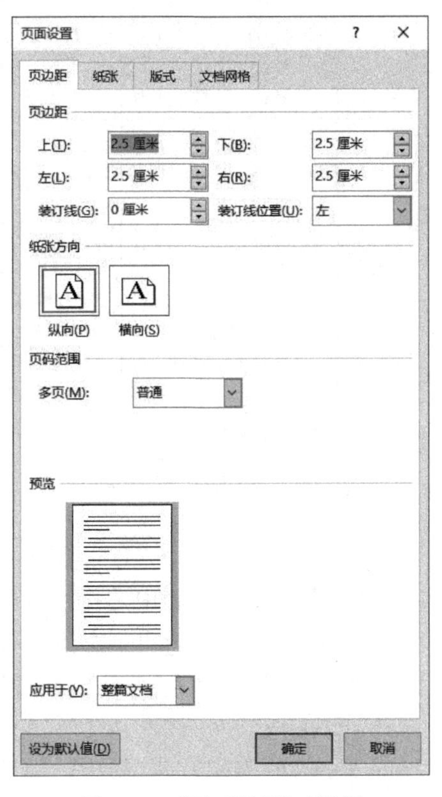

图 3-84　“页面设置”对话框

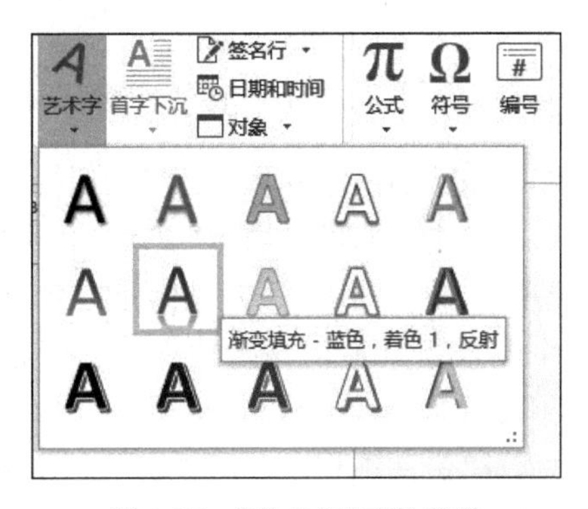

图 3-85　“艺术字”下拉菜单

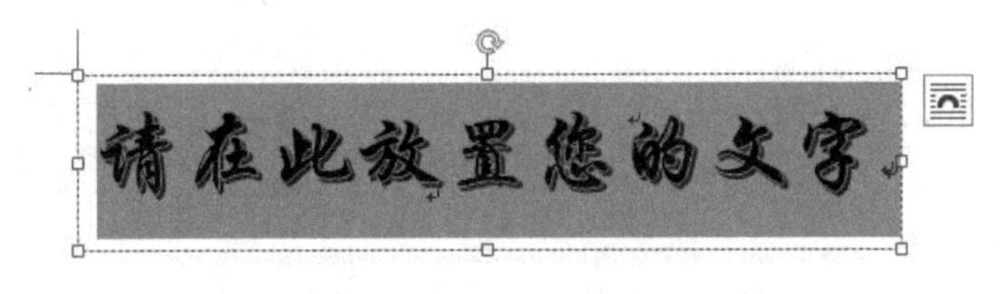

图 3-86　艺术字编辑区

选中艺术字，在如图 3-87 所示的“格式”选项卡中，单击“排列”组的“自动换行”按钮，在弹出的下拉列表中选择“浮于文字上方”选项，如图 3-88 所示，然后单击“排列”组的“对齐”按钮 对齐，在展开的下拉列表中选择“左右居中”选项，如图 3-89 所示，适当的调整艺术字位置。在“格式”菜单中单击“艺术字样式”组中的“文本轮廓”按钮后的下三角按钮，在弹出的下拉列表中选择黄色。单击“文本填充”按钮后的下三角按钮，在弹出的下拉列表中选择蓝色。

图 3-87 “自动换行”按钮

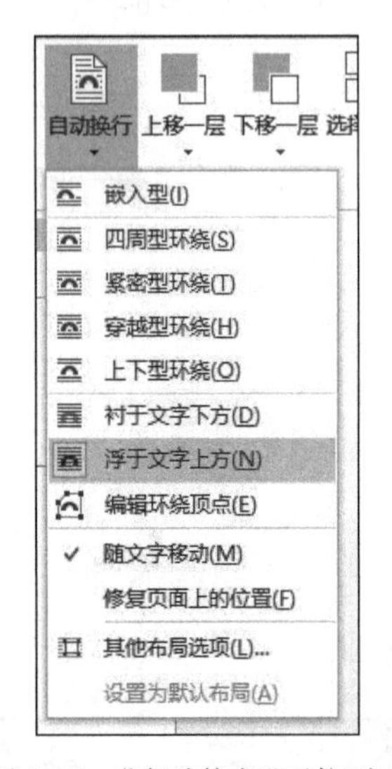

图 3-88 “自动换行”下拉列表

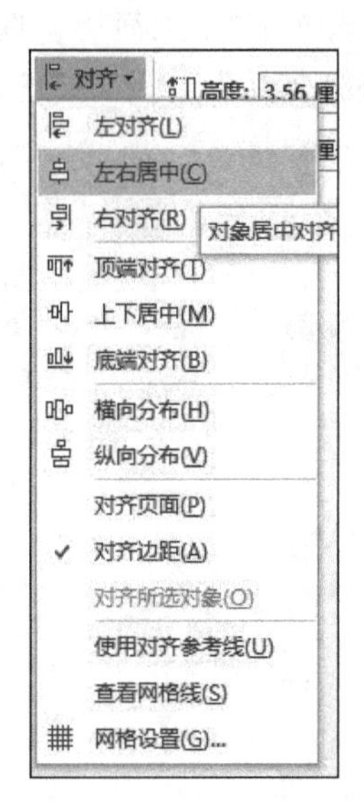

图 3-89 “对齐”下拉列表

步骤五：插入文本框。

(1) 单击“插入”选项卡“文本”组的“文本框”按钮，在展开的下拉列表中选择“绘制文本框”选项，如图 3-90 所示。鼠标光标变成黑色十字形，在适当的位子画出一个方框，在文本框中输入如图 3-83 所示内容，在“开始”选项卡“字体”组中设置字体为“黑体”“三号”“加粗”，行距为固定值 20 磅。

(2) 单击文本框，在如图 3-91 所示的“格式”选项卡中，单击“形状样式”组中的“形状轮廓”按钮，在下拉列表中选择“无轮廓”选项，如图 3-92 所示。

(3) 单击“形状样式”组中的“形状填充”按钮，在下拉列表中选择“无填充颜色”选项，如图 3-93 所示。

(4) 单击“格式”选项卡，在“排列”组中单击“对齐”按钮，在展开的下拉列表中选择“左右居中”选项，然后在“排列”组中单击“自动换行”按钮，选择“浮于文字上方”选项。

步骤六：插入图片。

(1) 第一张：将光标移动到第二页的表格中的照片的位置，单击要插入图片的位置，在“插入”选项卡的“插图”组中单击“图片”按钮，弹出“插入图片”对话框，在“查找范围”下拉列表中定位素材文件夹，单击名为“寸照.jpg”的图片，如图 3-94 所示，然后单击“插入”按钮。

(2) 单击该图片，在“格式”选项卡中的“大小”组中单击对话框启动器，弹出“布局”对话框，如图 3-95 所示。切换到“大小”选项卡，选中“锁定纵横比”复选框，在“高度”文本框中

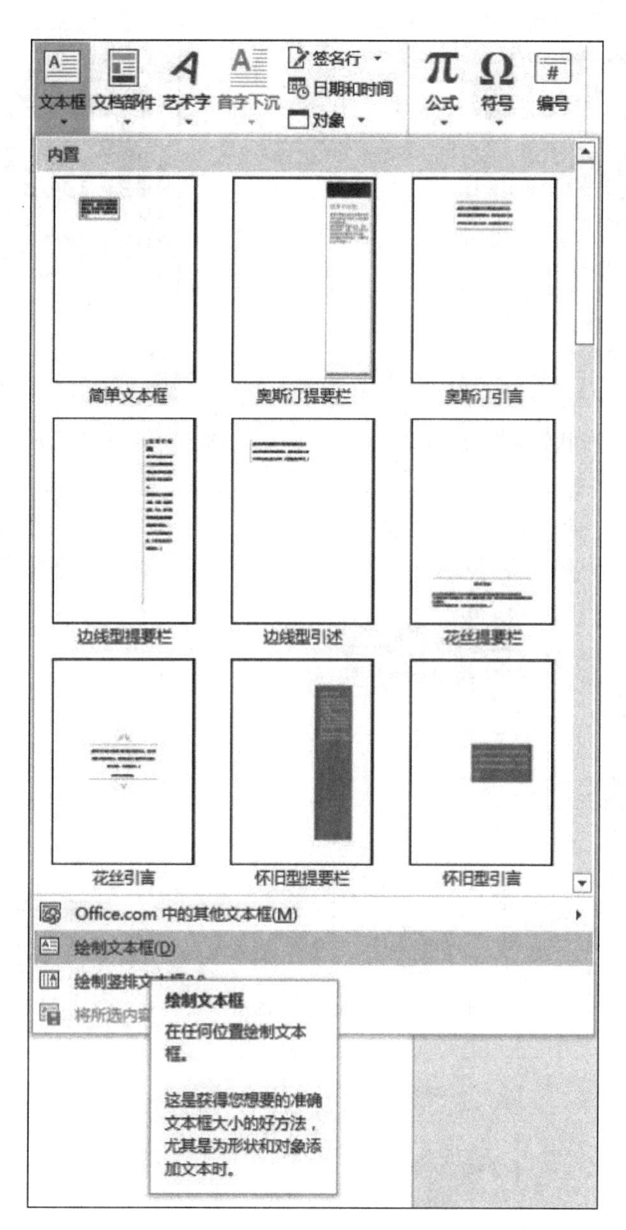

图 3-90　“文本框”下拉列表

图 3-91　“形状轮廓”按钮

输入 300%，在“宽度”文本框中输入 400%，环绕方式设置为“浮于文字上方”。

(3) 同理，插入“活动.jpg”图片，在“格式”选项卡中的“大小”组中单击对话框启动器 ，弹出“布局”对话框，在“高度”文本框中输入 20%，“宽度”文本框中输入 20%，环绕方式设置为“紧密型”。

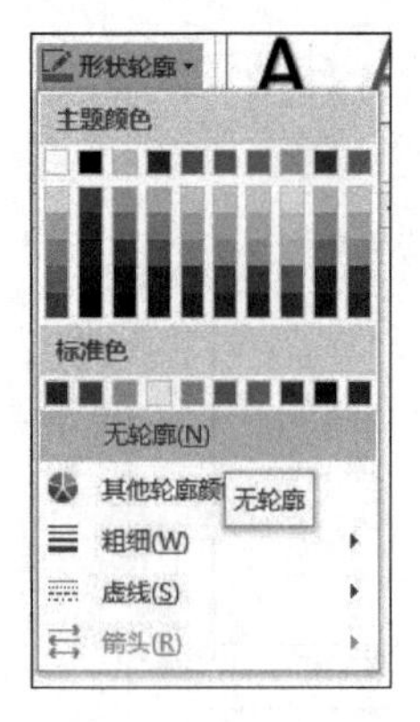

图 3-92 “形状轮廓”下拉列表

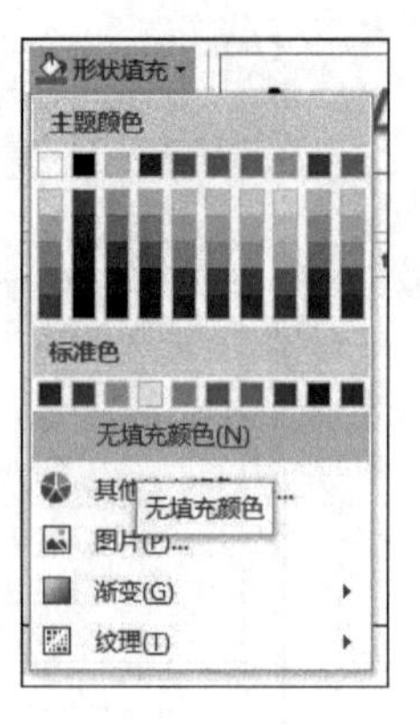

图 3-93 “形状填充”下拉列表

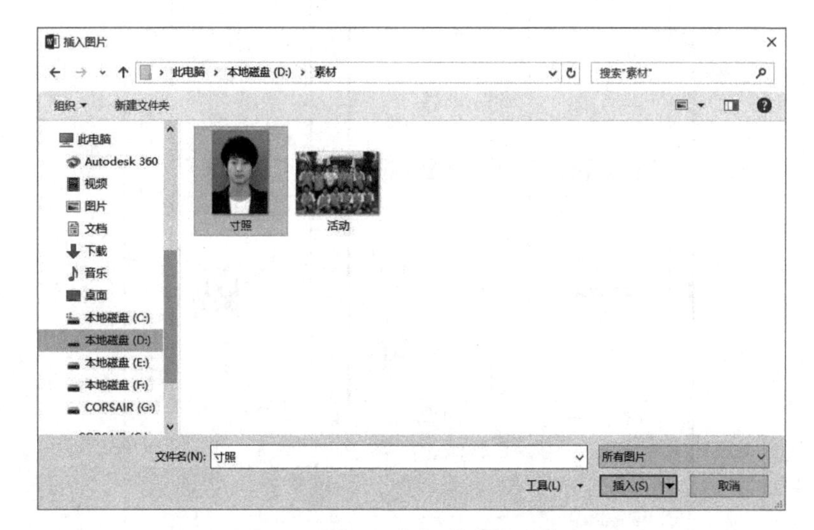

图 3-94 “插入图片”的素材文件夹

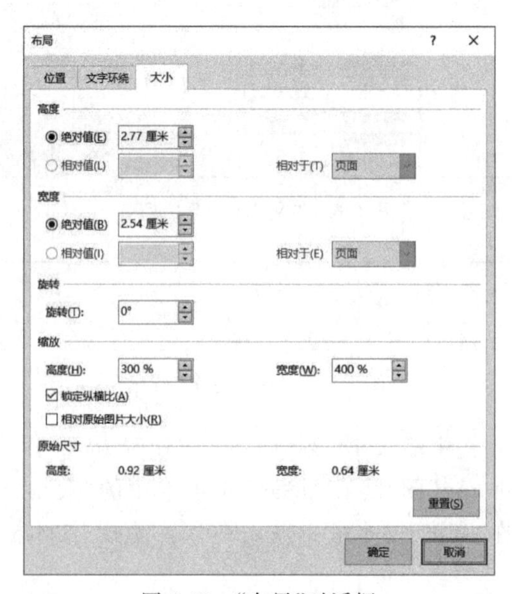

图 3-95 “布局”对话框

步骤七：插入页眉和页脚。

(1) 在任意页面的页眉处双击以编辑页眉。输入文字“个人简历”，在“开始”选项卡的“字体”组设置字体为“宋体”，字号为“五号”，“居中对齐”。

(2) 在“页眉和页脚工具”的“设计”选项卡的“页面和页脚”组中单击“页码”，如图 3-96 所示，然后选择“页面底端”→X/Y→“加粗显示数字 2”选项，如图 3-97 所示。

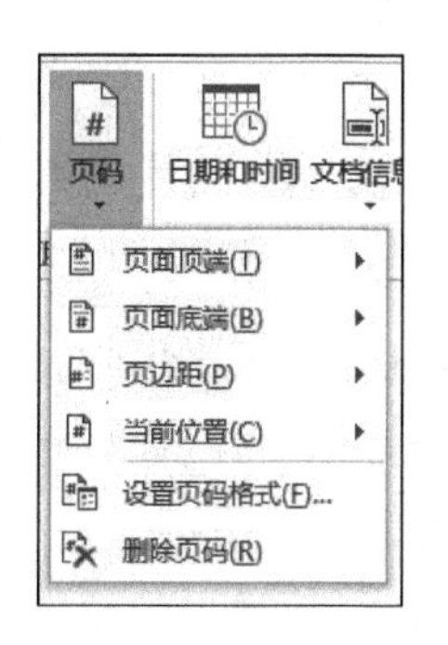

图 3-96　“页码”下拉列表

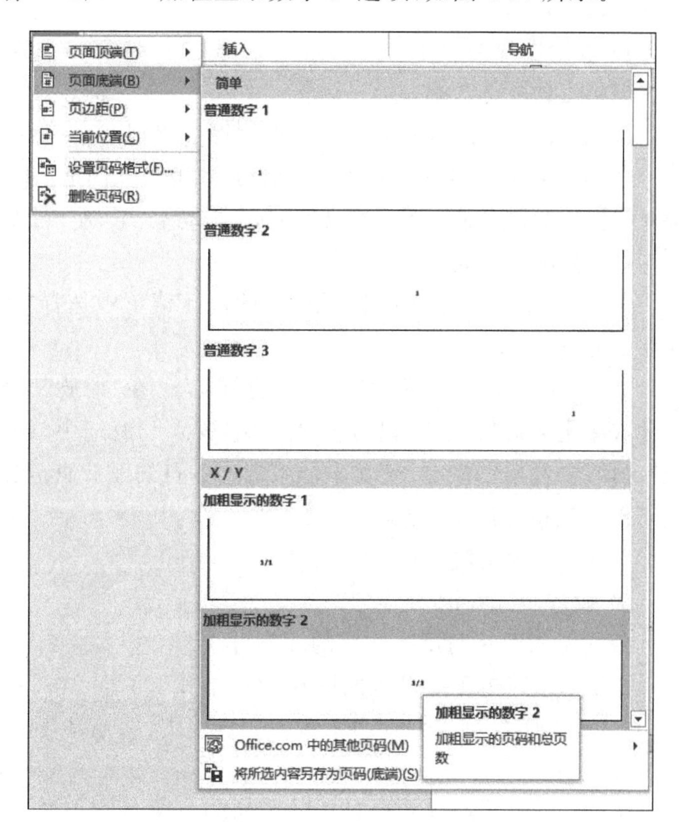

图 3-97　“页面底端”弹出列表框

(3) 在“页眉和页脚工具”的“设计”选项卡的“关闭”组中单击“关闭页眉和页脚”按钮。

步骤八：文档的另存，选择“文件”选项卡，单击“另存为”→“计算机”→“浏览”按钮，弹出“另存为”对话框。在左侧单击“此电脑”，然后在右侧单击“本地磁盘(D:)”，在“文件名”文本框中输入“*自己的姓名*(图文排版部分).docx”(如“张三(图文排版部分).docx”)，然后单击“保存”按钮。

3.4.4　知识链接

1. 插入图片

Word 2013 支持的图片文件格式有 23 种：.emf、.wmf、.jpg、.jpeg 等，在操作上与插入剪贴画类似，一般操作方法如下。

(1) 把光标移至需要插入图片的位置。

(2) 在“插入”选项卡的“插图”组中单击“图片”按钮，打开“插入图片”对话框。

(3) 找到要插入图片的位置和文件名,选取文件后单击"插入"按钮或直接双击该图片文件的图标完成插入。

2. 编辑图片

与文本类似,图片也可以进行复制、删除等操作,除此之外还可以进行缩放、裁剪、设置版式等操作。

1) 改变图片的大小

(1) 随意调整大小

① 单击需要修改的图片,图片的周围会出现 8 个控点。

② 将鼠标指针移至控点上,当指针形状变成双向箭头时拖动鼠标来改变图片的大小。拖动对角线上的控点是将图片按比例缩放,拖动上、下、左、右控点是改变图片的高度或宽度。

(2) 精确调整大小

① 右击需要修改的图片,从弹出的快捷菜单中选择"大小和位置"命令,弹出如图 3-95 所示的对话框。

② 在选中"锁定纵横比"复选框的前提下,在"缩放"区域的"高度"文本框中输入缩放百分比或单击微调按钮对图片进行等比缩放。取消选中"锁定纵横比"复选框时,可以在"缩放"区域的"高度"和"宽度"文本框中输入各自的缩放百分比,这里的宽度和高度的缩放百分比可以一致也可以不一致。

③ 单击"确定"按钮。

2) 设置版式

版式是指图片与周围文字的环绕方式。

方法一:双击需要设置的图片,在"格式"功能区中,单击"排列"组中的"自动换行"按钮,在弹出的下拉列表中列出了多种环绕方式,选择其中一种需要的环绕方式,图片即设置为该环绕方式。

方法二:设置版式的一种比较快捷的方法是右击需要设置的图片,从弹出的快捷菜单中选择"自动换行"命令,选择其中一种需要的环绕方式,图片即设置为该环绕方式。

3) 设置图片位置

方法一:单击需要拖动的图片,当指针变成十字箭头形状时,将图片拖动到合适的区域。

方法二:设置图片位置的一种比较快捷的方法是双击该图片,在"格式"选项卡中,单击"排列"组中的"位置"按钮,在弹出的下拉列表中,选择一种合适的文字环绕方式,则图片位置就会随之发生变化。

4) 设置图片边框

双击需要设置的图片,在"格式"选项卡中,单击"图形样式"组中的"图片边框"按钮,在弹出的下拉列表中可对图片边框的"粗细""虚实""颜色"等进行设置。

5) 图片的裁剪

当只需图片的某个部分时,可以将不需要的部分裁剪掉,方法如下。

(1) 单击需要修改的图片,图片的周围会出现 8 个控点。

(2) 在"格式"选项卡中,单击"大小"组中的"裁剪"按钮,鼠标指针变成✚状,把鼠标指针移动到图片的一个控点上拖动鼠标。

(3) 按住鼠标左键向图片内拖动,虚框内的图片是剪裁后的图片,对一幅图片可以进行多次裁剪。

被裁剪掉的部分区域还可以恢复,按上述方法,只是在第(3)步时按住鼠标左键向图片外部拖动即可。

6) 图片的颜色改变

双击需要设置的图片,在“格式”功能区中,在“调整”组中可以对图片进行以下改变。

(1) 设置亮度和对比度。单击“更正”按钮,从弹出的下拉列表中选择“图片更正选项”选项,在窗口右侧出现“设置图片格式”对话框,在该对话框中即可设置图片亮度和对比度,如图 3-98 所示。

(2) 设置图片颜色。单击“颜色”按钮,从弹出的下拉列表中选择一个着色类型,所选定的图片即可用该类型重新着色。在该设置中,不仅可以设置图片的颜色,还可以对图片进行透明色处理。

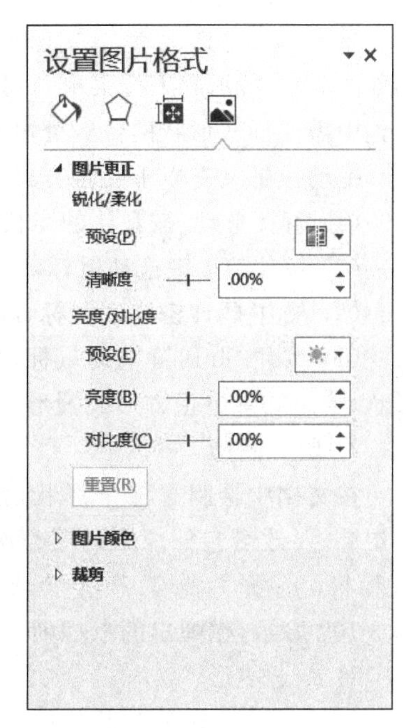

图 3-98 “设置图片格式”对话框

3. 插入艺术字

由于在 Word 中把艺术字处理成图形对象,它可以类似图片一样进行复制、移动、删除、改变大小、添加边框、设置版式等。此外,艺术字还可进行添加填充颜色、添加阴影、竖排文字等操作。

单击“插入”选项卡的“文本”组中单击“艺术字”按钮,弹出如图 3-85 所示的下拉列表,选择一种艺术字样式后,弹出艺术字编辑区,在输入框中输入文字即可。

4. 编辑艺术字

1) 编辑艺术字的颜色

选中需要设置的艺术字,在“格式”选项卡中,单击“艺术字样式”组中的“文本填充”按钮,在弹出的下拉列表中选择一种颜色,所选艺术字即被更改为该颜色。如果“主题颜色”和“标准色”都不能达到理想的效果时,可使用“渐变”中的效果来填充艺术字,以达到理想的效果。

2) 编辑艺术字的环绕方式

选中需要设置的艺术字,在“格式”选项卡中,单击“排列”组中的“自动换行”按钮,在弹出的多种环绕方式中选择一种环绕方式,所选艺术字即被更改为该环绕方式。

3) 改变文字方向

选中需要设置的艺术字,在“格式”选项卡中,单击“文本”组中的“文字方向”按钮,在弹出的下拉列表中选择适当的文字方向,所选艺术字即被更改为该文字方向。

5. 插入文本框

文本框,顾名思义是用来存放文本内容的。由于它可以在文档中自由定位,因此它是实现复杂版面的一种常用方法。

单击“插入”选项卡在“文本”组中的“文本框”按钮,弹出如图 3-90 所示的下拉列表,单击一种文本框样式图标,在文档中需要插入文本框的位置处单击并拖动鼠标。

在文本框内部单击输入文本内容,适当调整文本框的大小,用和正文文本相同的方法设置文本的字符格式。位置的移动和边框的设置与图片的设置方法类似。

6. 绘制图形

Word 中提供了“形状”工具,可以让用户在文档中绘制所需的图形。

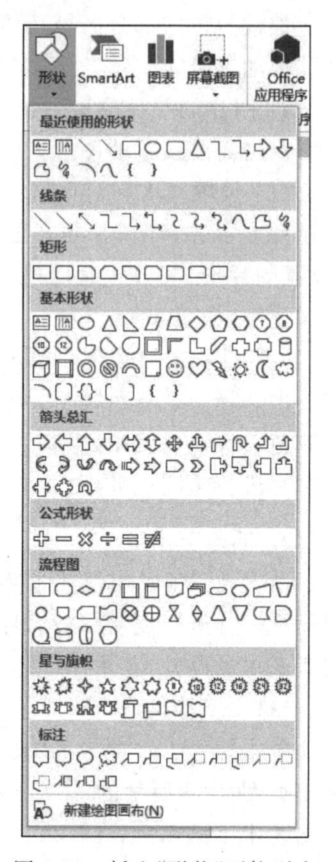

图 3-99 插入“形状”下拉列表

1) 插入自选图形

单击“插入”选项卡,在“插图”组中单击“形状”按钮,弹出如图 3-99 所示的下拉菜单,在其中选择一种形状,然后在文档中需要插入形状的位置处单击并拖动鼠标。

拖动鼠标又有以下 4 种方式。

(1) 直接拖动,按默认的步长移动鼠标。

(2) 按住 Alt 键拖动鼠标,以小步长移动鼠标。

(3) 按住 Ctrl 键拖动鼠标,以起始点为中心绘制形状。

(4) 按住 Shift 键拖动鼠标,如果绘制矩形类或椭圆类形状,绘制结果是正方形或圆形。

2) 层叠图形

在文档中绘制了多个形状后,形状会按照绘制次序自动层叠,要改变它们原来的层叠次序,方法是右击需要编辑的形状,选择“置于顶层”或“置于底层”选项,如图 3-100 所示,在弹出的下拉列表中选择相应的叠放次序。

3) 组合图形

如果要同时对多个形状进行操作,可以将多个形状组合起来成为一个操作对象,方法是单击选择一个形状后,按住 Ctrl 键的同时单击其他形状,这样同时选择了多个形状。右击选中的形状,从弹出的下拉列表中选择“组合”→“组合”命令,如图 3-101 所示。如果要将组合形状取消,则选择“组合”→“取消组合”命令。

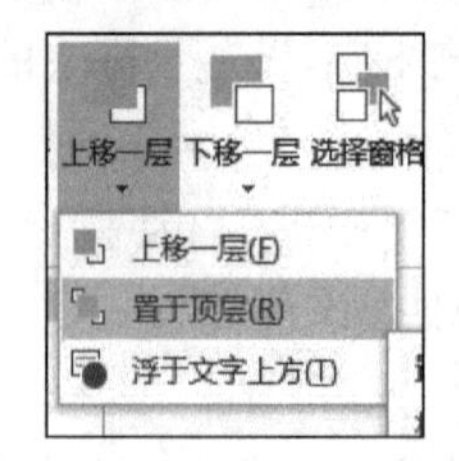

图 3-100 形状叠放次序下拉列表

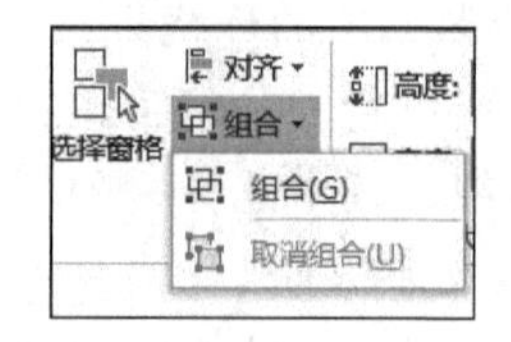

图 3-101 形状“组合”下拉列表

3.4.5 知识拓展

1. 加入脚注和尾注

脚注和尾注用于在打印文档时为文档中的文本提供解释、批注以及相关的参考资料。

脚注是将注释文本放在文档的页面底端，尾注是将注释文本放在文档的结尾。脚注或尾注是由两个互相链接的部分组成：注释引用标记和与其对应的注释文本。在注释中可以使用任意长度的文本，并像处理任意其他文本一样设置注释文本格式。

单击“引用”选项卡“脚注”组中的“插入脚注”按钮，弹出“脚注和尾注”对话框，如图 3-102 所示，在该对话框中可进行脚注和尾注的插入，引用标记可以使用系统提供的“编号格式”，也可以使用“自定义标记”，用户可根据自己的需要选择。

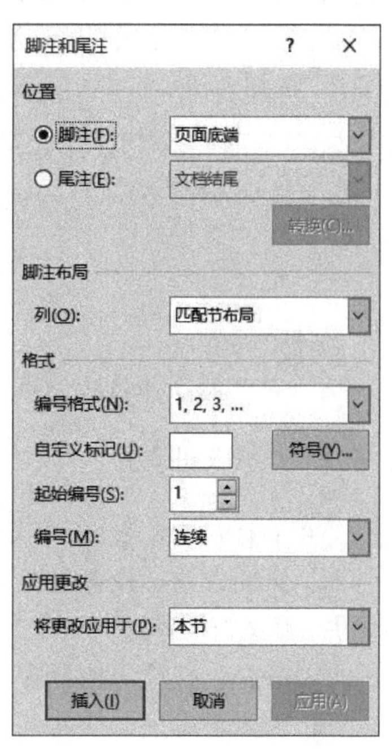

图 3-102 “脚注和尾注”对话框

1）添加脚注

将光标定位在需要添加脚注的文字之后，“脚注和尾注”对话框的“位置”区域中选中“脚注”单选按钮。在“格式”区域中选择“编号格式”下拉列表中的一种标记。使用更多的标记则单击“自定义标记”文本框右侧的“符号”按钮，弹出如图 3-103 所示的“符号”对话框，从“字体”下拉列表中选择一种字体，再选择所需的符号后单击“插入”按钮返回“脚注和尾注”对话框。单击“插入”按钮后符号插入完毕，光标自动移位至页面底端，输入脚注内容并设置脚注内容的字体和字号，和 Word 中一般文本的设置方法相同。

2）添加尾注

将光标定位在需要添加尾注的文字之后，在“脚注和尾注”对话框的“位置”区域中选中“尾注”单选按钮，在“格式”区域中选择“编号格式”下拉列表中的格式或单击“自定义标记”文本框右侧的“符号”按钮。符号插入完毕，光标自动移位至文档结尾，输入尾注内容并设置尾注内容的字体和字号。

图 3-103 “符号”对话框

2. 插入页眉和页脚

1) 插入页眉

单击“插入”选项卡,在“页眉和页脚”组中单击“页眉”按钮,在弹出的下拉列表中选择一种适当的页眉样式或直接选择“编辑页眉”选项,光标将自动定位在页眉处,输入页眉内容,并在如图3-104所示的“页眉和页脚工具”选项卡中进行相关设置,设置之后单击“关闭页眉和页脚”按钮即可。

图3-104 “页眉和页脚工具”选项卡

2) 插入页脚

插入页脚的操作过程与插入页眉的操作过程基本一致。

3.4.6 技能训练

练习:打开原始素材:“实例素材\致青春.docx”文档,制作一张简报,要求如下。

(1) 页面设置。设置纸张方向为横向,上、下页边距为2.5厘米,左、右页边距为3厘米,为整篇文档设置页面边框。

(2) 分栏。整篇文档分为3栏。

(3) 插入艺术字。插入艺术字“致青春”;艺术字样式为第3行第2列;字体为华文行楷、初号、加粗;文字环绕设置为嵌入型,文本轮廓设置为紫色,文本填充设置为黄色,适当调整艺术字的位置。

(4) 插入图片。

① 第一张:插入“实例素材\训练\致青春.jpg”图片。调整图片缩放比例(宽度和高度均为20%);设置环绕方式为上下型;适当调整图片的位置。

② 第二张:插入“笔记.jpg”图片。调整图片缩放比例(宽度为70%,高度为50%);环绕方式为紧密型。

③ 第三张:插入“海报.jpg”图片。调整图片缩放比例(宽度和高度均为40%);环绕方式为上下型。

(5) 插入文本框。

① 插入文本框:在第2栏第1行插入一个竖排文本框,内容为“青春是场远行……”所在段。

② 设置文本框格式:字号为五号、字体为华文行楷、行距为固定值20磅、填充效果为蓝色,无边框,环绕方式为四周型,适当调整文本框的大小。

(6) 字体设置。设置“剧情简介”“经典台词”“主要演员表”标题文字字体为华文行楷、二号、加粗,其余文字设为宋体、五号字。

(7) 插入自选图形。插入自选图形“爆炸形1”,设置形状填充为橙色、无轮廓;在自选图形中编辑文字“致我们终将逝去的青春”,字体为宋体、字号为小四,文本填充为紫色;自选图形版式为四周型,适当调整图形的位置。

任务 3.5　个人简历(完整输入)

3.5.1　任务要点

(1) 页面背景。

(2) 页眉和页脚设置。

(3) 打印输出。

3.5.2　任务要求

用 Word 2013 制作如图 3-105 所示的“个人简历(最终版)”的效果,要求如下。

(1) 打开原始文件。打开上节课编辑的“个人简历(图文排版部分)”文档。

(2) 设置页眉。设置页眉为首页不同。

(3) 添加背景图。为所有页面添加背景图,其中第一页与其他两页不相同。

(4) 整理页面。为所有页面做最后的整理。

(5) 打印输出。将“个人简历”打印输出。

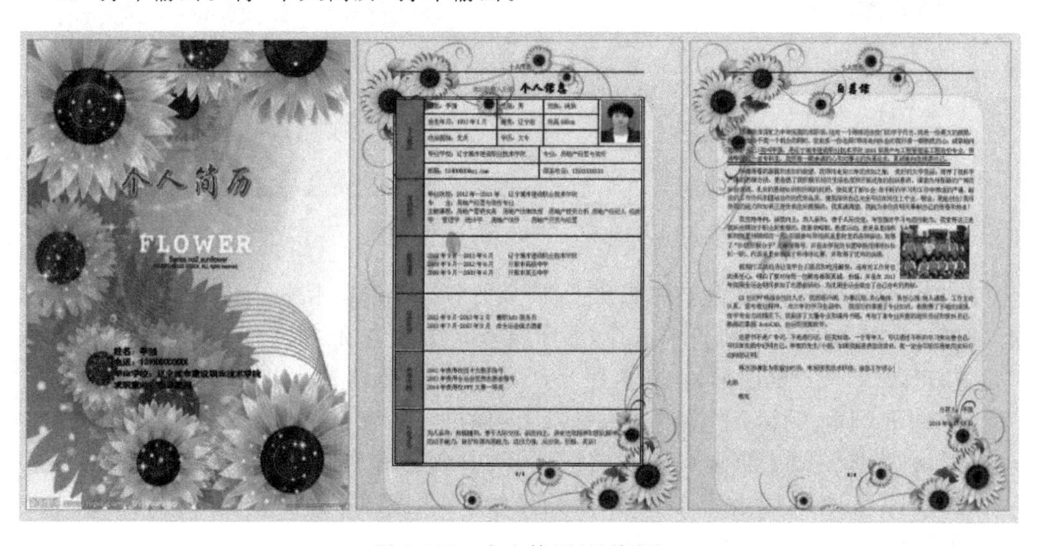

图 3-105　个人简历(最终版)

3.5.3　实施过程

步骤一:启动 Word 2013。打开文档,单击“开始”→“所有应用”→Microsoft Office 2013→Word 2013”命令,启动 Word 2013。在左侧的“最近使用的文档”里面,找到“个人简历”,然后单击。

步骤二:设置页眉。双击页眉处,在“页眉和页脚工具”下的“设计”选项卡中的“选项”组中选中“首页不同”复选框,如图 3-106 所示。

步骤三:添加背景图。

(1) 将光标放置在“第一页”的页眉处,单击“页眉和页脚工具”下的“插入”选项卡中的

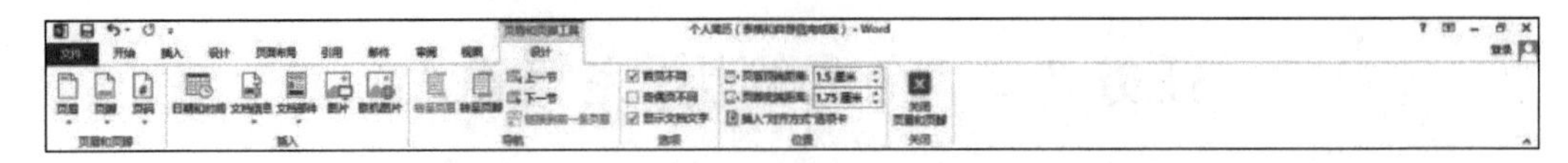

图 3-106 “首页不同”选项

“图片”按钮,弹出“插入图片”对话框,在“查找范围”下拉列表中定位素材文件夹,单击名为“封面背景.jpg”的图片,如图 3-107 所示,然后单击“插入”按钮。

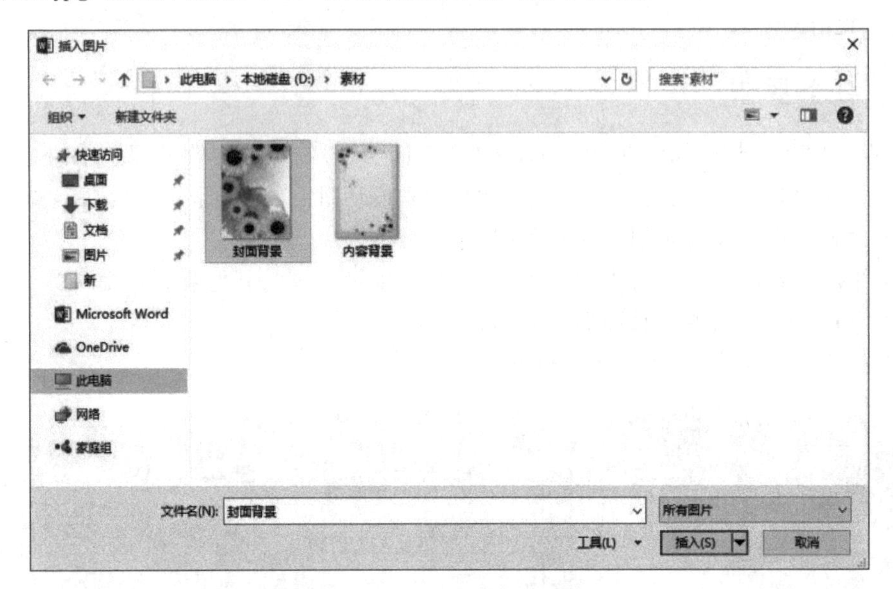

图 3-107 “插入图片”对话框

(2) 选中刚刚插入的图片,在“图片工具”下的“格式”选项卡中单击“排列”组中的“自动换行”按钮,在弹出的下拉列表中选择“衬于文字下方”,并在“大小”组中的“高度”文本框内输入 29.7 厘米,“宽度”文本框内输入 21 厘米,如图 3-108 所示(本操作插入背景图用的是一个比较特殊的方式,将背景图插入页眉中,在“知识链接”中会介绍其他方法,设置的图片大小的尺寸是 A4 纸大小的尺寸)。调整图片,使图片覆盖整个页面。

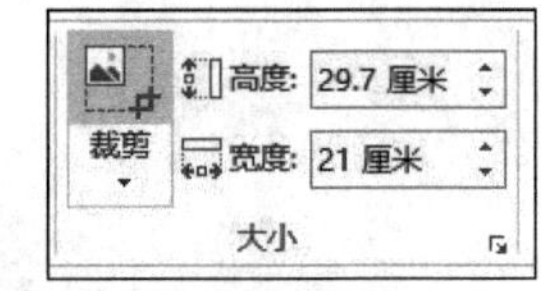

图 3-108 调整图片大小

(3) 在“第一页”的可输入文字处,输入“个人简历”,并将字体设置为宋体、五号、居中对齐。

(4) 将光标移动到页眉“第二页”处,并将光标置于“个人简历”字前,重复(1)、(2)插入图片“内容背景.jpg”。

步骤四:整理页面。检查所有页面,适当调整页面,以保证跟各节课的要求保持一致,并保证所有页面的美观。

步骤五:文档的另存。单击“文件”→“另存为”→“计算机”→“浏览”按钮,弹出“另存为”对话框,在左侧单击“此电脑”,然后在右侧单击“本地磁盘(D:)”,在“文件名”文本框中输入“*自己的姓名*(最终版).docx”(如“张三(最终版).docx”),然后单击“保存”按钮。

步骤六:打印文档。单击“文件”选项卡,选择“打印”命令,窗口右侧即可显示出“打印预览”窗口，如图 3-109 所示。在“打印预览”窗口左侧即可指定打印机进行打印，可以设置打印部分文档、选择打印文档份数以及选择纸张缩放进行打印，单击“打印”按钮即可进行文件的打印。

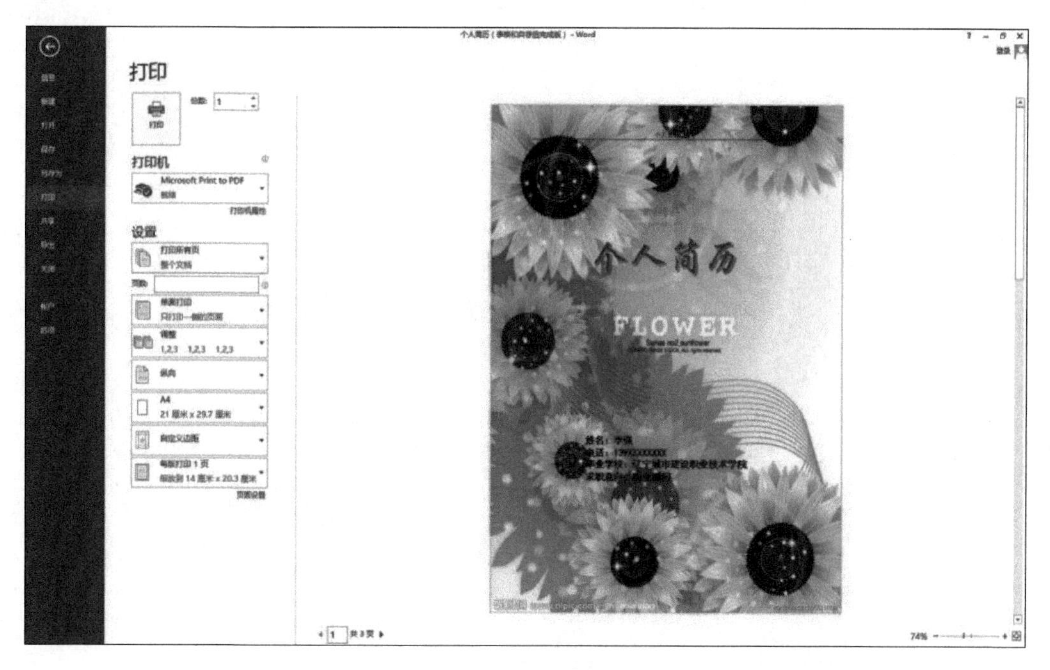

图 3-109　“打印预览”窗口

3.5.4　知识链接

页面背景设置有很多方式，用户可以根据自己的需要来完成，使页面变得更美观。

方法一：在“设计”选项卡下可以对页面的“主题”进行设置。在“页面背景”组中有“水印”“页面颜色”“页面边框”3 个选项，其中“页面颜色”可以设置页面颜色和页面背景。

(1) 单击“页面颜色”按钮，选择“填充效果”选项，如图 3-110 所示。

(2) 弹出“填充效果”对话框，如图 3-111 所示。

(3) 选择“图片”选项卡，单击“选择图片”按钮，弹出“插入图片”对话框，如图 3-112 所示。

(4) 单击“来自文件”会弹出“插入图片”对话框，根据需要选择图片。

(5) 然后单击“确定”按钮，所有页面会自动添加页面背景。

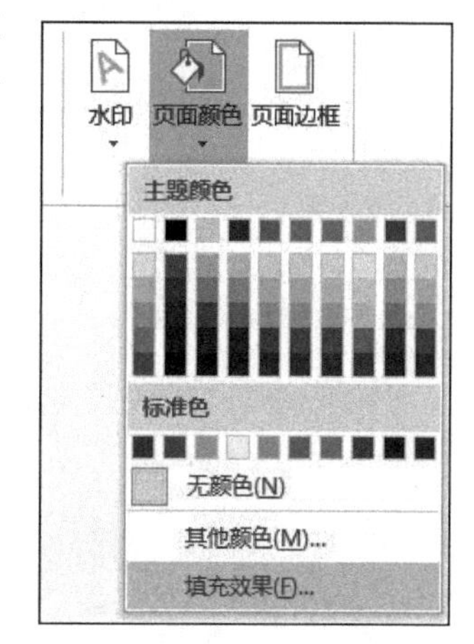

图 3-110　“填充效果”选项

方法二：在页眉中插入图片。此方法跟“实施过程”中的“步骤三”相同。

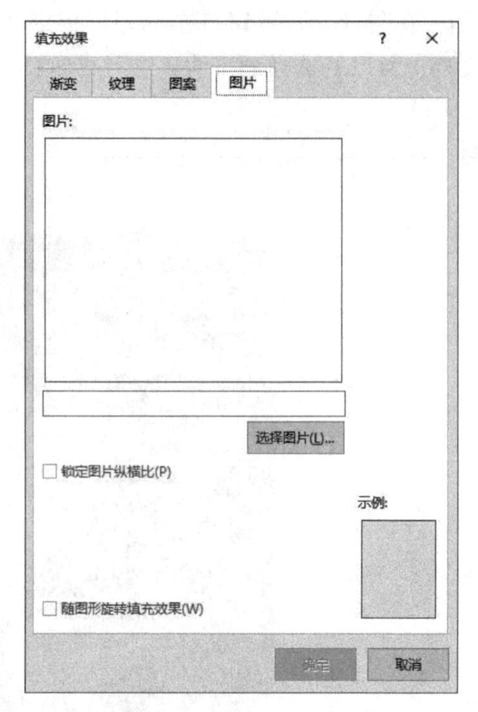

图 3-111 “填充效果”对话框

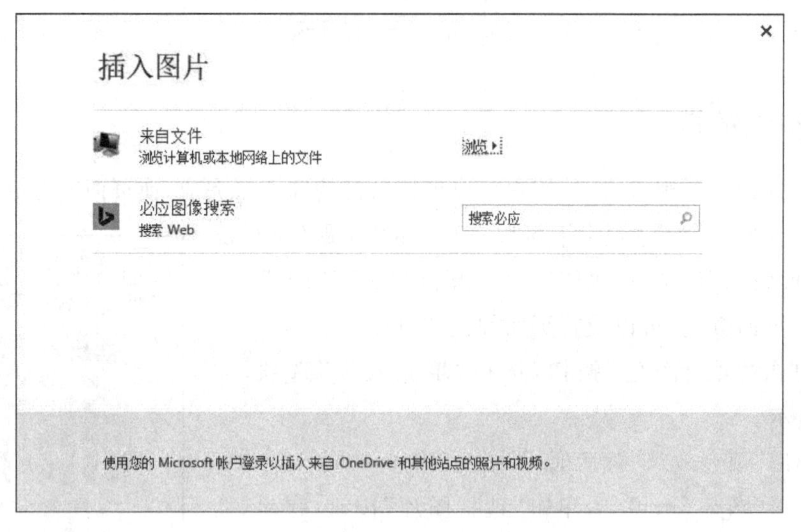

图 3-112 “插入图片”对话框

3.5.5 知识拓展

1. 插入题注

题注是对象下方显示的一行文字,用于描述该对象,可以为图片或其他图像添加题注。

(1) 选中要添加题注的图片或表格、公式等对象,在“引用”选项卡中的“题注”组中单击“插入题注”按钮,弹出“题注”对话框,如图 3-113 所示。

（2）选择显示标签的“位置”，单击“新建标签”按钮可以自定义标签，如图 3-114 所示。

图 3-113　“题注”对话框

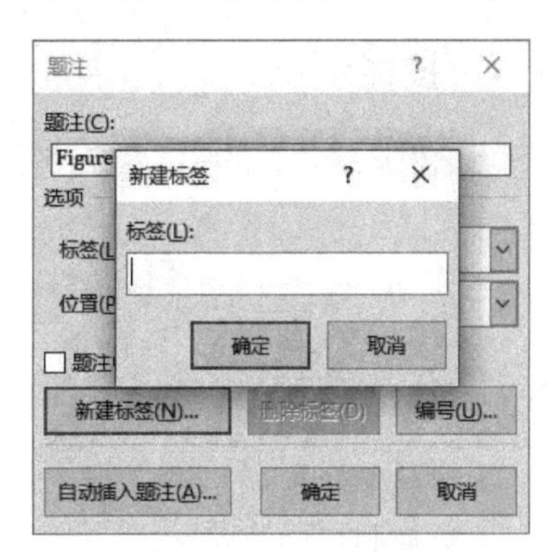

图 3-114　自定义标签

2．插入数学公式

Word 2013 提供了多种常用的公式供用户直接插入 Word 2013 文档中，用户可以根据需要直接插入这些内置公式，以提高工作效率。

（1）打开 Word 2013 文档窗口，切换到“插入”选项卡。

（2）将光标定位到要插入公式的位置，在“插入”选项卡的“符号”组中单击“公式”按钮，在打开的内置公式列表中选择需要的公式，如图 3-115 所示。

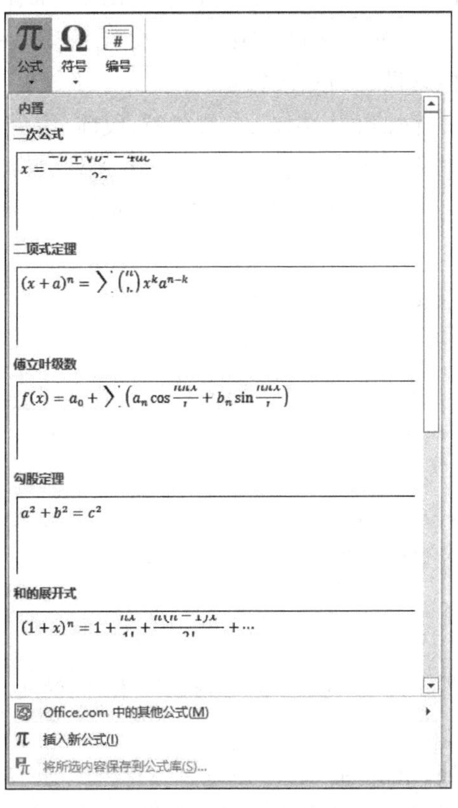

图 3-115　插入公式下拉列表

(3) 如果要修改公式,单击该公式中要修改的位置,输入新内容。

3.5.6 技能训练

练习:根据这5节课所学内容,制作一份自己的个人简历,内容根据自己的实际情况来完成。

任务3.6 制作毕业论文

3.6.1 任务要点

(1) 标题的设置。

(2) 页眉和页码的设置。

(3) 生成目录。

3.6.2 任务要求

(1) 打开原始文件。打开"素材\论文.docx"文档。

(2) 插入封皮。为论文插入封皮。

(3) 页面设置。将纸张设置为A4,左、右边距为2.5厘米,内、外边距为2.3厘米,装订线为0.5厘米,页眉为1.2厘米,页脚为1.5厘米,并设置对称页边距。

(4) 字体和段落设置。字体字号设置为中文小四号、宋体,英文小四号、Times New Roman,全文统一;段落设置为行距为多倍行距:1.25倍,段前、段后均为零,首行缩进2字符。

(5) 标题设置。论文标题设置为三级标题。

一级标题(章):三号黑体加粗,居中,1.5倍行距,段前、段后各1行。

二级标题(条):四号宋体加粗,居左,1.25倍行距,段前、段后各0.5行。

三级标题(款):小四号宋体加粗,居左,1.25倍行距,段前、段后各0.5行。

(6) 页眉和页码设置。

页眉:页眉中应标明论文每一篇(章)名。

奇数页:章节名,右对齐,字体为宋体,五号字。

偶数页:论文名,左对齐,字体为宋体,五号字。

页脚:设置为页码/总页数。

奇数页:右对齐,字体为宋体,五号字。

偶数页:左对齐,字体为宋体,五号字。

(7) 生成目录。论文的最终排版样式如图3-116所示。

3.6.3 实施过程

步骤一:打开原始文件。启动Word 2013,打开"素材\论文.docx"文档。

步骤二:插入封皮。

(1) 在论文首行首字处,单击"插入"选项卡"页面"组中的"空白页"按钮。

(2) 将论文模板中的"封皮"页的内容,复制、粘贴到刚刚插入的空白页。

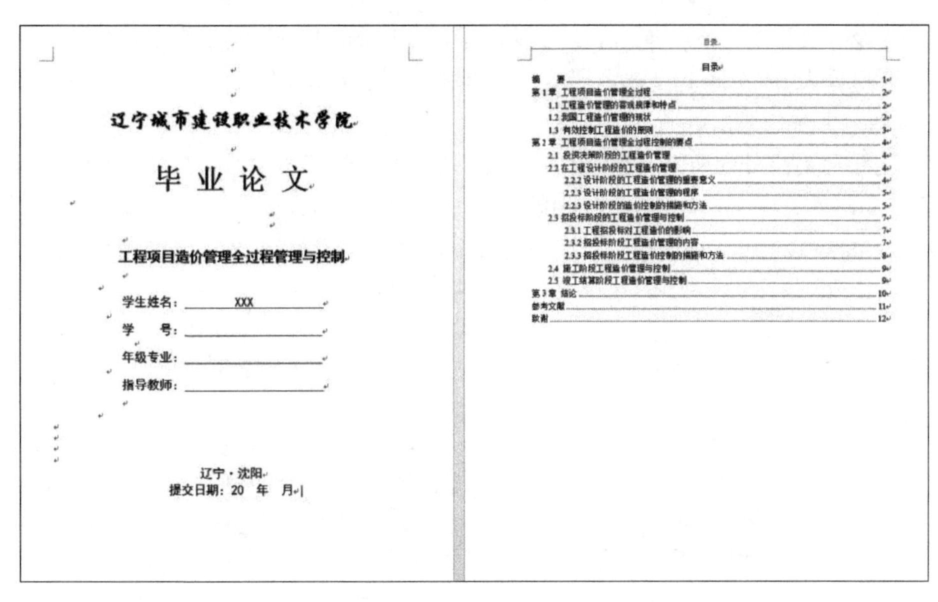

图 3-116　论文的最终排版模式效果

(3) 根据“封皮”页的要求，更改“封皮”页的内容。

步骤三：页面设置。单击“布局”选项卡“页面设置”组中的“高级”按钮，弹出“页面设置”对话框，如图 3-117 所示。在“纸张”选项卡下的“纸张大小”下拉列表中，选择 A4 选项；在“页边距”选项卡的“页边距”区域设置，上为 2.3 厘米，下为 2.3 厘米，内侧为 2.5 厘米，外

页面设置
页边距　纸张　版式　文档网格
页边距
上(T): 2.3 厘米　下(B): 2.3 厘米
内侧(N): 2.5 厘米　外侧(O): 2.5 厘米
装订线(G): 0.5 厘米　装订线位置(U): 左
纸张方向
纵向(P)　横向(S)
页码范围
多页(M): 对称页边距
预览
应用于(Y): 本节
设为默认值(D)　确定　取消

图 3-117　“页面设置”对话框

侧为 2.5 厘米,装订线为 0.5 厘米,在“页码范围”区域的“多页”下拉列表中选择“对称页边距”选项;在“版式”选项卡下设置页眉为 1.2 厘米,页脚为 1.5 厘米。

步骤四:字体和段落设置。

(1) 选中除封皮外的所有文字,单击“开始”选项卡“字体”组中的按钮,弹出“字体”对话框,如图 3-118 所示,在“中文字体”的下拉列表中选择“宋体”选项,在“西文字体”的下拉列表中选择 Times New Roman 选项,在“字号”的列表中选择“小四”选项,然后单击“确定”按钮。

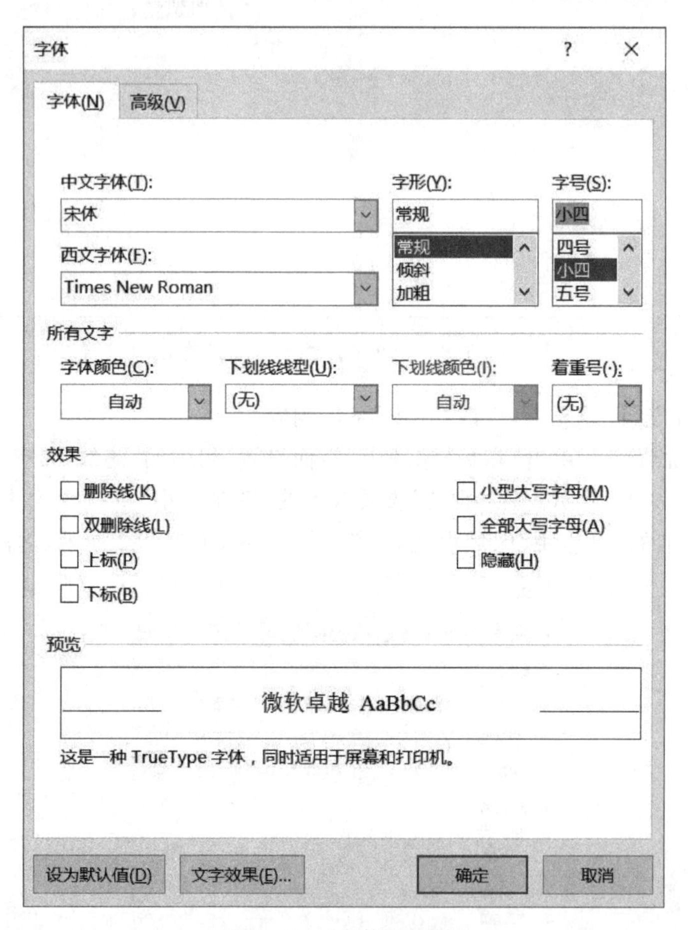

图 3-118 “字体”对话框

(2) 单击“开始”选项卡“段落”组中的按钮,弹出“段落”对话框,如图 3-119 所示。在“特殊格式”下拉列表中选择“首行缩进”选项,并在“缩进值”文本框中输入 2 字符。在“行距”的下拉列表中选择“多倍行距”选项,并在“设置值”文本框中输入 1.25,然后单击“确定”按钮。

步骤五:标题设置。

(1) 定义标题样式。在“开始”选项卡的“样式”组中右击“标题 1”按钮,在弹出的快捷菜单中选择“修改”命令,弹出“修改样式”对话框,如图 3-120 所示。将“标题 1”字体设置为黑体,字号设置为三号字,单击“加粗”按钮 **B**,再单击“水平居中”按钮,然后单击“格式”按钮,选择“段落”选项,弹出“段落”对话框,如图 3-119 所示,设置段落为 1.5 倍行距,段前和段后各 1 行。利用同样的方法修改“标题 2”的样式为四号宋体加粗、居左、1.25 倍行距、段前

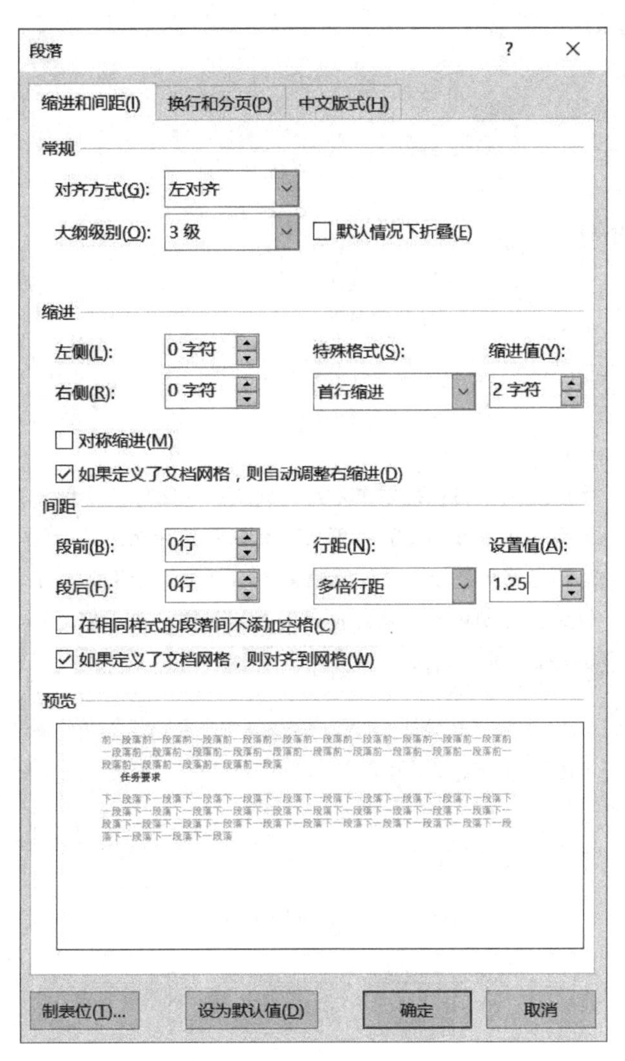

图 3-119　“段落”对话框

段后各 0.5 行。“标题 3”的样式为小四号宋体加粗、居左、1.25 倍行距、段前段后各 0.5 行。

(2) 正文各级标题设置。依次选择正文中的各级标题文本，单击“样式”组中的相应标题按钮，直至文档中全部标题设置完成。

步骤六：页眉和页码设置。

(1) 单击“开始”选项卡“段落”组中的“显示/隐藏编辑标记”按钮 。

(2) 将光标移动到每个章节前，然后单击“页面布局”选项卡下“页面设置”组中的“分隔符”按钮，在弹出的下拉列表“分节符”区域中选择“下一页”选项，如图 3-121 所示。

(3) 在任意页面的页眉处双击，然后在“页眉和页脚工具”下的“设计”选项卡“选项”组中选中“奇偶页不同”复选框，如图 3-122 所示。

(4) 为每一节的“偶数页”添加页眉“工程项目造价管理全过程管理与控制”文字，并设置为左对齐，字体为宋体，五号字。

(5) 为每一节的“奇数页”添加页眉为每节的章节名，并设置为右对齐，字体为宋体，五号字。

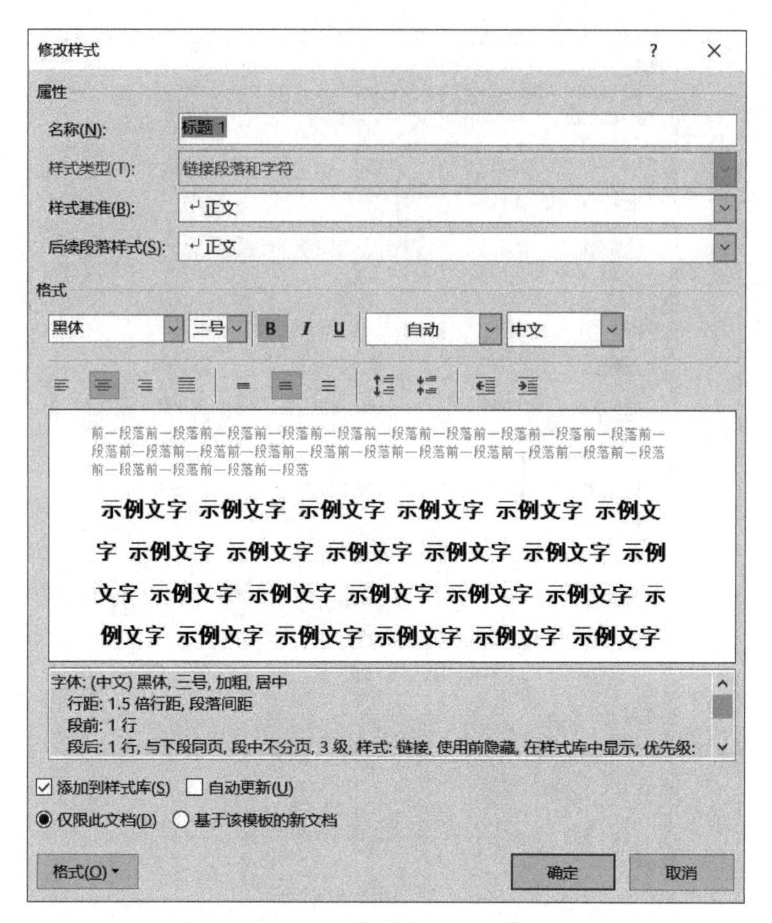

图 3-120　“修改样式”对话框

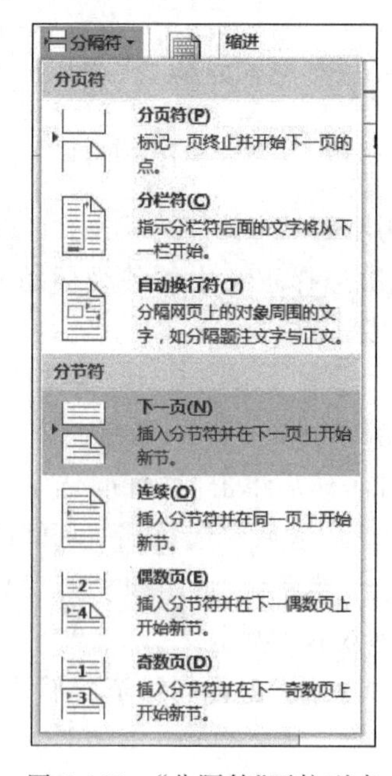

图 3-121　“分隔符”下拉列表

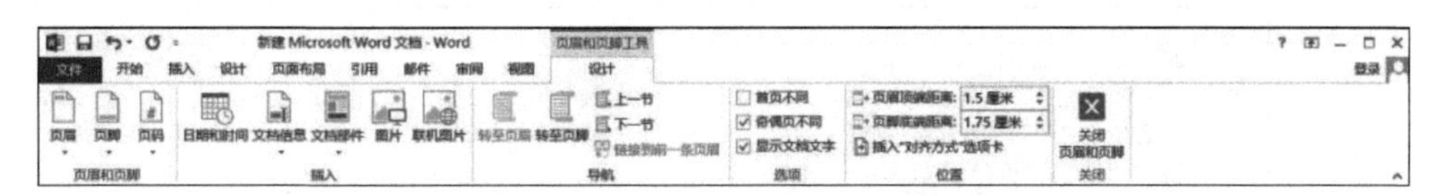

图3-122　“页眉和页脚工具”的“奇偶页不同”设置

(6) 为每一节的“偶数页”添加页码,单击“页眉和页脚工具”下的“设计”选项卡“页眉和页脚”组中的“页码”按钮,在弹出的下拉列表中选择“页面底端”选项中“加粗显示的数字1”选项。

(7) 为每一节的“奇数页”添加页码,单击“页眉和页脚工具”下的“设计”选项卡“页眉和页脚”组中的“页码”按钮,在弹出的下拉列表中选择“页面底端”选项中“加粗显示的数字3”选项。

步骤七:插入目录。选择目录页,在“引用”选项卡的“目录”组中单击“目录”按钮,在弹出的下拉列表中选择“插入目录”选项,弹出“目录”对话框,如图3-123所示。无须修改按默认设置,单击“确定”按钮,可以看到目录自动生成。选择目录文本,与设置正文相同,可以设置目录文字的字体、字号、颜色、行间距等基本格式,结果如图3-124所示。

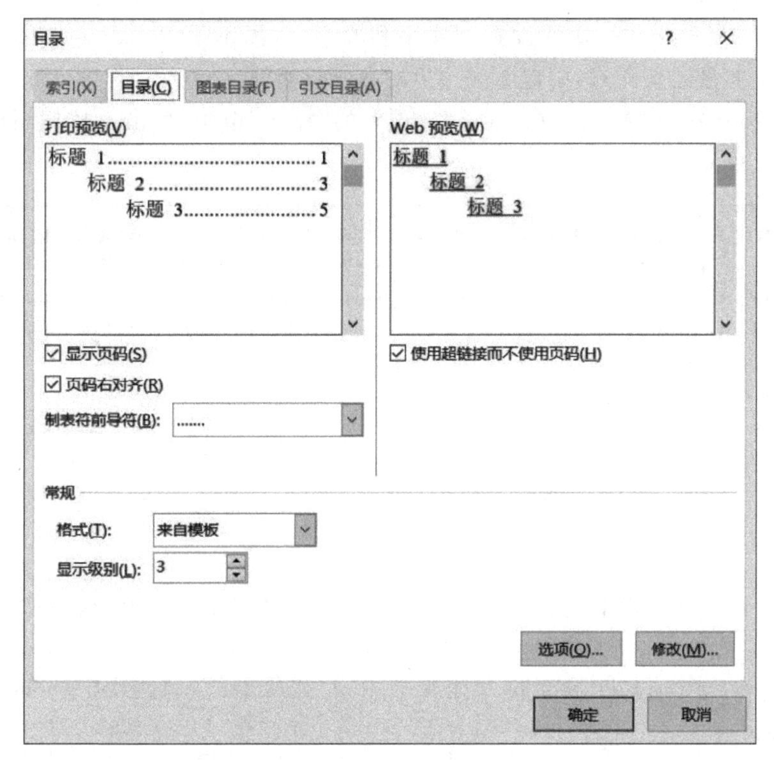

图3-123　“目录”对话框

3.6.4　知识链接

1. 样式的设置

样式作为格式的集合,它可以包含几乎所有的格式,设置时只需选择一下某个样式,就

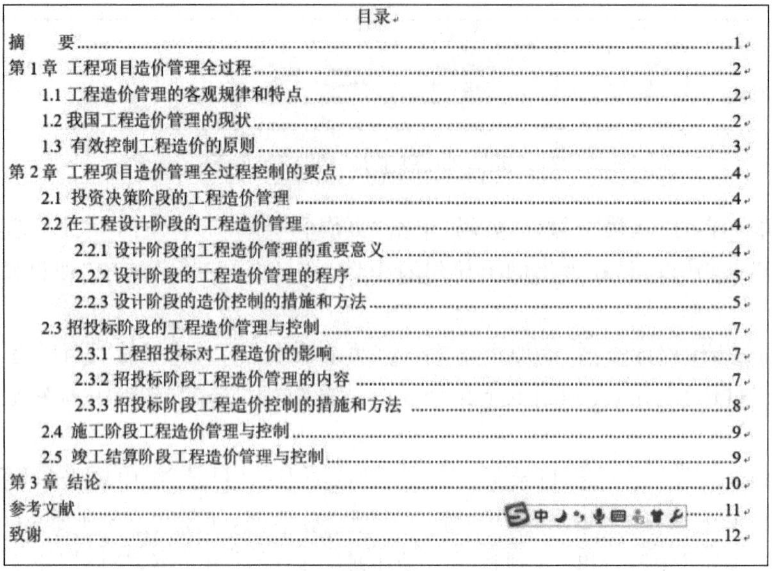

目录

图 3-124 “目录”生成后效果

能把其中包含的各种格式一次性设置到文字和段落上,无论是 Word 2013 的内置样式,还是 Word 2013 的自定义样式,用户随时可以对其进行修改。

(1) 在 Word 2013 窗口中,在“开始”选项卡的“样式”组中,单击按钮,打开快速样式库,如图 3-125 所示。

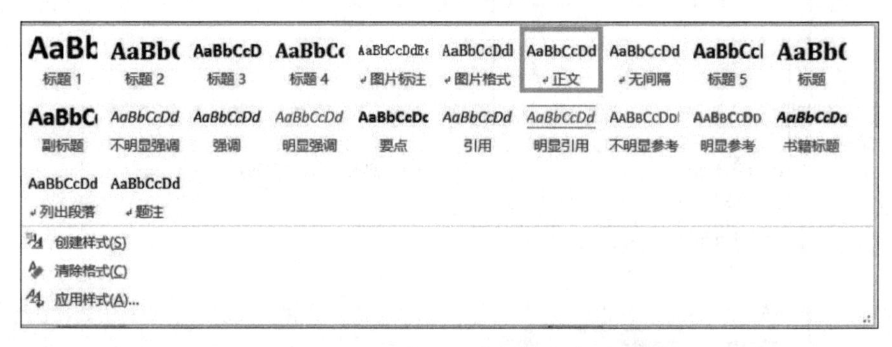

图 3-125 Word 内置样式库

(2) 在每个内置样式上右击,在弹出的快捷菜单中选择“修改”命令来修改样式,如图 3-126 所示。

(3) 单击“样式”面板上的扩展菜单按钮就可以管理样式,如图 3-127 所示。

(4) 单击“管理样式”按钮弹出“管理样式”对话框,设置完成单击“确定”按钮,如图 3-128 所示。

(5) 选中要修改的样式选择“修改”命令进入“修改样式”对话框,可以修改样式的字体、字号和段落等,设置完成单击“确定”按钮,如图 3-129 所示。

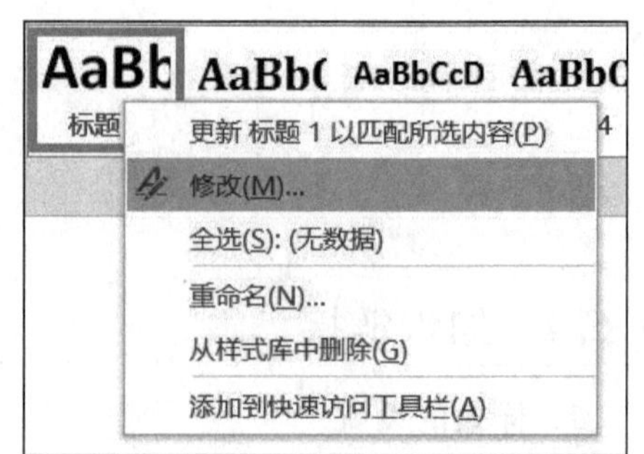

图 3-126 修改样式快捷菜单

样式
全部清除
正文
无间隔
标题 1
标题 2
标题 3
标题 4
标题
副标题
不明显强调
强调
明显强调
要点
引用
明显引用
不明显参考
显示预览
禁用链接样式
选项...

图 3-127　样式扩展菜单

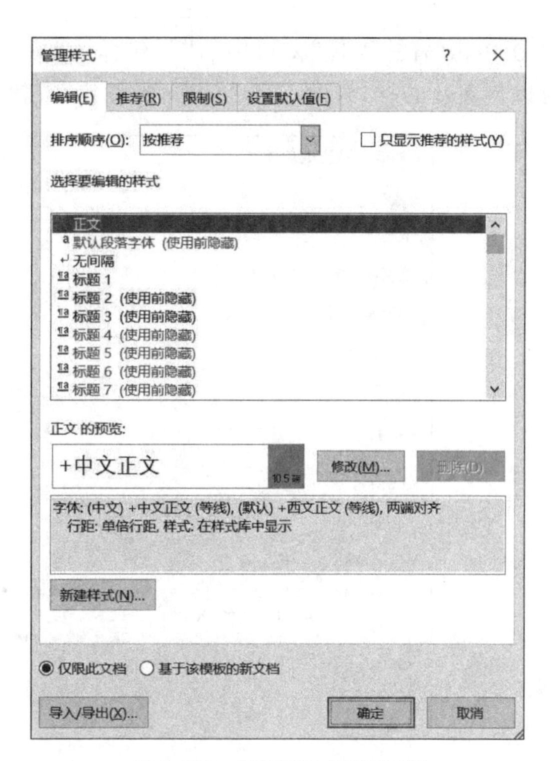

图 3-128　“管理样式”对话框

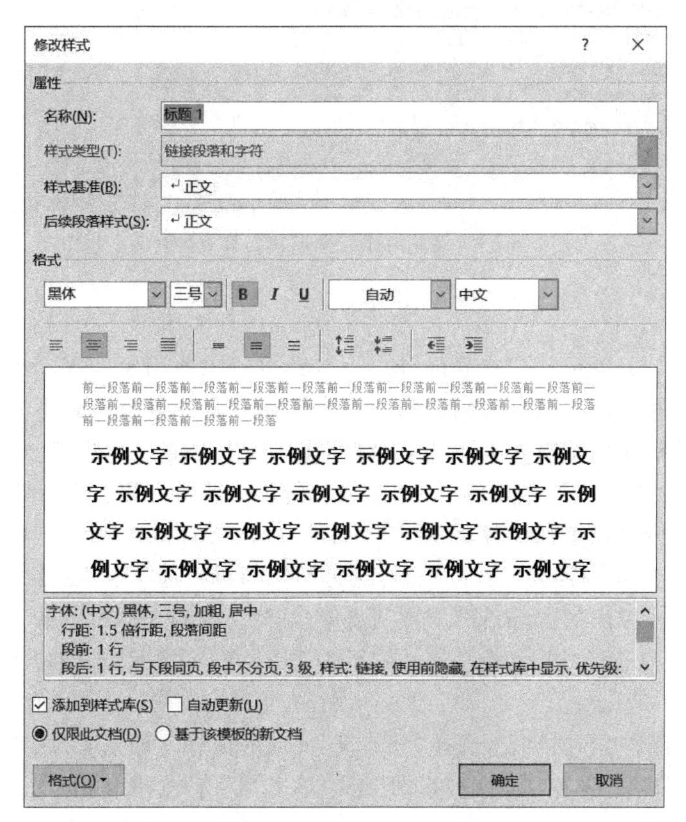

图 3-129　“修改样式”对话框

(6) 单击“样式管理”窗口中的“新建样式”按钮弹出“根据格式设置创建新样式”对话框,可以创建新的样式,设置完成后单击“确定”按钮,如图 3-130 所示。

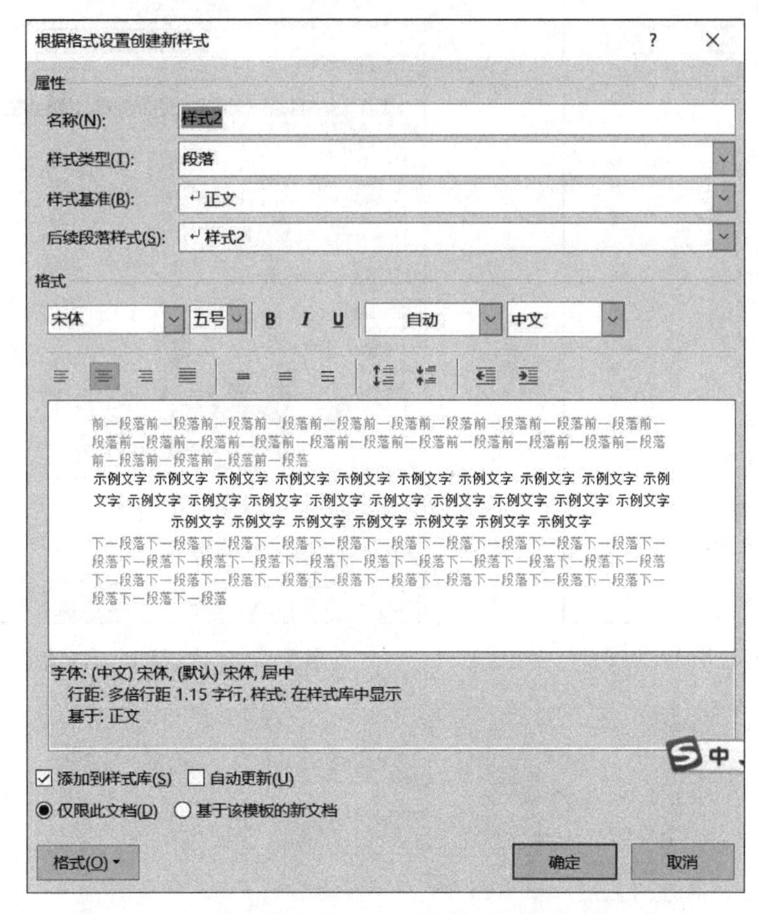

图 3-130　“根据格式设置创建新样式”对话框

2. 分隔符

分隔符中包括“分页符”和“分节符”两部分,分页符主要用于在 Word 文档的任意位置强制分页,使分页符后边的内容转到新的一页。使用分页符进行分页不同于 Word 文档自动分页,分页符前后文档始终处于两个不同的页面中,不会随着字体、版式的改变合并为一页。分节符是 Word 2013 文档中的一种特殊分页符,分节符可以把 Word 文档分成两个或多个部分,这些部分可以单独设置页边距、页面的方向、页眉和页脚以及页码等格式。

(1) 将插入点定位到需要分页的位置,选择“页面布局”选项卡,在“页面设置”组中单击“分隔符”按钮,并在弹出的“分隔符”下拉列表中选择“分页符”选项,如图 3-131 所示。

(2) 确定插入点选择“插入”选项卡,在“页面”组中单击“分页”按钮插入新页,如图 3-132 所示。

(3) 打开“分隔符”下拉列表,选择“分节符”区域的任意一种分节符。

(4) 选择“视图”选项卡,在“文档视图”组中单击“草稿”按钮,显示分节效果,如图 3-133 所示。

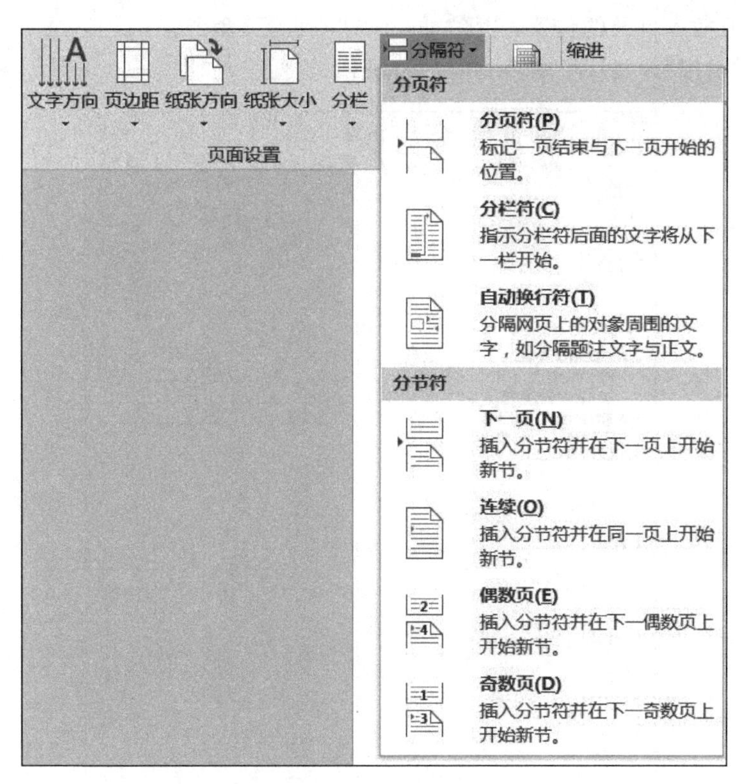

图 3-131　“分隔符”下拉列表

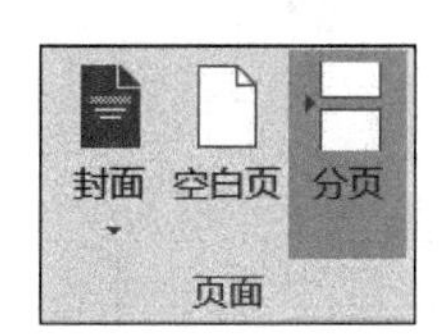

图 3-132　插入新页

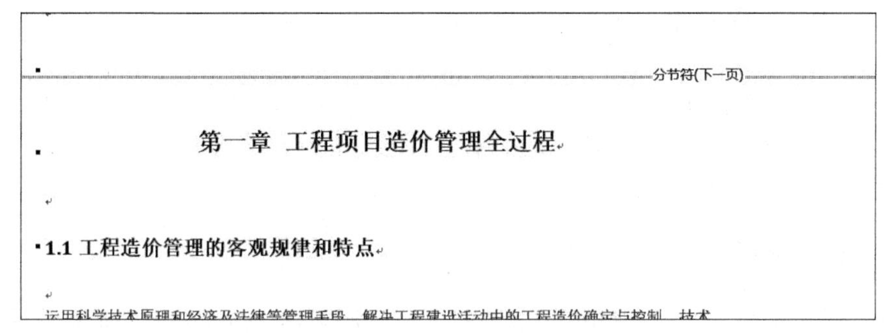

图 3-133　插入“分节符”效果

3. 自动生成目录

编制目录最简单的方法是使用内置的大纲级别的段落格式或标题样式，就可以依据标题样式创建目录了。

(1) 确定要插入目录的位置,选择"插入"→"空白页"命令。

(2) 选择"引用"→"目录"命令,弹出"目录"下拉列表,如图 3-134 所示。

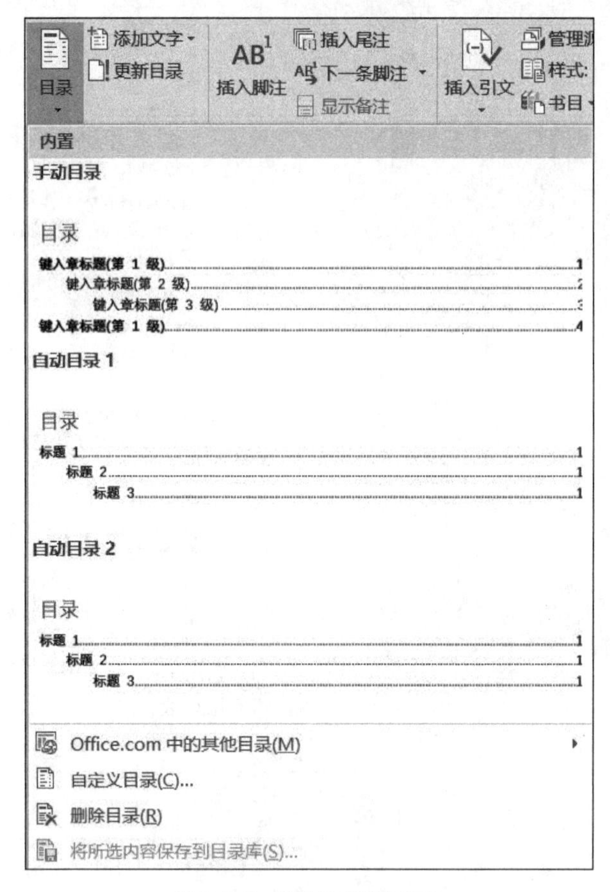

图 3-134 "目录"下拉列表

(3) 在菜单中,内置了 4 种目录样式,一种"手动表格",一种"手动目录",两种"自动目录"。但这 4 种目录基本上不能满足用户的需求。因此,需要选择"插入目录"命令来打开"目录"对话框,如图 3-135 所示。

(4) 根据定义目录的要求可以单击"选项"和"修改"按钮进行详细设置,生成目录效果,全部设置完毕后,在"目录"对话框中单击"确定"按钮,即可在文档中的光标插入点所在位置生成文档目录,如图 3-136 所示。

3.6.5 知识拓展

制作好批量荣誉证书后,需要给获奖的同学邮寄回家,此时,需要制作批量的信封,利用 Word 的批量信封可以更加快捷地将荣誉证书给学生发送出去。

(1) 在"邮件"功能区的"开始邮件合并"组中单击"开始邮件合并"按钮,在弹出的下拉列表中选择"信封"选项文档类型。

(2) 单击"确定"按钮,弹出如图 3-137 所示的"信封选项"对话框。在"信封尺寸"下拉列表中选择一种信封类型。一般选择"普通 5"选项,单击"确定"按钮后返回 Word 窗口。

这时可以在“页面视图”下查看到页面规格改变了。

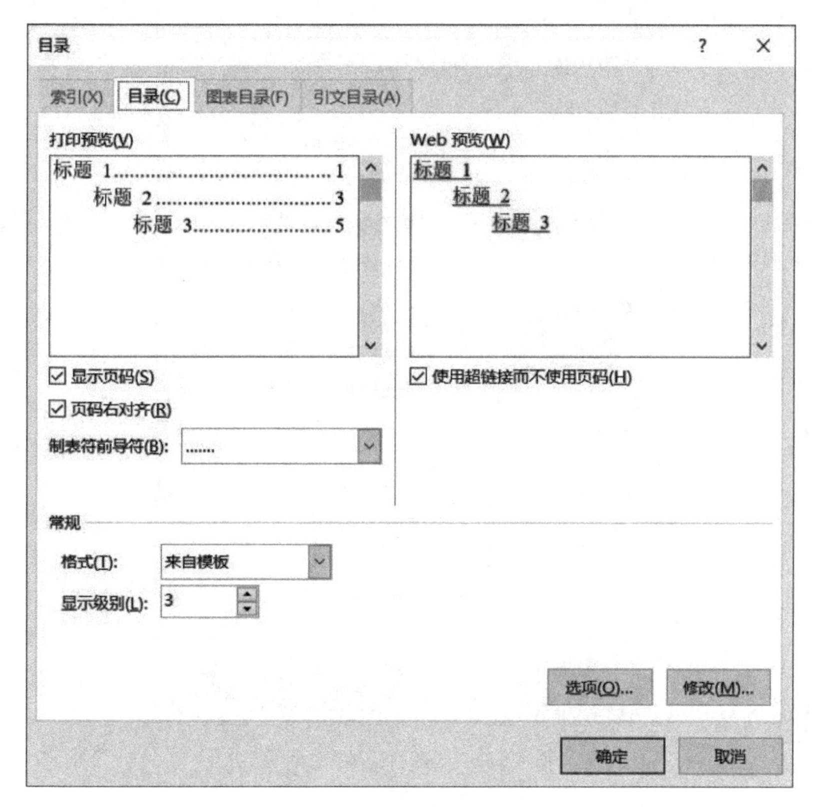

图 3-135　“目录”对话框

目录

摘　　要 1
第 1 章　工程项目造价管理全过程 2
　1.1 工程造价管理的客观规律和特点 2
　1.2 我国工程造价管理的现状 2
　1.3　有效控制工程造价的原则 3
第 2 章　工程项目造价管理全过程控制的要点 4
　2.1　投资决策阶段的工程造价管理 4
　2.2 在工程设计阶段的工程造价管理 4
　　2.2.1 设计阶段的工程造价管理的重要意义 4
　　2.2.2 设计阶段的工程造价管理的程序 5
　　2.2.3 设计阶段的造价控制的措施和方法 5
　2.3 招投标阶段的工程造价管理与控制 7
　　2.3.1 工程招投标对工程造价的影响 7
　　2.3.2 招投标阶段工程造价管理的内容 7
　　2.3.3 招投标阶段工程造价控制的措施和方法 8
　2.4　施工阶段工程造价管理与控制 9
　2.5　竣工结算阶段工程造价管理与控制 9
第 3 章　结论 10
参考文献 11
致谢 12

图 3-136　生成目录效果

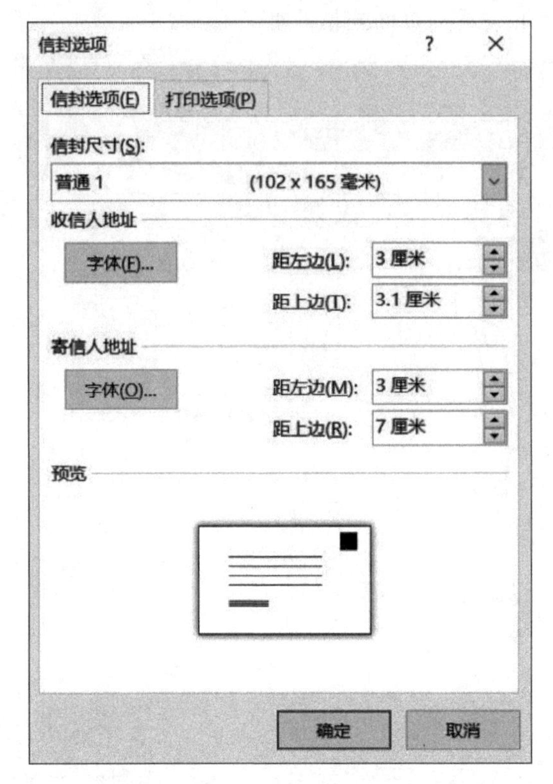

图 3-137 “信封选项”对话框

(3) 创建主文档。建立如图 3-138 所示的文档,保存为“D:\Word 练习\信封.docx”。

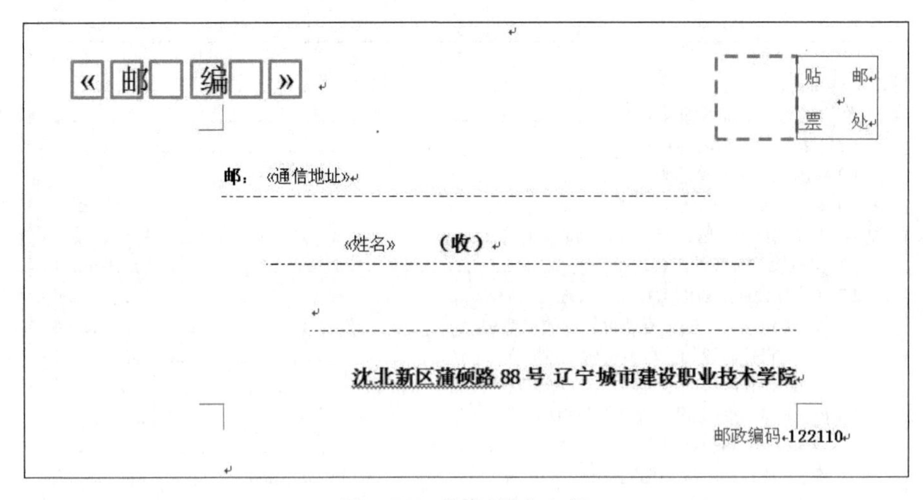

图 3-138 “信封”主文档

(4) 邮件合并。单击“选择收件人”下拉列表中的“使用现有列表”,弹出“选取数据源”对话框,打开“通信地址.docx”文档为数据源。

(5) 使用“编写和插入域”组中的“插入合并域”,在文档的相应位置插入“姓名”“邮政编码”“通信地址”域。

(6) 选择“完成”组中的“完成并合并”下拉列表中的“编辑单个文档”选项。

(7) 将新建默认名为“信函 1”的 Word 文档保存为“D:\Word 练习\批量信封. docx”，如图 3-139 所示。

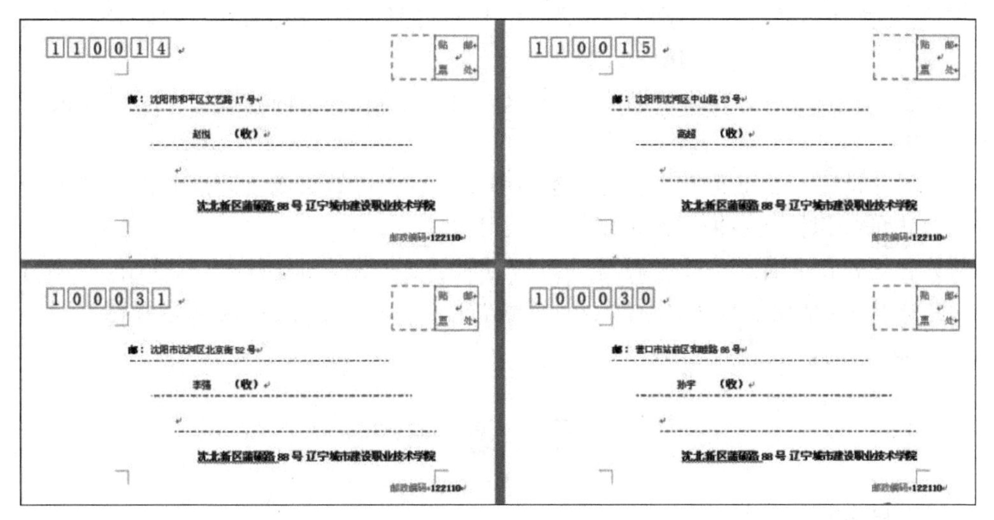

图 3-139 “批量信封”效果图

3.6.6 技能训练

练习：论文排版，具体要求如下。

(1) 打开文档：“素材\论文 2. docx”。

(2) 设置标题样式：论文标题设置为三级标题，标题 1 样式(黑体、三号字、居中对齐)、标题 2 样式(黑体、四号字、左对齐)、标题 3 样式(黑体、五号字、左对齐)。

(3) 设置页眉和页脚。

① 封皮和目录页无页码。

② 摘要页页码用Ⅰ、Ⅱ、…表示。

③ 正文处页码从第 1 页开始。

④ 插入页眉文字“职业学校教师能力构成及提升对策研究”。

(4) 生成论文目录。

综合实例练习

李强在某公司实习过程中，公司现在需要进行招投标准备工作，要求李强完成此项目的招标书编辑制作，并按要求完成。

任务要求：

(1) 纸张要求。封面、封底、正文采用 A4 纸、白色，装订后的尺寸为 210mm×297mm(允许误差为±2mm)；施工平面图及进度计划表采用 A3 或 A4 白纸。

(2) 打印形式。为单面纵向打印；不应出现正反及上下倒装页；封面、封底处不应露明装订针、线。

(3) 版面设置。左边距为25mm,上边距、右边距、下边距均为20mm,版面不设页眉、页脚、页码,行间距为1.5倍行距。

(4) 字体设置。章标题为三号宋体(可加粗),节标题为三号宋体(可加粗),正文字体为四号宋体(不加粗),所有字体颜色均为黑色。项目符号使用"一、二、…","(一)、(二)、…","1.、2.、…","(1)、(2)、…","■"和"●"。

(5) 表格设置。所有表格标题为3号宋体(可加粗)。表格内容采用4号宋体或5号宋体(不加粗)。

(6) 图片设置。在正文中为能更准确地表示节点构造做法或沉降观测点位置等所需插入的图片中的标识性文字采用黑色宋体,字号不限。

(7) 进度表和平面图。进度表与平面图可用手工绘制。如用计算机绘制,标题用三号字,黑色,宋体,其余用五号字,字体大小可随同打印比例变化,线形与字体颜色不限。用专业软件打印时可用彩色。

习 题 3

一、选择题

1. 在Word的编辑状态下,执行"编辑"→"全选"命令后(　　)。

A. 整个文档被选中　　B. 插入点所在的段落被选中

C. 插入点所在的行被选中　　D. 插入点至文档的首部被选中

2. 在Word的编辑状态下,进行"粘贴"操作的组合键是(　　)。

A. Ctrl+X　　B. Ctrl+C　　C. Ctrl+V　　D. Ctrl+A

3. 在Word的编辑状态下,执行菜单中的"复制"命令后(　　)。

A. 被选中的内容被复制到插入点处

B. 被选中的内容被复制到剪贴板

C. 插入点所在的段落内容被复制到剪贴板

D. 插入点所在的段落内容被移动到剪贴板

4. 关于Word表格的表述,正确的是(　　)。

A. 选定表格后,按下Delete键,可以删除表格及其内容

B. 选定表格后,单击"剪切"按钮,不能删除表格及其内容

C. 选定表格后,单击"表格"选项卡中的"删除"按钮,可以删除表格及其内容

D. 只能删除表格的行或列,不能删除表格中的某一个单元格

5. Word中当用户在输入文字时,在(　　)模式下,随着输入新的文字,后面原有的文字将会被覆盖。

A. 插入　　B. 改写　　C. 自动更正　　D. 断字

6. 在Word的编辑状态下,要删除光标右边的文字,按(　　)键。

A. Delete　　B. Ctrl　　C. Backspace　　D. Alt

7. 在Word 2013的文档窗口进行最小化操作(　　)。

A. 会将指定的文档关闭

B. 会关闭文档及其窗口

C. 文档的窗口和文档都没关闭

D. 会将指定的文档从外存中读入，并显示出来

8. 用 Word 2013 中进行编辑时，要将选定区域的内容放到的剪贴板上，可单击“开始”选项卡中的(　　)按钮。

A. 剪切或替换　　B. 剪切或清除　　C. 剪切或复制　　D. 剪切或粘贴

9. 在使用 Word 进行文字编辑时，下面叙述中(　　)是错误的。

A. Word 可将正在编辑的文档另存为一个纯文本(.txt)文件

B. 使用“文件”→“打开”命令可以打开一个已存在的 Word 文档

C. 打印预览时，打印机必须是已经开启的

D. Word 2013 允许同时打开多个文档

10. 能显示页眉和页脚的方式是(　　)。

A. 普通视图　　B. 页面视图　　C. 大纲视图　　D. 全屏幕视图

11. 在 Word 中，如果要使图片周围环绕文字应选择(　　)操作。

A. “插入”选项卡中，文字环绕列表中的“四周环绕”

B. “视图”选项卡中，文字环绕列表中的“四周环绕”

C. “开始”选项卡中，文字环绕列表中的“四周环绕”

D. “格式”选项卡中，文字环绕列表中的“四周环绕”

12. 将插入点定位于句子“飞流直下三千尺”中的“直”与“下”之间，按一下 Delete 键，则该句子(　　)。

A. 变为“飞流下三千尺”　　B. 变为“飞流直三千尺”

C. 整句被删除　　D. 不变

13. 在 Word 2013 中，对表格添加边框应执行(　　)操作。

A. 通过“页面布局”选项卡打开“页面边框”对话框，使用“边框”选项

B. 通过“表格”选项卡打开“边框和底纹”对话框，使用“边框”项

C. 通过“工具”选项卡打开“边框和底纹”对话框，使用“边框”项

D. 通过“插入”选项卡打开“边框和底纹”对话框，使用“边框”项

14. 要删除单元格正确的是(　　)。

A. 选中要删除的单元格，按 Delete 键

B. 选中要删除的单元格，单击“剪切”按钮

C. 选中要删除的单元格，使用 Shift+Delete 组合键

D. 选中要删除的单元格，使用右键的“删除单元格”

15. 在 Word 中，调整文本行间距应选取(　　)。

A. “开始”选项卡中“段落”中的行距　　B. “插入”选项卡中“段落”中的行距

C. “视图”选项卡中的“标尺”　　D. “格式”选项卡中“段落”中的行距

二、填空题

1. 在 Word 环境下，文件中用于“插入/改写”功能的按键为________。

2. Word 2013 文档的默认扩展名是________。

3. Word 中，如果要选定文档中的某个段落，可将光标移到该段落的左侧，待光标形状改变后，再________。

4. 在 Word 文档中,对表格的单元格进行选择后,可以进行插入、移动、________、合并和删除等操作。

5. 要把插入点光标快速移到 Word 文档的尾部,应按________键。

6. 关闭 Word 2013 程序窗口常用的方法是________。

① 使用“文件”选项卡下的“退出”命令

② 使用标题栏右端的按钮

③ 单击标题栏左端的控制图标,选择出现的控制菜单中的命令

④ 双击标题栏左端的控制图标

⑤ 使用快捷键

7. 在 Word 2013 程序窗口中包含标题栏、________、文档编辑区、滚动条、状态栏和标尺等。

8. Word 2013 窗口中默认有邮件、审阅、视图、________等选项卡。

9. 每个选项卡中包含有不同的操作命令组,称为________。

10. Word 2013 的标尺默认是隐藏的,可以通过单击垂直滚动条上方的________按钮或者选中选项卡中的复选框来显示。

项目 4

利用 Excel 2013 制作“学生成绩登记管理系统”

本项目是制作一个学生成绩登记管理系统，利用的就是电子表格 Excel 2013 软件。

Excel 是微软公司推出的 Microsoft Office 系列套装软件中重要的组成部分，是目前最为流行、功能最为强大的电子表格制作软件。Excel 的功能强大，易于操作，用它可以快捷地生成电子表格，高效地输入数据，运用公式和函数进行计算，实现数据管理、计算和分析，生成直观的图形、专业的报表等。Excel 被广泛应用于文秘办公、财务管理、市场营销、行政管理和协同办公等事务中。

Excel 2013 的新功能如下。

(1) 快速进入模板。快速进入模板为你完成大多数设置和设计工作，让你可以专注于数据。打开 Excel 2013 时，你将看到预算、日历、表单和报告等。

(2) 瞬间填充整列数据。“快速填充”像数据助手一样帮你完成工作。当检测到你需要进行的工作时，“快速填充”会根据从你的数据中识别的模式，一次性输入剩余数据。

(3) 为数据创建合适的图表。通过“图表推荐”，Excel 可针对你的数据推荐最合适的图表。通过快速一览查看你的数据在不同图表中的显示方式，然后选择能够展示你想呈现的概念的图表。当你创建首张图表时，请尝试此功能。

任务 4.1　制作“学生成绩登记册”工作簿

4.1.1　任务要点

(1) Excel 2013 操作界面。

(2) 新建、保存、打开、关闭工作簿。

(3) 插入、重命名、删除工作表。

(4) 在工作表中输入、编辑数据。

(5) 选择单元格及行、列。

(6) 设置单元格的格式。

4.1.2 任务要求

(1) 建立工作簿。启动 Excel 2013,建立一个新的工作簿。

(2) 修改工作表名称。将 Sheet1 工作表更名为“16 智能成绩登记册”工作表。

(3) 保存工作簿。将工作簿以文件名“学生成绩登记册”保存在桌面上。

(4) 合并单元格。将 A1:L1、A2:L2、A3:C3、E3:I3、J3:L3、A4:C4、E4:I4、J4:L4、A5:L5、A32:L32 合并单元格。

(5) 文字输入。在“16 智能成绩登记册”工作表中按照位置输入如图 4-1 所示的数据。

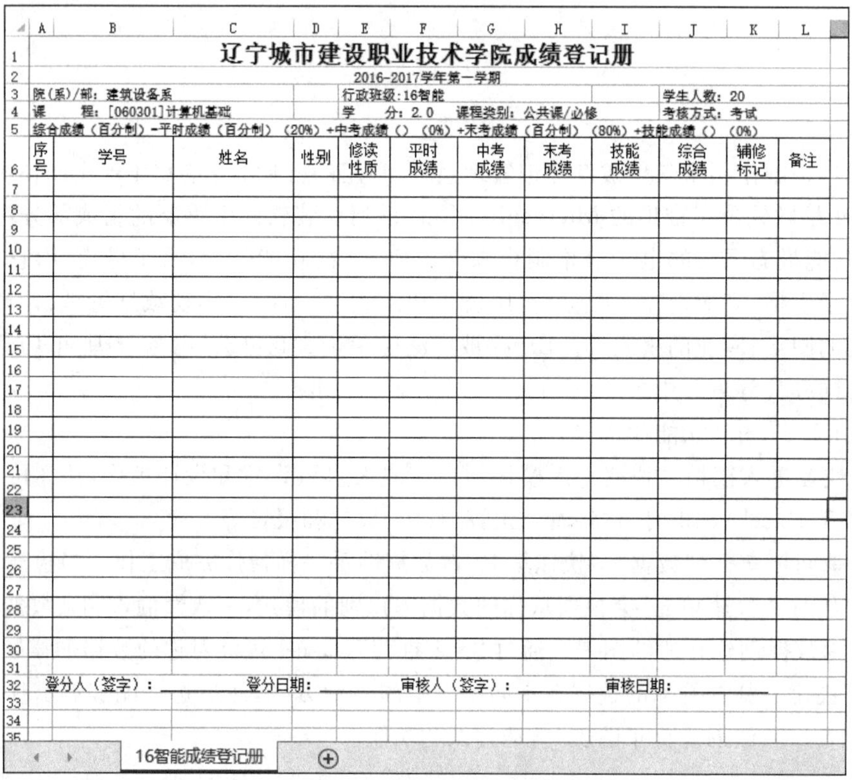

辽宁城市建设职业技术学院成绩登记册

2016-2017学年第一学期

院(系)/部: 建筑设备系　　行政班级:16智能　　学生人数: 20

课　　程: [060301]计算机基础　　学　　分: 2.0　课程类别: 公共课/必修　　考核方式: 考试

综合成绩(百分制)=平时成绩(百分制)(20%)+中考成绩()(0%)+末考成绩(百分制)(80%)+技能成绩()(0%)

序号	学号	姓名	性别	修读性质	平时成绩	中考成绩	末考成绩	技能成绩	综合成绩	辅修标记	备注

登分人(签字): ________ 登分日期: ________ 审核人(签字): ________ 审核日期: ________

16智能成绩登记册

图 4-1 “16 智能成绩登记册”工作表

(6) 设置字体。将 A1 字体设为宋体,18 磅字,加粗;将 A2:L5 字体设为宋体,10 磅字;A6:L32 字体设为宋体,11 磅字。

(7) 设置单元格对齐方式。横向对齐方式,A1:A2 居中对齐,A3:L5 左对齐,A6:L6 居中对齐,A7:A30 居中对齐,B7:C30 左对齐,D7:L30 居中对齐,A32 左对齐;纵向对齐方式,A1:L32 纵向居中对齐。

(8) 表格线绘制。绘制表格线 A6:L30 为全部框线细实线。

(9) 行高设置。设置 1 行行高为 25,2:5 行行高为 13,6 行行高为 30,7:30 行行高为 15,31:32 行行高为 13。

(10) 列宽设置。设置 A 列列宽为 2.5,B:C 列列宽为 15,D 列列宽为 5,E 列列宽为 6,F:J 列列宽为 8,K:L 列列宽为 6。

(11) 保存并退出。将“学生成绩登记册”工作簿保存后退出。

4.1.3　实施过程

1. 启动 Excel 2013

选择“开始”→“M 区域”→Microsoft Office 2013→Excel 2013 命令，启动 Microsoft Office Excel 2013，如图 4-2 所示，选择“空白工作簿”建立一个名为“工作簿 1”的空白工作簿，这时的界面如图 4-3 所示。

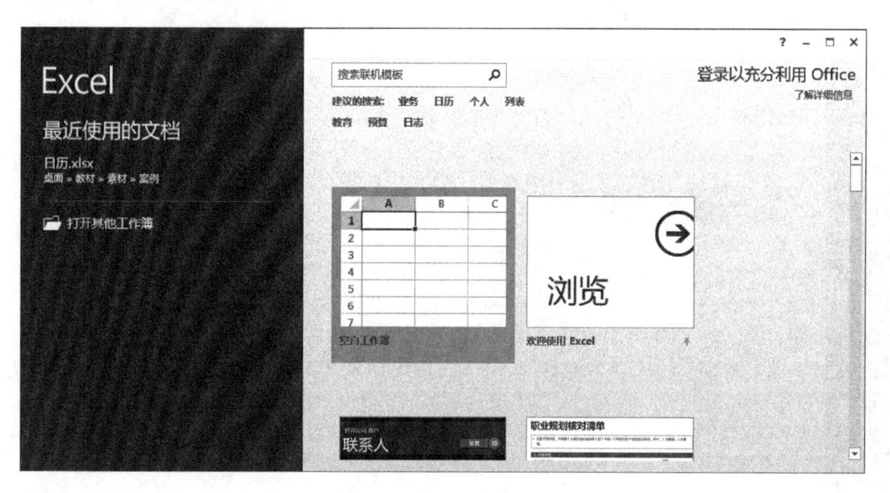

图 4-2　Excel 导航界面

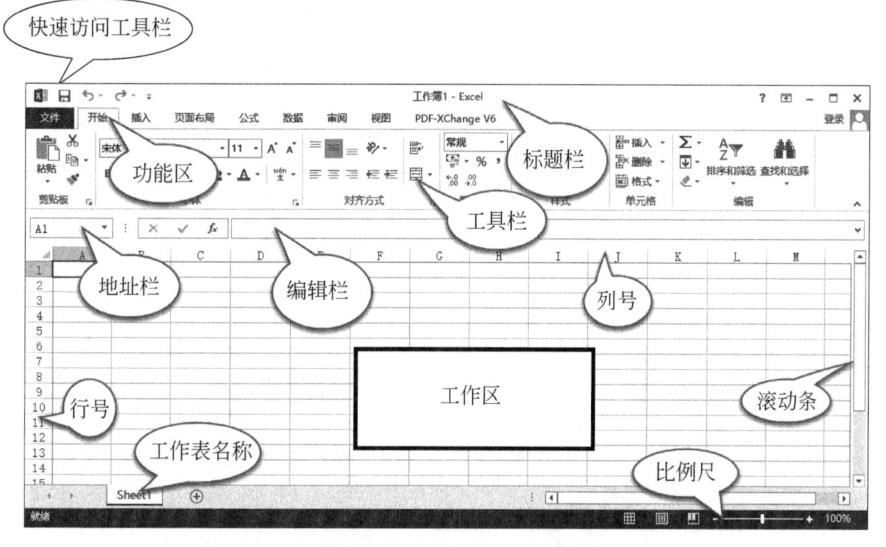

图 4-3　Excel 工作界面

在图 4-3 中，最大的区域是 Excel 的工作区，工作区由行和列组成，行和列交叉构成的一个个小方格称为单元格。Excel 中的行和列最大值分别为 2^{20} 行、2^{14} 列。Excel 中用列标和行号表示单元格地址，如 C2 表示 C 列第 2 行的单元格，E6 表示 E 列第 6 行的单元格。C2:E6 表示包含 C2 和 E6 之间的所有单元格。

2. 修改工作表名称

选中工作表 Sheet1,右击弹出快捷菜单,选择“重命名”命令,将 Sheet1 重命名为“16 智能成绩登记册”工作表。

3. 保存工作簿

单击快速访问工具栏中“保存”按钮,弹出“另存为”窗口,如图 4-4 所示,单击“浏览”按钮弹出“另存为”对话框,如图 4-5 所示。单击“桌面”图标,然后在“文件名”下拉列表框中直接输入“学生成绩登记册”,单击“保存”按钮完成存盘。

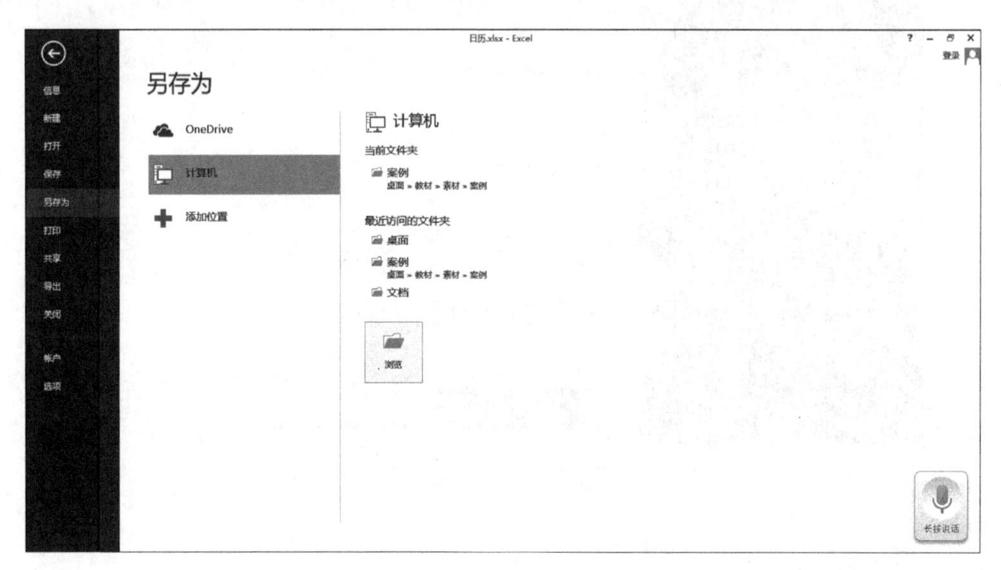

图 4-4 “另存为”窗口

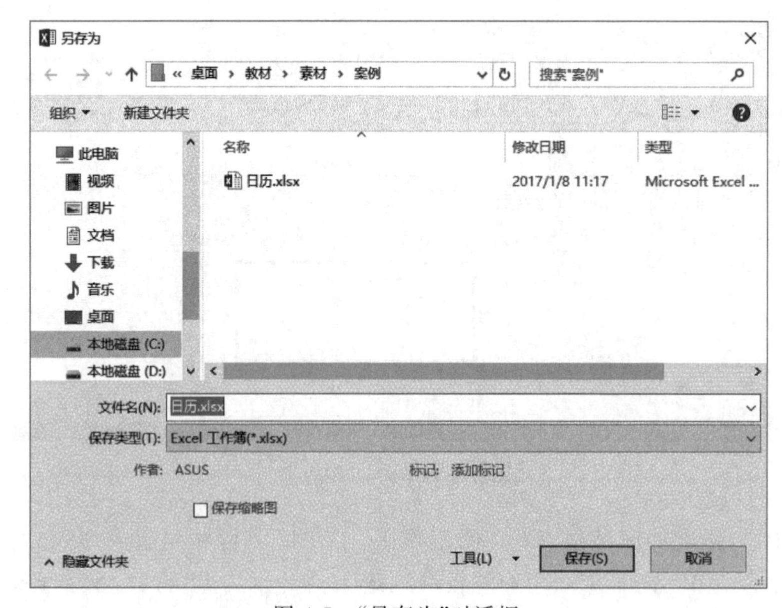

图 4-5 “另存为”对话框

4. 合并单元格

单击 A1 单元格，按住 Shift 键后再单击 L1 单元格，选中 A1:L1 单元格区域，松开 Shift 键。在“开始”功能区中单击 合并后居中 按钮合并 A1:L1，想取消合并同样再次单击此按钮即可。利用同样方法合并 A2:L2、A3:C3、E3:I3、J3:L3、A4:C4、E4:I4、J4:L4、A5:L5、A32:L32 单元格。

5. 文字输入

单击 A1 单元格，在编辑栏中输入“辽宁城市建设职业技术学院成绩登记册”完成后单击√按钮输入完成，也可以单击 A1 后直接输入文字，输入完成后按 Enter 键完成输入。需要注意的是，原来单元格中已经输入文字时后一种方法会将原来的文字代替。用同样的方法将图 4-1 的文字按照对应的位置输入表格中。

6. 设置字体

单击 A1 单元格，在“开始”选项卡的“字体”组中单击“字体”下三角按钮 宋体 ，在展开的下拉列表中选择“宋体”选项，单击“字号”下拉按钮 11 ，在展开的下拉列表中选择 18 选项，然后单击 B 按钮将字体加粗。按同样的方法设置其他字体。

7. 设置单元格对齐方式

单元格对齐方式工具在“开始”选项卡的“对齐方式”区域，如图 4-6 所示，上面的 3 个按钮分别为纵向对齐方式的“靠上”“居中”“靠下”，下面的 3 个按钮分别为横向对齐方式的“靠左”“居中”“靠右”；选中 A1:A2 单元格，单击横向对齐方式的居中按钮将 A1:A2 单元格设置为横向居中对齐。选中 A3:L5 单元格，单击靠左对齐按钮将 A3:L5 单元格设置为横向左对齐，按同样方法设置其他单元格。选中 A1:L32 单元格单击纵向对齐方式的居中按钮将 A1:L32 所有单元格设为纵向居中对齐。

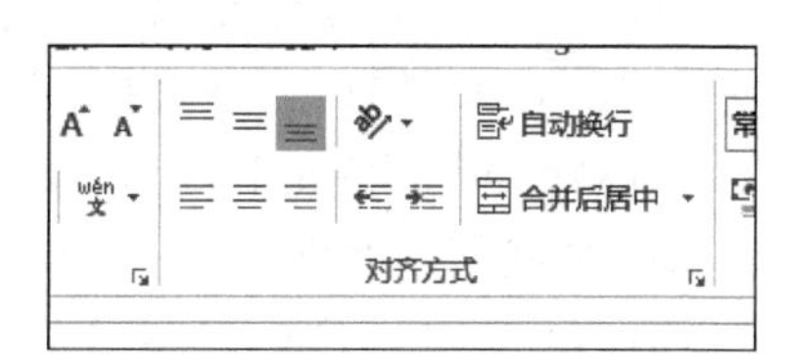

图 4-6 单元格对齐方式区域

8. 表格线绘制

选中 A6:L30 单元格，单击“开始”选项卡字体区域中的绘制表格工具中下三角按钮，选择“所有框线”选项将“所有框线”设为细实线。

9. 行高设置

右击行号 1，在弹出的快捷菜单中选择“行高”命令，在“行高”文本框中输入 25，单击“确定”按钮，并用此方法设置其他行高。

10. 列宽设置

将光标移动到列标 A 位置，右击弹出快捷菜单，选择“列宽”命令，弹出“列宽”对话框，在“列宽”文本框中输入 2.5 后单击“确定”按钮，并用此方法设置其他列宽。

11. 保存并退出

单击快速访问工具栏中的“保存”按钮，将编辑过的文件按原路径存盘，注意此时不再弹出“另存为”对话框。退出 Excel，单击标题栏右侧的×按钮退出程序。

4.1.4 知识链接

1. 选项卡

在各选项卡中提供了各种不同的命令,并将相关命令进行了分组。以下是对各 Excel 选项卡的概述。

(1) 开始。在大部分时间里,都可能需要在打开"开始"选项卡的情况下进行工作。此选项卡包含基本的剪贴板命令、格式命令、样式命令、插入和删除行或列的命令,以及各种工作表编辑命令。

(2) 插入。打开此选项卡可在工作表中插入需要的任何内容——表、图、图表、符号等。

(3) 页面布局。此选项卡包含的命令可影响工作表的整体外观,包括一些与打印有关的设置。

(4) 公式。使用此选项卡可插入公式、命名单元格或区域、访问公式审核工具,以及控制 Excel 执行计算的方式。

(5) 数据。此选项卡提供了 Excel 中与数据相关的命令,包括数据验证命令。

(6) 审阅。此选项卡包含的工具用于检查拼写、翻译单词、添加注释,以及保护工作表。

(7) 视图。此选项卡包含的命令用于控制有关工作表的显示的各个方面。此选项卡上的一些命令也可以在状态栏中获取。

(8) 开发工具。默认情况下不会显示这个选项卡。它包含的命令对程序员有用。若要显示"开发工具"选项卡,请选择"文件"→"选项"→"自定义功能区"命令。在"自定义功能区"的右侧区域,确保在下拉列表中选择"主选项卡"选项,并选中"开发工具"复选框。

(9) 加载项。如果加载了旧工作簿或者加载了会自定义菜单或工具栏的加载项,则会显示此选项卡。Excel 2013 中不再提供某些菜单和工具栏,而是在"加载项"选项卡中显示了这些用户界面自定义。

2. 上下文选项卡

除了标准的选项卡外,Excel 中还包含一些上下文选项卡。每当选择一个对象(如图表、表格或 SmartArt 图)时,将会在功能区中提供用于处理该对象的特殊工具。

图 4-7 显示了在选中一个图表时出现的上下文选项卡。在这种情况下,它有两个上下文选项卡,设计和格式。请注意,这些上下文选项卡在 Excel 的标题栏中包含说明信息(图表工具)。当然,可以在出现上下文选项卡后继续使用所有其他选项卡。

3. 使用快捷菜单

除了功能区之外,Excel 还支持很多快捷菜单,可通过右击来访问这些快捷菜单。快捷菜单并不包含所有相关的命令,但包含对于选中内容而言最常用的命令。

作为一个示例,图 4-8 显示了当右击一个单元格时所显示的快捷菜单。快捷菜单将显示在鼠标指针的位置,从而可以快速、高效地选择命令。所显示的快捷菜单取决于当前正在执行的操作。例如,如果正在处理图表,则快捷菜单中将会包含有关选定图表元素的命令。

位于快捷菜单上方的对话框即浮动工具栏,其中包含"开始"选项卡中的常用工具。浮动工具栏旨在缩短鼠标在屏幕上移动的距离。只须右击,就会在离鼠标指针一英寸的地方显示常用的格式工具。当显示的是除"开始"选项卡之外的其他选项卡时,浮动工具栏非常

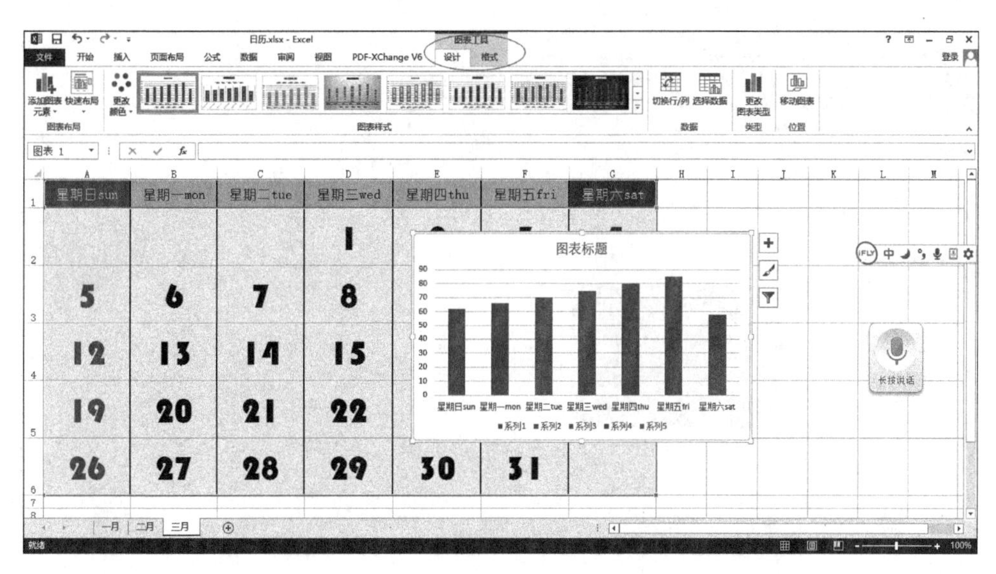

图 4-7　上下文选项卡

有用。如果使用浮动工具栏中的工具，该工具栏会一直保持显示，以便对所选内容执行其他格式操作。

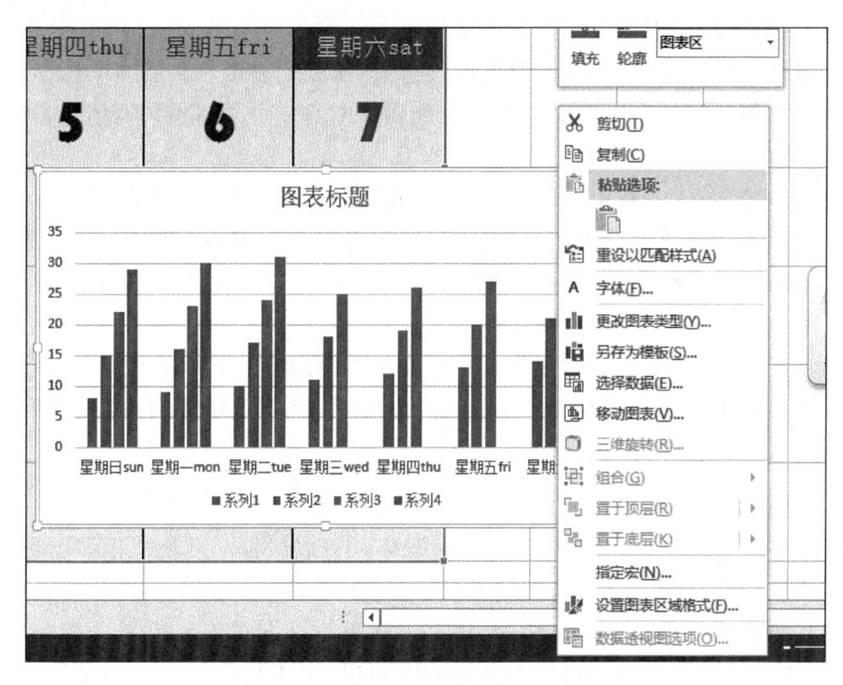

图 4-8　快捷菜单

4. 使用任务窗格

另一种用户界面元素是任务窗格。在执行操作时，会自动出现任务窗格，以用于响应多个命令。例如，用于处理图形，右击图形并选择“设置形状格式”命令。作为回应，Excel 将显示“设置形状格式”任务窗格，如图 4-9 所示。任务窗格类似于对话框，不同之处在于可根

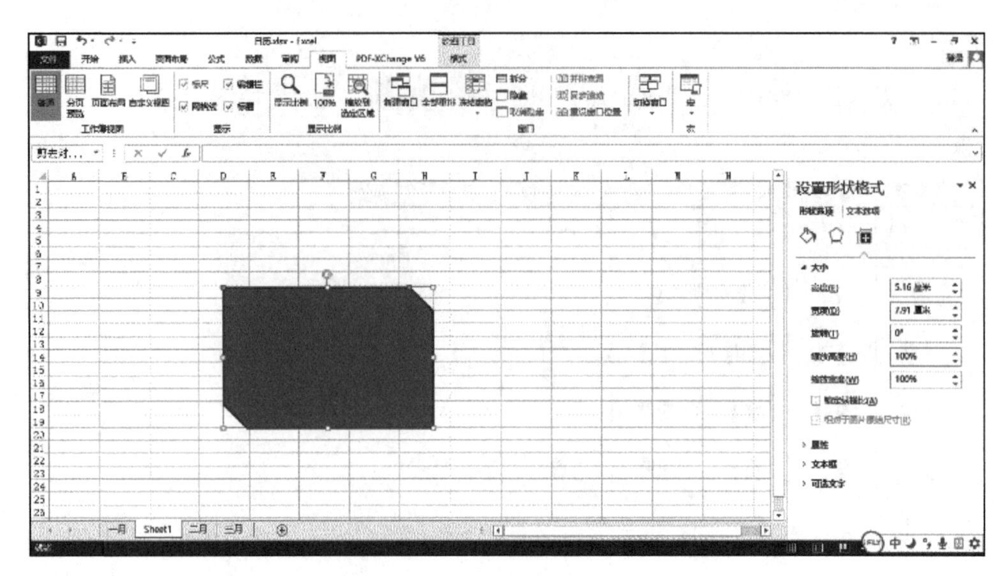

图 4-9 “设置形状格式”任务窗格

据需要使其一直可见。

在 Excel 2013 中,任务窗格中的作用显著提升。例如,在图表中工作时,可以访问任务窗格,其中包含用于图表中每个元素的丰富的命令。

其中许多任务窗格非常复杂。“设置形状格式”任务窗格的顶部有 3 个图标。单击一个图标将更改在下面显示的命令列表。单击命令列表中的一个项目将扩展该项目以显示各个选项。

任务窗格中包含一个“确定”按钮。当完成使用任务窗格后,可单击右上角的“关闭”按钮(×)。如果更喜欢使用键盘来浏览任务窗格,请确保任务窗格已显示,然后按 F6 键来激活键盘模式下的任务窗格。然后,可以使用 Tab 键、方向键、空格键以及可在对话框中工作的其他键。

在默认情况下,任务窗格显示在 Excel 窗口的右侧,但可以将其移到任何位置,方法是单击其标题栏然后拖动任务窗格。Excel 会记住最后的位置,这样当下次使用该任务窗格时,它会处于上次使用它时的位置。

5. 工作簿和工作表

在 Excel 中,将在工作簿文件中执行各种操作。可以根据需要创建很多工作簿,每个工作簿显示在自己的窗口中。在默认情况下,Excel 2013 工作簿使用.xlsx 作为文件扩展名。

每个工作簿包含一个或多个工作表,每个工作表由一些单元格组成。每个单元格可包含值、公式或文本。工作表也可包含不可见的绘制层,用于保存表、图片和图表。可通过单击工作簿窗口底部的选项卡访问工作簿中的每个工作表。此外,工作簿还可以存储图表工作表。图表工作表显示为单个图表,同样也可以通过单击选项卡对其进行访问。

6. 设置 Excel

Excel 有对其本身的设置,这是对整个 Excel 功能的设置,如“自定义功能区”等。

选择“文件”→“选项”命令,弹出如图 4-10 所示的对话框。

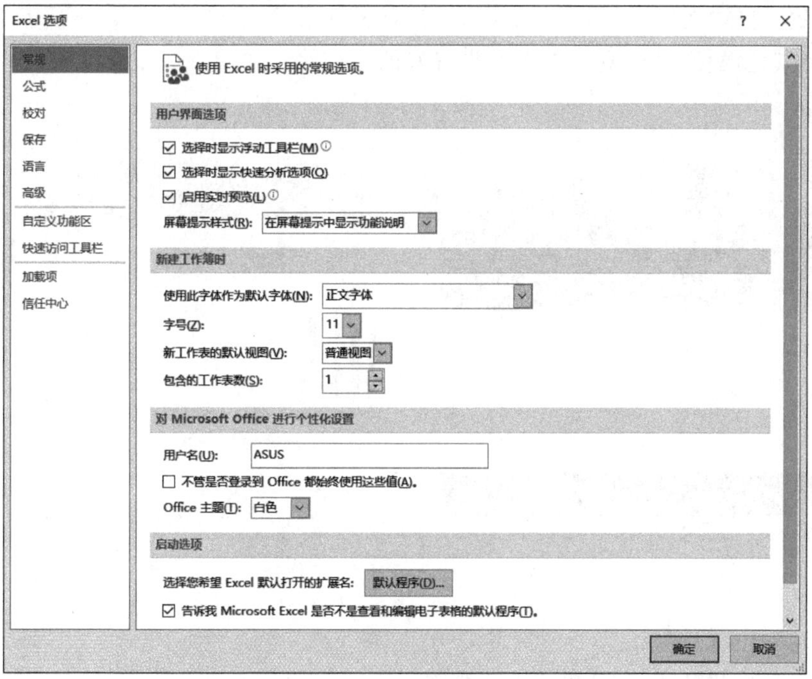

图 4-10 “Excel 选项”对话框

7. 新建、打开、保存、关闭工作簿

1）启动 Excel 2013

方法一：选择“开始”→“M 区域”→Microsoft Office 2013→Excel 2013 命令，启动 Microsoft Office Excel 2013 并建立一个新的工作簿。

方法二：双击一个已有的 Excel 工作簿，也可启动 Excel 并打开一个相应的工作簿。

2）新建工作簿

方法一：选择“文件”→“新建”命令，弹出新建工作簿窗口，如图 4-11 所示，在“模板”列表中单击“空白工作簿”选项即可创建一个空白工作簿。

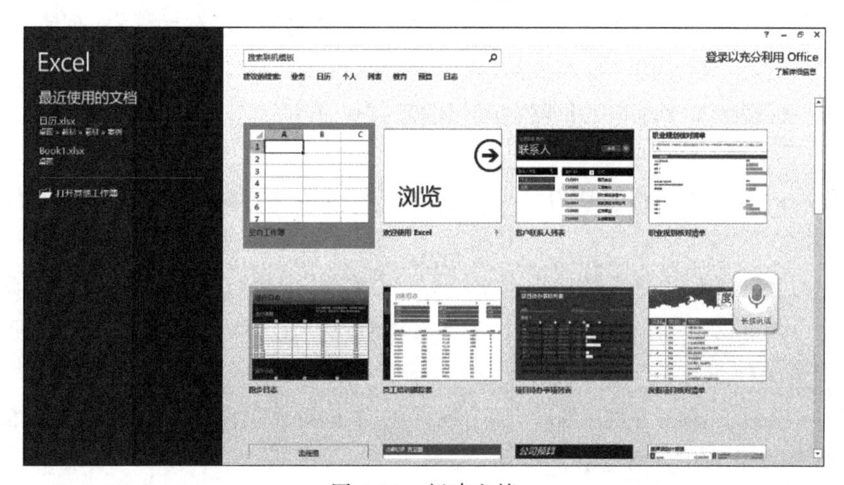

图 4-11 新建文档

方法二：选择“文件”→“新建”命令，弹出新建工作簿窗口，如图4-11所示。在“模板”列表中选择其他模板，会建立一个已经设置好的工作簿。如建立一个“运行日志”工作簿，如图4-12所示。

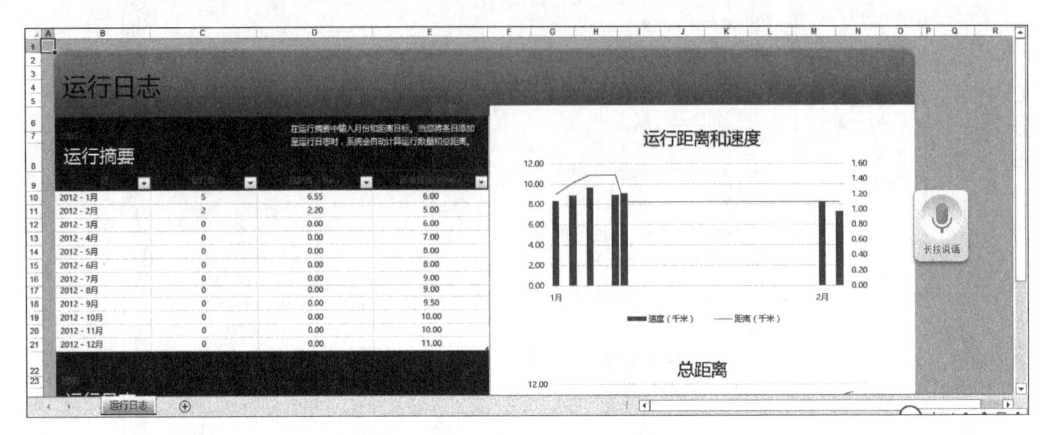

图4-12 “运行日志”工作簿

3) 打开工作簿

方法一：通过“打开”对话框打开工作簿。

启动Excel应用程序后，在Excel窗口中选择“文件”→“打开”命令，弹出“打开”对话框，在“查找范围”下拉列表中选择工作簿所在的路径，选择需要打开的工作簿，最后单击“打开”按钮。

方法二：打开最近使用的文档。

单击“打开”界面下的“最近使用的工作簿”，在弹出的菜单中直接单击需要打开的工作簿名称，即可快速将其打开。

4) 保存工作簿

方法一：在编辑工作表内容后，如果需要保存对工作簿的编辑，则单击快速访问工具栏中的“保存”按钮。

如果工作簿是第一次保存则弹出如图4-4所示的“另存为”对话框，在列表框中选择保存位置，在“文件名”文本框中输入名称，单击“保存”按钮完成。

方法二：直接按Ctrl+S组合键对工作簿进行保存。

5) 关闭工作簿

对工作簿进行编辑并保存或打开并浏览内容后，如果不再需要使用该工作簿，可以将其关闭。

方法一：通过菜单命令关闭。选择“文件”→“关闭”命令，即可快速关闭当前工作簿。

方法二：通过窗口控制按钮关闭。在Excel窗口右上角，单击窗口控制按钮的“关闭”按钮，即可关闭工作簿。

方法三：通过右击任务栏关闭。在任务栏中右击需要关闭的工作簿名称，然后在弹出的快捷菜单中选择“关闭”命令。

8. 输入一般数据

输入一般数据是指输入的内容与最终显示的内容相同，如文本、有效数字、日期、时间等。方法是先选择目标单元格，然后直接输入内容或者在编辑栏中输入，以新建一空白工作簿为例。

方法一：在编辑栏中输入内容。单击目标单元格，如 A1 单元格，在编辑栏中输入“个人扣税说明”，再单击✔按钮即可。

方法二：在单元格中输入内容。单击 A2 单元格，在其中输入需要的内容，如“所属部门”，按 Enter 键即可看到输入的内容。

9. 使用键盘选择活动单元格

在电子表格中输入数据时，可以结合操作键盘上的特殊功能键，来快速选择指定的单元格，如表 4-1 所示。

表 4-1 选择活动单元格快捷键

操作键	插入点位置	操作键	插入点位置
←	选择左侧一个单元格	↓	选择下方一个单元格
→	选择右侧一个单元格	Enter	选择下方一个单元格
↑	选择上方一个单元格	Tab	选择右侧一个单元格

10. 选择单元格及行、列

在对单元格进行格式设置前，首先应按需要选择相应的单元格及行、列。

(1) 选择单元格/单元格区域：直接单击 A1 单元格可选中，选中的单元格四周会出现黑框。单击 A1 单元格后按住鼠标左键拖动至 K1 单元格，可以选择一个单元格区域 A1:K1。

(2) 选择行：将光标移至行号为 5 的位置处，当鼠标指针变成黑色向右的箭头形状时单击，可选择该行单元格。选择该行单元格后按住鼠标左键向上/下拖动，可以选择连续的多行单元格。

(3) 选择列：将光标移到列标为 D 位置处，当鼠标变成黑色向下箭头形状时单击，可以选择该列单元格。选择该列单元格后，按住鼠标左键向左/右进行拖动，可以选择连续的多列单元格。

(4) 选择不连续的多个单元格、多行、多列：按住 Ctrl 键依次单击不相连的多个单元格，可以选择不相连的多个单元格；按住 Ctrl 键依次单击不相连的多个列标/行号，可以选择不相连的多个列/行单元格。

11. 更改行高、列宽

在制作表格时，经常会在一个单元格中输入较多内容，使文本或数据不能正确地显示出来，此时就应适当调整单元格的行高或列宽。

1) 更改行高

方法一：直接更改。

(1) 更改单行行高。将光标移至行号为 1 下方的框线处，当鼠标指针变成双向箭头形状时,按住鼠标左键进行拖动,拖动过程中注意当前行高度值提示,拖到合适位置后释放鼠标左键,即可更改该行行高。

(2) 同时更改多行行高。选中 2:10 行,拖动所选择区域任一行号下方的框线到适当位置,即可更改所选择的多行行高。

方法二:使用对话框更改。选择需更改行高的行,在"开始"选项卡的"单元格"组中单击"格式"按钮,在弹出的下拉列表中选择"行高"选项弹出"行高"对话框,在"行高"文本框中输入合适的数值,单击"确定"按钮即可,如图 4-13 所示。

2) 更改列宽

方法一:直接更改。

(1) 更改单列列宽。将鼠标移至 A 列列标右侧的框线处,当鼠标指针变成双向箭头形状时,按住鼠标左键进行拖动,拖至合适位置后释放鼠标,即可更改该列单元格的列宽,拖动过程中注意当前列列宽值的变化。

(2) 同时更改多列列宽。选中 B:G 列,拖动所选择单元格区域列标右侧的框线到适当位置,即可调整所选择列的列宽。

方法二:使用对话框更改。选中 B:G 列,在"开始"选项卡的"单元格"组中单击"格式"按钮,在弹出的下拉列表中选择"列宽"选项弹出如图 4-14 所示"列宽"对话框,在"列宽"文本框中输入合适的数值,单击"确定"按钮即可。

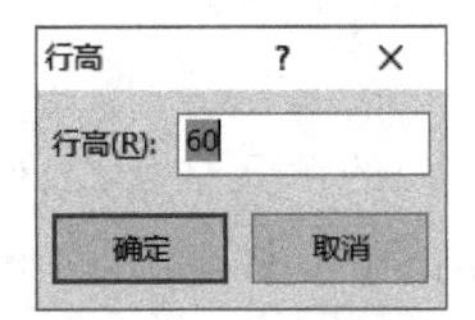

图 4-13 "行高"设置

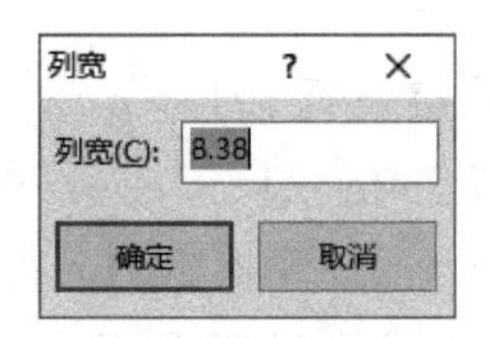

图 4-14 "列宽"设置

12. 合并单元格

在调整单元格布局时,经常需要将某几个相邻的单元格合并为一个单元格,以使这个单元格能够适应工作表的内容。

(1) "合并后居中"按钮。选中 A1:D1 单元格区域,在"开始"选项卡的"对齐方式"组中单击"合并后居中"按钮。可以看到所选择的单元格区域已合并为一个单元格,并且在其中输入内容时文本居中显示。

(2) 取消单元格合并。合并单元格后,再次单击"合并后居中"按钮,即可取消单元格的合并。

13. 设置对齐方式

方法一:单击对齐按钮。在"开始"选项卡的"对齐方式"组中单击"文本左对齐"按钮,可以看到单元格中的文本以左对齐方式显示。按钮为"靠上对齐"按钮,单击该按钮可以看到文本对齐方式为靠上对齐。

方法二:在对话框中选择对齐方式。选择单元格,右击弹出快捷菜单,选择"设置单元格格式"命令,弹出"设置单元格格式"对话框,单击"对齐"标签切换到"对齐"选项卡下,如

图 4-15 所示，在“水平对齐”方式下拉列表中选择“居中”选项，单击“确定”按钮，可以看到所选择单元格区域中的数据都以水平居中的方式对齐。垂直对齐也可采用同样操作。

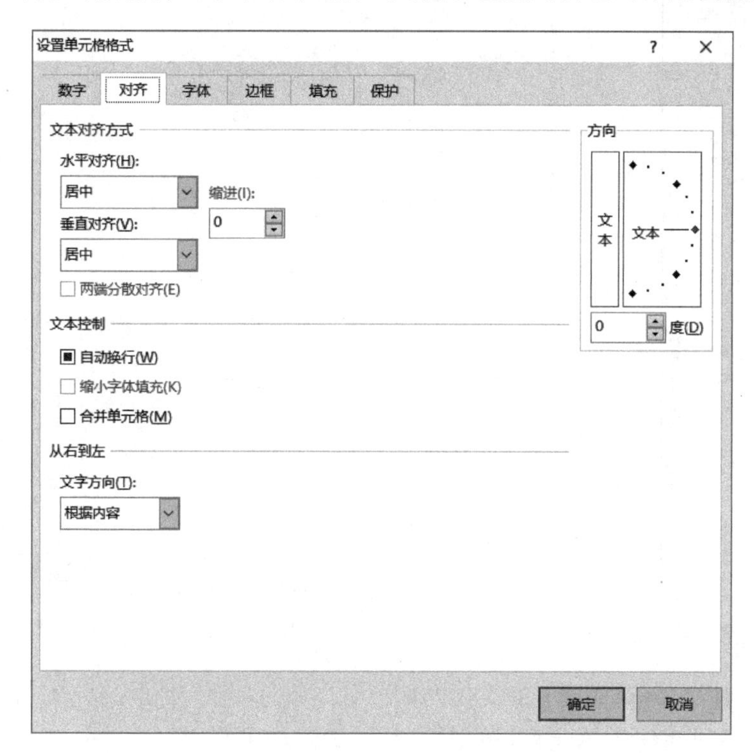

图 4-15　“设置单元格格式”的“对齐”选项卡

14. 边框线设置

Excel 表格中所有单元格默认是没有边框的，添加边框时需要选中部分单元格进行设置。

方法一：利用“开始”选项卡中的边框工具。

选中需要添加边框的单元格单击“开始”选项卡中边框工具的下三角按钮，如图 4-16 所示选择所需的边框线。

方法二：利用“设置单元格格式”的边框选项卡。

选中需要添加边框的单元格，右击，在弹出的快捷菜单中选择“设置单元格格式”，选择“边框”选项卡，如图 4-17 所示，中间的田字格上边线表示所选区域的上边线，下边线表示所选区域的下边线，左边线表示所选区域的左边线，右边线表示所选区域的右边线，中间横线表示所选区域内部所有横线，中间竖线表示所选区域内部所有竖线。先选取线条和线条颜色，然后选取线条所在位置，也可以直接按“外边框”设置所有外部框线，按“内部”设置所有内部框线。需要注意的是，某种框线显示为虚线说明在同样位置设置了两种以上的线形。

15. 底纹设置

为了突出某一单元格往往需要为单元格设置底纹。

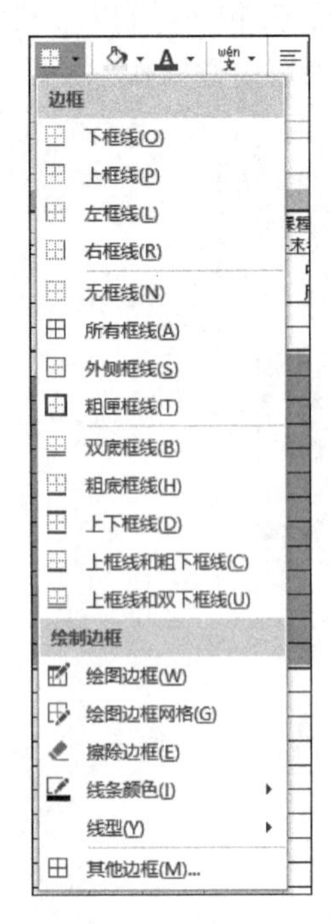

图 4-16 边框工具

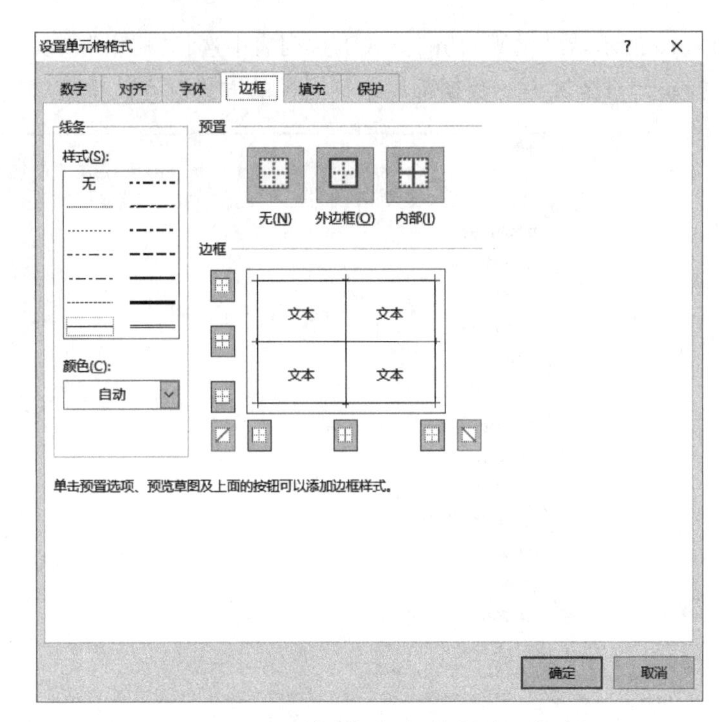

图 4-17 “设置单元格格式”的“边框”选项卡

方法一:利用“开始”选项卡的底纹工具。

选中需要添加底纹的单元格,单击“开始”选项卡中 按钮中的下三角按钮,如图 4-18 所示选择所需的颜色。

方法二:利用“设置单元格格式”的“填充”选项卡。

选中需要添加边框的单元格右击,在弹出的快捷菜单中选择“设置单元格格式”命令,选择“填充”选项卡,如图 4-19 所示,可以在“背景色”中选取所需添加底纹的颜色,也可以在“图案样式”中选取需要添加的图案样式,并在“图案颜色”中修改给定图案的颜色。

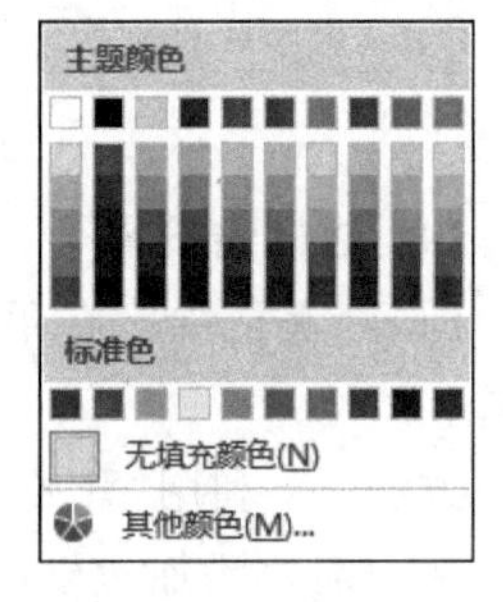

图 4-18 底纹颜色对话框

4.1.5 知识拓展

1. 添加表格边框

打开原始文件:采购日报表.xlsx。

方法一:选择“所有框线”选项。选中 A2:G35 单元格区域,在“开始”选项卡的“字体”组中单击“边框”下三角按钮,在展开的下拉列表中选择“所有框线”选项。可以看到如图 4-20 所示的效果图,所选择的单元格区域应用了边框效果。

方法二:选择“设置单元格格式”命令。选中 A2:G19 单元格区域并右击,在弹出的快捷菜单中选择“设置单元格格式”命令,弹出如图 4-21 所示的“设置单元格格式”对话框,切换到“边框”选项卡,在“样式”列表框中选择所需要的线条样式,单击“颜色”列表框右侧的下三角按钮,在展开的下拉列表中选择“深红”选项,在“边框”区域中单击“下框线”按钮,即可看到预览应用下框线的效果。

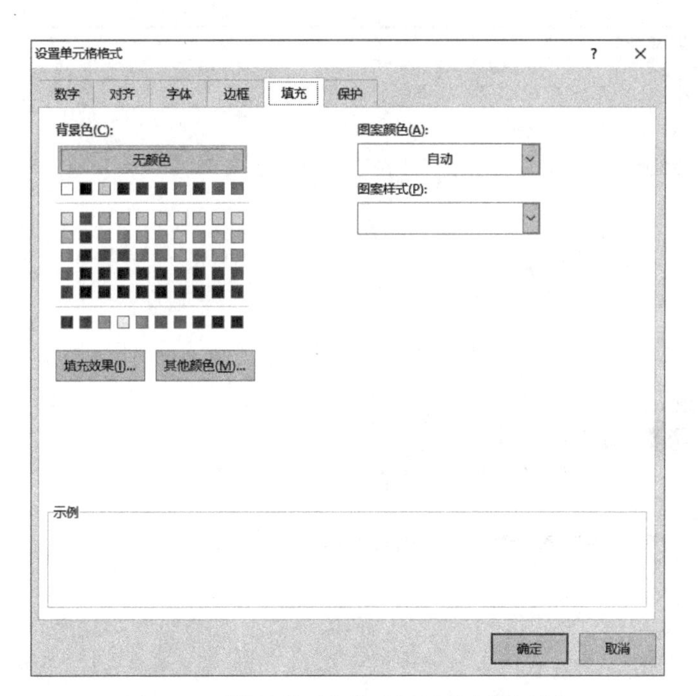

图 4-19　“设置单元格格式”的“填充”选项卡

A2　种类

采购日报表

种类	品名		行政部	技术部	财务部	人力资源部
主要材料		前日转入				
		本日订货				
		本日进货				
		未进余额				
		前日转入				
		本日订货				
		本日进货				
		未进余额				
		前日转入				
		本日订货				
		本日进货				
		未进余额				
		前日转入				
		本日订货				
		本日进货				
		未进余额				

采购报表

图 4-20　应用边框效果

2．设置单元格底纹

1）选择填充颜色

选中需要设置填充颜色的单元格区域，如选择 A2:G3 单元格区域，在“开始”选项卡的

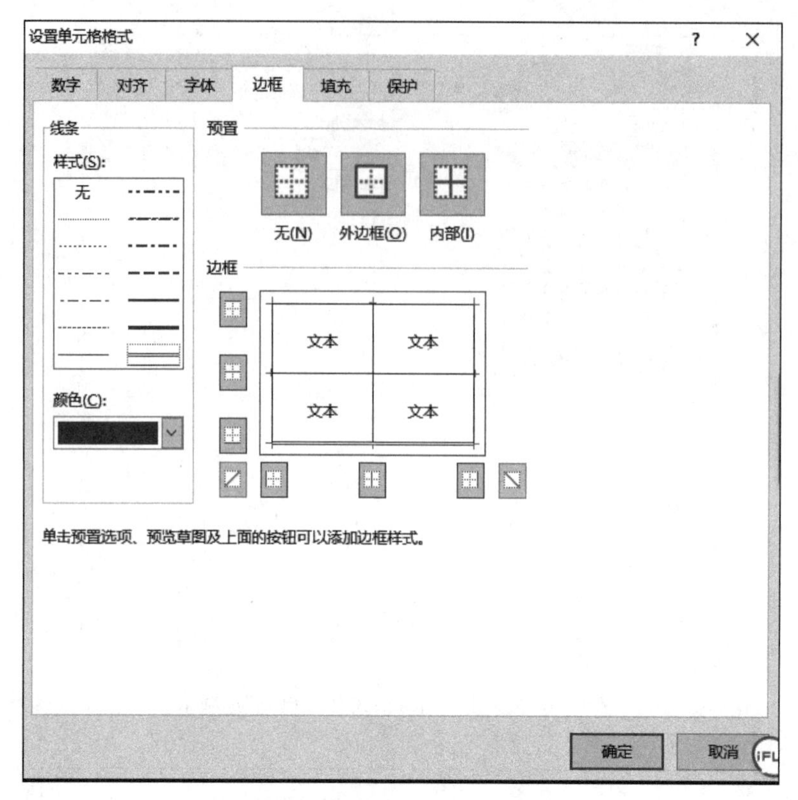

图 4-21 “设置单元格格式”对话框

“字体”组中单击“填充颜色”下三角按钮，然后在展开的下拉列表中选择所需的颜色，如橙色。效果如图 4-22 所示。

A2 种类

	A	B	C	D	E	F	G
1	采购日报表						
2–3	种类	品名		行政部	技术部	财务部	人力资源部
4			前日转入				
5			本日订货				
6			本日进货				
7			未进余额				
8			前日转入				

图 4-22 设置单元格底纹颜色效果

2）选择图案颜色

选中 C4:C35 单元格区域，在选定区域上右击，在弹出的快捷菜单中选择“设置单元格格式”命令弹出对话框，切换到“填充”选项卡下，单击“图案颜色”下三角按钮，在展开的下拉列表中选择橙色选项。单击“图案样式”下三角按钮，在展开的下拉列表中选择“细水平刨面线”选项，单击“确定”按钮。可以看到所选择的单元格设置了图案填充效果，如图 4-23 所示。

采购日报表						
种类	品名		行政部	技术部	财务部	人力资源部
主要材料		前日转入				
		本日订货				
		本日进货				
		末进余额				
		前日转入				
		本日订货				
		本日进货				
		末进余额				
		前日转入				
		本日订货				
		本日进货				
		末进余额				
		前日转入				
		本日订货				
		本日进货				
		末进余额				

采购报表

图 4-23　设置单元格图案填充效果

3）绘制斜线表头

欲完成如图 4-24 所示的斜表头，选中目标单元格 C2，在“开始”选项卡的“字体”组中选择“设置单元格格式”命令，打开“设置单元格格式”对话框。切换到“边框”选项卡，在“边框”区域中单击所需样式的“斜线边框”按钮，如图 4-25 所示，单击“确定”按钮完成斜线绘制。将格式调为左上对齐，输入“部门”，按 Alt+Enter 组合键，输入“时别”。“部门”前面加空格对齐到右侧。

采购		
	部门 时别	行政
	前日转入	
	本日订货	
	本日进货	

图 4-24　绘制斜线表头效果

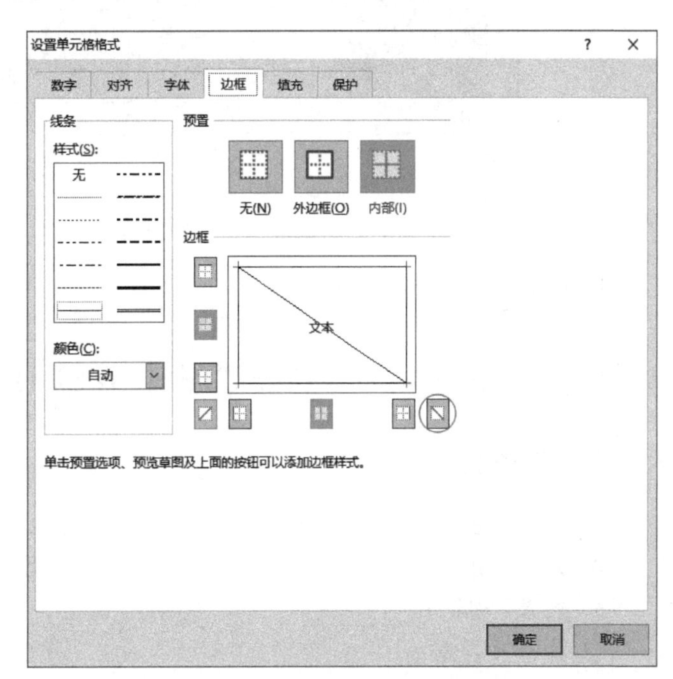

图 4-25　添加斜线表头

4.1.6 技能训练

练习：制作课程表(效果如图 4-26 所示)。

(1) 新建一个名为“课程表.xlsx”的工作簿。

(2) 在 Sheet1 工作表中输入如图 4-26 所示数据。

(3) A1:G1 合并居中，黑体，加粗，20 磅；2 行为宋体，11 磅，表内其他字体均为楷体，16 磅。

(4) 行高设置，第 1 行行高为 30 磅，第二行行高为 16 磅，第三行行高为 40 磅，其他行行高均为 23 磅。

(5) 列宽设置，第 A 列列宽设置为 15 磅，其他列列宽为 12 磅。

(6) 单元格内数据水平、垂直居中对齐。

(7) 完成必要区域单元格合并。

(8) 完成如图 4-26 所示框线，并填充颜色。

	A	B	C	D	E	F
1	课程表					
2	班级：				20 -20 第 学期	
3	星期 课节	星期一	星期二	星期三	星期四	星期五
4	早 检					
5	第一节					
6	第二节					
7	第三节					
8	第四节					
9	午 休					
10	第五节					
11	第六节					
12	第七节					
13	第八节					
14						
15						
16						

图 4-26 “课程表”最后效果

(9) 将文件保存在桌面上。

任务 4.2 编辑“学生成绩登记册”工作簿

4.2.1 任务要点

(1) 在工作表中输入、编辑数据。

(2) 复制工作表。

(3) 插入、删除行、列。

(4) 特殊数据输入。

(5) 自动填充数据。

(6) 设置单元格数据格式。

(7) 条件格式。

(8) 查找、替换数据。

(9) 数据验证。

4.2.2 任务要求

(1) 打开工作簿。打开“Excel 实例\任务二\学生成绩登记册.xlsx”工作簿，切换到“16 智能成绩登记册”工作表。

(2) 输入序号。利用自动填充输入序号。

(3) 输入学号。利用自定义数字格式输入学号。

(4) 输入姓名并生成自定义序列。按照图 4-27 所示输入姓名，并将姓名生成自定义序列。

(5) 输入性别。利用“数据验证”允许条件中的序列选择性输入性别。

(6) 输入修读性质。利用复制权柄输入“初修”。

(7) 设置数据有效性。选中 F7:I30 单元格，设置输入数据为 0～100 的整数，出错警告为“停止”，显示为“请输入 0～100 间的整数”。

(8) 建立条件格式。选中 F7:J30 单元格，添加 90(含 90)分以上的成绩字体颜色为绿色，60 分以下的成绩字体颜色为红色，字体加粗。

(9) 修改表名。将“16 智能成绩登记册”重命名为“16 智能计算机成绩登记册”。

(10) 复制工作表。复制“16 智能计算机成绩登记册”并重命名为“16 智能数学成绩登记册”。

(11) 修改相关内容。修改课程名称为“应用数学”，修改“平时成绩”占比为 20%，修改“末考成绩”占比为 80%。

(12) 输入平时成绩、末考成绩。按照图 4-27 所示输入“16 智能计算机成绩登记册”的平时成绩和末考成绩，按照图 4-28 所示输入“16 智能数学成绩登记册”的平时成绩和末考成绩。

辽宁城市建设职业技术学院成绩登记册

2016-2017学年第一学期

院(系)/部：建筑设备系　行政班级:16智能　学生人数：20

课　　程：[060301]计算机基础　学　　分：2.0　课程类别：公共课/必修　考核方式：考试

综合成绩（百分制）=平时成绩（百分制）（50%）+中考成绩（）（0%）+末考成绩（百分制）（50%）+技能成绩（）（0%）

序号	学号	姓名	性别	修读性质	平时成绩	中考成绩	末考成绩	技能成绩	综合成绩	辅修标记	备注
1	160105520101	王奕博	男	初修	95		85				
2	160105520102	王钰鑫	男	初修	80		79				
3	160105520103	李明远	男	初修	98		92				
4	160105520104	马天庆	男	初修	100		99				
5	160105520105	张新宇	男	初修	95		93				
6	160105520106	那贵森	男	初修	90		80				
7	160105520107	乌琼	女	初修	80		63				
8	160105520108	李亚楠	女	初修	85		70				
9	160105520109	王涛	男	初修	95		99				
10	160105520110	谷鹏飞	男	初修	90		**55**				
11	160105520111	赵洪龙	男	初修	85		78				
12	160105520112	王玉梅	女	初修	75		68				
13	160105520113	刘彦超	男	初修	85		72				
14	160105520114	周虹廷	男	初修	90		90				
15	160105520115	王祉睿	男	初修	90		**35**				
16	160105520116	高国锋	男	初修	100		92				
17	160105520117	伊天娇	女	初修	85		77				
18	160105520118	杨兆旭	男	初修	90		86				
19	160105520119	孔祥鑫	男	初修	80		73				
20	160105520120	王均望	男	初修	70		**26**				
21											

图 4-27 “16 智能计算机成绩登记册”完成效果

	A	B	C	D	E	F	G	H	I	J	K	L
1	辽宁城市建设职业技术学院成绩登记册											
2	2016-2017学年第一学期											
3	院(系)/部：建筑设备系				行政班级:16智能					学生人数：20		
4	课　　程：[060303]应用数学				学　　分：2.0　课程类别：公共课/必修					考核方式：考试		
5	综合成绩（百分制）=平时成绩（百分制）（20%）+中考成绩（）（0%）+末考成绩（百分制）（80%）+技能成绩（）（0%）											
6	序号	学号	姓名	性别	修读性质	平时成绩	中考成绩	末考成绩	技能成绩	综合成绩	辅修标记	备注
7	1	160105520101	王奕博	男	初修	60		72				
8	2	160105520102	王钰鑫	男	初修	77		**50**				
9	3	160105520103	李明远	男	初修	70		77				
10	4	160105520104	马天庆	男	初修	98		68				
11	5	160105520105	张新宇	男	初修	66		98				
12	6	160105520106	那贵森	男	初修	65		62				
13	7	160105520107	乌琼	女	初修	65		**52**				
14	8	160105520108	李亚楠	女	初修	**44**		97				
15	9	160105520109	王涛	男	初修	99		**42**				
16	10	160105520110	谷鹏飞	男	初修	83		**44**				
17	11	160105520111	赵洪龙	男	初修	90		80				
18	12	160105520112	王玉梅	女	初修	**41**		77				
19	13	160105520113	刘彦超	男	初修	**56**		**55**				
20	14	160105520114	周虹廷	男	初修	66		72				
21	15	160105520115	王祉睿	男	初修	94		80				
22	16	160105520116	高国锋	男	初修	**56**		83				
23	17	160105520117	伊天娇	女	初修	72		66				
24	18	160105520118	杨兆旭	男	初修	**46**		92				
25	19	160105520119	孔祥鑫	男	初修	**57**		72				
26	20	160105520120	王均望	男	初修	80		73				
27	21											
28	22											

图 4-28 “16 智能数学成绩登记册”完成效果

(13) 保存工作簿。

4.2.3 实施过程

(1) 打开工作簿。打开“Excel 实例\任务二\学生成绩登记册.xlsx”工作簿。

打开“Excel 实例\任务二”文件夹，双击“学生成绩登记册.xlsx”文件图标打开工作簿。

(2) 输入序号。选中 A7 单元格输入 1，再次选中 A8 单元格输入 2，同时选中 A7：A8 单元格单击复制柄如图 4-29 所示，向下拖动至 A30 完成步长为 1 的数据复制。

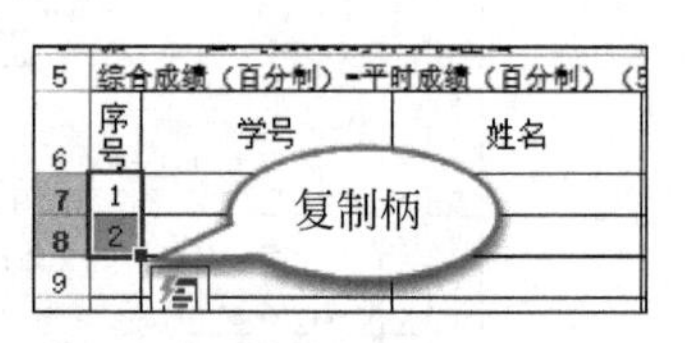

图 4-29　复制柄

(3) 输入学号。选中 B7 单元格，右击，在弹出的快捷菜单中选择“设置单元格格式”命令，弹出“设置单元格格式”对话框，选择“数字”选项卡，选择“分类”列表中的“自定义”选项，并在类型中输入“"1601055201"@”如图 4-30 所示。

注意：所有符号都应采用英文标点。单击“确定”按钮后再次选中 B7 单元格输入 01，按复制柄复制数据到 B26 完成学号输入。

(4) 输入姓名。按照图 4-27 所示输入姓名。打开“文件”菜单(见图 4-31)选项，选择“选项”命令，弹出“Excel 选项”对话框。选择“高级”选项卡，向下滚动鼠标找到“创建用于排序和填充序列的列表”，如图 4-32 所示，单击“编辑自定义列表”按钮，弹出“自定义序列”对话框，单击按钮，选中 C7：C26 单元格区域，按 Enter 键，单击“导入”按钮，如图 4-33 所示并单击“确定”按钮。

(5) 输入性别。选中 D7：D30 单元格区域，选择“数据”选项卡，如图 4-34 所示，单击“数

图 4-30　“设置单元格格式”的“数字”选项卡

据验证”按钮，弹出“数据验证”对话框，将“验证条件”区域允许“任何值”更改为“序列”，并在“来源”文本框中输入“男，女”，如图 4-35 所示，需要注意的是，“，”为英文标点。再次选中 D7 出现下三角按钮，单击下三角按钮后选择性别输入。依次按图 4-27 完成性别输入。

（6）输入修读性质。选中 E7 输入“初修”，单击复制柄向下复制到 E26。

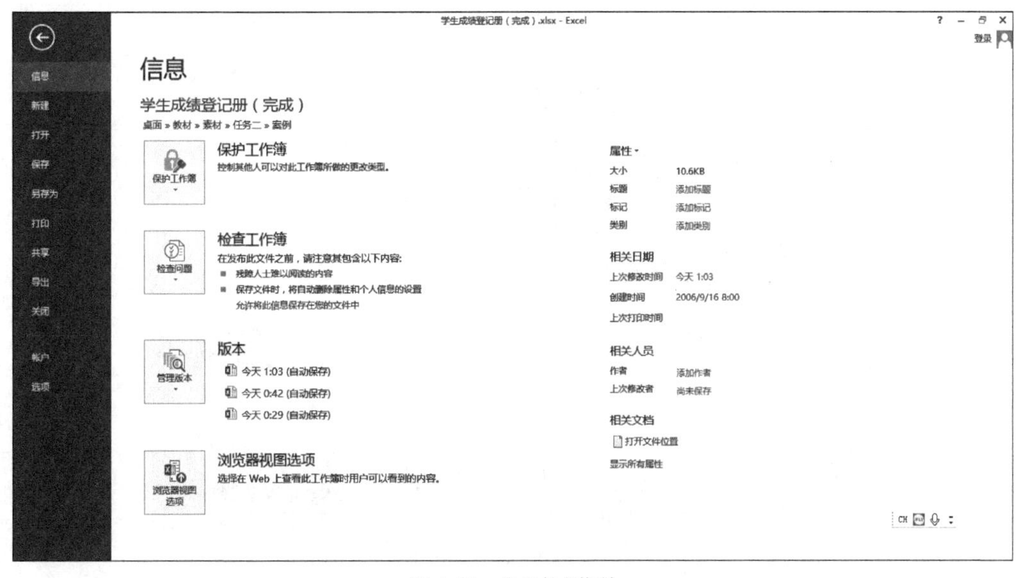

图 4-31　“文件”菜单

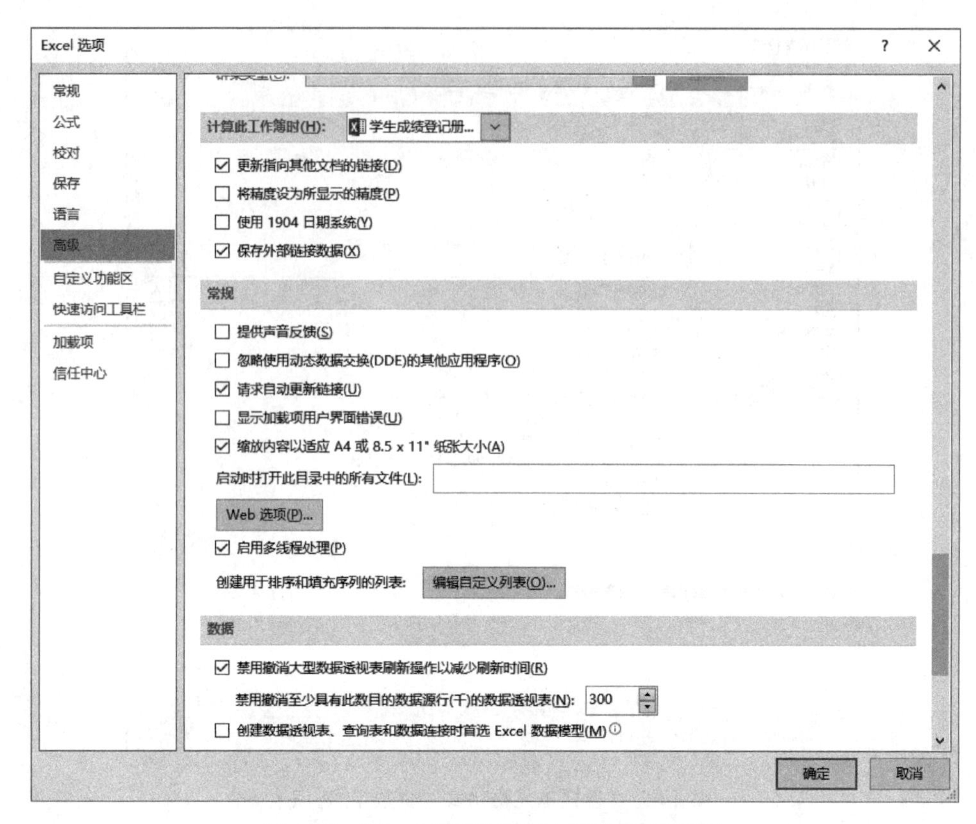

图 4-32 “Excel 选项”对话框的“高级”选项卡

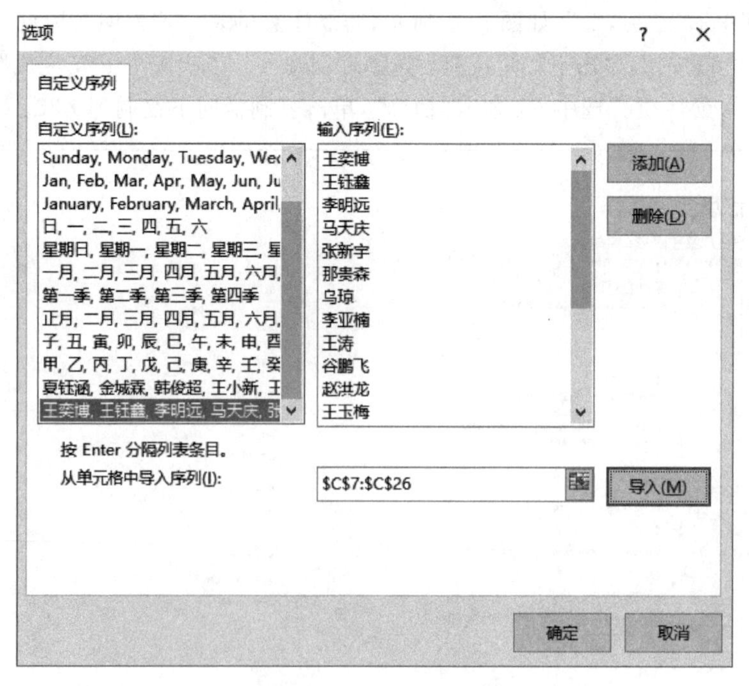

图 4-33 导入自定义序列

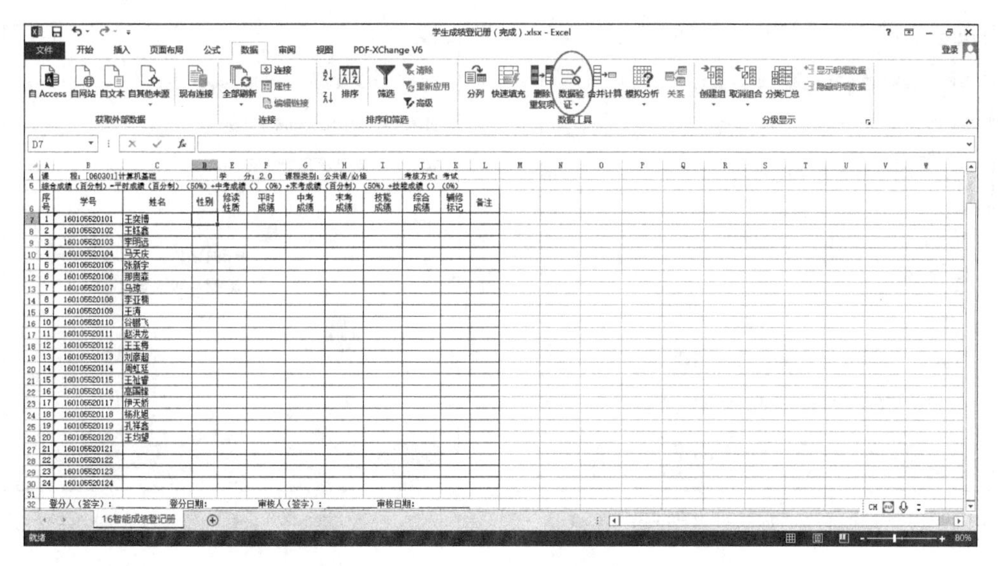

图 4-34 “数据”选项卡

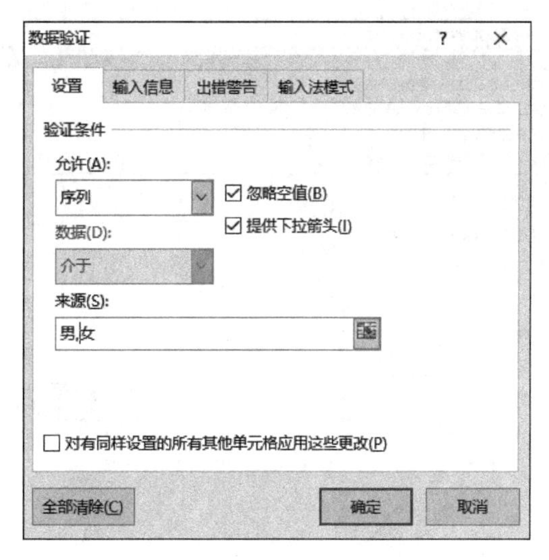

图 4-35 “数据验证”对话框

(7) 设置数据有效性。选中 F7:I30 单元格，选择“数据”选项卡，如图 4-34 所示，单击“数据验证”按钮，弹出“数据验证”对话框，将“验证条件”区域允许“任何值”更改为“整数”，最小值文本框输入 0、最大值文本框输入 100，如图 4-36 所示。选择“出错警告”选项卡，出错“样式”选择“停止”选项，“错误信息”文本框中输入“请输入 0～100 的整数”，如图 4-37 所示，单击“确定”按钮。

(8) 建立条件格式。选中 F7:J30 单元格单击“开始”功能区下的“条件格式”按钮，在下拉列表中选择“新建规则……”选项，在“选择规则类型”列表框中选中“只为包含以下内容的单元格设置格式”，如图 4-38 所示，将“介于”选项，更改为“大于或等于”选项，在后面的文本框中输入 90，单击“格式”按钮，设字体颜色为绿色。再次选择“新建规则……”选项，按同一步骤操作，此次将“介于”选项更改为“小于”选项，在后面的文本框中输入 60，字体颜色设为

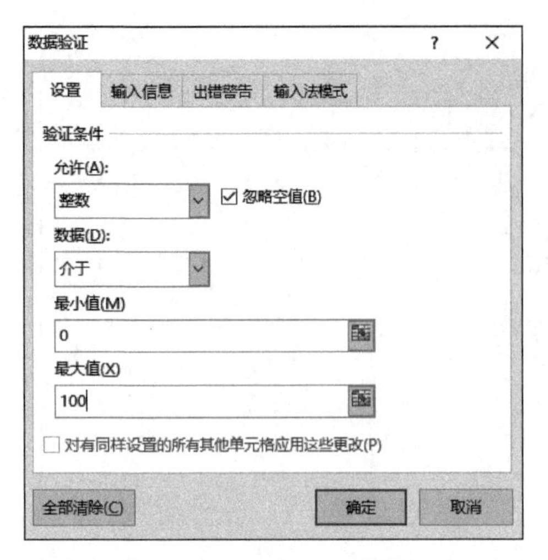

图 4-36 “数据验证”对话框的“设置”选项卡

图 4-37 “数据验证”对话框的“出错警告”选项卡

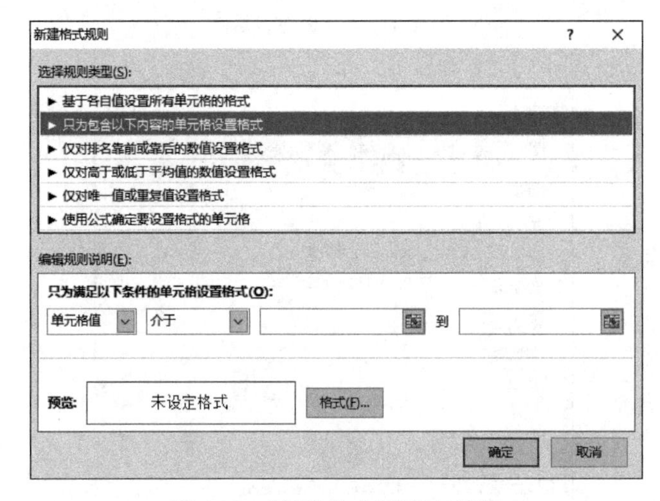

图 4-38 “新建格式规则”对话框

红色,字体加粗。

(9) 修改表名。右击“16 智能成绩登记册”表名,在快捷菜单中选择“重命名”命令将“16 智能成绩登记册”重命名为“16 智能计算机成绩登记册”。

(10) 复制工作表。右击“16 智能计算机成绩登记册”表名,在快捷菜单中选择“移动或复制”命令,弹出“移动或复制工作表”对话框,如图 4-39 所示,选中“建立副本”复选框,选中“(移至最后)”然后单击“确定”按钮生成与“16 智能计算机成绩登记册”内容完全一样的表“16 智能计算机成绩登记册(2)”,将其重命名为“16 智能数学成绩登记册”。

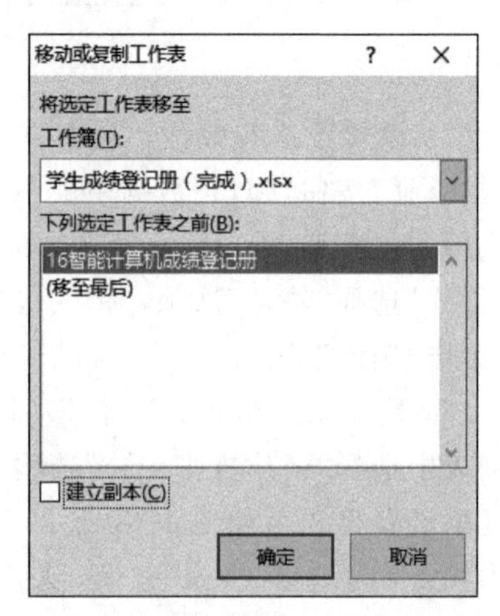

图 4-39 “移动或复制工作表”对话框

(11) 修改相关内容。进入“16 智能数学成绩登记册”将课程改为“[060303]应用数学”，将平时成绩改为“平时成绩(百分制)(20%)”，将末考成绩改为“末考成绩(百分制)(80%)”，如图 4-40 所示。

辽宁城市建设职业技术学院成绩登记册

2016-2017学年第一学期

院(系)/部：建筑设备系　行政班级：16智能　学生人数：20

课　　程：[060303]应用数学　学　　分：2.0　课程类别：公共课/必修　考核方式：考试

综合成绩（百分制）=平时成绩（百分制）（20%）+中考成绩（）（0%）+末考成绩（百分制）（80%）+技能成绩（）（0%）

序号	学号	姓名	性别	修读性质	平时成绩	中考成绩	末考成绩	技能成绩	综合成绩	辅修标记	备注
1	160105520101	王奕博	男	初修							
2	160105520102	王钰鑫	男	初修							
3	160105520103	李明远	男	初修							
4	160105520104	马天庆	男	初修							
5	160105520105	张新宇	男	初修							
6	160105520106	那贵森	男	初修							
7	160105520107	乌琼	女	初修							
8	160105520108	李亚楠	女	初修							
9	160105520109	王涛	男	初修							

图 4-40　修改“16 智能数学成绩登记册”

(12) 输入平时成绩、末考成绩。按照图 4-27 所示输入“16 智能计算机成绩登记册”的平时成绩和末考成绩，按照图 4-28 所示输入“16 智能数学成绩登记册”的平时成绩和末考成绩。

(13) 保存工作簿。单击左上角保存按钮，保存工作簿的修改编辑。

4.2.4　知识链接

1. 插入工作表

当用户所需要的工作表超过 Excel 默认的数目时，就需要在工作簿中插入工作表。

方法：通过快捷菜单插入工作表。

新建一个工作簿，右击 Sheet1 工作表标签，在弹出的快捷菜单中选择“插入”命令，弹出“插入”对话框，在“常用”选项卡下单击“工作表”图标，单击“确定”按钮，即可在 Sheet1 工作表前插入一张新工作表。

2. 移动工作表

一个工作簿中可以包含多张工作表，用户随意移动工作表调整其顺序，以便于使用。

方法：拖动工作表标签移动。

选择需要移动的工作表标签，按住鼠标左键并在工作表标签区域位置进行拖动，拖至目标位置后松开鼠标即可。

3. 复制工作表

方法：拖动工作表标签进行复制。

选择需要复制的工作表标签，按住 Ctrl 键的同时按住鼠标左键，并在工作表标签区域位置进行拖动，拖至目标位置后释放鼠标左键即可，复制的工作表标签后带有“(2)”字样。

4. 删除工作表

选择需要删除的工作表标签并右击，在弹出的快捷菜单中选择“删除”命令，此时弹出提示对话框，提示用户将永久删除工作表中的数据，选择“删除”按钮即可。

5. 重命名工作表标签

新建工作簿时，系统将自动以 Sheet1、Sheet2、Sheet3、…来对工作表进行命名，为了方便对工作表进行管理,用户可以对工作表进行重新命名。

方法:通过双击工作表标签进行重命名。

双击需要重命名的工作表标签,此时该工作表标签呈选中状态,直接输入所需要的工作表名称即可。

6. 设置工作表标签颜色

右击需要设置颜色的工作表标签,在弹出的快捷菜单中选择“工作表标签颜色”命令,在展开的列表中选择所需要的标签颜色即可。

7. 插入单元格及行/列

1) 插入单元格

右击需要插入单元格位置处的单元格,在弹出的快捷菜单中选择“插入”命令,弹出“插入”对话框,在此选择适当的插入选项。

2) 插入行

右击需要插入行位置处的行号,在弹出的快捷菜单中选择“插入”命令,即可在目标位置处插入一行空白单元格。

3) 插入列

右击需要插入列位置处的列标,在弹出的快捷菜单中选择“插入”命令,即可在目标位置处插入一列空白单元格。

8. 删除单元格及行/列

1) 删除单元格

选择需要删除的单元格,在“单元格”组中单击“删除”按钮,在展开的下拉列表中选择“删除单元格”选项,弹出“删除”对话框,选中“下方单元格上移”单选按钮,再单击“确定”按钮,即可将所选择的单元格进行删除,且下方单元格自动上移。

2) 删除行

单击需要删除行的行号,在“单元格”组中,单击“删除”按钮,在展开的下拉列表中选择“删除工作表行”选项,此时可以看到所选的行单元格已经被删除。

3) 删除列

单击需要删除列的列标,在“单元格”组中单击“删除”按钮,在展开的下拉列表中选择“删除工作表列”选项,此时可以看到所选择的列单元格已经被删除。

9. 输入数据

1) 输入以0开头的数据

在输入以0开头的数据时,会发现有效数字前面的0自动消失,即无法输入以0开头的数据。那是因为Excel默认以“常规”格式显示数据的,数字之前的0作为无效的数据不显示。此时,需要将输入的内容以文本格式显示,才能显示有效数字之前的0。

方法:使用文本格式输入数据。

选中A4:A12单元格区域,然后在“开始”选项卡的“数字”组中,单击“数字格式”下三角按钮 常规 ▾ ,在其下拉列表中选择“文本”选项,再输入以0开头的数据,即可以实现有效数字前面0的正常显示。

2）自动填充数据

自动填充数据是根据已有的数据项，通过拖动填充柄快速填充相匹配的数据，如自动填充序列、有规律的数据、相同的数据、自定义序列的数据。

打开文件“Excel 实例\任务二\自动序列原始表.xlsx”，切换到 Sheet1 工作表，如图 4-41 所示。

G11

	A	B	C	D	E	F	G	H	I
1	编号1	编号2	名称	日期1	日期2	时间	星期1	星期2	月份
2	001	2	选修	2016/12/8	12月8日	8:30	星期一	sun	一月
3									
4									
5									
6									

图 4-41　自动序列原始表

选中 A2 单元格，将鼠标指针移动到单元格区域右下角填充柄处，当鼠标指针变成黑色十字形状时按住左键向下拖动到 A10 单元格后释放鼠标，可以看到在选择的单元格区域中显示了填充的序列。

选中 B2:B3 单元格区域，将鼠标指针移动到选中区域右下角填充柄处，当鼠标指针变成黑色十字形状时双击，可以看到同样自动填充了序列。

同理将其他列数据按自动填充方法进行输入，结果如图 4-42 所示。

	A	B	C	D	E	F	G	H	I
1	编号1	编号2	名称	日期1	日期2	时间	星期1	星期2	月份
2	001	2	选修	2016/12/8	12月8日	8:30	星期一	sun	一月
3	002	4	选修	2016/12/9	12月9日	9:30	星期二	Mon	二月
4	003	6	选修	2016/12/10	12月10日	10:30	星期三	Tue	三月
5	004	8	选修	2016/12/11	12月11日	11:30	星期四	Wed	四月
6	005	10	选修	2016/12/12	12月12日	12:30	星期五	Thu	五月
7	006	12	选修	2016/12/13	12月13日	13:30	星期六	Fri	六月
8	007	14	选修	2016/12/14	12月14日	14:30	星期日	Sat	七月
9	008	16	选修	2016/12/15	12月15日	15:30	星期一	Sun	八月
10	009	18	选修	2016/12/16	12月16日	16:30	星期二	Mon	九月
11	010	20	选修	2016/12/17	12月17日	17:30	星期三	Tue	十月
12									

图 4-42　自动填充结果

4.2.5　知识拓展

1. 同时输入多个数据

在编辑电子表格时，可能有多个单元格需要输入相同的数据。此时，可以在电子表格中同时输入多个数据，以节省输入表格数据的时间。

选择需要输入相同数据的单元格区域，可以是连续的区域，也可以是不连续的区域（按住 Ctrl 键同时选择），然后输入需要的内容后，按 Ctrl＋Enter 组合键，即可看到所选择的单元格区域中显示了相同的数据，即同时输入了多个数据。

2. 使用条件格式表现数据

条件格式基于设置的条件更改单元格区域的外观，它表现数据实际上是根据条件使用数条、色阶和图标集突出显示相关的单元格，从而实现数据的可视化效果。

1）突出显示单元格规则

在数据较多的表格中想要查找指定的数据并非易事，如果需要将一些特殊的或者满足一定条件的数据突出显示出来，可以使用 Excel 条件格式中的突出显示单元格规则。

打开原始文件：Excel 实例\任务二\费用支出统计表. xlsx 工作簿。

选中 B3:F8 单元格区域，单击“开始”选项卡“样式”组中的“条件格式”按钮，在展开的下拉列表中选择“突出显示单元格规则”选项，在其级联菜单中选择需要的条件，如“小于”选项，弹出“小于”对话框，在文本框输入值，如 2500。单击“设置为”下拉列表右侧下三角按钮，在展开的列表中选择需要的格式，如“浅红色填充”选项，单击“确定”按钮，可以看到基本工资低于 2500 元的数据都已应用了浅红色填充格式，突出显示出来，如图 4-43 所示。

	A	B	C	D	E	F	G
1	本年度费用支出统计表						
2	支出类别	A部门	B部门	C部门	D部门	E部门	
3	日常开销	48000	49000	51000	63000	58000	
4	工资支出	5060	2800	5240	1400	5840	
5	绩效奖励	3500	1800	3500	1200	3500	
6	出差费用	1200	1200	1200	1200	1200	
7	其他费用	800	5800	3800	800	800	
8	费用合计	58560	60600	64740	67600	69340	
9							
10							
11							

图 4-43　费用支出统计表

2）清除规则

单击“条件格式”按钮，在其下拉列表中选择“清除规则”选项，然后在展开的级联菜单中选择清除规则的范围，如清除所选单元格的规则、清除整个工作表的规则。

3. 设置数字格式

数字格式包括数值、货币、会计专用、日期、时间、百分比、文本等。为了使电子表格中的数字更加专业、规范，可以为数字设置相符的格式，例如，将金额数据以货币的格式进行显示。

打开原始文件：Excel 实例\任务二\四季度商品销售统计表. xlsx 工作簿。

1）数值格式

数值格式用于一般数字的表示，可以为应用了数值格式的数字设置小数点，使数字更加精确地显示出来。

选中 E4:F13 单元格区域，单击“数字格式”下三角按钮 常规 ▾，在弹出的下拉列表中选择“数字”选项。此时所选择区域的数字已应用了数值格式。还可以为数字设置小数位数，选择目标单元格，在“开始”选项卡的“数字”组中单击“增加小数位数”按钮，或者“减少小数位数”按钮，即可快速增加或减少数字的小数位数。

2）货币格式

货币格式用于表示一般货币数值。应用了货币格式的数字，将自动在数字前面显示货币符号。选中 E4:F13 单元格区域，单击“数字格式”下三角按钮，并在弹出的下拉列表中选择“货币”选项，可以看到所选择的单元格区域各数字前添加了货币符号。

3）日期格式

选中工作表中 B2 单元格，在“开始”选项卡的“数字”组中单击对话框启动器按钮，弹出“设置单元格格式”对话框。在“数字”选项卡的“分类”列表框中选择需要的日期格式，然后单击“确定”按钮，即可看到所选择单元格中的日期数据，其格式已经更改为选择的日期格式。如果更改日期，其应用的格式不会发生变化。

4）百分比格式

选中工作表中的 G4:G13 单元格区域，打开“设置单元格格式”对话框。在“数字”选项卡的“分类”列表框中选择“百分比”选项，然后在右侧的“小数位数”文本框中设置保留的小数位数，例如设置为 2，最后单击“确定”按钮。完成后效果图如图 4-44 所示。

	A	B	C	D	E	F	G	H
1	四季度商品销售统计表							
2	统计日期：	2016年1月6日			统计时间：			
3	序号	商品编号	单位	销量	销售单价	销售金额	占总额百分比	业务员
4	001	XBS01	组	25	¥360.00	¥9,000.00	9.03%	李冰
5	002	XBS02	组	35	¥420.00	¥14,700.00	14.74%	张玲
6	003	XBS03	组	21	¥580.00	¥12,180.00	12.21%	邓玉蓉
7	004	XBS04	组	26	¥320.00	¥8,320.00	8.34%	王丹
8	005	XBS05	组	25	¥300.00	¥7,500.00	7.52%	宋凯
9	006	XBS06	组	32	¥280.00	¥8,960.00	8.99%	赵晓磊
10	007	XBS07	组	38	¥320.00	¥12,160.00	12.19%	林密
11	008	XBS08	组	34	¥250.00	¥8,500.00	8.52%	钟伟
12	009	XBS09	组	26	¥320.00	¥8,320.00	8.34%	张翰
13	010	XBS10	组	28	¥360.00	¥10,080.00	10.11%	刘冰
14								

图 4-44 设置格式效果

4. 查找与替换数据

查找功能可以快速找到工作表中指定的内容，如数据、格式等。如果需要将工作表中的某些数据进行统一的修改，那么可以使用替换功能，将指定的数据进行一次性替换，避免逐个修改数据和重复执行相同的操作。

打开原始文件：Excel 实例\任务二\四季度商品销售统计表.xlsx。

1）查找数据

在“开始”选项卡的“编辑”组中单击“查找和选择”按钮，在展开的下拉列表中选择“查找”选项，弹出“查找和替换”对话框，在“查找”选项卡下的“查找内容”文本框中输入“四季度”，单击“查找下一个”按钮。如果需要查找指定的全部数据，则单击对话框中的“查找全部”按钮。在“查找和替换”对话框中，单击“选项”按钮，即可展开“选项”对话框，在此可以设置相应的查找选项，如查找的范围、搜索的方向、区分大小写等，以使查找的数据更加精确。

2）替换数据

在“开始”选项卡中单击“查找和选择”按钮，然后在展开的下拉列表中选择“替换”选项，弹出对话框，在“替换”选项卡中的“查找内容”和“替换为”文本框中分别输入“四季度”“10～12 月”，单击“查找下一个”按钮。此时可以看到查找到了第一处数据，如果需要进行替换，则单击“替换”按钮，则第一处数据被替换，并自动选择了下一处数据。如果需要替换工作表中的所有数据,则单击“全部替换”按钮。

5. 插入批注

批注可以看作审阅者给表格的注释,当需要为单元格中的数据添加注释时,就可以使用批注功能了。

打开原始文件:Excel 实例\任务二\四季度商品销售统计表.xlsx。

选择需要插入批注的单元格,如 H6 单元格,在“审阅”选项卡的“批注”组中单击“新建批注”按钮或右击,在弹出的快捷菜单中选择“插入批注”命令,则在所选择单元格右侧出现了批注框,批注框中显示了审阅者用户名,在其中输入所需要的批注内容,如“业务经理”。

在插入批注后,如果对批注内容不满意,也可以对批注进行编辑,选择需要编辑的批注所在单元格并右击,在弹出的快捷菜单中选择“编辑批注”命令,即可对批注进行编辑了。

当不再需要使用插入的批注时,可以将其进行删除,选择需要删除的批注所在的单元格并右击,在弹出的快捷菜单中选择“删除批注”命令。

6. 撤销与恢复

在编辑工作表时难免会出现误操作,此时不用担心,可以快速地撤销对上一步的操作。如果撤销的操作过多,丢失了需要的数据,也可以恢复上一步的撤销操作。在快速访问工具栏中单击“撤销”按钮和“恢复”按钮,或者按 Ctrl+Z 组合键和 Ctrl+Y 组合键。

7. 设置数据自动换行

在制作表格时,经常会遇到需要输入较多内容的情况,输入的内容过多将超出单元格的宽度,导致无法正常显示。可以在编辑状态下按 Alt+Enter 组合键,将单元格中的数据进行强制换行。此外,还可以将单元格设置为自动换行,使其中的数据能够根据单元格的宽度自动换行。

方法一:单击“自动换行”按钮。选择需要设置自动换行的单元格,然后在“开始”选项卡下“对齐方式”组中单击“自动换行”按钮,即可实现数据的自动换行。

方法二:通过对话框进行设置。选择目标单元格并打开“设置单元格格式”对话框,然后在“对齐”选项卡中选中“自动换行”复选框,如图 4-45 所示,即可实现数据的自动换行。

8. 套用表格样式

打开原始文件:Excel 实例\任务二\本年度费用支出统计表.xlsx。

单击“开始”选项卡“样式”组中的“套用表格样式”按钮,在展开的库中单击选择所需要的样式,结果如图 4-46 所示。

4.2.6 技能训练

练习:制作“学生学费统计表”(效果如图 4-47 所示)。

(1) 新建一空白工作簿,将 Sheet1 工作表改名为“学生学费统计表”。

(2) 字体设置。

① 输入标题及表头如图 4-47 所示,表标题“学生学费统计表”字体设置为华文琥珀、18 号字、加双下划线。

② 其他单元格数据格式设置为宋体、11 磅。

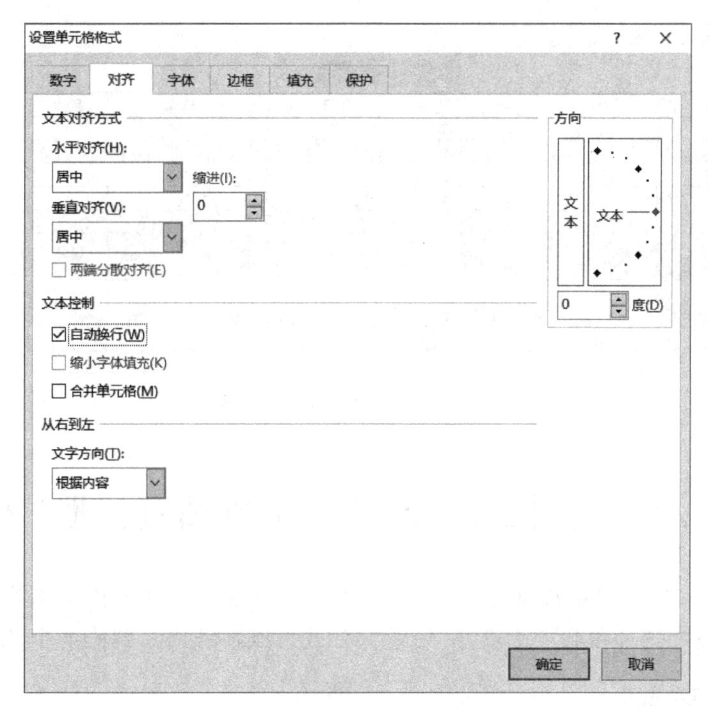

图 4-45　设置“自动换行”

	A	B	C	D	E	F
1	本年度费用支出统计表					
2	支出类别	A部门	B部门	C部门	D部门	E部门
3	日常开销	¥48,000	¥49,000	¥51,000	¥63,000	¥58,000
4	工资支出	¥5,060	¥5,840	¥5,240	¥5,840	¥5,840
5	绩效奖励	¥3,500	¥3,500	¥3,500	¥3,500	¥3,500
6	出差费用	¥1,200	¥1,200	¥1,200	¥1,200	¥1,200
7	其它费用	¥800	¥800	¥800	¥800	¥800
8	费用合计	¥58,560	¥60,340	¥61,740	¥74,340	¥69,340

图 4-46　套用表格格式效果

③ 行高设置。第 1 行行高设置为 30 磅，其他行行高设置为 15 磅。

④ 列宽设置。A:D 为 8 磅，E:F 为 15 磅，G 为 8 磅。

⑤ 框线设置。表格外边框线设置为粗实线，内框线设置为细实线。

⑥ 底纹设置。表中有底纹处底纹均设置为浅绿色。

(3) 输入文本类序号，如图 4-47 所示。

(4) 利用数据验证选择性输入姓名及班级，如图 4-47 所示。

(5) 输入缴费日期并设成“年月日”的格式，如图 4-47 所示。

(6) 输入缴费金额并设成人民币的格式，如图 4-47 所示。

(7) 输入备注，如图 4-47 所示。

学生学费统计表

序号	姓名	性别	班级	缴费日期	缴费金额	备注
001	郭艾伦	男	房产1	2016年12月5日	¥2,500.00	
002	郭士强	男	房产2	2016年12月6日	¥2,500.00	
003	韩德君	男	房产1	2016年12月5日	¥2,500.00	
004	杨明	男	房产1	2016年12月5日	¥2,500.00	
005	李晓旭	男	房产2	2016年12月5日	¥2,500.00	
006	哈德森	男	房产2	2016年12月5日	¥2,000.00	藏族
007	郑海霞	女	房产2	2016年12月5日	¥2,500.00	
008	朱婷	女	房产1	2016年12月5日	¥2,500.00	
009	乔丹	男	房产2	2016年12月6日	¥3,500.00	重修
010	郎平	女	房产1	2016年12月6日	¥2,500.00	

图 4-47 “学生学费统计表”最终效果

任务 4.3 使用公式计算“学生成绩登记册”工作簿

公式是 Excel 的重要组成部分,它是工作表中对数据进行分析和计算的等式,可以对单元格中的数据进行逻辑和算术运算,熟练掌握公式可以帮助用户解决各个计算问题。

4.3.1 任务要点

(1) 单元格的引用。

(2) 公式的输入。

(3) 公式中的数值类型。

(4) 表达式类型。

(5) 复制公式中的相对引用、绝对引用、混合引用。

(6) 自动求和工具。

4.3.2 任务要求

(1) 打开原始文件: Excel 实例\任务三\学生成绩登记册. xlsx 工作簿。

(2) 计算计算机综合成绩: 进入“16 智能计算机成绩登记册”工作表,公式计算计算机综合成绩。

(3) 计算数学综合成绩: 进入“16 智能数学成绩登记册”工作表,公式计算数学综合成绩。

(4) 计算网络综合成绩: 进入“16 智能网络成绩登记册”工作表,公式计算网络综合成绩。

(5) 计算英语综合成绩: 进入“16 智能英语成绩登记册”工作表,公式计算英语综合成绩。

(6) 在成绩汇总登记表中输入成绩。利用以上各表计算出来的综合成绩分别输入“16 智能成绩汇总登记册”工作表的计算机综合成绩、数学综合成绩、网络综合成绩、英语综合成绩中去。

(7) 计算总分、平均分。利用求和工具计算“16 智能成绩汇总登记册”工作表的总分、平均分。

4.3.3 实施过程

(1) 打开原始文件：Excel 实例\任务三\学生成绩登记册.xlsx。

(2) 计算计算机综合成绩。进入“16 智能计算机成绩登记册”工作表，选中 J7 单元格输入“=F7 * 50% + H7 * 50%”，如图 4-48 所示，再次选中 J7 单元格按复制柄向下复制到 J26 单元格，完成后如图 4-49 所示。

RANK.EQ ✕ ✓ fx =F7*50%+H7*50%

	A	B	C	D	E	F	G	H	I	J	K	L
4	课 程：[060301]计算机基础				学 分：2.0		课程类别：公共课/必修			考核方式：考试		
5	综合成绩（百分制）=平时成绩（百分制）（50%）+中考成绩（）（0%）+末考成绩（百分制）（50%）+技能成绩（）（0%）											
6	序号	学号	姓名	性别	修读性质	平时成绩	中考成绩	末考成绩	技能成绩	综合成绩	辅修标记	备注
7	1	160105520101	王奕博	男	初修	95		85		+H7*50%		
8	2	160105520102	王钰鑫	男	初修	80		79				
9	3	160105520103	李明远	男	初修	98		92				
10	4	160105520104	马天庆	男	初修	100		99				
11	5	160105520105	张新宇	男	初修	95		93				
12	6	160105520106	那贵森	男	初修	90		80				
13	7	160105520107	乌琼	女	初修	80		63				
14	8	160105520108	李亚楠	女	初修	85		70				

图 4-48 计算机成绩登记册综合成绩输入

	A	B	C	D	E	F	G	H	I	J	K	L
4	课 程：[060301]计算机基础				学 分：2.0		课程类别：公共课/必修			考核方式：考试		
5	综合成绩（百分制）=平时成绩（百分制）（50%）+中考成绩（）（0%）+末考成绩（百分制）（50%）+技能成绩（）（0%）											
6	序号	学号	姓名	性别	修读性质	平时成绩	中考成绩	末考成绩	技能成绩	综合成绩	辅修标记	备注
7	1	160105520101	王奕博	男	初修	95		85		90		
8	2	160105520102	王钰鑫	男	初修	80		79		80		
9	3	160105520103	李明远	男	初修	98		92		95		
10	4	160105520104	马天庆	男	初修	100		99		100		
11	5	160105520105	张新宇	男	初修	95		93		94		
12	6	160105520106	那贵森	男	初修	90		80		85		
13	7	160105520107	乌琼	女	初修	80		63		72		
14	8	160105520108	李亚楠	女	初修	85		70		78		
15	9	160105520109	王涛	男	初修	95		99		97		
16	10	160105520110	谷鹏飞	男	初修	90		**55**		73		
17	11	160105520111	赵洪龙	男	初修	85		78		82		
18	12	160105520112	王玉梅	女	初修	75		68		72		
19	13	160105520113	刘彦超	男	初修	85		72		79		
20	14	160105520114	周虹廷	男	初修	90		90		90		
21	15	160105520115	王祉睿	男	初修	90		**35**		63		
22	16	160105520116	高国锋	男	初修	100		92		96		
23	17	160105520117	伊天娇	女	初修	85		77		81		
24	18	160105520118	杨兆旭	男	初修	90		86		88		
25	19	160105520119	孔祥鑫	男	初修	80		73		77		
26	20	160105520120	王均望	男	初修	70		**26**		**48**		
27	21											
28	22											
29	23											
30	24											
31												
32	登分人（签字）：________ 登分日期：________ 审核人（签字）：________ 审核日期：________											

图 4-49 计算机成绩登记册

(3) 计算数学综合成绩。进入“16 智能数学成绩登记册”工作表，选中 J7 单元格输入“=F7 * 20% + H7 * 80%”，再次选中 J7 单元格按复制柄向下复制到 J26 单元格，完成后如图 4-50 所示。

课　　程：[060303]应用数学　　学　　分：2.0　课程类别：公共课/必修　　考核方式：考试

综合成绩（百分制）=平时成绩（百分制）（20%）+中考成绩（）（0%）+末考成绩（百分制）（80%）+技能成绩（）（0%）

序号	学号	姓名	性别	修读性质	平时成绩	中考成绩	末考成绩	技能成绩	综合成绩	辅修标记	备注
1	160105520101	王奕博	男	初修	60		72		70		
2	160105520102	王钰鑫	男	初修	77		50		55		
3	160105520103	李明远	男	初修	70		77		76		
4	160105520104	马天庆	男	初修	98		68		74		
5	160105520105	张新宇	男	初修	66		98		92		
6	160105520106	那贵森	男	初修	65		62		63		
7	160105520107	乌琼	女	初修	65		52		55		
8	160105520108	李亚楠	女	初修	44		97		86		
9	160105520109	王涛	男	初修	99		42		53		
10	160105520110	谷鹏飞	男	初修	83		44		52		
11	160105520111	赵洪龙	男	初修	90		80		82		
12	160105520112	王玉梅	女	初修	41		77		70		
13	160105520113	刘彦超	男	初修	56		55		55		
14	160105520114	周虹廷	男	初修	66		72		71		
15	160105520115	王祉睿	男	初修	94		80		83		
16	160105520116	高国锋	男	初修	56		83		78		
17	160105520117	伊天娇	女	初修	72		66		67		
18	160105520118	杨兆旭	男	初修	46		92		83		
19	160105520119	孔祥鑫	男	初修	57		72		69		
20	160105520120	王均望	男	初修	80		73		74		
21											
22											
23											
24											

登分人（签字）：＿＿＿＿　登分日期：＿＿＿＿　审核人（签字）：＿＿＿＿　审核日期：＿＿＿＿

16智能计算机成绩登记册　16智能数学成绩登记册　16智能网络成绩登记册　16智能英语成绩登记册

图 4-50　数学成绩登记册

(4) 计算网络综合成绩。进入“16 智能网络成绩登记册”工作表,选中 J7 单元格输入“=F7*20%+H7*50%+I7*30%”,再次选中 J7 单元格按复制柄向下复制到 J26 单元格,完成后如图 4-51 所示。

院(系)/部：建筑设备系　　行政班级：16智能　　学生人数：20

课　　程：[060304]计算机网络　　学　　分：2.0　课程类别：公共课/必修　　考核方式：考试

综合成绩（百分制）=平时成绩（百分制）（20%）+中考成绩（）（0%）+末考成绩（百分制）（50%）+技能成绩（百分制）（30%）

序号	学号	姓名	性别	修读性质	平时成绩	中考成绩	末考成绩	技能成绩	综合成绩	辅修标记	备注
1	160105520101	王奕博	男	初修	70		72	98	79		
2	160105520102	王钰鑫	男	初修	70		50	75	62		
3	160105520103	李明远	男	初修	85		77	99	85		
4	160105520104	马天庆	男	初修	90		68	97	81		
5	160105520105	张新宇	男	初修	100		98	89	96		
6	160105520106	那贵森	男	初修	70		62	39	57		
7	160105520107	乌琼	女	初修	70		52	39	52		
8	160105520108	李亚楠	女	初修	95		97	39	79		
9	160105520109	王涛	男	初修	80		42	99	67		
10	160105520110	谷鹏飞	男	初修	90		44	91	67		
11	160105520111	赵洪龙	男	初修	81		80	95	85		
12	160105520112	王玉梅	女	初修	80		77	95	83		
13	160105520113	刘彦超	男	初修	75		55	59	60		
14	160105520114	周虹廷	男	初修	85		72	82	78		
15	160105520115	王祉睿	男	初修	90		80	84	83		
16	160105520116	高国锋	男	初修	95		83	78	84		
17	160105520117	伊天娇	女	初修	90		66	81	75		
18	160105520118	杨兆旭	男	初修	90		92	86	90		
19	160105520119	孔祥鑫	男	初修	90		72	87	80		
20	160105520120	王均望	男	初修	80		73	80	77		
21											
22											
23											
24											

16智能计算机成绩登记册　16智能数学成绩登记册　16智能网络成绩登记册　16智能英语成绩登记册

图 4-51　网络成绩登记册

(5) 计算英语综合成绩。进入“16 智能英语成绩登记册”工作表，选中 J7 单元格输入“＝F7＊20％＋H7＊80％”，再次选中 J7 单元格按复制柄向下复制到 J26 单元格，完成后如图 4-52 所示。

院(系)/部：建筑设备系　行政班级：16智能　学生人数：20

课　　程：[060302]英语　学　分：2.0　课程类别：公共课/必修　考核方式：考试

综合成绩（百分制）=平时成绩（百分制）（20%）+中考成绩（）（0%）+末考成绩（百分制）（80%）+技能成绩（）（0%）

序号	学号	姓名	性别	修读性质	平时成绩	中考成绩	末考成绩	技能成绩	综合成绩	辅修标记	备注
1	160105520101	王奕博	男	初修	85		77		79		
2	160105520102	王钰鑫	男	初修	80		70		72		
3	160105520103	李明远	男	初修	98		98		98		
4	160105520104	马天庆	男	初修	90		66		71		
5	160105520105	张新宇	男	初修	85		65		69		
6	160105520106	那贵森	男	初修	75		65		67		
7	160105520107	乌琼	女	初修	78		44		51		
8	160105520108	李亚楠	女	初修	95		99		98		
9	160105520109	王涛	男	初修	80		83		82		
10	160105520110	谷鹏飞	男	初修	95		90		91		
11	160105520111	赵洪龙	男	初修	80		41		49		
12	160105520112	王玉梅	女	初修	80		56		61		
13	160105520113	刘彦超	男	初修	90		66		71		
14	160105520114	周虹廷	男	初修	90		94		93		
15	160105520115	王祉睿	男	初修	85		56		62		
16	160105520116	高国锋	男	初修	80		72		74		
17	160105520117	伊天娇	女	初修	78		46		52		
18	160105520118	杨兆旭	男	初修	80		57		62		
19	160105520119	孔祥鑫	男	初修	90		80		82		
20	160105520120	王均望	男	初修	80		73		74		
21											
22											
23											
24											

… 16智能数学成绩登记册　16智能网络成绩登记册　16智能英语成绩登记册　16智能成绩汇总登记册

图 4-52　英语成绩登记册

(6) 在成绩汇总登记表中输入成绩。进入“16 智能成绩汇总登记册”工作表，选中 F5 单元格输入“＝16 智能计算机成绩登记册!J7”，如图 4-53 所示，再次选中 F5 单元格按复制柄向下复制到 F24 单元格。选中 G5 单元格输入“＝16 智能数学成绩登记册!J7”并向下复制到 G24 单元格，选中 H5 单元格输入“＝16 智能网络成绩登记册!J7”并向下复制到 H24 单元格，选中 I5 单元格输入“＝16 智能英语成绩登记册!J7”并向下复制到 I24 单元格，完成后如图 4-54 所示。

F5　='16智能计算机成绩登记册'!J7

辽宁城市建设职业技术学院成绩登记册

2016-2017学年第一学期

院(系)/部：建筑设备系　行政班级：16智能　学生人数：20

序号	学号	姓名	性别	修读性质	计算机成绩	数学成绩	网络成绩	英语成绩	总分	平均分	奖学金
1	160105520101	王奕博	男	初修	90						
2	160105520102	王钰鑫	男	初修							
3	160105520103	李明远	男	初修							
4	160105520104	马天庆	男	初修							
5	160105520105	张新宇	男	初修							
6	160105520106	那贵森	男	初修							
7	160105520107	乌琼	女	初修							

图 4-53　成绩汇总登记册计算机成绩输入

(7) 计算总分、平均分。

① 计算总分。单击 J5 单元格，在“开始”功能区内单击“Σ 自动求和”按钮，出现虚线选区，如图 4-55 所示，选择 F5:I5 按 Enter 键确定。再次选中 J5 单元格按复制柄向下复制到 J24 单元格，完成后如图 4-56 所示。

	A	B	C	D	E	F	G	H	I	J	K	L
1	辽宁城市建设职业技术学院成绩登记册											
2	2016-2017学年第一学期											
3	院(系)/部：建筑设备系				行政班级：16智能					学生人数：20		
4	序号	学号	姓名	性别	修读性质	计算机成绩	数学成绩	网络成绩	英语成绩	总分	平均分	奖学金
5	1	160105520101	王奕博	男	初修	90	70	79	79			
6	2	160105520102	王钰鑫	男	初修	80	55	62	72			
7	3	160105520103	李明远	男	初修	95	76	85	98			
8	4	160105520104	马天庆	男	初修	100	74	81	71			
9	5	160105520105	张新宇	男	初修	94	92	96	69			
10	6	160105520106	那贵森	男	初修	85	63	57	67			
11	7	160105520107	乌琼	女	初修	72	55	52	51			
12	8	160105520108	李亚楠	女	初修	78	86	79	98			
13	9	160105520109	王涛	男	初修	97	53	67	82			
14	10	160105520110	谷鹏飞	男	初修	73	52	67	91			
15	11	160105520111	赵洪龙	男	初修	82	82	85	49			
16	12	160105520112	王玉梅	女	初修	72	70	83	61			
17	13	160105520113	刘彦超	男	初修	79	55	60	71			
18	14	160105520114	周虹廷	男	初修	90	71	78	93			
19	15	160105520115	王祉睿	男	初修	63	83	83	62			
20	16	160105520116	高国锋	男	初修	96	78	84	74			
21	17	160105520117	伊天娇	女	初修	81	67	75	52			
22	18	160105520118	杨兆旭	男	初修	88	83	90	62			
23	19	160105520119	孔祥鑫	男	初修	77	69	80	82			
24	20	160105520120	王均望	男	初修	48	74	77	74			
25	21											
26	22											
27	23											
28	24											

... | 16智能数学成绩登记册 | 16智能网络成绩登记册 | 16智能英语成绩登记册 | 16智能成绩汇总登记册

图 4-54 成绩汇总登记册成绩输入完成

	A	B	C	D	E	F	G	H	I	J	K	L
1	辽宁城市建设职业技术学院成绩登记册											
2	2016-2017学年第一学期											
3	院(系)/部：建筑设备系				行政班级：16智能					学生人数：20		
4	序号	学号	姓名	性别	修读性质	计算机成绩	数学成绩	网络成绩	英语成绩	总分	平均分	奖学金
5	1	160105520101	王奕博	男	初修	90	70	79		=SUM(F5:I5)		
6	2	160105520102	王钰鑫	男	初修	80	55	62	72	SUM(**number1**, [number2], ...)		
7	3	160105520103	李明远	男	初修	95	76	85	98			
8	4	160105520104	马天庆	男	初修	100	74	81	71			
9	5	160105520105	张新宇	男	初修	94	92	96	69			
10	6	160105520106	那贵森	男	初修	85	63	57	67			
11	7	160105520107	乌琼	女	初修	72	55	52	51			

图 4-55 成绩汇总登记册总分计算公式

O15 fx

	A	B	C	D	E	F	G	H	I	J	K	L
1	辽宁城市建设职业技术学院成绩登记册											
2	2016-2017学年第一学期											
3	院(系)/部：建筑设备系				行政班级：16智能					学生人数：20		
4	序号	学号	姓名	性别	修读性质	计算机成绩	数学成绩	网络成绩	英语成绩	总分	平均分	奖学金
5	1	160105520101	王奕博	男	初修	90	70	79	79	318		
6	2	160105520102	王钰鑫	男	初修	80	55	62	72	268		
7	3	160105520103	李明远	男	初修	95	76	85	98	354		
8	4	160105520104	马天庆	男	初修	100	74	81	71	325		
9	5	160105520105	张新宇	男	初修	94	92	96	69	350		
10	6	160105520106	那贵森	男	初修	85	63	57	67	271		
11	7	160105520107	乌琼	女	初修	72	55	52	51	229		
12	8	160105520108	李亚楠	女	初修	78	86	79	98	341		
13	9	160105520109	王涛	男	初修	97	53	67	82	300		
14	10	160105520110	谷鹏飞	男	初修	73	52	67	91	283		
15	11	160105520111	赵洪龙	男	初修	82	82	85	49	297		
16	12	160105520112	王玉梅	女	初修	72	70	83	61	285		
17	13	160105520113	刘彦超	男	初修	79	55	60	71	265		
18	14	160105520114	周虹廷	男	初修	90	71	78	93	332		
19	15	160105520115	王祉睿	男	初修	63	83	83	62	290		
20	16	160105520116	高国锋	男	初修	96	78	84	74	331		
21	17	160105520117	伊天娇	女	初修	81	67	75	52	276		
22	18	160105520118	杨兆旭	男	初修	88	83	90	62	322		
23	19	160105520119	孔祥鑫	男	初修	77	69	80	82	308		
24	20	160105520120	王均望	男	初修	48	74	77	74	273		
25	21											
26	22											
27	23											
28	24											

图 4-56 成绩汇总登记册总分计算完成

② 平均分计算。单击 K5 单元格，在"开始"功能区内单击 Σ自动求和 · 旁边的下三角按钮，选择"平均值"选项，如图 4-57 所示，出现虚线选区，如图 4-58 所示，选择 F5:I5 按 Enter 键确定。再次选中 K5 单元格按复制柄向下复制到 K24 单元格，完成后如图 4-59 所示。

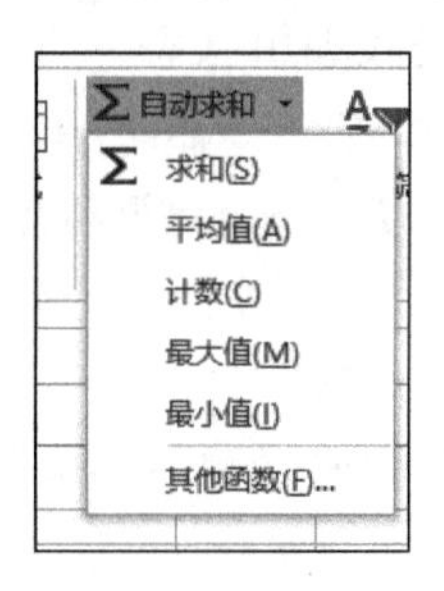

图 4-57　自动求和工具

RANK.EQ　=AVERAGE(F5:I5)

辽宁城市建设职业技术学院成绩登记册

2016-2017学年第一学期

院(系)/部：建筑设备系　行政班级：16智能　学生人数：20

序号	学号	姓名	性别	修读性质	计算机成绩	数学成绩	网络成绩	英语成绩	总分	平均分	奖学金
1	160105520101	王奕博	男	初修	90	70	79	79		=AVERAGE(F5:I5)	
2	160105520102	王钰鑫	男	初修	80	55	62	72	268 AVERAGE(number1, [		
3	160105520103	李明远	男	初修	95	76	85	98	354		
4	160105520104	马天庆	男	初修	100	74	81	71	325		
5	160105520105	张新宇	男	初修	94	92	96	69	350		

图 4-58　成绩汇总登记册平均分计算公式

P18

辽宁城市建设职业技术学院成绩登记册

2016-2017学年第一学期

院(系)/部：建筑设备系　行政班级：16智能　学生人数：20

序号	学号	姓名	性别	修读性质	计算机成绩	数学成绩	网络成绩	英语成绩	总分	平均分	奖学金
1	160105520101	王奕博	男	初修	90	70	79	79	318	79	
2	160105520102	王钰鑫	男	初修	80	55	62	72	268	67	
3	160105520103	李明远	男	初修	95	76	85	98	354	88	
4	160105520104	马天庆	男	初修	100	74	81	71	325	81	
5	160105520105	张新宇	男	初修	94	92	96	69	350	88	
6	160105520106	那贵森	男	初修	85	63	57	67	271	68	
7	160105520107	乌琼	女	初修	72	55	52	51	229	57	
8	160105520108	李亚楠	女	初修	78	86	79	98	341	85	
9	160105520109	王涛	男	初修	97	53	67	82	300	75	
10	160105520110	谷鹏飞	男	初修	73	52	67	91	283	71	
11	160105520111	赵洪龙	男	初修	82	82	85	49	297	74	
12	160105520112	王玉梅	女	初修	72	70	83	61	285	71	
13	160105520113	刘彦超	男	初修	79	55	60	71	265	66	
14	160105520114	周虹廷	男	初修	90	71	78	93	332	83	
15	160105520115	王祉睿	男	初修	63	83	83	62	290	73	
16	160105520116	高国锋	男	初修	96	78	84	74	331	83	
17	160105520117	伊天娇	女	初修	81	67	75	52	276	69	
18	160105520118	杨兆旭	男	初修	88	83	90	62	322	81	
19	160105520119	孔祥鑫	男	初修	77	69	80	82	308	77	
20	160105520120	王均望	男	初修	48	74	77	74	273	68	
21											
22											
23											
24											

16智能数学成绩登记册　16智能网络成绩登记册　16智能英语成绩登记册　16智能成绩汇总登记册

图 4-59　成绩汇总登记册平均分计算完成

4.3.4 知识链接

1. Excel 2013 公式简介

在单元格中输入“＝”表示进入公式编辑状态。

在 Excel 的公式中,可以使用运算符、单元格引用、值或常量、函数等几种元素。运算符是对公式中的元素进行特定类型的计算,一个运算符就是一个符号,如＋、－、*、/等。

1) 常数类型

(1) 数值型。直接输入数字,如“＝29”。

(2) 字符型。加引号表示字符型数据,如“＝"abc"”表示字符中"abc",如果不加引号被认为是变量 abc。

(3) 逻辑型。逻辑型常数只有两个,分别为逻辑真和逻辑假,表示为 TRUE 和 FALSE。

2) 运算符和运算符优先级

(1) 算术运算符。算术运算符是用来进行基本的数学运算的,如＋、—、*、/、－、%等。

(2) 比较运算符。比较运算符一般用在条件运算中,用于对两个数值进行比较,其计算结果为逻辑值,当结果为真时返回 TRUE,否则返回 FALSE。运算符号包括＝、＞、＞＝、＜、＜＝、＜＞。

(3) 连接运算符。使用连接符号“&”连接一个或多个文本字符串形成一串文本。例如,需要将“FBHSJD”和“销售明细表”两个字符串连接在一起,那么输入公式应为“＝FBHSJD& 销售明细表”。

(4) 引用运算符。引用运算符用来表示单元格在工作表中位置的坐标集,为计算公式指明引用的位置。包括“:”“,”“␣”。

(5) 运算符的优先级如表 4-2 所示。

表 4-2 运算符的优先级

优先级	运算符号	运算符名称	优先级	运算符号	运算符名称
1	:	冒号	6	＋和－	加号和减号
1	␣	单个空格	7	&	连接符号
1	,	逗号	8	＝	等于
2	－	负号	8	＜ 和 ＞	小于和大于
3	%	百分比	8	＜＞	不等于
4	^	乘幂	8	＜＝	小于等于
5	*和/	乘号和除号	8	＞＝	大于等于

3) 输入公式

在 Excel 工作表中输入的公式都以“＝”开始的,在输入“＝”后,再输入单元格地址和运算符。输入公式的方法非常简单,与输入数据一样,可以在单元格中直接输入,也可以在编辑栏中进行编辑。

打开原始文件:Excel 实例\任务三\销售情况表.xlsx。

方法一:在单元格中直接输入公式。

(1) 选择 D3 单元格，在其中输入“＝”，再单击需要参与运算的单元格，如 B3，输入“＊”运算符，然后单击 C3 单元格，即可完成如图 4-60 所示公式的编辑，该公式表示“总销售额＝单价×数量”。

C3　=B3*C3

	A	B	C	D	E	F	G
1	佳美电器一季度销售统计表						
2	商品类型	销售数量	单价	总销售额	商品进价	利润额	销售奖励
3	三星LED	40	¥4,000.00	=B3*C3	¥3,260.00		
4	苹果手机	55	¥6,888.00		¥5,500.00		
5	飞利浦剃须刀	42	¥588.00		¥288.00		
6	九阳榨汁机	30	¥820.00		¥200.00		
7	美的电饭煲	55	¥1,280.00		¥690.00		

图 4-60　在单元格中编辑公式

(2) 按 Enter 键，则计算出结果。

(3) 利用数据填充柄，向下填充完成所有总销售额。

方法二：通过编辑栏输入公式。

选择目标结果单元格，在编辑栏中输入正确的公式“＝B3＊C3”，然后单击编辑栏左侧的“输入”按钮✓，或者按 Enter 键，即可得到计算的结果。

4) 复杂公式的使用

算术运算符是通过从高到低的优先级进行计算的，如果需要改变运算顺序，则可在公式中使用括号，将需要先进行计算的公式用括号括起来，使其最先计算，从而得到正确结果。

(1) 单击销售情况表中的 F3 单元格，输入公式“＝(C3－E3)＊B3”并按 Enter 键，如图 4-61 所示。

RANK.EQ　=(C3-E3)*B3

	A	B	C	D	E	F	G
1	佳美电器一季度销售统计表						
2	商品类型	销售数量	单价	总销售额	商品进价	利润额	销售奖励
3	三星LED	40	¥4,000.00	¥160,000.00	¥3,260.00	=(C3-E3)*B3	
4	苹果手机	55	¥6,888.00	¥378,840.00	¥5,500.00		
5	飞利浦剃须刀	42	¥588.00	¥24,696.00	¥288.00		
6	九阳榨汁机	30	¥820.00	¥24,600.00	¥200.00		
7	美的电饭煲	55	¥1,280.00	¥70,400.00	¥690.00		

图 4-61　计算利润总额

(2) 选择 F3 单元格，将鼠标指针移至该单元格右下角，双击填充柄完成这列所有数据。

(3) 至此便完成所有商品的销售利润总额，即销售金额减去进价再乘以销售数量，得到利润总额。

(4) 销售奖励原则为利润额的 10％再加上 200 元；在 G3 单元格输入公式“＝F3＊10％＋200”，假设此表中没有“利润额”列，那么需要在 G3 单元格中输入如下完整公式：“＝(C3－E3)＊B3＊10％＋200”。需要注意算术符号的优先级。

2. 单元格的引用方式

在 Excel 中，引用的关键在于标识单元格或单元格区域，Excel 中的引用包括相对引用、绝对引用、混合引用等几种类型。

打开原始文件：Excel 实例\任务三\各部门报销费用.xlsx 工作簿。

1）相对引用

相对引用是指在目标单元格与被引用单元格之间建立了相对的关系，当公式所在的单元格位置发生变化时，其引用的行与列也相对自动发生了变化。

(1) 选择 E3 单元格，并输入计算公式“＝B3＋C3＋D3”，按 Enter 键，此时目标单元格中显示了计算结果。

(2) 选中 D3 单元格，将鼠标移至该单元格的右下角，当鼠标指针变成十字状时向下拖动填充柄复制公式。

(3) 拖至目标位置后释放，选择任意结果单元格，则在编辑栏中可以看到如图 4-62 所示，随着公式单元格变化为 E6，引用的行和列也自动变化为“＝B6＋C6＋D6”。

E6 =B6+C6+D6

盛大广告公司一季度报销统计表

	出差	餐饮	日常开销	费用合计	报销金额	报销比例
外商部	8000	800	350	9150		85%
联谊部	6260	1200	300	7760		
广告部	3300	660	360	4320		
企划部	800	780	280	1860		

图 4-62 相对引用结果

2）绝对引用

绝对引用是指目标单元格与被引用的单元格之间没有相对的关系，无论公式所在的单元格位置是否发生了改变，绝对引用的地址不变。要建立绝对引用，则需要在单元格的行和列上添加绝对引用符号“$”。

(1) 选择 F3 单元格，并在其中输入“＝B3 * G3”，表示该单元格结果等于“出差×报销比例”，这里的 G3 即表示绝对引用了 G3 单元格。

(2) 按 Enter 键即可得到计算结果，选择 F3 单元格，双击右下角填充柄，得出所有结果。

(3) 选择任一单元格，如图 4-63 所示，选择的单元格区域都引用了 G3 同一单元格。

F6 =B6*G3

盛大广告公司一季度报销统计表

	出差	餐饮	日常开销	费用合计	报销金额	报销比例
外商部	8000	800	350	9150	6800	85%
联谊部	6260	1200	300	7760	5321	
广告部	3300	660	360	4320	2805	
企划部	800	780	280	1860	680	

图 4-63 绝对引用结果

在公式中选择了单元格的引用地址时，按 F4 键，即可快速在绝对引用、相对列绝对行、绝对列相对行、相对引用中进行切换，也可以在输入公式时直接输入绝对引用符号“＄”。

3）混合引用

在工作表中计算数据时，并不限于相对引用或绝对引用，还可能会使用混合引用。混合引用是指公式中既有相对引用又有绝对引用，即可以选择对行或者列进行引用。例如，＄A2，表示绝对引用 A 列，相对引用第 2 行。

打开原始文件：Excel 实例\任务三\中兴圣诞优惠表. xlsx。

(1) 选择 B7 单元格，并输入计算公式“＝＄A7＊B＄6”，按 Enter 键。

(2) 可以获得第一个折扣价，即消费满 300 元可获得的价格。选择结果单元格，并向右拖动填充柄复制公式，结果如图 4-64 所示。

B7　=$A7*B$6

	A	B	C	D	E	F
1	中兴圣诞活动优惠说明					
2	消费满300元，可享受9.5折；消费500元，可享受9折；消费800元，可享受8.5折；消费1000元，可享受8折；消费1200元，可享受7.5折。					
3						
4						
5	圣诞狂欢折上折					
6	折扣率 消费额	95%	90%	85%	80%	75%
7	¥ 300.00	¥ 285.00				
8	¥ 500.00					
9	¥ 800.00					
10	¥ 1,000.00					
11	¥ 1,200.00					

图 4-64　混合引用结果

步骤(1)的公式表示绝对引用第 A 列和第 6 行单元格。在复制公式时，绝对引用的地址将不会发生改变，复制到 C7 单元格时，公式为“＝＄A7＊C＄6”。

(3) 拖至 F 列释放鼠标，然后将指针移至 F7 单元格右下角，并向下拖动填充柄复制公式。

(4) 拖至 F11 单元格位置处时释放鼠标，可以看到如图 4-65 所示各消费额在折扣率下的折扣价格。

	A	B	C	D	E	F
1	中兴圣诞活动优惠说明					
2	消费满300元，可享受9.5折；消费500元，可享受9折；消费800元，可享受8.5折；消费1000元，可享受8折；消费1200元，可享受7.5折。					
3						
4						
5	圣诞狂欢折上折					
6	折扣率 消费额	95%	90%	85%	80%	75%
7	¥ 300.00	¥ 285.00	¥ 270.00	¥ 255.00	¥ 240.00	¥ 225.00
8	¥ 500.00	¥ 475.00	¥ 450.00	¥ 425.00	¥ 400.00	¥ 375.00
9	¥ 800.00	¥ 760.00	¥ 720.00	¥ 680.00	¥ 640.00	¥ 600.00
10	¥ 1,000.00	¥ 950.00	¥ 900.00	¥ 850.00	¥ 800.00	¥ 750.00
11	¥ 1,200.00	¥ 1,140.00	¥ 1,080.00	¥ 1,020.00	¥ 960.00	¥ 900.00
12						

图 4-65　各消费额在折扣率下的折扣价格

(5) 选择结果区域的任意数据单元格,可以看到编辑栏中绝对引用的地址不变,而相对引用的地址随选中单元格的位置自动变化。

4.3.5 知识拓展

1. 更改引用类型

通过在单元格地址的适当位置输入美元符号,可以输入非相对引用(绝对引用或混合引用)。或者,也可以使用一种方便的快捷方式: F4 键。当输入单元格引用(通过输入或指向)后,重复按 F4 键可以让 Excel 在 4 种引用类型中循环选择。

例如,如果在公式开始部分输入"＝A1",则按一下 F4 键会将单元格引用转换为"＝A1"。再按一下 F4 键,会将其转换为"＝A$1"。再按一次 F4 键,会转换为"＝$A1",最后再按一次 F4 键,则又返回开始时的"＝A1"。因此,可以不断地按 F4 键,直到 Excel 显示所需的引用类型为止。

2. 引用工作表外部的单元格

公式也可以引用其他工作表中的单元格,甚至这些工作表可以不在同一个工作簿中。Excel 使用一种特殊的符号来处理这种引用类型。

1) 引用其他工作表中的单元格

要引用同一个工作簿中不同工作表中的单元格,可使用以下格式。

```
=工作表名称!单元格地址
```

换句话说,需要在单元格地址前面加上工作表名称,后跟一个感叹号。以下是一个使用工作表 Sheet2 中单元格的公式的示例。

```
=A1*Sheet2!A1
```

这个公式可以将当前工作表中单元格 A1 的数值乘以工作表 Sheet2 中单元格 A1 的数值。

提示: 如果引用中的工作表名称含有一个或多个空格,则必须用单引号将它们括起来(如果在创建公式时使用"指向并单击"方法,则 Excel 会自动进行此工作)。例如,下面的公式引用了工作表 All Depts 中的一个单元格。

```
=A1*'All Depts'!A1
```

2) 引用其他工作簿的单元格

要引用其他工作簿中的单元格,可使用下面的格式。

```
=[工作簿名称]工作表名称!单元格地址
```

在这种情况下,单元格地址的前面是工作簿名称(位于方括号中)、工作表名称和一个感叹号。下面是一个公式示例,其中使用了工作簿 Budget 的工作表 Sheet1 中的单元格引用。

```
=[Budget.xlsx] Sheet1!A1
```

如果此引用中的工作簿名称中有一个或多个空格,则必须用单引号将它(和工作表名称)括起来。例如,下面的公式引用了工作簿 Budget For 2013. 的工作表 Sheet1 中的一个单元格。

```
=A1*'[Budget For 2013.xlsx]Sheet1'!A1
```

当公式引用另一个工作簿中的单元格时，那一个被引用的工作簿并不需要打开。但是，如果此工作簿是关闭的，则必须在引用中加上完整的路径以便使 Excel 能找到它。下面是一个示例。

```
= A1*'C:\MyDocuments\[Budget  For  2013.xlsx] Sheet1'!A1
```

链接的文件也可以驻留在公司网络可访问到的其他系统上。例如，下面的公式引用了名为 DataServer 的计算机上的 files 目录中某个工作簿中的一个单元格。

```
='\\DataServer\ files\[ budget.xlsx] Sheet1'!$ D$ 7
```

3. 更正常见错误

在某些情况下，Excel 不允许输入错误的公式。例如，下面的公式丢失了右侧的圆括号。

```
=A1* (B1+C2
```

如果试图输入这个公式，则 Excel 将会告知存在一个不匹配的括号，并建议进行更正。通常情况下，建议的更正操作是准确的，但是也不能完全依靠建议的操作。

4.3.6 技能训练

练习：乘法口诀表制作。

(1) 新建“乘法口诀表. xlsx”工作簿。

(2) 将表格名 Sheet1 改名为“乘法口诀”。

(3) 依次输入 B1、C1、…、J1 为 1、2、…、9。

(4) 依次输入 A2、A3、…、A10 为 1、2、…、9。

(5) 选择 B2 单元格录入“=B$1&"×"&$A2&"="&B$1*$A2”。

(6) 复制单元格 B2 至 J2，并依次复制 C2 至 C3，D2 至 D4，…，J2 至 J10。

(7) 设置 1 行行高为 0，A 列列宽为 0，如图 4-66 所示。

	B	C	D	E	F	G	H	I	J
2	1×1=1	2×1=2	3×1=3	4×1=4	5×1=5	6×1=6	7×1=7	8×1=8	9×1=9
3		2×2=4	3×2=6	4×2=8	5×2=10	6×2=12	7×2=14	8×2=16	9×2=18
4			3×3=9	4×3=12	5×3=15	6×3=18	7×3=21	8×3=24	9×3=27
5				4×4=16	5×4=20	6×4=24	7×4=28	8×4=32	9×4=36
6					5×5=25	6×5=30	7×5=35	8×5=40	9×5=45
7						6×6=36	7×6=42	8×6=48	9×6=54
8							7×7=49	8×7=56	9×7=63
9								8×8=64	9×8=72
10									9×9=81
11									
12									

图 4-66 乘法口诀表

任务 4.4 使用函数计算“学生成绩登记册”工作簿

函数是 Excel 中最强大的数据处理工具,它实际上是 Excel 中预定义的公式,使用它可以将一些称为参数的特定数字按照指定的顺序或结构执行计算。典型的函数一般有一个或多个参数,并能够返回一个结果。复杂的函数运算存在一个嵌套的变化,正是这些复杂的函数可以完成一般公式无法完成的任务。

4.4.1 任务要点

(1) 函数的表示。

(2) 函数的值。

(3) 函数的参数。

(4) 函数的输入。

(5) 函数的嵌套。

(6) 错误提示类型。

4.4.2 任务要求

(1) 打开原始文件:Excel 实例\任务四\学生成绩登记册.xlsx,切换到“16 智能成绩汇总登记册”工作表。

(2) 计算“名次”字段。使用函数计算“名次”字段。

(3) 填充“奖学金”字段。使用 IF 函数填充“奖学金”字段。

(4) 计算“优秀人数”和“不及格成绩人数”字段。利用 COUNTIF 函数计算成绩分析表中的“优秀人数”字段和“不及格成绩人数”字段。

(5) 计算“良好人数”字段。利用公式中添加 COUNTIF 函数计算“良好人数”字段。

(6) 计算“中等人数”和“及格成绩人数”字段。利用 COUNTIFS 函数计算“中等人数”字段和“及格成绩人数”字段。

(7) 计算“优秀率”和“不及格率”字段。利用 COUNT 函数计算“优秀率”字段和“不及格率”字段。

4.4.3 实施过程

(1) 打开原始文件:Excel 实例\任务四\学生成绩登记册.xlsx,切换到“16 智能成绩汇总登记册”工作表。

(2) 计算“名次”字段。选中 L5 单元格,选择“公式”选项卡,选择“其他函数”中的“统计”选项,如图 4-67 所示,选择 RANK.EQ 函数,弹出“函数参数”对话框,如图 4-68 所示,在 Number 文本框中输入 K5,在 Ref 文本框中输入“K$5:K$24”,然后单击“确定”按钮。K5 单元格显示为 8,而编辑栏中显示的却是“=RANK.EQ(K5,K$5:K$24)”。再次选择 K5 单元格利用复制柄向下复制到 K24 单元格。

(3) 计算“奖学金”字段。需要在奖学金字段中输入一个“一等奖学金”,两个“二等奖学金”,4 个“三等奖学金”按成绩排名。选择 M5 单元格,输入“=IF(L5<2,"一等奖学金",IF

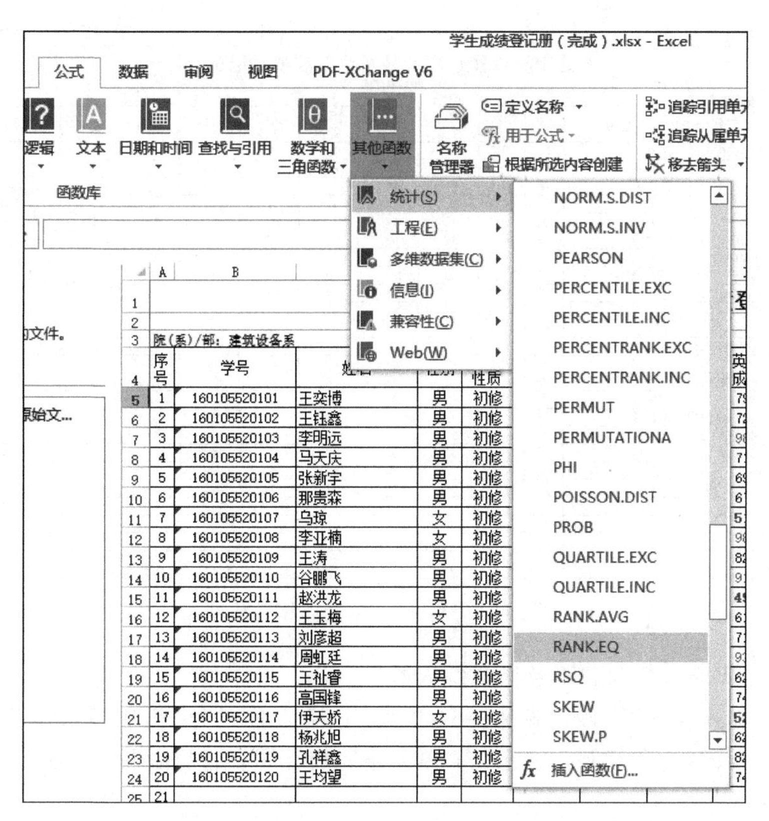

图 4-67　RANK. EQ 函数的选择位置

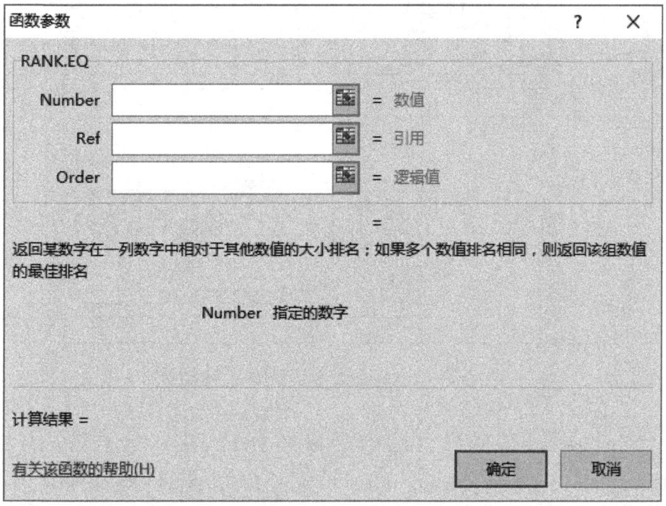

图 4-68　RANK. EQ 函数参数

(L5<3,"二等奖学金",IF(L5<8,"三等奖学金","")))”，此时 M5 单元格将显示为空，复制 M5 单元格到 M24 单元格，此时 M7 等单元格显示了“一等奖学金”等。但是列宽不够，选择 M 列，在“开始”功能区中选择“格式”下“自动调整列宽”选项，如图 4-69 所示。

辽宁城市建设职业技术学院成绩登记册

2016-2017学年第一学期

院(系)/部：建筑设备系　　行政班级：16智能　　学生人数：20

序号	学号	姓名	性别	修读性质	计算机成绩	数学成绩	网络成绩	英语成绩	总分	平均分	名次	奖学金
1	160105520101	王奕博	男	初修	90	70	79	79	318	79	8	
2	160105520102	王钰鑫	男	初修	80	55	62	72	268	67	18	
3	160105520103	李明远	男	初修	95	76	85	98	354	88	1	一等奖学金
4	160105520104	马天庆	男	初修	100	74	81	71	325	81	6	三等奖学金
5	160105520105	张新宇	男	初修	94	92	96	69	350	88	2	二等奖学金
6	160105520106	那贵森	男	初修	85	63	57	67	271	68	17	
7	160105520107	乌琼	女	初修	72	55	52	51	229	57	20	
8	160105520108	李亚楠	女	初修	78	86	79	98	341	85	3	三等奖学金
9	160105520109	王涛	男	初修	97	53	67	82	300	75	10	
10	160105520110	谷鹏飞	男	初修	73	52	67	91	283	71	14	
11	160105520111	赵洪龙	男	初修	82	82	85	49	297	74	11	
12	160105520112	王玉梅	女	初修	72	70	83	61	285	71	13	
13	160105520113	刘彦超	男	初修	79	55	60	71	265	66	19	
14	160105520114	周虹廷	男	初修	90	71	78	93	332	83	4	三等奖学金
15	160105520115	王祉睿	男	初修	63	83	83	62	290	73	12	
16	160105520116	高国锋	男	初修	96	78	84	74	331	83	5	三等奖学金
17	160105520117	伊天娇	女	初修	81	67	75	52	276	69	15	
18	160105520118	杨兆旭	男	初修	88	83	90	62	322	81	7	三等奖学金
19	160105520119	孔祥鑫	男	初修	77	69	80	82	308	77	9	
20	160105520120	王均望	男	初修	48	74	77	74	273	68	16	
21												
22												
23												
24												

图 4-69 “奖学金”字段计算后结果

(4) 计算“优秀人数”和“不及格成绩人数”字段。

① 计算“优秀人数”字段。选中 F34 单元格，输入公式“=COUNTIF(F5:F24,">=90")”，按 Enter 键，向右复制公式至 I34 单元格完成计算，结果如图 4-70 所示。

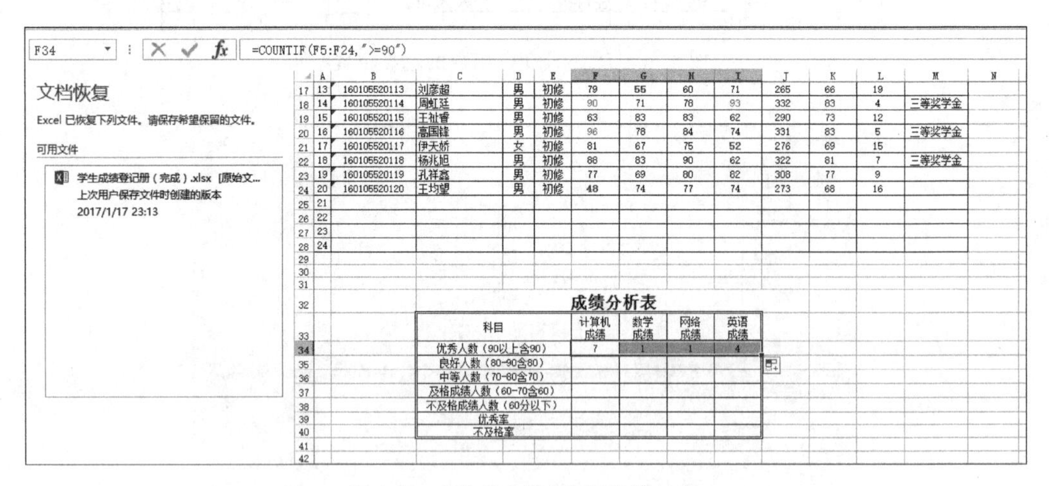

图 4-70 “优秀人数”字段计算结果

② 计算“不及格成绩人数”字段。选中 F38 单元格，输入公式“=COUNTIF(F5:F24,"<60")”，按 Enter 键，向右复制公式至 F38 单元格完成计算，结果如图 4-71 所示。

(5) 计算“良好人数”字段。选中 F35 单元格，输入公式“=COUNTIF(F5:F24,">=80")-COUNTIF(F5:F24,">=90")”后按 Enter 键，向右复制公式至 I35 单元格完成计算，结果如图 4-72 所示。

(6) 计算“中等人数”和“及格成绩人数”字段。单击 F36 单元格，输入公式“=COUNTIFS(F5:F24,"<80",F5:F24,">=70")”，按 Enter 键，复制公式到 I36 单元格位置。

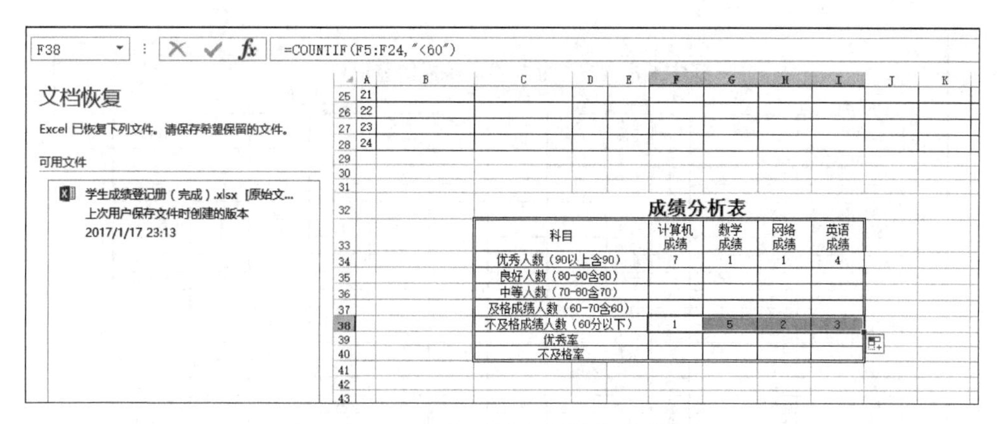

图 4-71　“不及格成绩人数”字段计算结果

F35　=COUNTIF(F5:F24,">=80")-COUNTIF(F5:F24,">=90")

成绩分析表

科目	计算机成绩	数学成绩	网络成绩	英语成绩
优秀人数（90以上含90）	7	1	1	4
良好人数（80-90含80）	4	4	8	2
中等人数（70-80含70）				
及格成绩人数（60-70含60）				
不及格成绩人数（60分以下）	1	5	2	3
优秀率				
不及格率				

图 4-72　“良好人数”字段计算结果

单击 F37 单元格，输入公式“=COUNTIFS(F5:F24,"<70",F5:F24,">=60")”，按 Enter 键，复制公式到 I37 单元格位置，结果如图 4-73 所示。

F37　=COUNTIFS(F5:F24,"<70",F5:F24,">=60")

成绩分析表

科目	计算机成绩	数学成绩	网络成绩	英语成绩
优秀人数（90以上含90）	7	1	1	4
良好人数（80-90含80）	4	4	8	2
中等人数（70-80含70）	7	5	5	6
及格成绩人数（60-70含60）	1	5	4	5
不及格成绩人数（60分以下）	1	5	2	3
优秀率				
不及格率				

图 4-73　“中等人数”和“及格成绩人数”字段计算结果

(7) 计算“优秀率”和“不及格率”字段。选中 F39 单元格，输入公式“=F34/COUNT(F5:F24)”，按 Enter 键。设置单元格中数字类型为百分比，并复制公式到 I39 单元格位置。

选中 F40 单元格，输入公式“=F38/COUNT(F5:F24)”，按 Enter 键。设置单元格中数字类型为百分比，并复制公式到 I40 单元格位置。完成后选择 C33:I40 单元格，设置外部框线为双线，恢复表格因复制被破坏的外部框线，结果如图 4-74 所示。

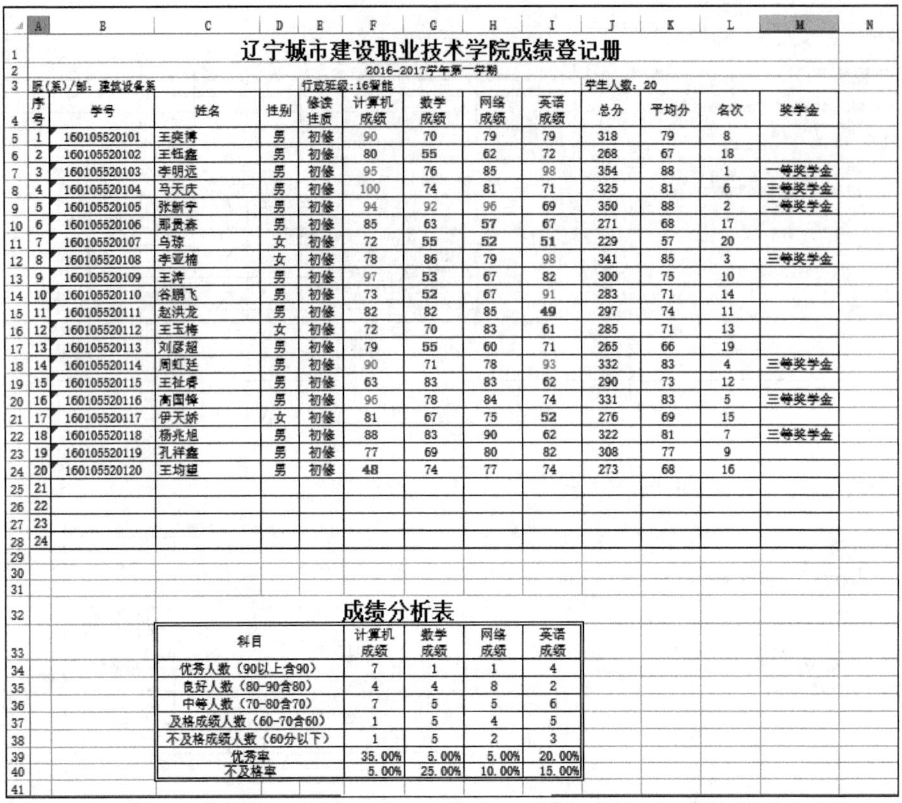

辽宁城市建设职业技术学院成绩登记册

2016-2017学年第一学期

院(系)/部：建筑设备系　　行政班级：16智能　　学生人数：20

序号	学号	姓名	性别	修读性质	计算机成绩	数学成绩	网络成绩	英语成绩	总分	平均分	名次	奖学金
1	160105520101	王奕博	男	初修	90	70	79	79	318	79	8	
2	160105520102	王钰鑫	男	初修	80	55	62	72	268	67	18	
3	160105520103	李明远	男	初修	95	76	85	98	354	88	1	一等奖学金
4	160105520104	马天庆	男	初修	100	74	81	71	325	81	6	三等奖学金
5	160105520105	张新宇	男	初修	94	92	96	69	350	88	2	二等奖学金
6	160105520106	那贵森	男	初修	85	63	57	67	271	68	17	
7	160105520107	乌琼	女	初修	72	55	52	51	229	57	20	
8	160105520108	李亚楠	女	初修	78	86	79	98	341	85	3	三等奖学金
9	160105520109	王涛	男	初修	97	53	67	82	300	75	10	
10	160105520110	谷鹏飞	男	初修	73	52	67	91	283	71	14	
11	160105520111	赵洪龙	男	初修	82	82	85	49	297	74	11	
12	160105520112	王玉梅	女	初修	72	70	83	61	285	71	13	
13	160105520113	刘彦超	男	初修	79	55	60	71	265	66	19	
14	160105520114	周虹廷	男	初修	90	71	78	93	332	83	4	三等奖学金
15	160105520115	王祉睿	男	初修	63	83	83	62	290	73	12	
16	160105520116	高国锋	男	初修	96	78	84	74	331	83	5	三等奖学金
17	160105520117	伊天娇	女	初修	81	67	75	52	276	69	15	
18	160105520118	杨兆旭	男	初修	88	83	90	62	322	81	7	三等奖学金
19	160105520119	孔祥鑫	男	初修	77	69	80	82	308	77	9	
20	160105520120	王均望	男	初修	48	74	77	74	273	68	16	
21												
22												
23												
24												

成绩分析表

科目	计算机成绩	数学成绩	网络成绩	英语成绩
优秀人数（90以上含90）	7	1	1	4
良好人数（80-90含80）	4	4	8	2
中等人数（70-80含70）	7	5	5	6
及格成绩人数（60-70含60）	1	5	4	5
不及格成绩人数（60分以下）	1	5	2	3
优秀率	35.00%	5.00%	5.00%	20.00%
不及格率	5.00%	25.00%	10.00%	15.00%

图 4-74 “16 智能成绩汇总登记册”工作表完成后结果

4.4.4 知识链接

1. Excel 函数应用基础

1）函数的类型与结构

按使用函数计算应用的方面不同，Excel 将函数分为统计函数、财务函数、逻辑函数等 11 种类型。函数与公式一样，是以“=”开始的，其结构为“=函数名称(参数)”。

函数的结构分为函数名和参数两部分，其结构表达式如下。

```
函数名(参数 1,参数 2,参数 3,…)
```

其中函数名为需要执行运算函数的名称。

参数为函数使用的单元格或者数值，它可以是数字、文本、数组、单元格区域的引用等。函数的参数中还可以包括其他函数，这就是函数的嵌套使用。

2）插入函数

要想使用函数来计算数据，首先需要在结果单元格中插入函数，并设置该函数的参数。

打开原始文件：Excel 实例\任务四\国通公司销售清单.xlsx。

方法一：通过对话框插入函数。

(1) 选择 F4 单元格，切换到“公式”选项卡，在“函数库”组中单击“插入函数”按钮。弹出如图 4-75 所示的“插入函数”对话框。

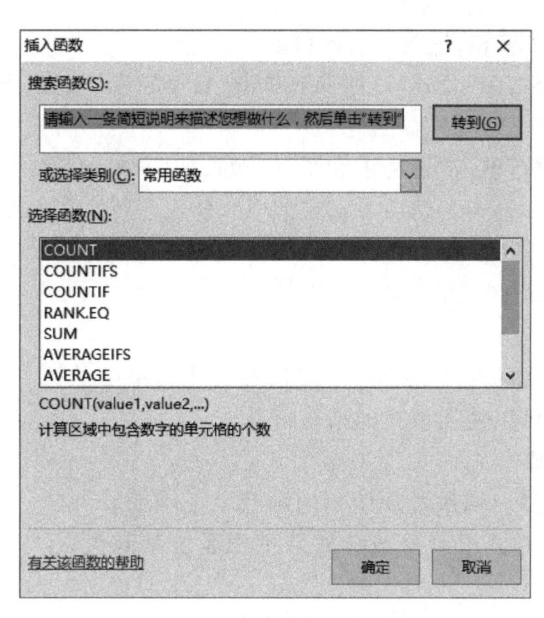

图 4-75　“插入函数”对话框

(2) 单击“或选择类别”下拉列表框右侧的下三角按钮，在展开的列表中选择所需要的类别，如选择“数学与三角函数”选项。

(3) 在“选择函数”列表框中选择需要插入的函数，如 SUM 函数，再单击“确定”按钮，弹出“函数参数”对话框。在 Number1 文本框中显示了设置的参数，如输入 B4:E4，即表示对 B4:E4 单元格区域进行求和。

(4) 单击“确定”按钮返回工作表，可以看到目标单元格中显示了计算的结果，编辑栏中显示了计算的公式。

方法二：直接输入函数。

如果用户对需要使用的函数比较熟悉，可以直接输入函数，也可以直接在单元格中输入，或在编辑栏中输入。

选择 F5 单元格，在编辑栏中输入“=SUM()”，然后将光标定位于括号中，输入参数或引用单元格，在此选择 B4:E4 单元格区域，按 Enter 键。可以看到结果如图 4-76 所示。引用位置作为参数显示在括号中，目标单元格中显示了计算的结果。

F4　=SUM(B4:E4)

	A	B	C	D	E	F
1	国通公司销售清单					
2						单位:元
3		铁西营业部	和平营业部	沈河营业部	大东营业部	合计
4	固话	4,600	4,100	4,800	4,100	¥17,600.00
5	宽带	6,500	7,300	7,600	7,800	
6	移动TD	4,000	4,500	4,200	3,600	
7	掌上行	8,000	7,800	8,800	8,100	
8	无线4G	3,500	4,300	3,600	4,300	
9	平均值					

图 4-76　直接输入函数

方法三：通过“自动求和”按钮插入函数。

(1) 选择F6单元格，在“公式”选项卡下单击“自动求和”按钮，此时在目标单元格自动插入的公式为“=SUM(F4:F5)”。

(2) 选择B9单元格，单击“自动求和”下三角按钮，再选择“平均值”选项，如图4-77所示，可以看到在所选单元格中自动插入了求平均值公式，公式为“=AVERAGE(B4:B8)”。

(3) 按Enter键，可以看到在目标单元格中显示了计算的平均值，即B4:B8单元格区域的平均值。

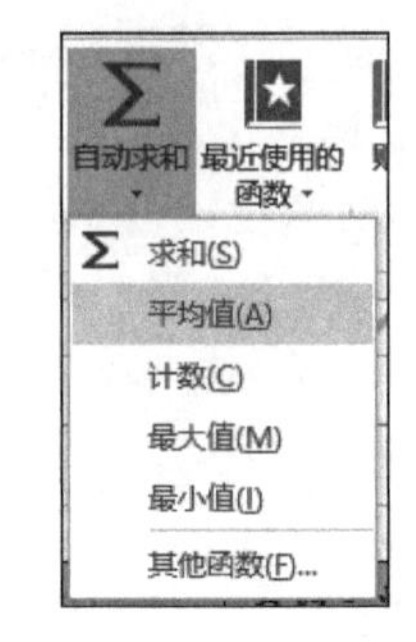

图4-77 使用平均值函数

3) 复制函数

复制函数和复制数据的方法相同，可以通过快捷菜单中的命令进行复制操作，也可以使用填充柄来复制。

4) 修改与删除函数

插入函数计算数据后，如果发现使用的函数不正确或者参数存在问题，那么也可对其进行修改。如果不再需要某函数，还可以将其删除。

(1) 在单元格内修改。单击需要修改函数的单元格，如将AVERAGE函数改为MAX函数，直接输入“=MAX(Num1,Num2,…)”。

(2) 在编辑栏中对函数进行修改，如将AVERAGE函数修改为SUM函数，单击单元格，在编辑栏中可以看到当前应用的函数，将其中的AVERAGE直接替换为SUM即可。

(3) 删除函数。如果输入的函数不正确，或者不再需要某个函数，还可以直接将函数进行删除。

方法一：通过快捷菜单删除函数。

① 选择需要删除函数的结果单元格并右击。

② 在弹出的快捷菜单中选择“清除内容”命令。

方法二：使用功能区的“清除”功能。

① 选择需要删除函数的结果单元格。

② 在“开始”选项卡中单击“清除”按钮，然后在展开的下拉列表中选择“清除内容”选项。

方法三：通过键盘删除函数。

选择需要删除函数的结果单元格，按Delete键或Backspace键可以删除函数。

2. 函数的参数和嵌套

1) 以IF函数为例确定函数参数

IF函数功能：根据指定条件的计算结果为TRUE或FALSE，来返回不同的结果，可用于对数值和公式执行条件检测。

语法格式：

```
IF(Logical_test,Value_if_TRUE,Value_if_FALSE)
```

参数：Logical_test参数表示计算结果为TRUE或FALSE的任意值或条件表达式；Value_if_TRUE参数是Logical_test为TRUE时返回的值；Value_if_FALSE参数是Logical_test为FALSE时返回的值。

条件表达式是把两个表达式用关系运算符(＝、＜＞、＞、＜、＞＝、＜＝)连接起来构成的。

例 4-1　判断 A1 单元格中的成绩，如果大于 60 分，则在 B2 单元格内显示“及格”，否则为“不及格”。

在 B2 单元格中输入公式：“＝IF(A1＞＝60,"及格","不及格")”。

2) 以 IF 函数为例讲解函数嵌套

例 4-2　Excel 中如果 A1＝B1＝C1，则在 D1 显示 1，若不相等则返回 0。

分析：条件为 A1＝B1＝C1，不能用一个表达式表达出来。引入 AND()——与函数则可以将条件写为 AND(A1＝B1,A1＝C1)，则在 D1 单元格中输入“＝IF(AND(A1＝B1,A1＝C1),1,0)”。

也就是说，AND(A1＝B1,A1＝C1)函数作为 IF 函数的条件参数嵌套进了 IF 函数内。

同时，此公式也可以改为“＝IF(A1＜＞B1,0,IF(A1＜＞C1,0,1))”，在这个公式中 IF(A1＜＞C1,0,1)作为错误的返回值参数嵌套进了 IF 函数内。

3. 公式的错误提示

有时候，当输入一个公式时，Excel 会显示一个以＃号开头的数值。这表示公式返回了错误的数值。在这种情况下，就必须对公式进行更正(或者更正公式所引用的单元格)，以消除错误显示。

表 4-3 列出了含有公式的单元格中可能出现的错误类型。如果公式引用的单元格含有错误的数值，则公式就可能会返回错误的值，这称为连锁反应——一个错误会导致其他许多含有相关公式的单元格发生错误。

表 4-3　Excel 公式的错误提示

错误值	说　明
＃DIV/0!	该公式试图执行除以零的计算。当公式试图执行除以空单元格的计算时，也会发生此情况
＃NAME?	该公式使用了 Excel 不能识别的名称。如果删除了在公式中所使用的名称，或者在使用文本时输入了不匹配的引号，则会发生此情况
＃N/A	该公式引用了(直接或间接)使用 NA 函数的单元格，而此函数用于指明数据不可用。某些函数(例如，VLOOKUP)也可以返回＃N/A
＃NULL!	该公式使用了两个不相交区域的交叉部分
＃NUM!	数值存在问题。例如，在应该使用正数的位置指定了一个负数
＃REF!	该公式引用的单元格无效。如果单元格已经从工作表中删除，则会发生此情况
＃VALUE!	该公式包含错误类型的参数或运算符(运算符是公式用于计算结果的值或单元格引用)

4.4.5　知识拓展

如何设计表格中利用函数。

例 4-3　设计一个自动生成双色球彩票随机选号码的表格。

分析：双色球号码由 33 选 6 的红球和 16 选 1 的蓝球组成，其中红球号码不能重复，蓝球号码则与红球无关。16 选 1 的蓝球可以用一个随机数函数来制作，随机数应该是与数学有关系的函数，所以在“公式”功能区的“数学和三角函数”中查找，将鼠标停留在函数名上一段时间就会有此函数的功能弹出，如图 4-78 所示，按此方法可以找到随机数函数为 RAND()。

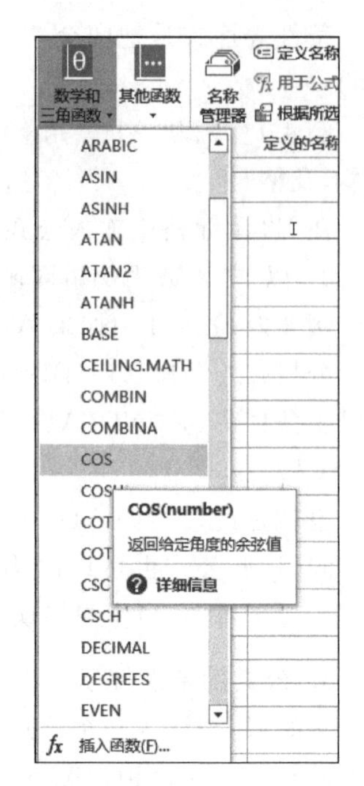

图 4-78　函数功能显示

根据提示所生成的随机数是一个小于 1 大于等于 0 的数，如何将它变成 16 以内(含 16)的整数？将这个数乘以 16 后取整就可以得到 0～15 的数，取整的函数同样也应该是数学函数，经过查询为 INT()函数。在此基础上加 1 就可以得到 16 以内的随机整数。单击 A7 单元格输入“＝INT(RAND() * 16)＋1”，如图 4-79 所示。

红球就比较麻烦一些了，6 个球不能有重复的数字怎么办？

这时可以想象一下把 33 个数字排序则每个数的序号不会重复。这里需要一个附表，附表中有 33 个随机数，如图 4-80 所示，排序的函数应该是统计函数，所以在“公式”功能区下“其他函数”中的“统计”中。我们找到了 RANK. EQ 函数，于是在 A4 单元格内输入“＝RANK. EQ(附表！A1，附表！A1:A33)”，表示 A1 在 A1:A33 中由大到小的排序号，B4 单元格内输入“＝RANK. EQ(附表！A2，附表！A1:A33)”，表示 A2 在 A1: A33 中由大到小的排序号，依次输入 F4 单元格，如图 4-81 所示，完成了双色球选号器。

A7　=INT(RAND()*16)+1

	A	B	C	D	E	F
1	双色球选号器					
2						
3	红球1	红球2	红球3	红球4	红球5	红球6
4						
5						
6	蓝球					
7	11					
8						
9						
10						

图 4-79　蓝球选号器

例 4-4　猜拳游戏。

首先是玩家出拳，可以利用数据验证中的序列，选择性的输入“石头”“剪刀”“布”，如图 4-82 所示。

然后是计算机出拳，由于计算机出拳是随机的，所以还需要采用随机数，想出现 3 种均等概率的随机数，根据上一例题，随机数乘以 3 取整。现在可以利用 IF 函数将 3 个数转换为“石头”“剪刀”“布”，输入公式为“＝IF(INT(RAND() * 3)＝0,"石头",IF(INT(RAND() * 3)＝1,"剪刀","布"))”。在这里向大家介绍另一个函数 CHOOSE()来完成这个任务，利用公式编辑器可以方便地操作不熟悉的函数。首先选择 D3 单元格，单击“公式”选项卡中的“查

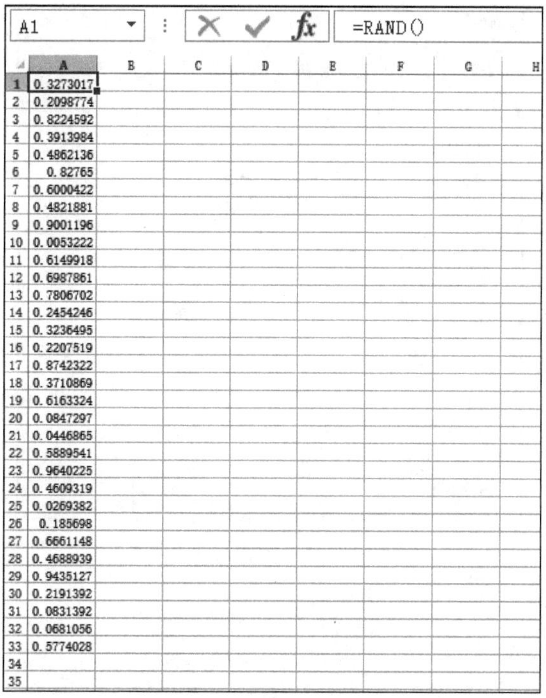

A1　=RAND()

	A	B	C	D	E	F	G	H
1	0.3273017							
2	0.2098774							
3	0.8224592							
4	0.3913984							
5	0.4862136							
6	0.82765							
7	0.6000422							
8	0.4821881							
9	0.9001196							
10	0.0053222							
11	0.6149918							
12	0.6987861							
13	0.7806702							
14	0.2454246							
15	0.3236495							
16	0.2207519							
17	0.8742322							
18	0.3710869							
19	0.6163324							
20	0.0847297							
21	0.0446865							
22	0.5889541							
23	0.9640225							
24	0.4609319							
25	0.0269382							
26	0.185698							
27	0.6661148							
28	0.4688939							
29	0.9435127							
30	0.2191392							
31	0.0831392							
32	0.0681056							
33	0.5774028							
34								
35								

图 4-80　双色球选号器附表

RANK.EQ　=RANK.EQ(附表!A1,附表!A1:A33)

	A	B	C	D	E	F	G
1	双色球选号器						
2							
3	红球1	红球2	红球3	红球4	红球5	红球6	
4	1:A33)	22	19	28	17	13	
5							
6	蓝球						
7	2						
8							
9							
10							
11							

图 4-81　双色球选号器完成

找与引用”按钮，选择 CHOOSE 函数，弹出对话框，如图 4-83 所示。

在插入点插入参数(如 Index_num 文本框中)，下面就会显示参数(如 Index_num)的作用和数值要求或操作。Index_num 的作用：指出所选参数值在参数表中的位置，数值要求为 1～254的数值，或返回值为 1～254 的引用或公式。我们输入的恰是公式“INT(RAND() * 3)+1”，其返回值为 1、2、3。当在插入点插入 Value1 时，下面显示：“Value1，Value2，… 是 1～254个数值参数、单元格引用、已定义名称、公式、函数或者是 CHOOSE 从中选定的文本参数。”

我们输入 Value1"石头"，Value2"剪刀"，Value2"布"，则当 Index_num 返回值为 1 时，CHOOSE 函数返回值为“石头”；当 Index_num 返回值为 2 时，CHOOSE 函数返回值为“剪

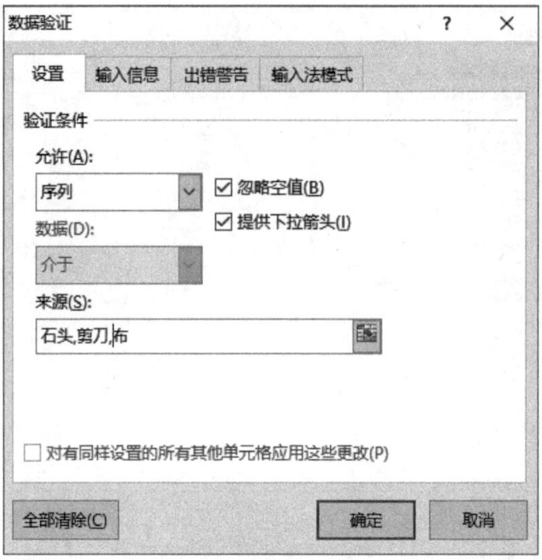

图 4-82 玩家出拳的制作

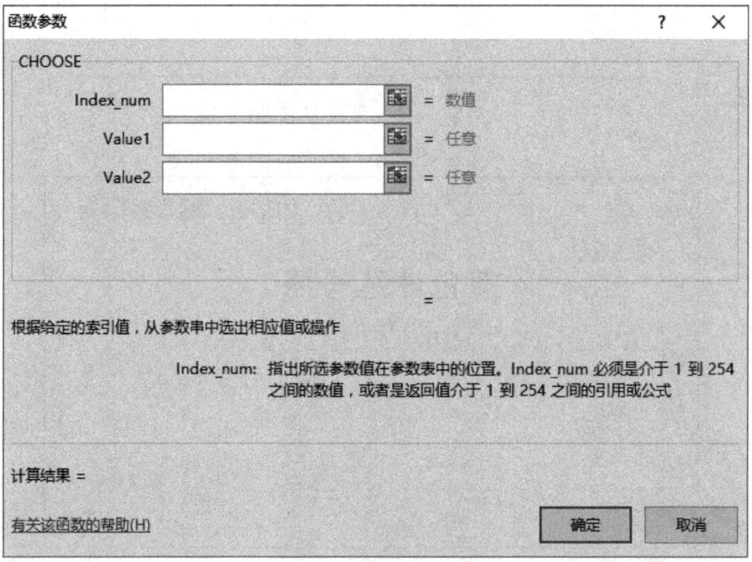

图 4-83 CHOOSE 函数参数

刀";当 Index_num 返回值为 3 时,CHOOSE 函数返回值为"布"。在输入时可以不加引号,对话框会自动将引号加上。

比赛结果:有 3 种情况,分别是"你赢了!""打平了!""你输了"。

你赢了的条件为石头对剪刀、剪刀对布或布对石头。

打平了的条件为石头对石头、剪刀对剪刀或布对布。

于是在 B5 单元格中输入以下公式。

```
=IF(OR(AND(B3="石头",D3="剪刀"),AND(B3="剪刀",D3="布"),
AND(B3="布",D3="石头")),"你赢了!",
IF(OR(AND(B3="石头",D3="石头"),
```

```
AND(B3="剪刀",D3="剪刀"),AND(B3="布",D3="布")),
"打平了!","你输了!"))”
```

如图 4-84 所示是完成后的猜拳游戏。

图 4-84　猜拳游戏

4.4.6　技能训练

练习：肥胖程度计算器。

(1) 打开原始文件：Excel 实例\任务四\肥胖程度计算.xlsx。

(2) 制作肥胖程度计算器。

体重指数=体重(kg)/身高(m)的平方。

正常的体重指数：18～25。

偏瘦的体重指数：<18。

超重的体重指数：>25。

(3) 计算体重指数(B5 单元格)，体重指数=体重(B2 单元格)除以身高(B3 单元格)的平方。

(4) 体重情况：18<=B5<=25 时返回 Sheet1 工作表中 A3 单元格内容；B5<18 时返回 Sheet1 工作表中 A2 单元格内容；B5>25 时返回 Sheet1 工作表中 A4 单元格内容。

(5) 我们的建议：18<=B5<=25 时返回 Sheet1 工作表中 B3 单元格内容；B5<18 时返回 Sheet1 工作表中 B2 单元格内容；B5>25 时返回 Sheet1 工作表中 B4 单元格内容。

最终结果如图 4-85 所示。

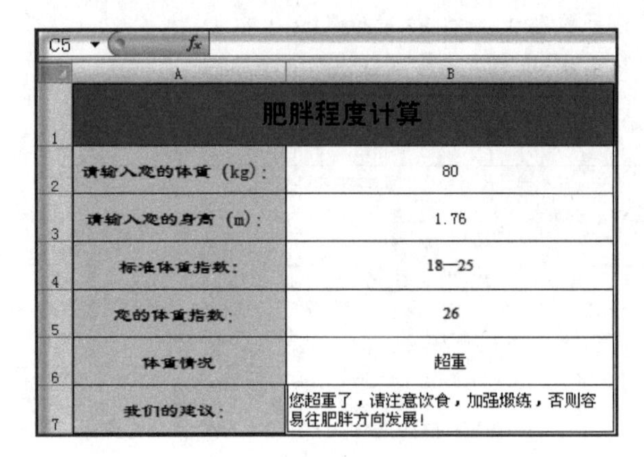

图 4-85 肥胖程度计算器结果

任务 4.5 数据分析“学生成绩登记册”工作簿

数据分析是 Excel 的一项重要功能，在本项目中学生成绩登记已经结束，接下来的任务就是生成补考人员名单和对学生成绩进行分析，利用到 Excel 中的排序、筛选、分类汇总、图表等功能。

4.5.1 任务要点

(1) 筛选数据。

(2) 数据排序。

(3) 数据分类汇总。

(4) 生成图表。

(5) 数据透视表。

4.5.2 任务要求

(1) 打开原始文件：Excel 实例\任务五\学生成绩登记册.xlsx。

(2) 筛选补考名单。对“计算机成绩”“数学成绩”“网络成绩”和“英语成绩”4 个工作表中“综合成绩”字段低于 60 分的名单进行筛选。

(3) 复制名单生成“16 智能补考名单”工作表。将筛选出来的名单，复制到“16 智能补考名单”工作表中完成“16 智能补考名单”工作表。

(4) 利用“高级筛选”生成“16 智能学生评优对照”工作表。利用“高级筛选”筛选出“16 智能学生评优对照”工作表中，各科成绩都大于等于 75 分的学生作为学生评优时的参考。

(5) 数据排序。将“16 智能成绩分析”工作表中数据按性别排序，女生在前，男生在后；性别相同时，按总分由高到低进行排序。

(6) 分类汇总。分析汇总“16 智能成绩分析”工作表中男女生平均成绩对照。

(7) 图表分析。利用图表分析各科试题难易度。

4.5.3　实施过程

（1）打开原始文件：Excel 实例\任务五\学生成绩登记册.xlsx。

（2）筛选补考名单。进入“16 智能计算机成绩登记册”工作表，选择 A6:L30 单元格，单击“开始”选项卡中的“排序和筛选”按钮，在下拉列表中选择“筛选”选项后如图 4-86 所示。单击“综合成绩”J6 单元格内的下三角按钮，选择“数字筛选”选项，在弹出的下拉列表中选择“小于”选项，如图 4-87 所示。出现“自定义自动筛选方式”对话框，在“小于”文本框中输入 60，如图 4-88 所示。单击“确定”按钮，结果如图 4-89 所示。按此方式将“16 智能数学成绩登记册”“16 智能网络成绩登记册”“16 智能英语成绩登记册”工作表按“综合成绩”小于 60 进行筛选。

	A	B	C	D	E	F	G	H	I	J	K	L
4	课	程：[060301]计算机基础			学　分：2.0		课程类别：公共课/必修			考核方式：考试		
5	综合成绩（百分制）=平时成绩（百分制）（50%）+中考成绩（）（0%）+末考成绩（百分制）（50%）+技能成绩（）（0%）											
6	序	学号	姓名	性	修读性	平时成绩	中考成绩	末考成绩	技能成绩	综合成绩	辅修标	备
7	1	160105520101	王奕博	男	初修	95		85		90		
8	2	160105520102	王钰鑫	男	初修	80		79		80		
9	3	160105520103	李明远	男	初修	98		92		95		
10	4	160105520104	马天庆	男	初修	100		99		100		
11	5	160105520105	张新宇	男	初修	95		93		94		
12	6	160105520106	那贵森	男	初修	90		80		85		
13	7	160105520107	乌琼	女	初修	80		63		72		
14	8	160105520108	李亚楠	女	初修	85		70		78		
15	9	160105520109	王涛	男	初修	95		99		97		
16	10	160105520110	谷鹏飞	男	初修	90		55		73		
17	11	160105520111	赵洪龙	男	初修	85		78		82		
18	12	160105520112	王玉梅	女	初修	75		68		72		
19	13	160105520113	刘彦超	男	初修	85		72		79		
20	14	160105520114	周虹廷	男	初修	90		90		90		
21	15	160105520115	王祉睿	男	初修	90		35		63		
22	16	160105520116	高国锋	男	初修	100		92		96		
23	17	160105520117	伊天娇	女	初修	85		77		81		
24	18	160105520118	杨兆旭	男	初修	90		86		88		
25	19	160105520119	孔祥鑫	男	初修	80		73		77		
26	20	160105520120	王均望	男	初修	70		26		48		
27	21											
28	22											
29	23											
30	24											

图 4-86　排序和筛选

（3）复制名单生成“16 智能补考名单”工作表。选择“16 智能计算机成绩登记册”工作表中 B26:C26 单元格，右击，选择快捷菜单中的“复制”命令，进入“16 智能补考名单”工作表，选择 A4 单元格，右击，在快捷菜单中选择“粘贴”命令。同样进入“16 智能数学成绩登记册”工作表，选择 B8:C19 单元格，右击，选择快捷菜单中的“复制”命令，进入“16 智能补考名单”工作表，选择 C4 单元格，右击，在快捷菜单中选择“粘贴”命令。进入“16 智能网络成绩登记册”工作表，选择 B12:C13 单元格，右击，选择快捷菜单中的“复制”命令，进入“16 智能补考名单”工作表，选择 E4 单元格，右击，在快捷菜单中选择“粘贴”命令。进入“16 智能英语成绩登记册”工作表，选择 B13:C23 单元格，右击，选择快捷菜单中的“复制”命令，进入“16 智能补考名单”工作表选择 G4 单元格，右击，在快捷菜单中选择“粘贴”命令。补全表格线后，如图 4-90 所示，完成“16 智能补考名单”工作表。

图 4-87 "数字筛选"选项

图 4-88 "自定义自动筛选方式"对话框

	A	B	C	D	E	F	G	H	I	J	K	L
4	课 程:[060301]计算机基础				学 分:2.0		课程类别:公共课/必修			考核方式:考试		
5	综合成绩(百分制)=平时成绩(百分制) (50%)+中考成绩() (0%)+末考成绩(百分制) (50%)+技能成绩() (0%)											
6	序	学号	姓名	性别	修读性质	平时成绩	中考成绩	末考成绩	技能成绩	综合成绩	辅修标记	备注
26	20	160105520120	王均望	男	初修	70		26		48		
31												
32	登分人(签字):__________		登分日期:__________			审核人(签字):__________			审核日期:__________			
33												

图 4-89 筛选结果

J20

	A	B	C	D	E	F	G	H
1	16智能2016-2017学年第一学期补考名单							
2	科目	计算机	科目	数学	科目	网络	科目	英语
3	学号	姓名	学号	姓名	学号	姓名	学号	姓名
4	160105520120	王均望	160105520102	王钰鑫	160105520106	那贵森	160105520107	乌琼
5			160105520107	乌琼	160105520107	乌琼	160105520111	赵洪龙
6			160105520109	王涛			160105520117	伊天娇
7			160105520110	谷鹏飞				
8			160105520113	刘彦超				
9								
10								
11								
12								
13								
14								
15								
16								
17								
18								
19								

图 4-90 "16 智能补考名单"完成结果

（4）利用“高级筛选”生成“16 智能学生评优对照”工作表。进入“16 智能学生评优对照”工作表，选择 A4:K28 单元格，单击“数据”功能区下的“排序和筛选”区域内的“高级”按钮，弹出“高级筛选”对话框，如图 4-91 所示，单击“条件区域”后的表格选择按钮，在选择状态下进入“评优条件”工作表，选择 A2:D3 单元格并按 Enter 键确认，单击“高级筛选”对话框内的“确定”按钮，完成对“16 智能学生评优对照”工作表的高级筛选，如图 4-92 所示。

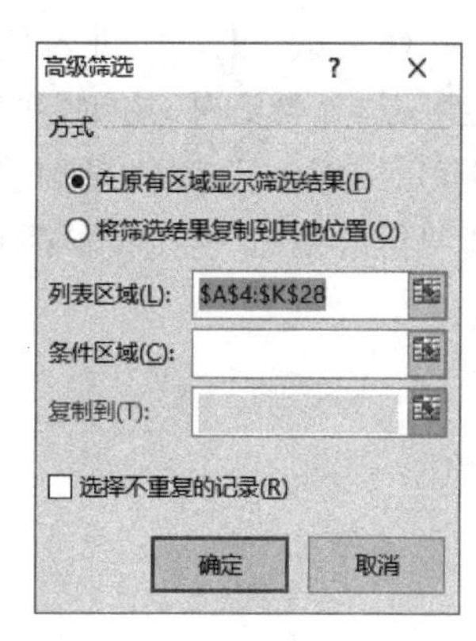

图 4-91　“高级筛选”对话框

（5）数据排序。进入“16 智能成绩分析”工作表，选择 A4:M28 单元格，单击“开始”功能区内“排序和筛选”区域的“排序”按钮，弹出“排序”对话框，如图 4-93 所示。“主要关键字”选择“性别”，次序为“降序”，单击“添加条件”按钮，出现“次要关键字”，选择“总分”选项，次序也是“降序”，单击“确定”按钮完成排序，如图 4-94 所示。

辽宁城市建设职业技术学院成绩登记册

2016-2017学年第一学期

院(系)/部：建筑设备系　行政班级：16智能　学生人数：20

行	序号	学号	姓名	性别	修读性质	计算机成绩	数学成绩	网络成绩	英语成绩	总分	平均分
7	3	160105520103	李明远	男	初修	95	76	85	98	354	88
12	8	160105520108	李亚楠	女	初修	78	86	79	98	341	85

图 4-92　“16 智能学生评优对照”工作表高级筛选结果

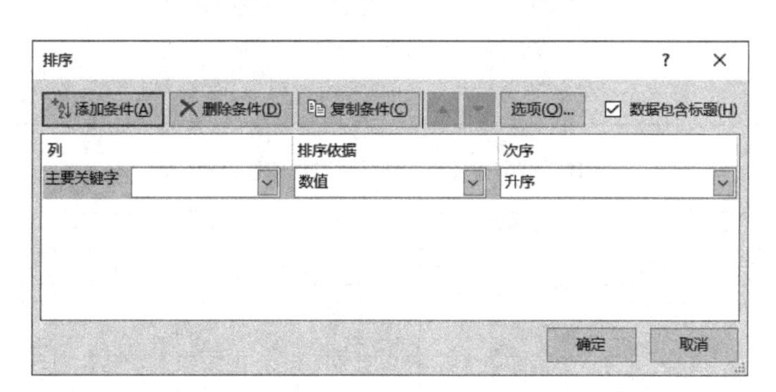

图 4-93　自定义排序

辽宁城市建设职业技术学院成绩登记册

2016-2017学年第一学期

院(系)/部：建筑设备系　行政班级：16智能　学生人数：20

行	序号	学号	姓名	性别	修读性质	计算机成绩	数学成绩	网络成绩	英语成绩	总分	平均分	名次	奖学金
5	8	160105520108	李亚楠	女	初修	78	86	79	98	341	85	3	三等奖学金
6	12	160105520112	王玉梅	女	初修	72	70	83	61	285	71	13	
7	17	160105520117	伊天娇	女	初修	81	67	75	52	276	69	15	
8	7	160105520107	乌琼	女	初修	72	55	52	51	229	57	20	
9	3	160105520103	李明远	男	初修	95	76	85	98	354	88	1	一等奖学金
10	5	160105520105	张新宇	男	初修	94	92	96	69	350	88	2	二等奖学金
11	14	160105520114	周虹廷	男	初修	90	71	78	93	332	83	4	三等奖学金
12	16	160105520116	高国锋	男	初修	96	78	84	74	331	83	5	三等奖学金
13	4	160105520104	马天庆	男	初修	100	74	81	71	325	81	6	三等奖学金
14	18	160105520118	杨兆旭	男	初修	88	83	90	62	322	81	7	三等奖学金
15	1	160105520101	王奕博	男	初修	90	70	79	79	318	79	8	
16	19	160105520119	孔祥鑫	男	初修	77	69	80	82	308	77	9	
17	9	160105520109	王涛	男	初修	97	53	67	82	300	75	10	
18	11	160105520111	赵洪龙	男	初修	82	82	85	49	297	74	11	
19	15	160105520115	王祉孱	男	初修	63	83	83	62	290	73	12	
20	10	160105520110	谷鹏飞	男	初修	73	52	67	91	283	71	14	
21	20	160105520120	王均望	男	初修	48	74	77	74	273	68	16	
22	6	160105520106	那贯森	男	初修	85	63	57	67	271	68	17	
23	2	160105520102	王钰鑫	男	初修	80	55	62	72	268	67	18	
24	13	160105520113	刘彦超	男	初修	79	55	60	71	265	66	19	
25	21												
26	22												
27	23												
28	24												

图 4-94　完成自定义排序

(6) 分类汇总。进入“16 智能成绩分析”工作表,选择 A4:M28 单元格,单击“数据”功能区下“分类汇总”按钮,弹出“分类汇总”对话框,如图 4-95 所示,“分类字段”选择“性别”选项,“汇总方式”选择“平均值”选项,“选定汇总项”中选中“计算机成绩”“数学成绩”“网络成绩”“英语成绩”复选框然后单击“确定”按钮完成分类汇总,如图 4-96 所示。

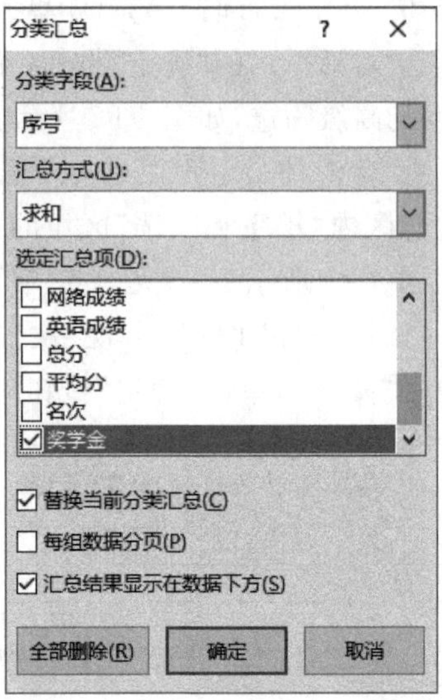

图 4-95 “分类汇总”对话框

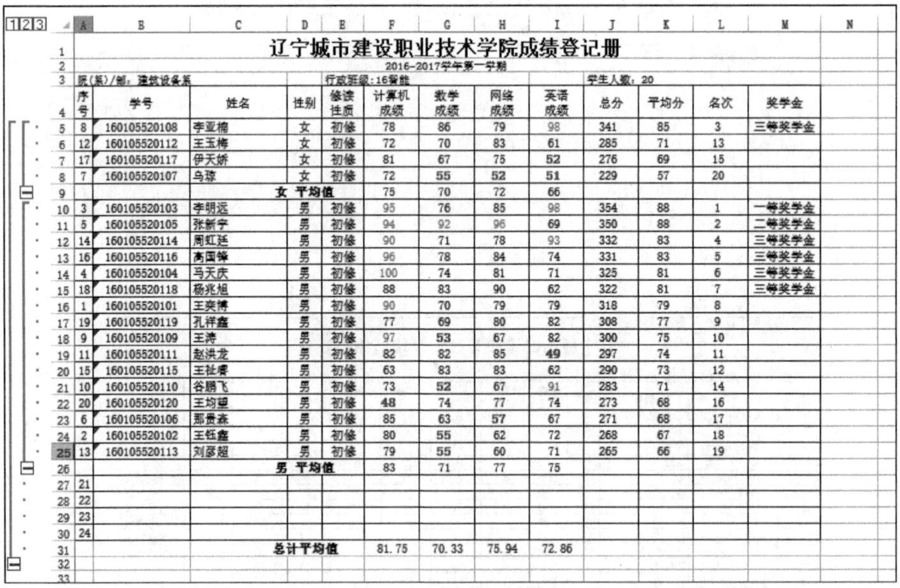

辽宁城市建设职业技术学院成绩登记册

2016-2017学年第一学期

院(系)/部:建筑设备系 行政班级:16智能 学生人数:20

序号	学号	姓名	性别	修读性质	计算机成绩	数学成绩	网络成绩	英语成绩	总分	平均分	名次	奖学金
8	160105520108	李亚楠	女	初修	78	86	79	98	341	85	3	三等奖学金
12	160105520112	王玉梅	女	初修	72	70	83	61	285	71	13	
17	160105520117	伊天娇	女	初修	81	67	75	52	276	69	15	
7	160105520107	乌琮	女	初修	72	55	52	51	229	57	20	
		女 平均值			75	70	72	66				
3	160105520103	李明远	男	初修	95	76	85	98	354	88	1	一等奖学金
5	160105520105	张新宇	男	初修	94	92	96	69	350	88	2	二等奖学金
14	160105520114	周虹廷	男	初修	90	71	78	93	332	83	4	三等奖学金
16	160105520116	高国锋	男	初修	96	78	84	74	331	83	5	三等奖学金
4	160105520104	马天庆	男	初修	100	74	81	71	325	81	6	三等奖学金
18	160105520118	杨兆旭	男	初修	88	83	90	62	322	81	7	三等奖学金
1	160105520101	王奕博	男	初修	90	70	79	79	318	79	8	
19	160105520119	孔祥鑫	男	初修	77	69	80	82	308	77	9	
9	160105520109	王涛	男	初修	97	53	67	82	300	75	10	
11	160105520111	赵洪龙	男	初修	82	82	85	49	297	74	11	
15	160105520115	王祉睿	男	初修	63	83	83	62	290	73	12	
10	160105520110	谷鹏飞	男	初修	73	52	67	91	283	71	14	
20	160105520120	王均望	男	初修	48	74	77	74	273	68	16	
6	160105520106	那贵森	男	初修	85	63	57	67	271	68	17	
2	160105520102	王钰鑫	男	初修	80	55	62	72	268	67	18	
13	160105520113	刘彦超	男	初修	79	55	60	71	265	66	19	
		男 平均值			83	71	77	75				
21												
22												
23												
24												
		总计平均值			81.75	70.33	75.94	72.86				

图 4-96 分类汇总结果

(7) 图表分析。进入“16 智能成绩分析”工作表,选择 C36:I41 单元格,单击“插入”功能区下的“插入柱形图”按钮,选择“簇状柱形图”选项,生成图表如图 4-97 所示。单击“设计”功能区下的“选择数据”按钮,弹出“选择数据源”对话框,如图 4-98 所示,取消选中“水平(分类)轴标签”下的两个空白选项,单击“确定”按钮完成数据源修改。选择图表中的“图表标题”修改为“成绩分析”，设为黑体、18 磅加粗。适当调整图表大小，在图表下方插入文本框内容为“成绩分析：根据图表分析计算机成绩普遍偏高，数学成绩普遍偏低，网络成绩和英语成绩基本成正态分布出题难度适当。”字号设为 14 磅，如图 4-99 所示。

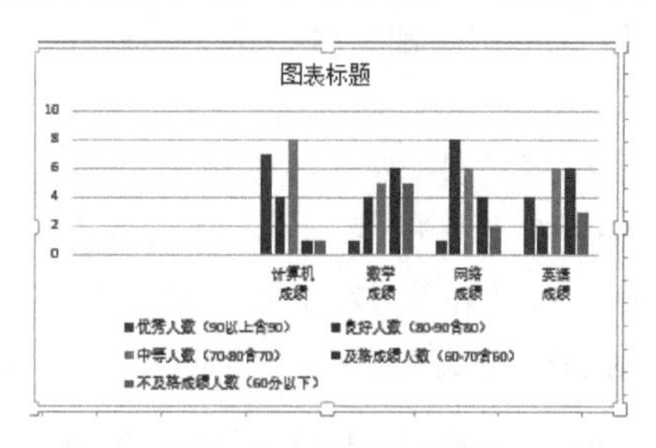

图 4-97　簇状柱形图

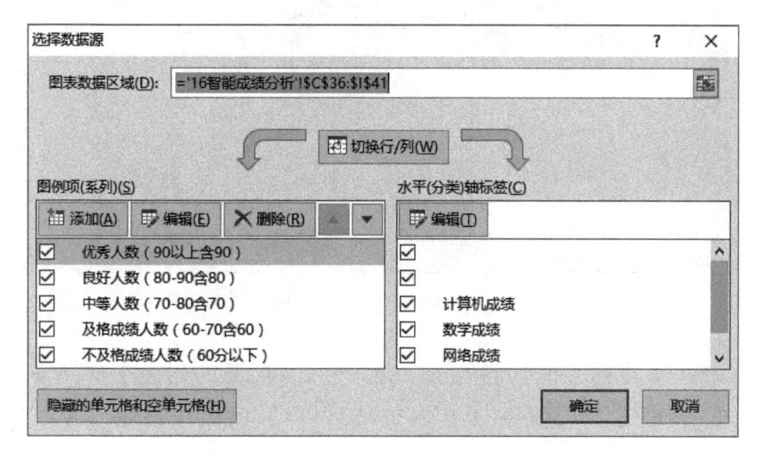

图 4-98　“选择数据源”对话框

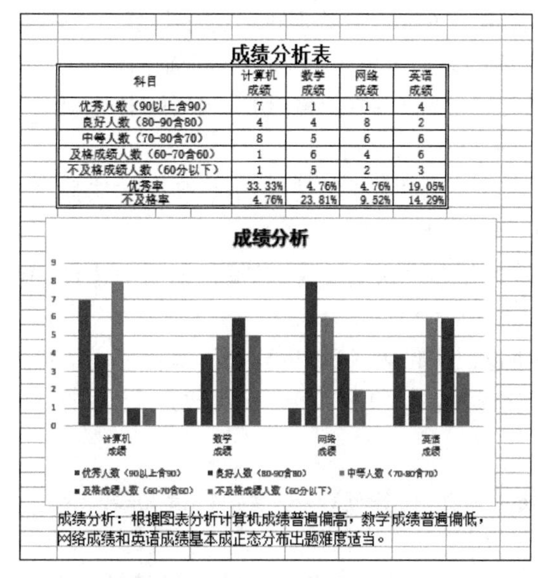

成绩分析表

科目	计算机成绩	数学成绩	网络成绩	英语成绩
优秀人数（90以上含90）	7	1	1	4
良好人数（80-90含80）	4	4	8	2
中等人数（70-80含70）	8	5	6	6
及格成绩人数（60-70含60）	1	6	4	6
不及格成绩人数（60分以下）	1	5	2	3
优秀率	33.33%	4.76%	4.76%	19.05%
不及格率	4.76%	23.81%	9.52%	14.29%

图 4-99　成绩分析图表完成情况

4.5.4 知识链接

1. 数据排序

打开原始文件:Excel 实例\任务五\销售统计表.xlsx。

1) 简单排序

简单排序是指设置单一的排序条件,然后将工作表中的数据按指定的条件进行排序。

(1) 选择工作表数据区域中任意单元格,切换到"数据"选项卡,在"排序和筛选"组中单击"排序"按钮,弹出如图 4-100 所示"排序"对话框。单击"主要关键字"下拉列表框右侧的下三角按钮,在展开的列表中选择"金额"选项。

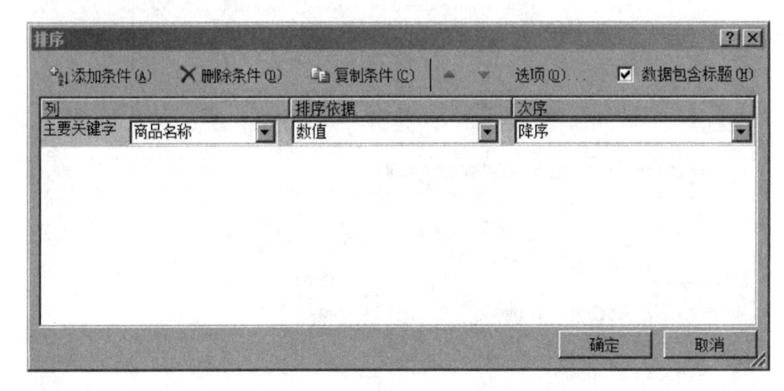

图 4-100 "排序"对话框

(2) 单击"次序"下拉列表框右侧的下三角按钮,在展开的列表中选择需要排序的次序,如"降序"选项,单击"确定"按钮返回工作表中,销售金额已经按指定的降序进行了排序,最大值显示在最前端。

2) 复杂排序

复杂排序是指同时按多个关键字对数据进行排序。复杂排序需要在"排序"对话框中进行设置,可以添加多个排序的条件来实现对数据的复杂排序。

(1) 选择工作表数据区域任意一单元格,切换到"数据"选项卡,在"排序和筛选"组中单击"排序"按钮。

(2) 弹出的"排序"对话框,在"主要关键字"下拉列表中选择"日期"选项,在"次序"下拉列表中选择"降序"选项。

(3) 单击"添加条件"按钮,在"次要关键字"下拉列表中选择"金额"选项,在"次序"下拉列表中选择"降序"选项。

(4) 单击"确定"按钮返回工作表,可以看到表格执行了两个排序条件,依次对商品和金额进行了降序排序,排序结果如图 4-101 所示。

2. 筛选数据

打开原始文件:Excel 实例\任务五\三季度销售情况表.xlsx。

1) 自动筛选

自动筛选是指在工作表中根据数据即可直接选择筛选条件,快速显示出满足条件的数据。

	A	B	C	D	E
1	销售统计表				
2	流水号	日期	销售员	商品名称	金额
3	73	12月13日	李民浩	齿轮油	6767
4	78	12月13日	任可	火花塞	6616
5	76	12月13日	杨怡	微波炉	5649
6	74	12月13日	张晓林	齿轮油	4646
7	77	12月13日	周朝阳	机油格	4646
8	75	12月13日	林淼	机油格	4546
9	19	12月4日	李民浩	机油格	6456

图 4-101　复杂排序结果

(1) 选择工作表数据区域任意单元格,切换到"数据"选项卡,在"排序和筛选"组中单击"筛选"按钮。此时各列字段后面均出现了下三角按钮。

(2) 单击"性别"后的下三角按钮,在展开的下拉列表中取消选中"男"复选框,单击"确定"按钮。显示如图 4-102 所示筛选结果。

	A	B	C	D	E	F
1	三季度销售情况表					
2	员工编	员工姓	性别	年龄	所属部	本月销售额
3	001	赵磊	男	30	家电部	75,000
5	003	林夕	男	26	童装部	56,000
6	004	田晓磊	男	25	童装部	63,000
8	006	任可	男	28	餐饮部	75,000
9	007	贾波	男	29	餐饮部	45,000
10	008	王强	男	30	童装部	57,000
12	010	林森	男	27	家电部	54,000

图 4-102　自动筛选结果

(3) 单击"性别"后的下三角按钮,在展开的下拉列表中选择"从'性别'中清除筛选"选项。

(4) 单击"本月销售额"字段后的下三角按钮,在展开的下拉列表中选择"数字筛选"选项,然后在其子列表中选择"10 个最大值"选项。

(5) 弹出"自动筛选前 10 个"对话框,将 10 改为 7 后单击"确定"按钮,可见工作表中只显示了本月销售额最大的 7 项。

如果需要清除工作表中的所有筛选,可在"排序和筛选"组中单击"清除"按钮;再次单击"筛选"按钮,可清除工作表中所有筛选,并退出筛选状态。

2) 自定义筛选

(1) 选择工作表数据区域任意一单元格,切换到"数据"选项卡,单击"筛选"按钮。

(2) 单击"本月销售额"字段后的下三角按钮,在展开的下拉列表中选择"数字筛选"选项,然后在其子列表中选择"自定义筛选"选项。

(3) 弹出"自定义自动筛选方式"对话框,设置本月销售额条件为大于 60000,再次打开"自定义自动筛选方式"对话框,选中"或"单选按钮,在下拉列表框中设置第二个条件,如设置本月销售额小于 50000,表示本月销售额满足大于 60000 或者小于 50000 的条件,如图 4-103 所示,最后单击"确定"按钮,结果如图 4-104 所示。

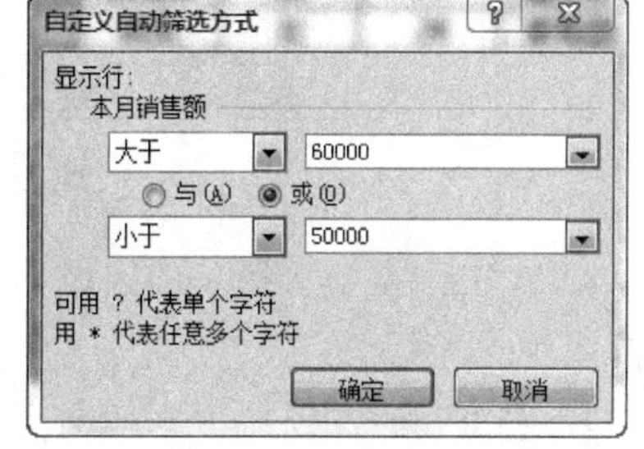

图 4-103　"自定义自动筛选方式"对话框

	A	B	C	D	E	F
1	三季度销售情况表					
2	员工编	员工姓	性别	年龄	所属部	本月销售额
3	001	赵磊	男	30	家电部	75,000
4	002	王丹	女	35	家电部	48,000
6	004	田晓磊	男	25	童装部	63,000
8	006	任可	男	28	餐饮部	75,000
9	007	贾波	男	29	餐饮部	45,000
11	009	赵玉	女	31	餐饮部	62,000

图 4-104 “或”条件筛选结果

3）高级筛选

高级筛选是指复杂的条件筛选，可能会执行多个筛选条件。高级筛选要求在工作表中指定一个空白区域用于存放筛选条件，这个区域称为条件区域。

（1）将列标题复制到 H2:M2 单元格区域，然后在表格的下方空白区域输入筛选条件，如图 4-105 所示，性别为女且年龄大于 30。

	G	H	I	J	K	L	M
1							
2		员工编号	员工姓名	性别	年龄	所属部门	本月销售额
3				女	>30		
4							

图 4-105 在条件区域输入筛选条件

（2）选择任意数据源单元格区域，切换至“数据”选项卡，单击“筛选”按钮进入筛选状态，再单击“高级”按钮弹出如图 4-106 所示的“高级筛选”对话框，在“列表区域”默认显示了数据源区域，在此单击“条件区域”文本框右侧折叠按钮。

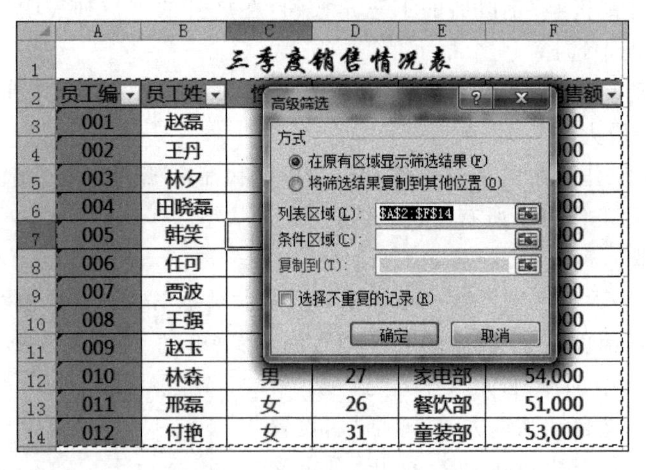

图 4-106 “高级筛选”对话框

（3）在工作表中选择条件区域，如 H2:M4 单元格区域，再单击对话框中的折叠按钮返回“高级筛选”对话框。

（4）单击“确定”按钮得到如图 4-107 所示筛选结果。

	A	B	C	D	E	F
1	三季度销售情况表					
2	员工编号	员工姓名	性别	年龄	所属部门	本月销售额
4	002	王丹	女	35	家电部	48,000
11	009	赵玉	女	31	餐饮部	62,000
14	012	付艳	女	31	童装部	53,000

图 4-107　高级筛选结果

3. 数据分类汇总

在创建分类汇总前，需要确定分类的字段，并要将分类字段进行排序，以便对各类数据进行汇总计算。汇总的方式有计算、求和、平均值、最大值、最小值等。

打开原始文件：Excel 实例\任务五\销售清单. xlsx。

如果需要对各销售员的销售情况进行汇总，则通过下面的操作完成。

(1) 选择 F 列任意数据单元格，切换到"数据"选项卡，在"排序和筛选"组中单击"升序"按钮。可以看到 F 列中的销售员数据按姓氏的首字母升序排序。

(2) 单击"数据"选项卡"分级显示"组中的"分类汇总"按钮，弹出"分类汇总"对话框。

(3) 单击"分类字段"下拉列表框右侧的下三角按钮，在展开的下拉列表中选择字段，如"销售员"。

(4) 单击"汇总方式"下拉列表框右侧的下三角按钮，在展开的下拉列表中选择汇总方式，如"求和"。

(5) 在"选定汇总项"下拉列表框中选择需要进行汇总的项目，如只选中"销售金额"复选框，再单击"确定"按钮，可以看到工作表中数据按销售员对销售金额进行了求和，结果如图 4-108 所示。

	A	B	C	D	E	F
1	销售记录清单					
2	日期	商品名称	销售数量	销售单价	销售金额	销售员
3	20141003	火花塞	5	¥420.00	¥2,100.00	陈思思
4	20141007	火花塞	5	¥420.00	¥2,100.00	陈思思
5	20141011	防冻液	4	¥120.00	¥480.00	陈思思
6	20141015	防冻液	4	¥120.00	¥480.00	陈思思
7					¥5,160.00	陈思思 汇总
8	20141002	空调格	4	¥120.00	¥480.00	李楠
9	20141006	火花塞	7	¥420.00	¥2,940.00	李楠
10	20141010	机油滤芯	6	¥120.00	¥720.00	李楠
11	20141014	火花塞	3	¥420.00	¥1,260.00	李楠
12	20141018	机油滤芯	7	¥120.00	¥840.00	李楠
13					¥6,240.00	李楠 汇总
14	20141001	火花塞	3	¥420.00	¥1,260.00	田夏磊

图 4-108　分类汇总结果

(6) 在默认情况下，分类汇总后数据分三级显示，单击工作表左上角的相应数字分级按钮，可更改当前显示级别，如单击数字 2 按钮。图 4-109 所示为以 2 级显示分类汇总结果。

(7) 删除分类汇总。当不再需要在工作表中显示汇总结果时，可以将分类汇总进行删除。方法是弹出"分类汇总"对话框，单击"全部删除"按钮。删除分类汇总后，数据以常规的状态显示。

	C	D	E	F
1	销售记录清单			
2	销售数量	销售单价	销售金额	销售员
7			¥5,160.00	陈思思 汇总
13			¥6,240.00	李楠 汇总
19			¥4,260.00	田夏磊 汇总
24			¥3,900.00	赵颖 汇总
25			¥19,560.00	总计

图 4-109　2 级显示分类汇总结果

若要汇总或报告多个单独工作表中的结果,那么可以将每个单独工作表中的数据合并计算到一个主工作表中。

4. 创建图表

1) 通过功能区创建图表

在功能区中用户可以快速插入各种类型的图表,只需先选择创建表格的数据源区域,再单击相应的图表类型按钮,并选择一个子图表类型,即可快速通过功能区创建图表。

打开原始文件:Excel 实例\任务五\百脑汇销售情况统计.xlsx。

(1) 选择 A2:G7 单元格区域。

(2) 切换至“插入”选项卡,单击“柱形图”按钮,在展开的下拉列表中选择所需要的柱形图,如“三维簇状柱形图”选项,可以看到,在工作表中显示了根据选择的数据源创建的柱形图,如图 4-110 所示。

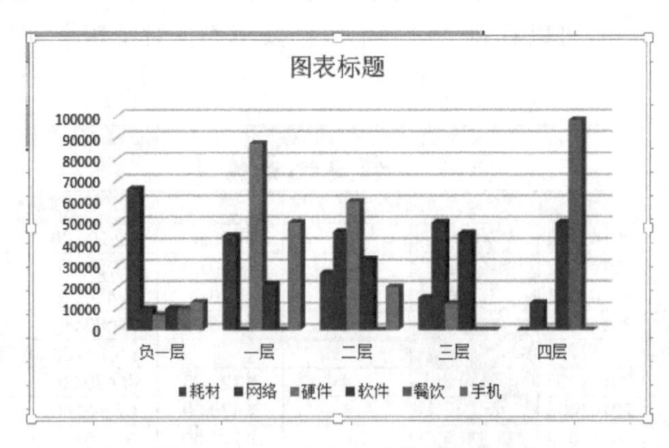

图 4-110　生成的三维簇状柱形图

提示:单击“其他图表”按钮,然后在展开的下拉列表中可以选择其他图表类型,如股价图、曲面图、圆环图、气泡图、雷达图等。

2) 更改图表

在创建图表后,如果对图表不满意,用户还可以对其进行更改。例如,更改图表在工作表中的显示位置、图表的大小、图表的数据源区域、图表的类型等。

(1) 更改图表的位置。如果希望创建的图表在其他位置显示,那么可以更改图表的位置。更改图表的位置时,可以直接在工作表中拖动图表来调整其位置,也可以通过“移动图表”对话框将其移动到其他的工作表中。

在工作表中直接拖动图表，将鼠标指针移动到图表上方，当指针呈十字箭头状时进行拖动。拖至目标位置释放鼠标，此时可以看到图表的位置已更改。

(2) 调整图表的大小。

① 调整图表高度。将鼠标指针移至图表上方或下方边框的控制点上，当指针变成双向箭头形状时，按住鼠标左键进行拖动到合适高度后释放鼠标即可。

② 调整图表宽度。将鼠标指针移至图表左侧或右侧边框的控制点上，当指针变成双向箭头形状时，按住鼠标左键进行拖动。

③ 同时调整图表的高度和宽度。将鼠标指针移至图表的对角控制点上，当指针变成双向箭头形状时，按住鼠标左键进行拖动，即可同时调整图表的高度和宽度。

(3) 更改数据源。如果用户希望在图表中表现另一组数据，例如，通过图表分析了生产的产量，若要在该图表中显示分析生产成本的数据，则可以更改图表的数据源。

打开原始文件：Excel 实例\任务五\一季度销售统计表.xlsx。

在图表区域右击，然后在弹出的快捷菜单中选择“选择数据”命令，弹出如图 4-111 所示的“选择数据源”对话框，在“图表数据区域”文本框中设置图表区域，也可以单击其右侧的折叠按钮进行选择。

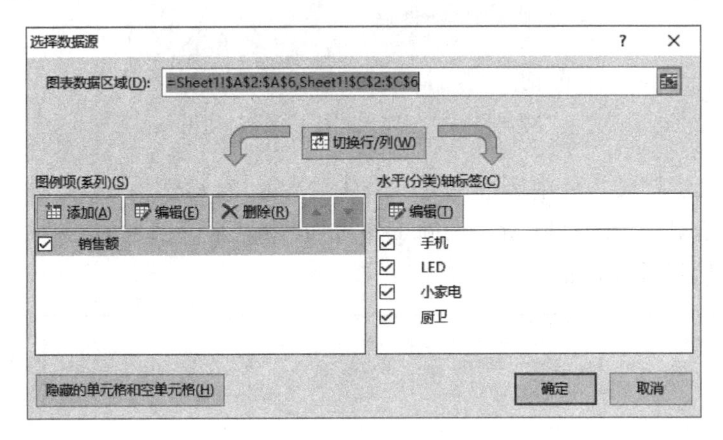

图 4-111　“选择数据源”对话框

4.5.5　知识拓展

创建“费用统计”数据透视表。

数据透视表是一种可以快速汇总大量数据的交互式表格。可以重新排列数据信息，当原数据发生更改时，只须单击“刷新数据”按钮，即可更新报表中的数据。

1. 任务要求

(1) 创建“通迅费用统计”数据透视表。

(2) 应用数据透视表样式。

(3) 筛选报表中的数据。

(4) 应用数字格式。

(5) 更改报表布局。

2. 实施过程

打开原始文件：Excel 实例\任务五\2014 年度税收统计. xlsx。

(1) 在“插入”选项卡的“表”组中单击“数据透视表”按钮，弹出如图 4-112 所示的“创建数据透视表”对话框。

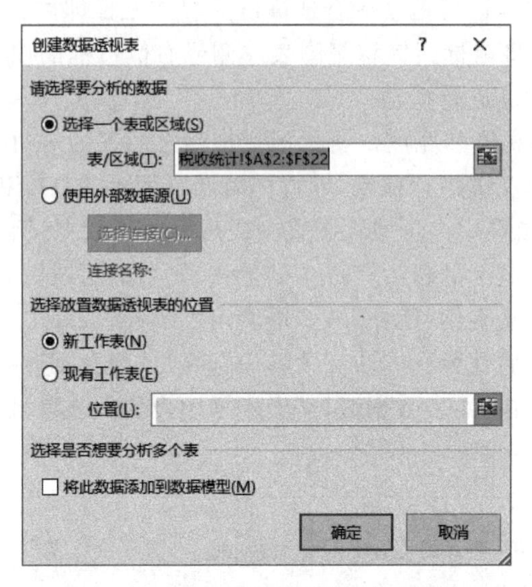

图 4-112 “创建数据透视表”对话框

(2) 在“表/区域”文本框中选中 A2:F22 单元格区域，再选中“新工作表”单选按钮，单击“确定”按钮，弹出如图 4-113 所示的新工作表，其中显示了创建的空数据透视表以及“数据透视表字段列表”任务窗格。

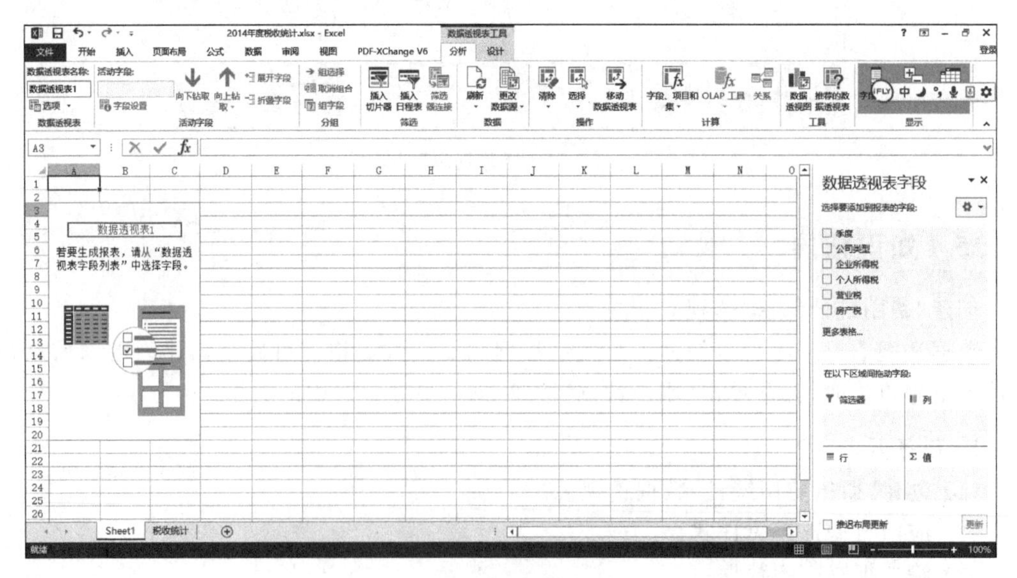

图 4-113 创建数据透视表

(3) 在“数据透视表字段列表”任务窗格中选中所有的字段复选框，如“季度”“公司类型”“企业所得税”等。如图 4-114 所示，可以看到创建的数据透视表包含了原表格中的所有

3	行标签	求和项:个人所得税	求和项:企业所得税	求和项:营业税	求和项:房产税
4	⊟房产公司	**272**	**480**	**9758**	**1190**
5	二季度	68	120	2456	350
6	三季度	68	120	2678	280
7	四季度	68	120	2356	320
8	一季度	68	120	2268	240
9	⊟建筑公司	**740**	**960**	**19517**	**1340**
10	二季度	185	240	4680	360
11	三季度	185	240	4678	480
12	四季度	185	240	5280	260
13	一季度	185	240	4879	240
14	⊟金融公司	**318**	**480**	**6369**	**1368**
15	二季度	92	120	1650	320
16	三季度	68	120	1903	340
17	四季度	72	120	1236	450
18	一季度	86	120	1580	258
19	⊟零售百货	**431**	**480**	**10966**	**1188**
20	二季度	86	120	1580	258
21	三季度	92	120	1650	320
22	四季度	68	120	2456	350
23	一季度	185	120	5280	260
24	⊟物业公司	**432**	**480**	**10943**	**1890**
25	二季度	108	120	2845	460
26	三季度	108	120	2678	460

图 4-114　创建的数据透视表

数据。

(4) 如图 4-115 所示，在窗格的“行标签”区域选择“季度”字段，然后在弹出的列表中选择“移动到报表筛选”选项。

(5) 如图 4-116 所示，数据透视表的布局已经更改，季度在页字段位置处显示。

(6) 应用数据透视表样式。

① 单击“数据透视表”数据区任意单元格，标题栏中显示“数据透视表工具”图标，切换至“数据透视表工具”→“设计”选项卡下，单击“数据透视表样式”组中的“快翻”按钮，在展开的下拉列表中选择所需要的样式。

② 在“数据透视表样式选项”组中，可设置数据透视表样式选项，如选中“镶边列”复选框，可以看见报表的列样式发生了变化。

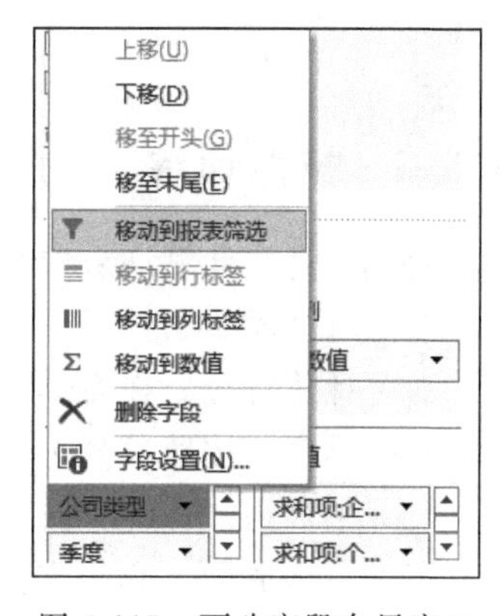

图 4-115　更改字段布局窗口

	A	B	C	D	E
1	季度	(全部)			
2					
3	行标签	求和项:企业所得税	求和项:个人所得税	求和项:营业税	求和项:房产税
4	房产公司	480	272	9758	1190
5	建筑公司	960	740	19517	1340
6	金融公司	480	318	6369	1368
7	零售百货	480	431	10966	1188
8	物业公司	480	432	10943	1890
9	**总计**	**2880**	**2193**	**57553**	**6976**
10					

图 4-116　更改字段布局的效果

(7) 筛选报表中的数据。

① 单击“季度”(B2 单元格)后的下三角按钮，并选中“选择多项”复选框，设置需要筛选的字段，如取消选中“一季度”和“四季度”复选框，再单击“确定”按钮，设置如图 4-117 所示，可以看到报表中的数据对页字段进行了筛选，剩下二、三季度的数据。

② 单击“行标签”后的下三角按钮，在展开的下拉列表中选择“升序”选项，再次单击“行标签”后的下三角按钮，并取消选中“物业公司”复选框，然后单击“确定”按钮。可以看到如图 4-118 所示，报表中没有“物业公司”数据了，所有部门按升序排序。

图 4-117 报表筛选设置

(8) 更改报表布局。

切换到“数据透视表工具”→“设计”选项卡，在“布局”组中单击“报表布局”按钮，然后在展开的下拉列表中选择相应选项即可。

	A	B	C	D	E	F
1	季度	(全部)				
2						
3	行标签	求和项:企业所得税	求和项:个人所得税	求和项:营业税	求和项:房产税	
4	房产公司	480	272	9758	1190	
5	建筑公司	960	740	19517	1340	
6	金融公司	480	318	6369	1368	
7	零售百货	480	431	10966	1188	
8	总计	2400	1761	46610	5086	

图 4-118 通过“行标签”筛选后的结果

4.5.6 技能训练

练习：合并计算期末成绩表。

(1) 打开原始文件：Excel 实例\任务五\建工 1 班期末成绩单.xlsx。

(2) 计算总分。在 G 列，使用 SUM 函数计算各个同学的总分。

(3) 排序。按照总分进行排名。

(4) 条件格式。将不及格的科目分数，以浅红填充色深红色文本突出显示。

(5) 表格演示。套用表格样式：表样式中等深浅 17。

(6) 筛选。筛选出计算机分数高于 90 分并且总分为 400 分以上的同学。

结果如图 4-119 所示。

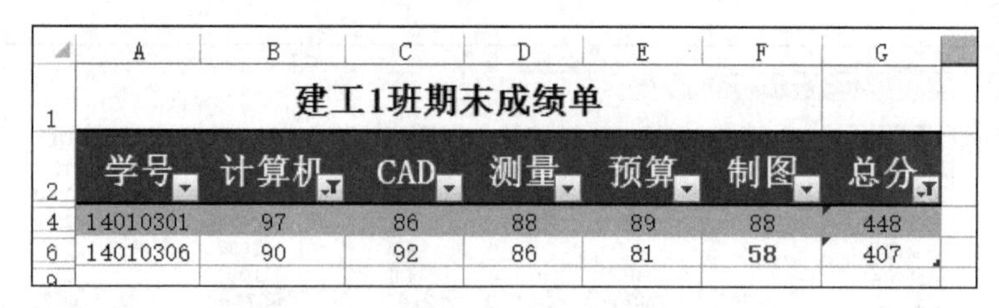

	A	B	C	D	E	F	G
1	建工1班期末成绩单						
2	学号	计算机	CAD	测量	预算	制图	总分
4	14010301	97	86	88	89	88	448
6	14010306	90	92	86	81	58	407

图 4-119 建工 1 班期末成绩完成

综合实例练习

1. 编辑项目练习工作簿。

任务要求：打开 Sheet1 工作表，重命名为“员工情况表”，并完成以下操作。

(1) 在表中添加图表标题,设置相应格式。

(2) 调整表内字体和大小,绘制表格框线,使整个图表美观。

(3) 设置行高、列宽,为标题及内容设置不同的底纹。

(4) 插入行和列,分别填写员工所属部门及性别。

2. 函数应用。

任务要求:打开 Sheet2 工作表,重命名为“工资统计表”,并完成以下操作。

(1) 使用公式,根据扣税原则和比例计算员工应扣税款,计算应扣公积金和保险。

(2) 根据员工应发工资和应扣税款及其他项目,计算员工实发工资。

(3) 使用函数统计各部门的平均工资;各部门之间横向比较,分别统计男女员工的平均工资。

(4) 使用函数,分别统计未扣税款及扣税在 100 元以上的员工个数,并突出显示。

3. 透视图制作。

任务要求:打开 Sheet3 工作表,重命名为“业绩统计表”,并完成以下操作。

(1) 使用函数,填充姓名和性别两列数据,数据来源为“员工情况表”。

(2) 将各个部门的员工业绩制成统计图,饼图和柱形图均可,选择合适的图表布局使之美观。

(3) 根据各季度、各部门销售业绩,制作数据透视表,并更改字段布局。

习　题　4

一、选择题

1. 在 Excel 2013 中,选定整个工作表的方法是(　　)。

   A. 双击状态栏

   B. 单击左上角的行列坐标的交叉点

   C. 右击任一单元格,从弹出的快捷菜单中选择“选定工作表”命令

   D. 按下 Alt 键的同时双击第一个单元格

2. 在 Excel 2013 中图表的数据源发生变化后,图表将(　　)。

   A. 不会改变　　B. 发生改变,但与数据无关

   C. 发生相应的改变　　D. 被删除

3. 在 Excel 2013 中文版中,可以自动产生序列的数据是(　　)。

   A. 一　　B. 1　　C. 第一季度　　D. A

4. 在 Excel 2013 中,文字数据默认的对齐方式是(　　)。

   A. 左对齐　　B. 右对齐　　C. 居中对齐　　D. 两端对齐

5. 在 Excel 2013 中,在单元格中输入“=12>24”,确认后,此单元格显示的内容为(　　)。

   A. FALSE　　B. =12>24　　C. TRUE　　D. 12>24

6. 在 Excel 2013 中,删除工作表中与图表链接的数据时,图表将(　　)。

   A. 被删除　　B. 必须用编辑器删除相应的数据点

   C. 不会发生变化　　D. 自动删除相应的数据点

7. 在 Excel 2013 中,工作簿名称被放置在(　　)。

A. 标题栏　　B. 标签行　　C. 工具栏　　D. 信息行

8. 在 Excel 2013 中,在单元格中输入"=6+16+MIN(16,6)",将显示(　　)。

A. 38　　B. 28　　C. 22　　D. 44

9. 在 Excel 2013 中建立图表时,一般(　　)。

A. 先输入数据,再建立图表　　B. 建完图表后,再输入数据

C. 在输入的同时,建立图表　　D. 首先建立一个图表标签

10. 在 Excel 2013 中,将单元格变为活动单元格的操作是(　　)。

A. 用鼠标单击该单元格

B. 将鼠标指针指向该单元格

C. 在当前单元格内输入该目标单元格地址

D. 没必要,因为每一个单元格都是活动的

11. 在 Excel 2013 中,若单元格 C1 中的公式为"=A1+B2",将其复制到单元格 E5,则 E5 中的公式是(　　)。

A. =C3+A4　　B. =C5+D6　　C. =C3+D4　　D=A3+B4

12. Excel 2013 的 3 个主要功能是(　　)、图表和数据库。

A. 电子表格　　B. 文字输入　　C. 公式计算　　D. 公式输入

13. 在同一工作簿中,Sheet1 工作表中的 D3 单元格要引用 Sheet3 工作表中 F6 单元格中的数据,其引用表述为(　　)。

A. =F6　　B. =Sheet3!F6　　C. =F6!Sheet3　　D. =Sheet3#F6

14. 在 Excel 2013 中,在单元格中输入"=6+16+MIN(16,6)",将显示(　　)。

A. 38　　B. 28　　C. 22　　D. 44

15. 在 Excel 2013 中,Sheet2!A4 表示(　　)。

A. 工作表 Sheet2 中的 A4 单元格绝对引用

B. A4 单元格绝对引用

C. Sheet2 单元格同 A4 单元格进行!运算

D. Sheet2 工作表同 A4 单元格进行!运算

二、填空题

1. 在 Excel 2013 中,在单元格中输入 2/5,则表示________。

2. 退出 Excel 2013 可使用________键。

3. Excel 2013 工作可以有________个工作表。

4. 在默认情况下,Excel 新建工作簿的工作表数为________。

5. 在 Excel 中,对单元格地址 A4 绝对引用的方法是________。

6. 在 Excel 中,一个完整的函数包括________。

7. 在 Excel 的单元格中输入一个公式,首先应输入________。

8. 一般情况下,Excel 默认的显示格式对齐的是________字符型数据。

9. 在 Excel 2013 中,在单元格中输入"=20 <> AVERAGE(7,9)",将显示________。

10. A3 单元格的含义是________。

项目 5

利用 PowerPoint 2013 制作演示文稿

任务 5.1　编辑“保时捷公司简介”演示文稿

5.1.1　任务要点

(1) 启动 PowerPoint 2013。

(2) 保存和关闭 PowerPoint 2013 演示文稿。

(3) 新建幻灯片。

(4) 设计幻灯片版式。

(5) 在幻灯片中插入文本框、图片、表格、图表、SmartArt 图形和剪贴画。

(6) 设计幻灯片主题。

5.1.2　任务要求

利用 PowerPoint 制作一份“保时捷公司简介”演示文稿，通过建立一个完整的文稿来学习演示文稿的启动、浏览、新建、编辑、新幻灯片的插入和在幻灯片中插入文本等操作。完成后的效果图如图 5-1 所示。

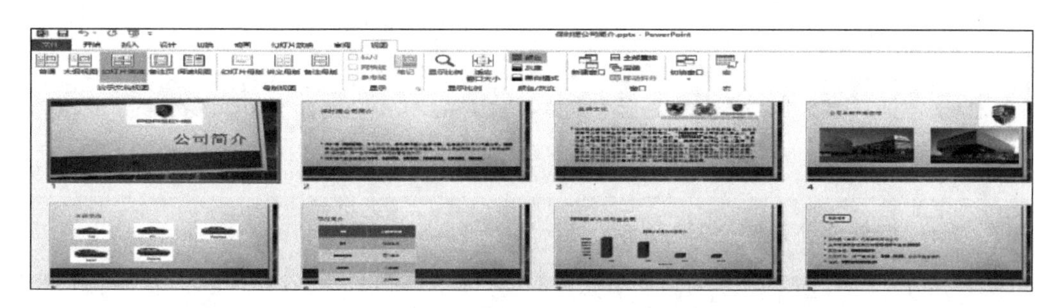

图 5-1　“保时捷公司简介”效果图

(1) 启动 PowerPoint 2013。

(2) 建立一个新演示文稿，保存为“保时捷公司简介”。

(3) 为“保时捷公司简介”演示文稿插入新幻灯片，使其共由 9 张幻灯片组成，如图 5-1 所示。

(4) 设计幻灯片版式，分别设置为“标题”版式和“标题和内容”版式。

(5) 在第 2 页中添加文本框,输入文字。

(6) 在第 3 页中添加图片。

(7) 在第 6 页中添加表格。

(8) 在第 7 页中添加图表。

(9) 在第 8 页中添加自选图形。

(10) 设计幻灯片主题。

(11) 关闭和保存演示文稿。

5.1.3 实施过程

1. 启动 PowerPoint 2013

单击桌面上的 Microsoft Office PowerPoint 2013 快捷方式图标,即可启动 PowerPoint 2013,其工作界面如图 5-2 所示。

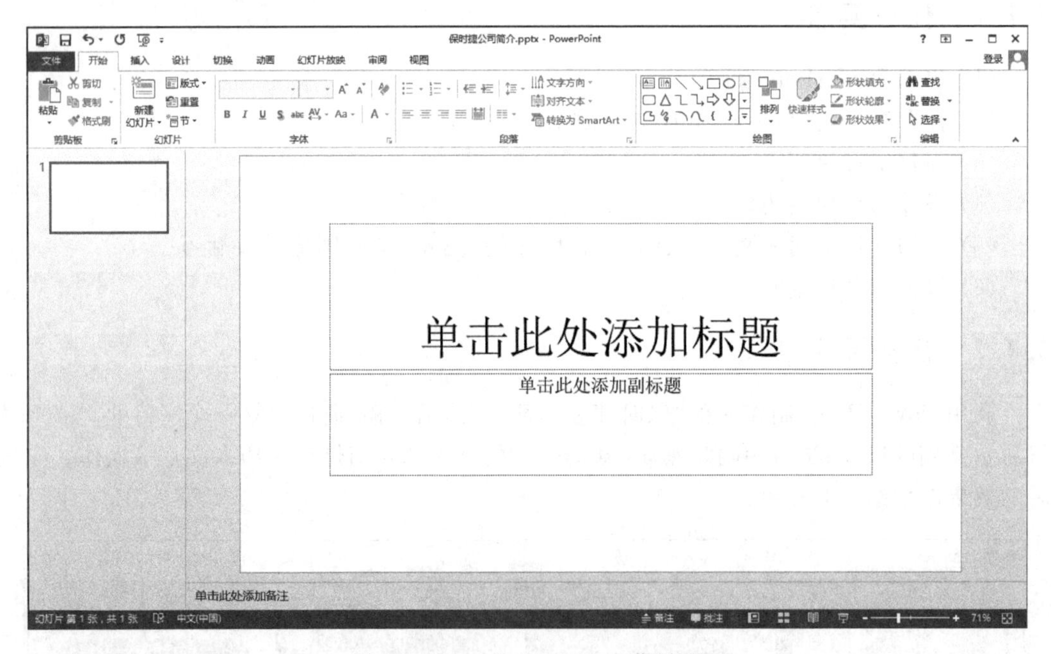

图 5-2 PowerPoint 2013 工作界面

2. 制作"保时捷公司简介"标题页

输入文字 单击"单击此处添加标题"文本框,输入标题文字"公司简介",并通过拖动的方式将标题文本框放置到合适位置。单击"单击此处添加副标题"文本框,输入文字,即可完成第 1 张"标题"幻灯片的制作,如图 5-3 所示。

3. 制作第 2 页"保时捷公司简介"幻灯片

(1) 插入幻灯片。单击"开始"功能区中"幻灯片"组中的"新建幻灯片"按钮。PowerPoint 2013 中提供了好多种幻灯片版式,本幻灯片中选择"标题和内容"版式,即在标题页后添加了一张新幻灯片,如图 5-4 所示。

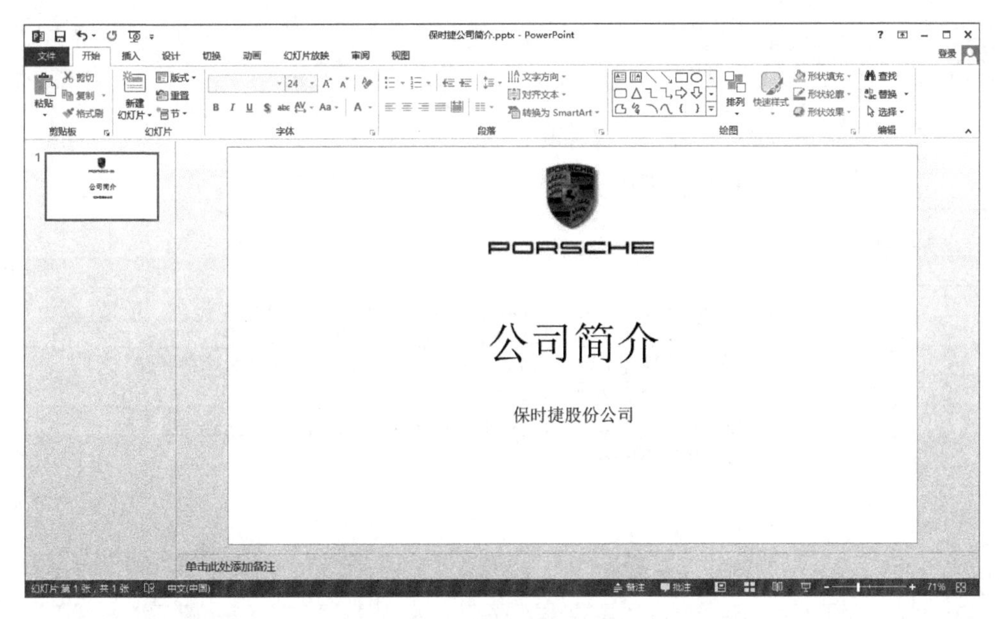

图 5-3　编辑幻灯片标题

图 5-4　“标题和内容”版式

(2) 输入文字。单击标题占位符,输入标题“保时捷公司简介”,在文本占位符中输入文字,然后按 Enter 键换行,输入后续文本,完成效果如图 5-5 所示。

4. 制作接下来的几张幻灯片

后面的幻灯片,可以用制作第 2 张幻灯片的方法进行制作。

(1) 第 3 页,选择“标题和内容”版式,输入效果图中文字,插入图片“标志演变”,完成后的效果如图 5-6 所示。

(2) 第 4～5 页,修改版式,添加文字与图片,完成后的效果如图 5-7 和图 5-8 所示。

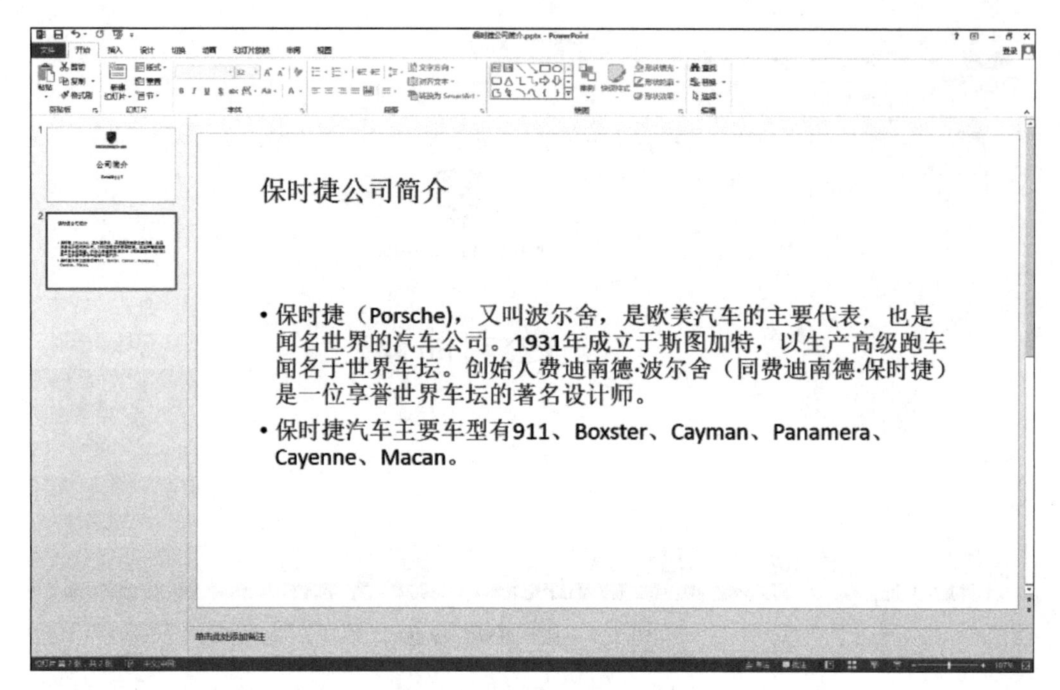

图 5-5 “保时捷公司简介”效果图

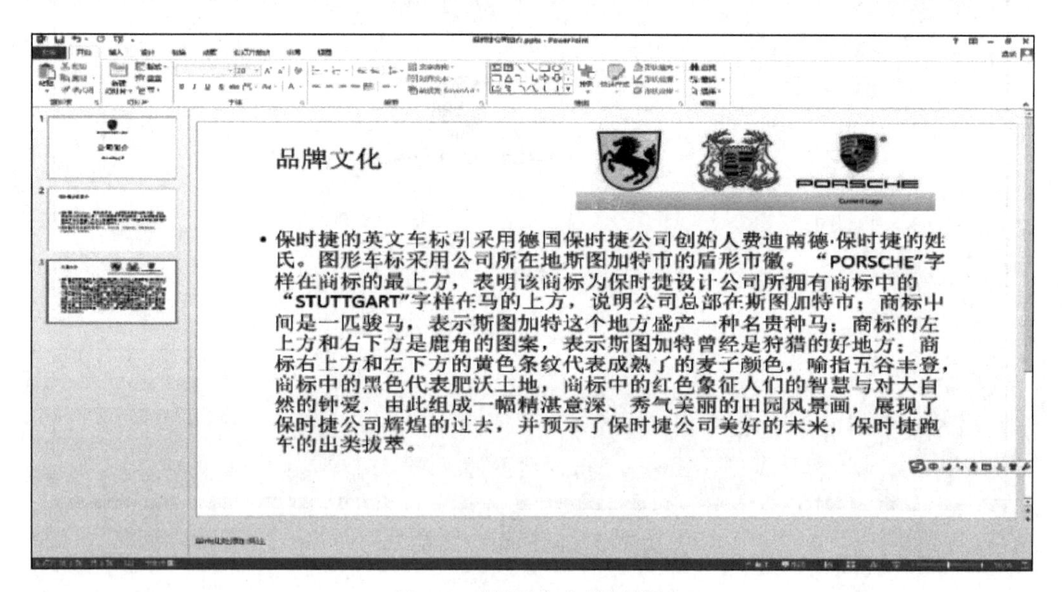

图 5-6 “品牌文化”效果图

(3) 第 6 页,制作车型简介,完成后的效果如图 5-9 所示。

(4) 第 7 页,制作各豪华品牌销量图表,使用三维簇状柱形图,完成后的效果如图 5-10 所示。

(5) 第 8 页,插入自选图形并编辑文字,完成后的效果如图 5-11 所示。

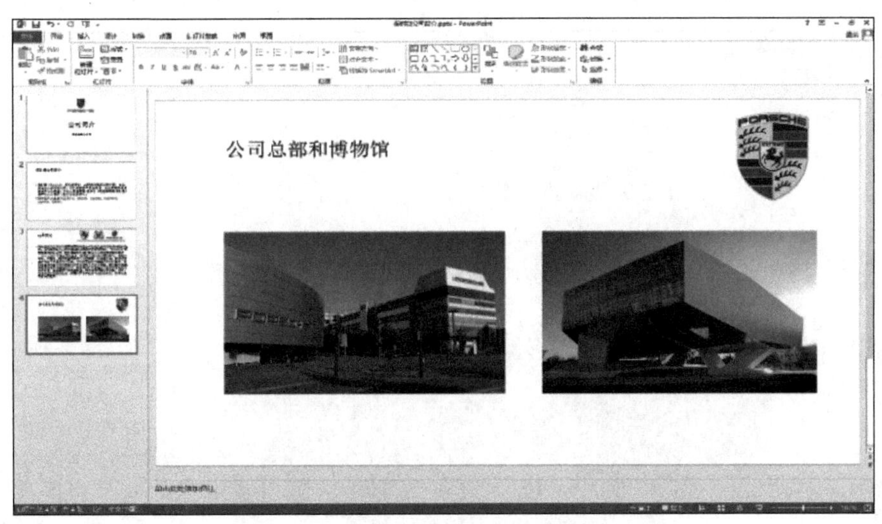

图 5-7　“公司总部和博物馆”效果图

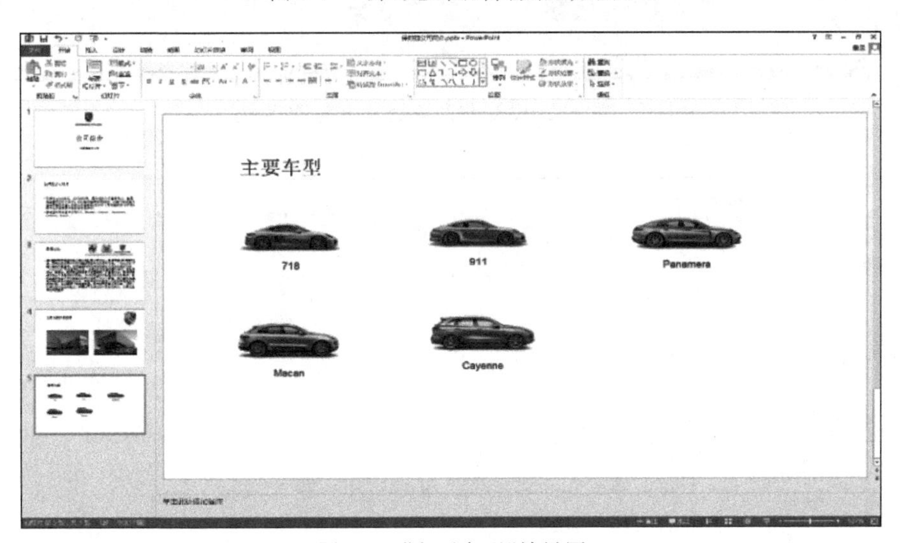

图 5-8　“主要车型”效果图

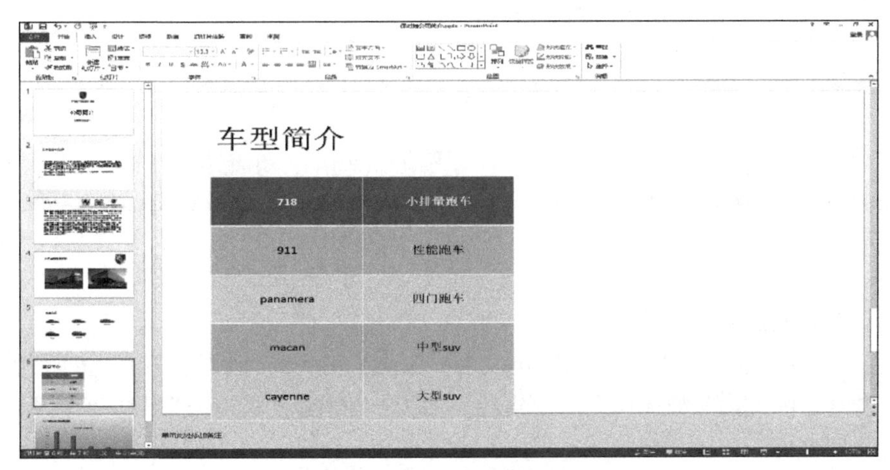

图 5-9　“车型简介”效果图

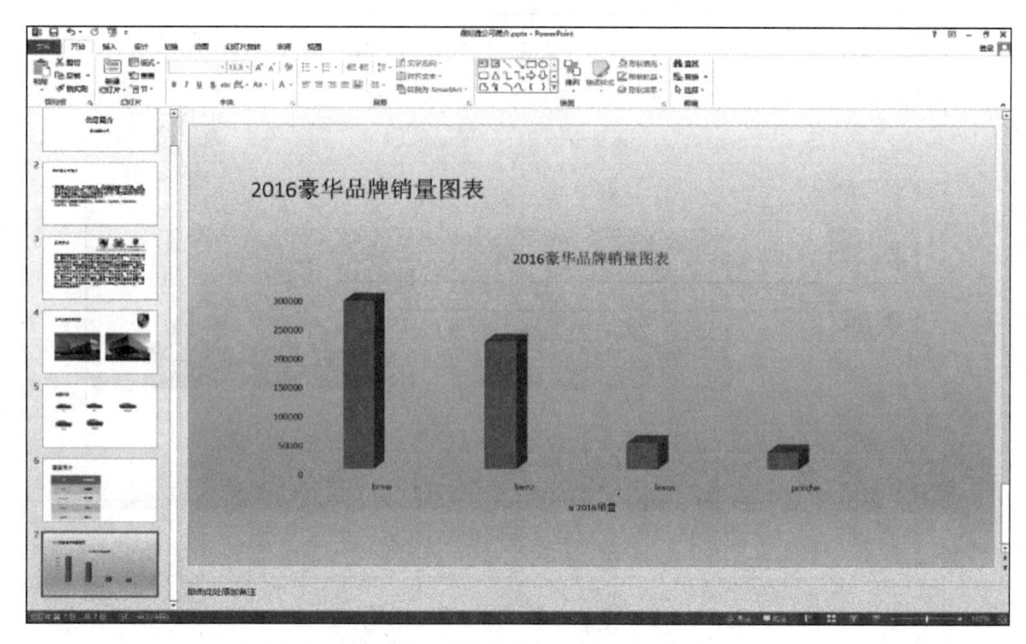

图 5-10 "2016 豪华品牌销量图表"效果图

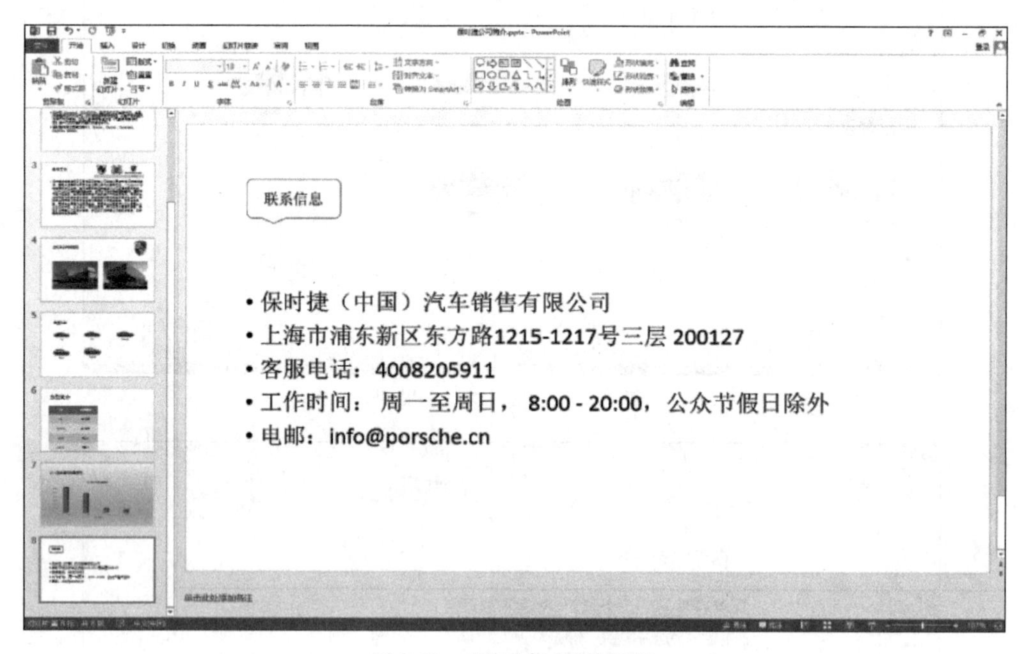

图 5-11 "联系信息"效果图

5. 添加设计主题

切换到"设计"选项卡中,PowerPoint 2013 自带了一些设计模板,可在"主题"组的列表框中,单击滚动按钮▾浏览选择合适的模板。如为"保时捷公司简介"幻灯片选择"波形"选项,如图 5-12 所示。

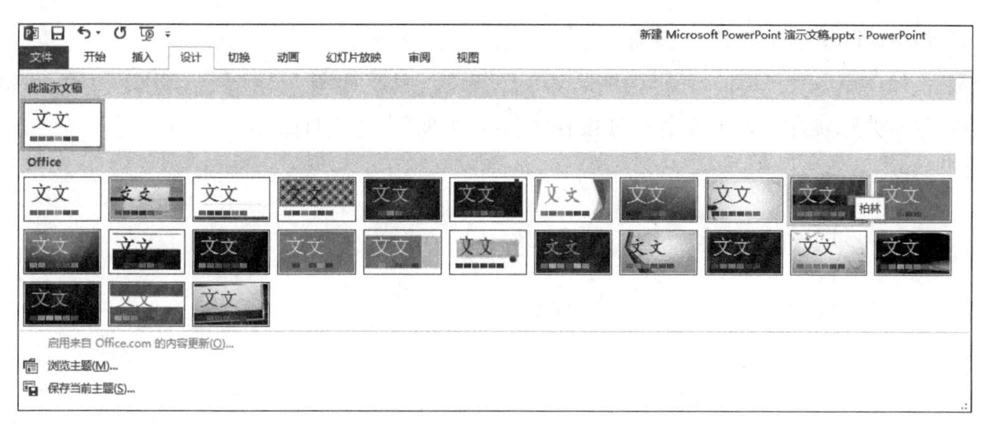

图 5-12　设计主题

6. 对演示文稿进行保存和关闭

制作好幻灯片后，需要对幻灯片进行保存，单击“文件”→“保存”命令，弹出“另存为”对话框，保存位置默认为“我的文档”，在“文件名”文本框中输入“保时捷公司简介”，单击“保存”按钮，如图 5-13 所示。最后单击“文件”中的“关闭”按钮，关闭演示文稿。

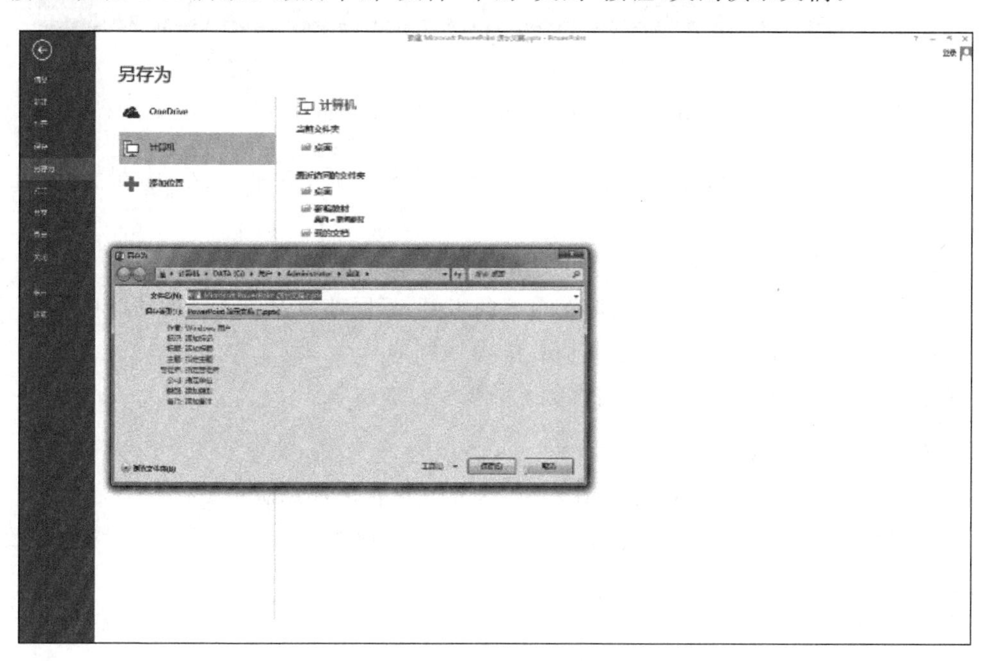

图 5-13　“另存为”对话框

5.1.4　知识链接

1. 启动 PowerPoint 2013

方法一：单击“开始”按钮，选择 Microsoft Office PowerPoint 2013 命令，即可启动 PowerPoint 2013 演示文稿。

方法二：双击已有的演示文稿即可启动 PowerPoint 2013。

2. PowerPoint 2013 工作界面

启动 PowerPoint 2013 应用程序后,其工作界面组成如图 5-14 所示。PowerPoint 2013 的界面不仅美观实用,而且各个工具按钮的摆放更便于用户的操作。

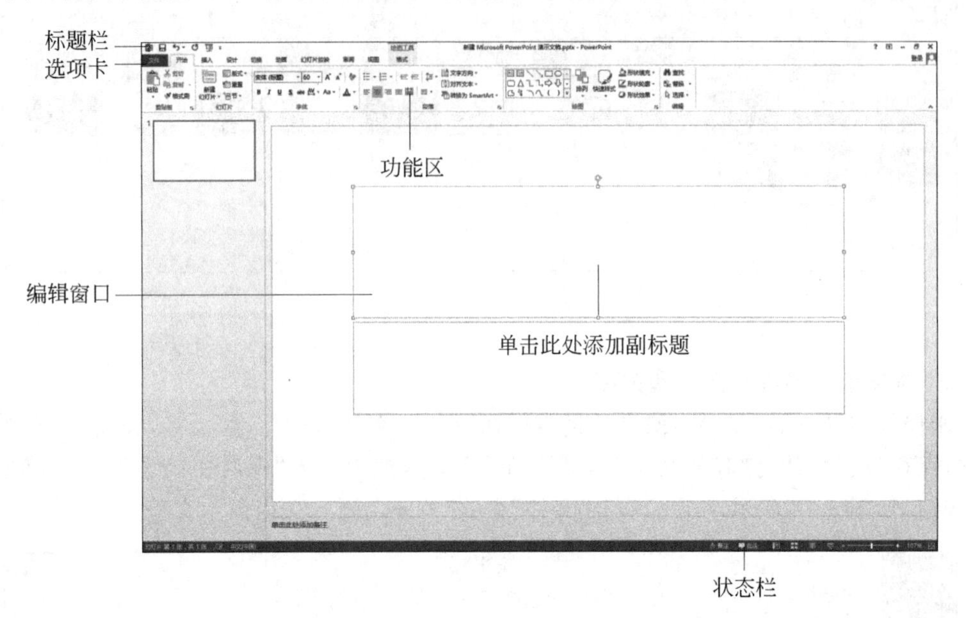

图 5-14 PowerPoint 2013 工作界面组成

标题栏:在界面第一行显示有软件名称、当前文稿名称、按钮(最小化、最大化、还原、关闭)。

菜单栏:在标题栏下方,包括 8 个下达指令的菜单。

选项卡:在菜单栏下方,显示对应菜单下的工具,不同菜单对应不同的功能按钮。

编辑窗口:用于制作、编辑演示文稿的位置。

状态栏:用于显示幻灯片的当前页数等数据。

3. 幻灯片的 4 种视图

PowerPoint 2013 提供了两种视图类型:演示文稿视图和母版视图。

演示文稿视图有 5 种不同的视图窗口,分别是普通视图、备注页视图、阅读视图和幻灯片浏览视图。

1) 普通视图

普通视图中兼有幻灯片视图和大纲视图的功能。

(1) 幻灯片视图。普通视图中的幻灯片视图是编辑演示文稿比较常用的显示方式,在这种视图下更便于修改和编辑的操作,如图 5-15 所示。

(2) 大纲视图。适用于大量文字输入,如图 5-16 所示。

2) 备注页视图

该视图在大纲窗格中仅显示幻灯片的标题占位符和文本占位符中的内容。通过大纲工具栏可以方便地编排文稿的层次结构,如调整文字级别和内容、调整幻灯片的次序等。

图 5-15　普通视图中“幻灯片”选项卡

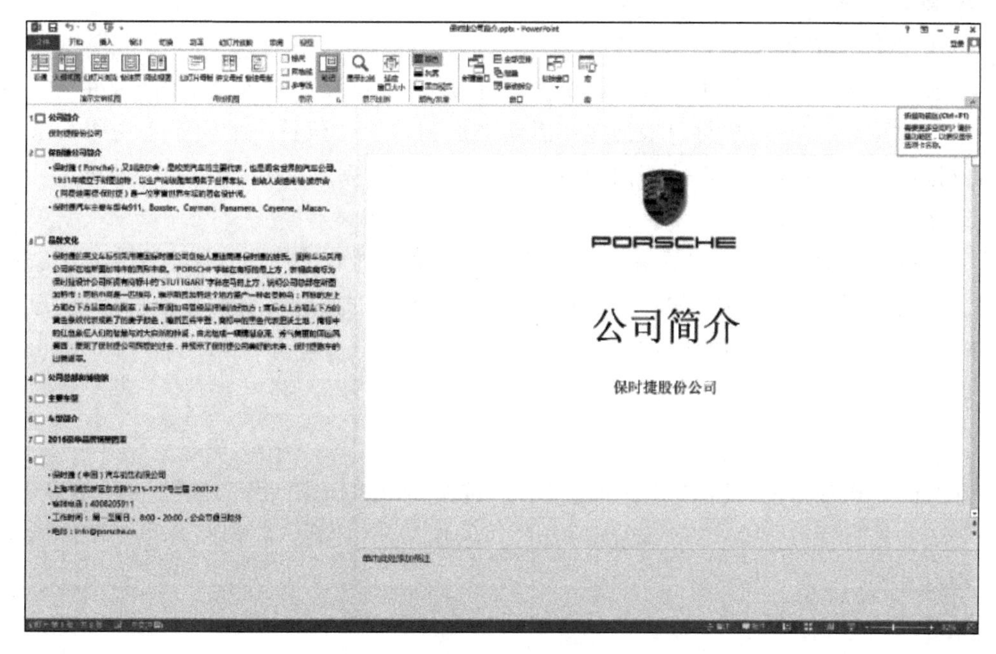

图 5-16　普通视图中“大纲”选项卡

3）阅读视图

幻灯片区占据整个屏幕的绝大部分空间，能够显示整张幻灯片的外观，可以对幻灯片进行全方位的编辑（如添加和编辑各种对象，设置对象的动作、动画等）和组织（如选择、移动、复制、删除幻灯片等）。

4) 幻灯片浏览视图

所有幻灯片都以缩略图方式并排放在屏幕上,可重新排列幻灯片的显示顺序。可调整缩略图的显示比例,能够方便地对幻灯片进行组织,包括选定、插入、删除、移动、复制、隐藏等操作,以及设置幻灯片的切换效果,但不能对幻灯片中的内容进行编辑。

4. 插入幻灯片

1) 创建新幻灯片

选中第1张幻灯片,在"开始"选项卡的"幻灯片"组中单击"新建幻灯片"按钮,此时就会弹出多种布局样式的幻灯片。在这里选择自己需要的幻灯片样式即可,同时"幻灯片/大纲"任务窗格中相应的幻灯片的序号也随之发生了变化。

2) 复制幻灯片

选中需要复制的幻灯片,右击,在弹出的快捷菜单中选择"复制幻灯片"命令,即可在所选择的幻灯片下方复制一个与其相同的幻灯片了。

5. 删除幻灯片

在"幻灯片/大纲"任务窗格中选中要删除的幻灯片,然后按Delete键,即可将选中的幻灯片删除,同时"幻灯片/大纲"任务窗格中相应幻灯片的序号也随之发生了变化。

6. 输入文本

1) 在占位符中输入文本

一般情况下,在幻灯片中会出现两个占位符,用户可以在此输入文本内容,占位符通常是一些提示性的内容,用户可以根据实际需要添加和替换占位符中的文本。操作方法是单击占位符,将插入点放置在占位符内,直接输入文本,输入完成后,单击空白处即可。

2) 在文本框中输入文本

用户可以在幻灯片中插入文本框以输入更多的文本内容。操作方法是在"插入"选项卡的"文本"组中,单击"文本框"按钮,从弹出的下拉菜单中选择所需要的文本框即可,通常选择"横排文本框"选项的情况比较多。

7. 图片的插入

1) 在第2张幻灯片中插入图片

在"插入"选项卡的"插图"组中单击"图片"按钮,弹出"插入图片"对话框,在"查找范围"下拉列表中选择"ppt实例\第1节\保时捷公司风景",单击"插入"按钮,选中的图片就会被插入幻灯片中。

2) 编辑插入的图片

(1) 设置图片大小。单击需要调整的图片,在图片的周围即会有8个控点,如图5-17所示。此时,拖曳控点即会改变图片的大小。

(2) 移动图片。选定需要移动的图片,将光标放在控点以外的边框上,光标会变成十字形状,此时拖动鼠标,即可移动图片。

8. 插入表格

(1) 单击第1张幻灯片,在"开始"选项卡的"幻灯片"组中单击"新建幻灯片"按钮,随即

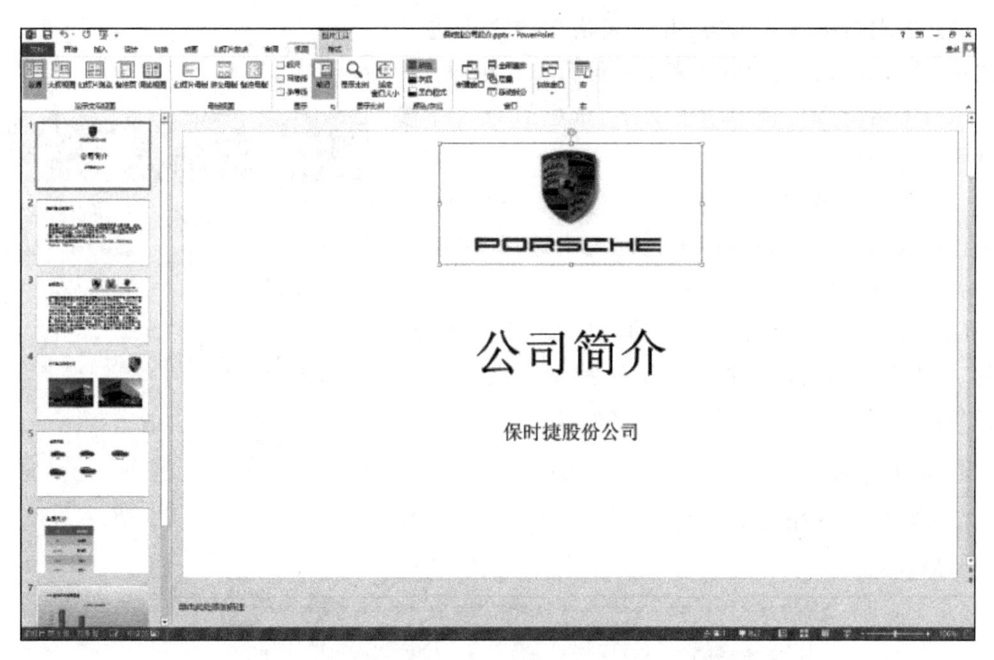

图 5-17 改变图片大小

弹出下拉菜单，在下拉菜单中选择“标题和内容”选项。此时，在第1张幻灯片后出现新幻灯片，如图 5-18 所示。

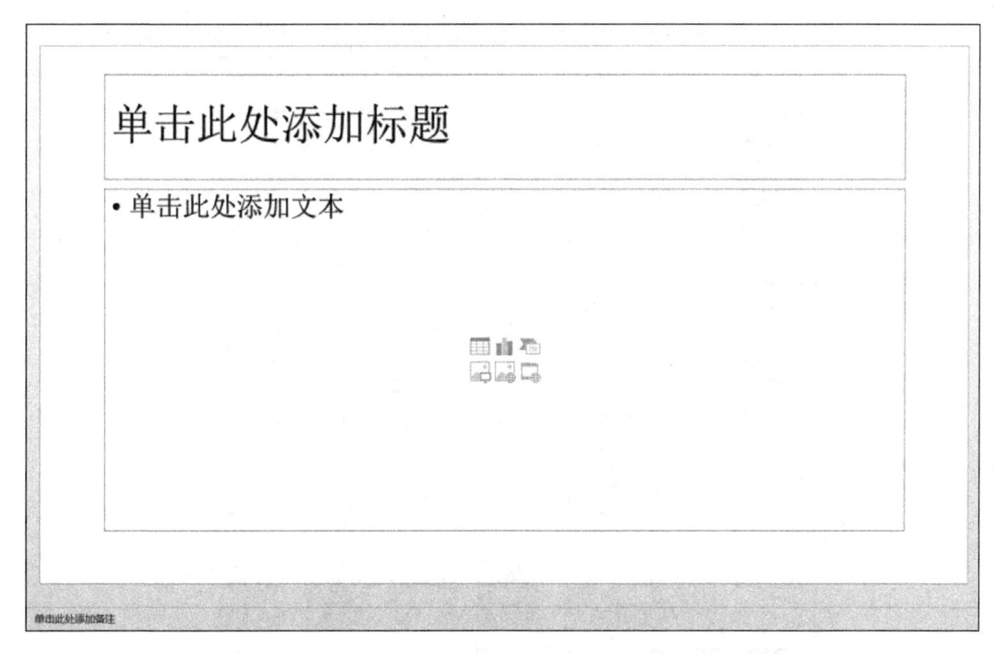

图 5-18 “标题和内容”幻灯片版式

(2) 双击内容占位符中的“插入表格”按钮，弹出“插入表格”对话框，输入表格行、列数，在本案例中需要插入一个5行2列的表格，因此在“插入表格”对话框中输入5行2列，单击“确定”按钮，随即会弹出所建立的新表格，如图 5-19 所示。

(3) 在表格中输入内容,并对表格中的文字进行格式化,格式化方式与 Word 表格的编辑方式相同。

(4) 在标题占位符中输入文字“车型简介”,并移动到合适的位置。

(5) 选中表格,单击“设计”功能区“表格样式”组的下拉列表按钮。在弹出的下拉列表中选择“中度样式 2-强调 5”选项,如图 5-20 所示。

(6) 选中表格,单击“设计”功能区“表格样式”组中的“边框”下三角按钮,弹出下拉列表,在下拉列表中选择“所有框线”选项,即可完成表格框线的添加。

车型简介

718	小排量跑车
911	性能跑车
panamera	四门跑车
macan	中型suv
cayenne	大型suv

图 5-19　建立表格

9. 插入图表

(1) 在最后一张幻灯片后,插入“标题和内容”版式的幻灯片。

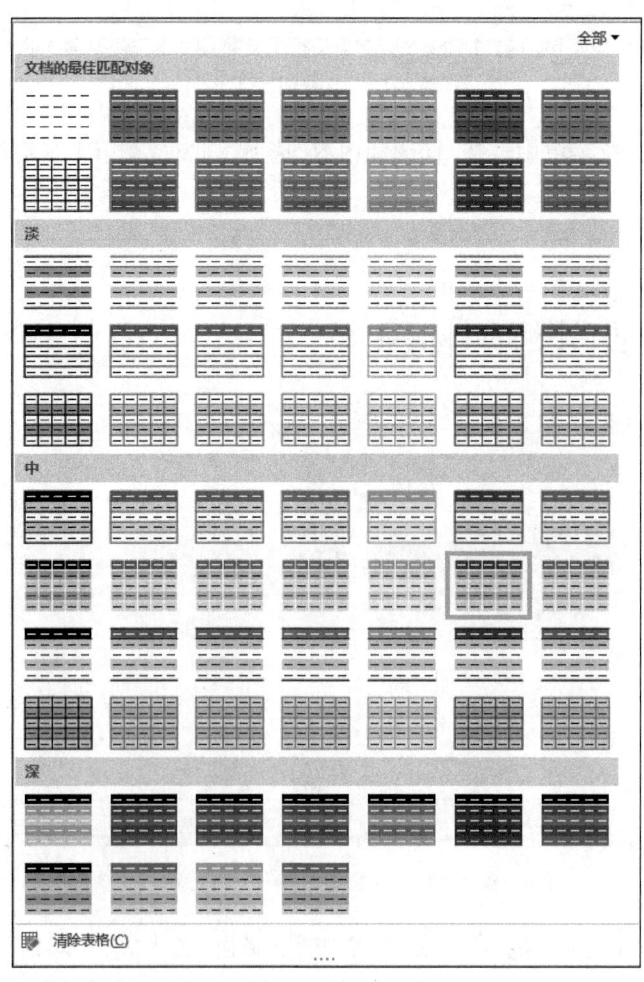

图 5-20　“表格样式”下拉列表

(2) 双击内容占位符中的“插入图表”按钮，随即弹出“插入图表”对话框。在柱形图中选择“簇状柱形图”选项，如图 5-21 所示，单击“确定”按钮。系统会插入一张默认图表，并打开相对应的数据表，如图 5-22 所示。

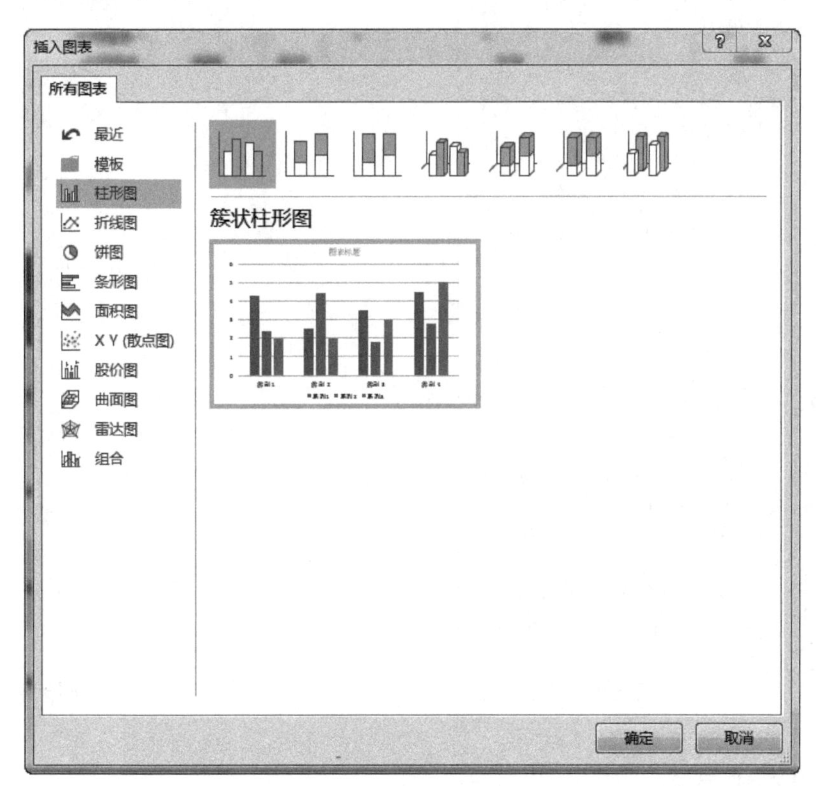

图 5-21 “插入图表”对话框

Microsoft PowerPoint 中的图表

	A	B	C	D	E	F	G	H	I
1		系列 1	系列 2	系列 3					
2	类别 1	4.3	2.4	2					
3	类别 2	2.5	4.4	2					
4	类别 3	3.5	1.8	3					
5	类别 4	4.5	2.8	5					
6									
7									
8									

图 5-22 插入系统默认图表

(3) 在数据表中输入实际需要的数据，再关闭数据表，即完成插入图表操作。

10. 插入自选图形

(1) 在第 8 页中插入自选图形“圆角矩形标注”，如图 5-23 所示。

(2) 在图形中输入相应内容，如图 5-24 所示。

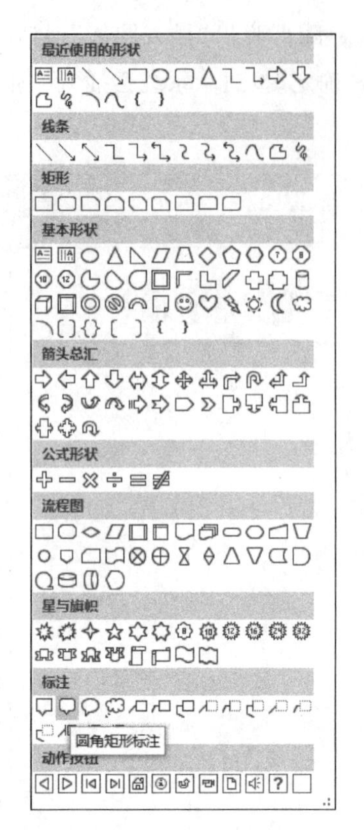

图 5-23　自选图形下拉列表

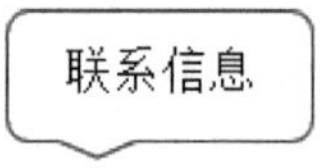

联系信息

图 5-24　编辑自选图形

5.1.5　知识拓展

主题是一组格式选项,包括一组主题颜色、一组主题字体和一组主题效果,通过应用主题可以快速而轻松地设置文本内容的格式,设计出专业和时尚的外观。

设置幻灯片主题。在“设计”选项卡中,单击“主题”组中的▾按钮,从弹出的下拉列表中选择一种合适的主题样式,本节选择的是“主要事件”选项,如图 5-25 所示。

做好演示文稿后,应该保存到磁盘上,便于使用。启动 PowerPoint 2013 后,系统会自动创建一个名为“演示文稿 1”的新演示文稿,在不退出 PowerPoint 2013 的情况下,也可以继续创建新演示文稿,依次命名为“演示文稿 2”“演示文稿 3”等。但是为了便于区分最好另取一个与演示文稿内容相符的文件名。

演示文稿的扩展名为. pptx。一般是由多张幻灯片构成的,幻灯片是演示文稿的基本工作单元。

演示文稿的保存方法有以下几种。

方法一:单击“文件”→“保存”命令。

方法二:使用 Ctrl＋S 组合键。

方法三:直接单击“保存”按钮。

使用以上 3 种方法保存演示文稿时,如果是第一次保存,系统会弹出“另存为”对话框,即可对演示文稿进行更名。

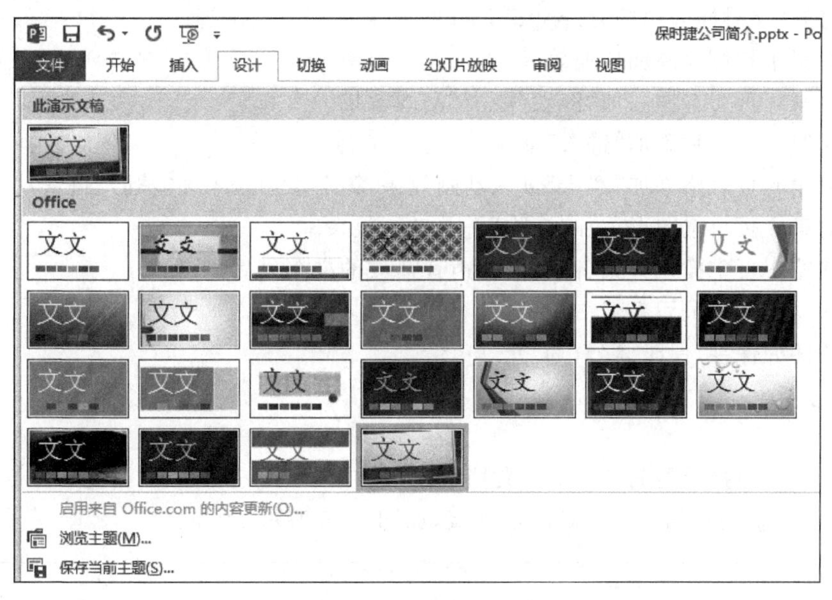

图 5-25 “主题”选项列表

方法四：单击“文件”→“另存为”命令。使用这种方法可以对当前演示文稿保存副本，或变更成另外一个文件名进行保存。

5.1.6 技能训练

练习：新建一个空白演示文稿，以“学院简介”为主题设计一个由5张幻灯片组成的幻灯片文件，完成后保存到D盘下，文件名为“学院简介.pptx”。

(1) 在第1页幻灯片制作标题：学院简介。

(2) 在第2页幻灯片中添加表格，输入系部等信息。

(3) 在第3、第4页幻灯片中添加个人图片，并结合文字说明。

(4) 在第5页中添加练习方式。

任务 5.2 “保时捷公司简介”PPT的媒体设计

5.2.1 任务要点

(1) 添加动画效果。

(2) 添加幻灯片切换效果。

(3) 添加动画窗格效果。

(4) 添加声音和影片。

5.2.2 任务要求

本任务课利用任务5.1制作的“保时捷公司简介.pptx”幻灯片继续制作，对一个完成的演示文稿中的大部分对象，如文本框、图片、表格等制作动态动画效果，并在演示文稿中添加图片和影片。

(1) 打开"保时捷公司简介.pptx"文档。

(2) 对每张幻灯片添加切换效果。

(3) 对第1页文本框添加"淡入/淡出"动画效果。

(4) 对第4页图片添加"进入"动画效果。

(5) 对第6页表格添加"浮入"进入动画效果,第7页图表添加"擦除"进入动画效果。

(6) 对第8页自选图形添加"擦除"进入动画效果。

(7) 在第1页中插入背景音乐,设置声音播放的文档最后一页。

(8) 在演示文稿最后新建一页,插入影片文件。

(9) 关闭并保存"保时捷公司简介.pptx"。

5.2.3 实施过程

1. 打开"保时捷公司简介.pptx"文档

打开"保时捷公司简介.pptx"演示文稿,如图5-26所示。

图5-26 "保时捷公司简介"演示文稿

2. 添加幻灯片切换效果

(1) 打开"切换"选项卡,如图5-27所示。

(2) 分别为1~8页幻灯片添加淡出、擦除、覆盖、闪光、溶解、闪耀、涡流、涟漪等切换效果。

(3) 将第1页"淡出"动画效果调整为"全黑",切换时间调整为2秒,在快捷访问工具栏中找到效果选项,将效果由平滑改为全黑,将持续时间调整为2秒,如图5-28所示。

(4) 设置自动换片时间为3秒,单击"全部应用"按钮。

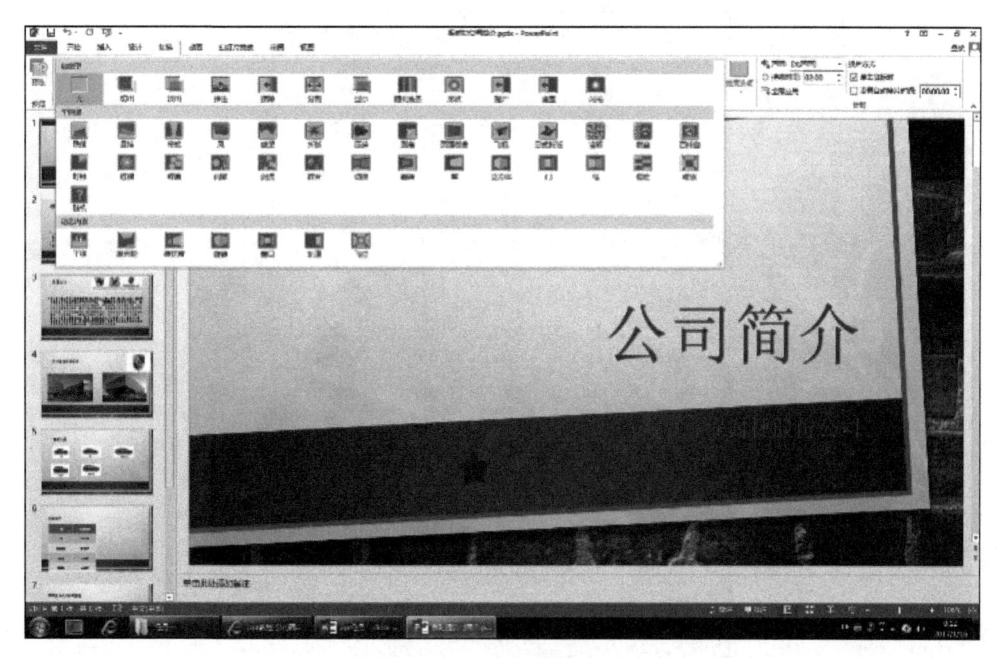

图 5-27　“切换”选项卡

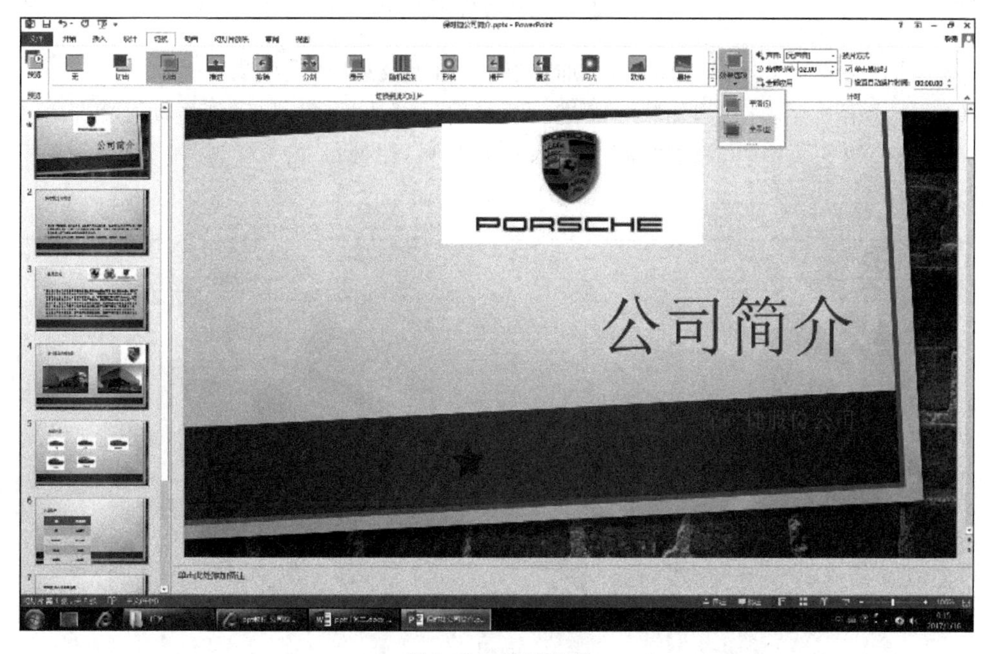

图 5-28　效果选项

3. 添加动画效果

(1) 选择“公司简介”文本框，打开“动画”选项卡，如图 5-29 所示。添加“缩放”进入效果与“淡出”退出效果，进入效果在前，退出效果在后。

(2) 选择第 3 页品牌标志图片，添加“旋转”进入动画效果。

图 5-29 “动画”选项卡

(3) 选择第 4 页公司总部图片,添加“翻转式由远及近”动画效果。

(4) 选择第 6 页表格,添加“浮入”进入动画效果以及“随机线条”消失动画效果。

(5) 选择第 7 页图表,添加“擦除”进入动画效果,修改效果选项为“按类别”,如图 5-30 所示。

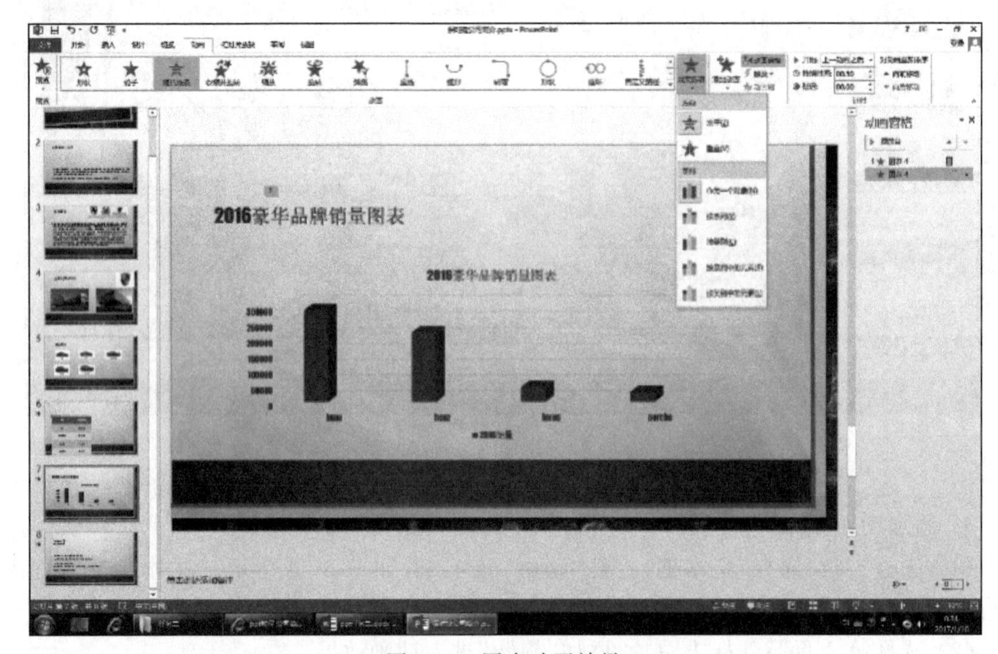

图 5-30 图表动画效果

（6）选择第 8 页自选图形，添加“擦除”进入动画效果，修改效果选项为“自左侧”，开始为“上一幅动画之后”，如图 5-31 所示。

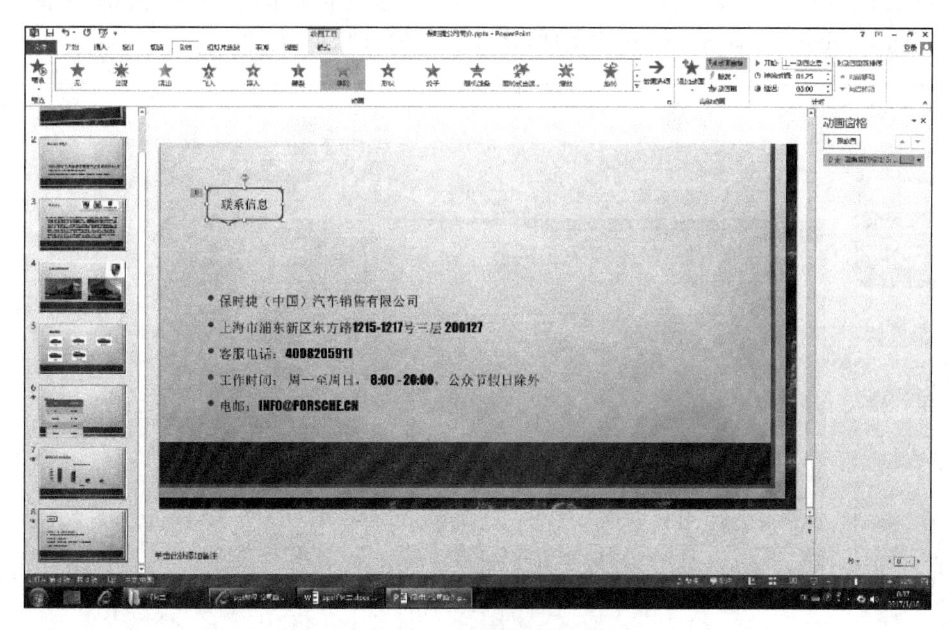

图 5-31　图形动画效果

4. 动画窗格效果

（1）选择第 4 页图片，在“动画”选项卡中找到动画窗格。

（2）对该页的 3 张图片分别设置“向内溶解”进入动画效果，设置播放时间都为 1 秒钟，设置顺序，每一张图片进入效果都在上一项之后，如图 5-32 所示。

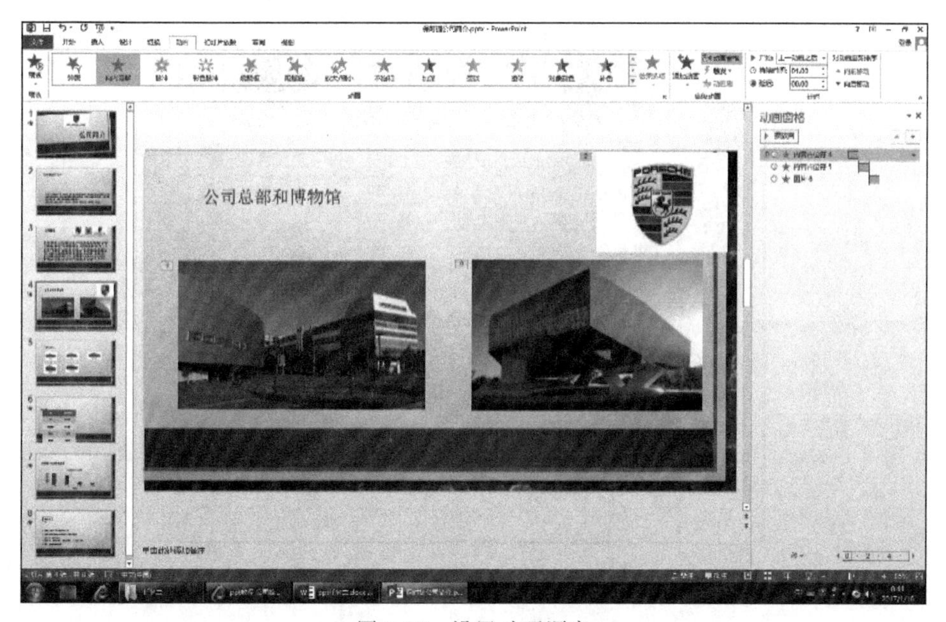

图 5-32　设置动画顺序

5. 插入声音

(1) 在幻灯片第1页上插入背景音乐,在“插入”选项卡中单击“音频”按钮,选择“PC上的音频”选项,找到“背景音乐.mp3”文件,将其插入幻灯片中,如图5-33所示。

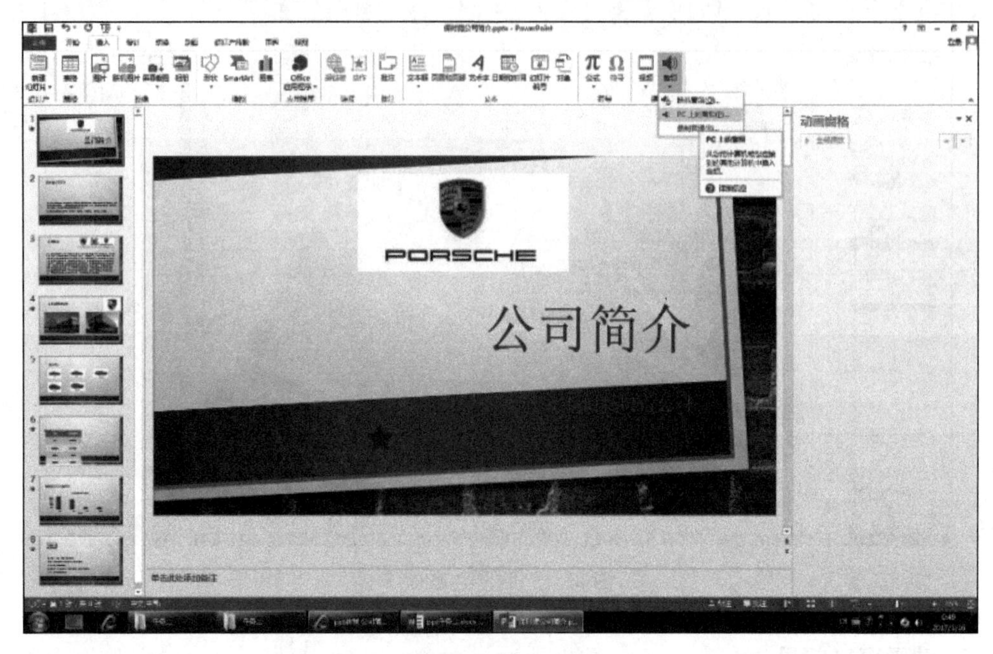

图5-33 插入声音

(2) 在动画窗格中找到音频效果选项,在“效果”选项卡中找到停止播放位置,将其更正为播放至第8页之后结束,如此一来背影音乐可以贯穿8页幻灯片一直播放,如图5-34所示。

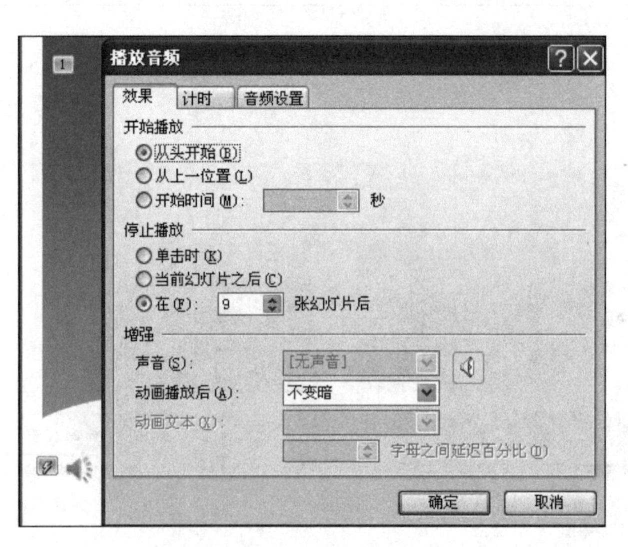

图5-34 音频效果选项

6. 插入视频

图5-35　插入视频选项

(1) 在幻灯片第8页之后新建幻灯片，在空白页中插入视频文件"porche宣传片.mp4"文件，如图5-35所示。

(2) 在视频工具中将其调整视频样式。

(3) 在动画窗格中，调整视频播放效果。

5.2.4　知识链接

PowerPoint 2013动画效果可分为PowerPoint 2013自定义动画以及切换效果两种动画效果。下面介绍自定义动画。

PowerPoint 2013演示文稿中的文本、图片、形状、表格、SmartArt图形和其他对象制作成动画，赋予它们进入、退出、大小或颜色变化甚至移动等视觉效果。PowerPoint 2013有以下4种自定义动画效果。

(1)"进入"动画效果。在PowerPoint菜单的"动画"→"添加动画"里面设置的"进入"或"更多进入效果"，如图5-36所示，都是动画窗格里自定义对象的出现动画形式，如可以使对象逐渐淡入焦点、从边缘飞入幻灯片或者跳入视图中等。

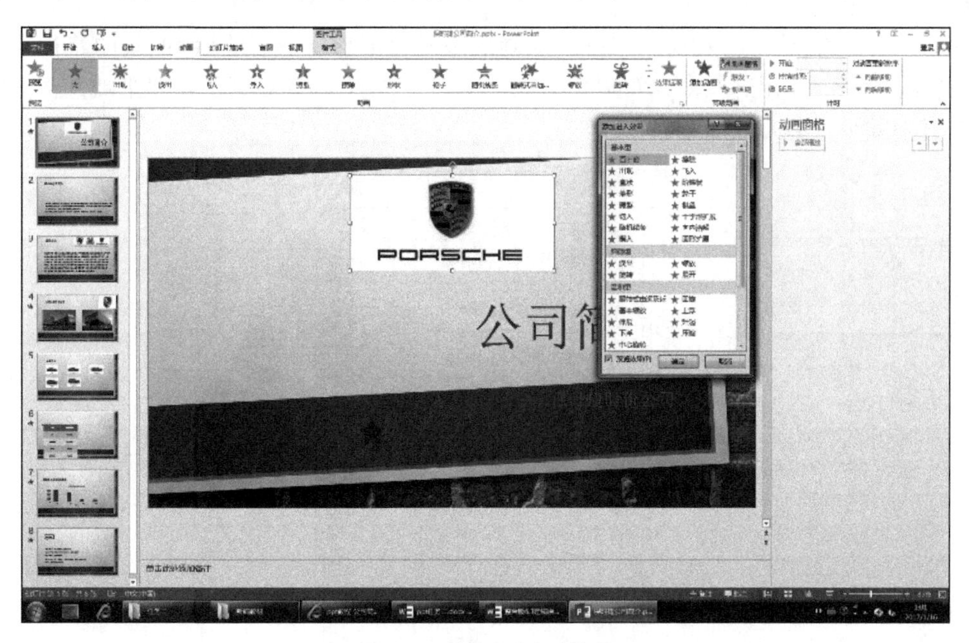

图5-36　"进入"动画效果

(2)"强调"动画效果。同样，在PowerPoint菜单的"动画"→"添加动画"的"强调"或"更多强调效果"里，如图5-37所示，有"基本型""细微型""温和型"以及"华丽型"4种特色动画效果，这些效果的示例包括使对象缩小或放大、更改颜色或沿着其中心旋转。

(3)"退出"动画效果。这个动画窗格效果的区别在于与"进入"动画效果类似但是相反，如图5-38所示，它是自定义对象退出时所表现的动画形式，如让对象飞出幻灯片、从视图中消失或者从幻灯片旋出。

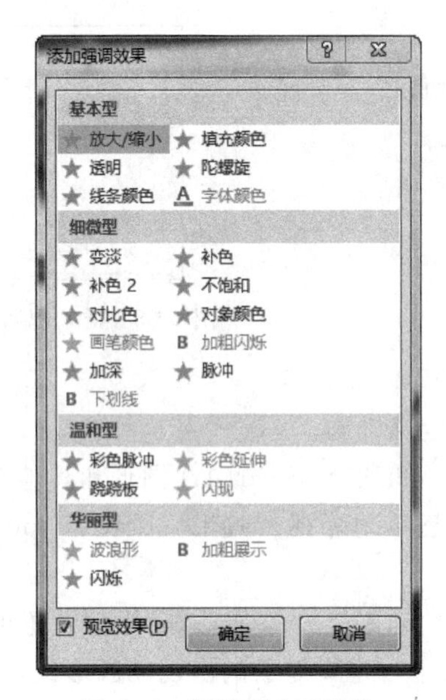

图 5-37 “强调”动画效果

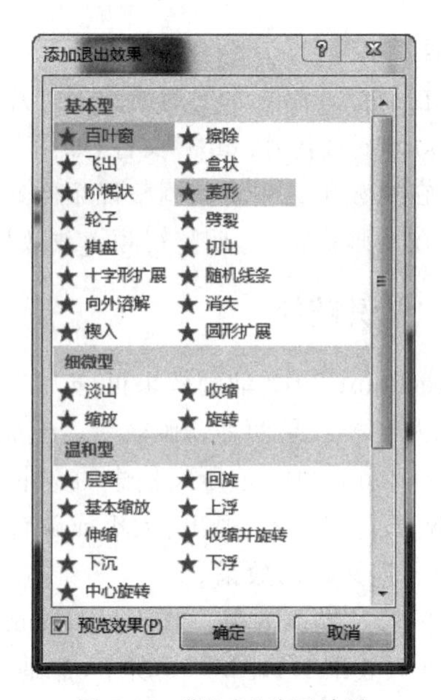

图 5-38 “退出”动画效果

(4)“动作路径”动画效果。这一个动画效果是根据形状或者直线、曲线的路径来展示对象游走的路径,使用这些效果可以使对象上下移动、左右移动或者沿着星形或圆形图案移动(与其他效果一起),如图 5-39 所示。

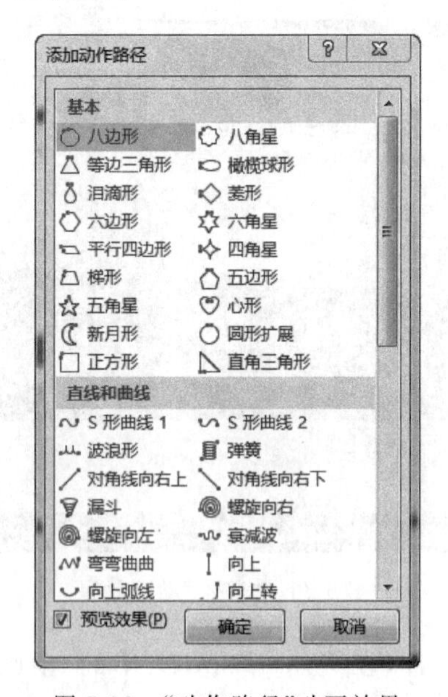

图 5-39 “动作路径”动画效果

以上 4 种动画窗格,可以单独使用任何一种动画,也可以将多种效果组合在一起。例如,可以对一行文本应用“飞入”进入动画效果及“陀螺旋”强调动画效果,使它旋转起来,如图 5-40 所示。也可以对动画窗格设置出现的顺序以及开始时间,延时或者持续动画时间等。

图 5-40 飞入与旋转同时进行的动画效果

5.2.5 知识拓展

1. PowerPoint 2013“动画刷”工具

“动画刷”工具是一个能复制一个对象的动画，并应用到其他对象的动画工具，它位于“动画”选项卡“高级动画”组中，如图 5-41 所示。使用方法是，单击有设置动画的对象，双击“动画刷”按钮，当鼠标指针变成刷子形状的时候，单击需要设置相同动画窗格的对象即可。

图 5-41 “动画刷”工具

2. PowerPoint 2013 幻灯片切换设置

PowerPoint 2013 动画效果中的切换效果，有“切换方案”以及“效果选项”，在“切换方案”中可以看到有“细微型”“华丽型”以及“动态内容”3 种动画效果，如图 5-42 所示。使用方法的是，选择要应用切换效果的幻灯片，在“切换”选项卡的“切换到此幻灯片”组中，单击要应用于该幻灯片的幻灯片切换效果。

5.2.6 技能训练

练习：为任务 5.1 中做的“学院介绍.pptx”添加动画效果。

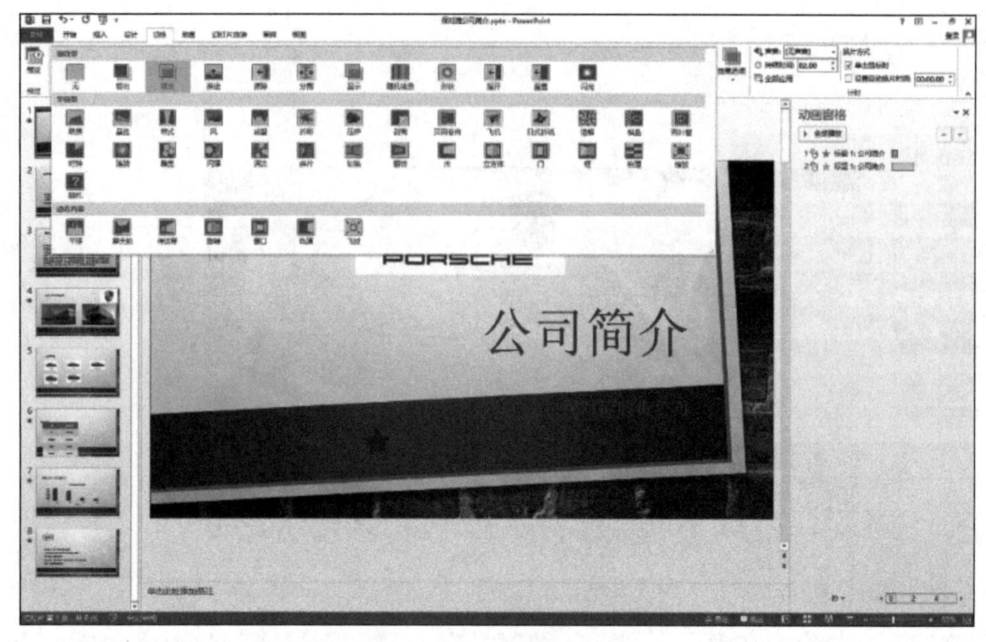

图 5-42 幻灯片切换效果

(1) 为第 1 页文本框添加“淡入/淡出”动画效果。

(2) 为第 2 页表格添加“旋转”进入动画效果。

(3) 为第 3、4 页添加“浮入”进入动画效果。

(4) 为第 5 页文本框添加“弹跳”进入动画效果。

任务 5.3 播放“保时捷公司简介”演示文稿

5.3.1 任务要点

(1) 打开演示文稿。

(2) 放映幻灯片。

(3) 设置幻灯片放映。

(4) 设置排练计时。

(5) 在放映过程中添加墨迹注释。

5.3.2 任务要求

本任务中将放映“保时捷公司简介.pptx”幻灯片,设置播放顺序,并且能够在放映过程中添加墨迹注释。

(1) 打开任务 5.2 中制作完成的演示文稿“保时捷公司简介.pptx”。

(2) 播放“保时捷公司简介.pptx”演示文稿。

(3) 设置幻灯片的放映方式及顺序。

(4) 添加墨迹注释。

5.3.3　实施过程

（1）打开“保时捷公司简介.pptx”演示文稿。启动 PowerPoint 2013，单击“文件”→“打开”命令，在弹出的“打开”对话框中选择“保时捷公司简介.pptx”演示文稿，然后单击“打开”按钮。

（2）从头开始播放。

① 在“幻灯片放映”选项卡的“开始放映幻灯片”组中，单击“从头开始”按钮。PowerPoint 将会从演示文稿的第 1 张幻灯片开始放映。

② 演示文稿放映时，可以利用鼠标来控制幻灯片的播放时间，单击即可播放下一张幻灯片。

（3）设置排练计时播放方式。单击“幻灯片放映”选项卡当中的“排练计时”按钮，重新播放幻灯片，用鼠标调节播放速度，播放结束后记住排练计时时间，再次播放就可以按照刚才排练计时调整的速度自动播放。

5.3.4　知识链接

1. 打开已保存的演示文稿

启动 PowerPoint 2013 后，单击“文件”→“打开”命令，弹出“打开”对话框。单击“计算机”图标，再单击“浏览”按钮查找演示文稿所在的文件夹路径，找到需要打开的演示文稿后，选择此文稿，单击“打开”按钮即可打开已保存的演示文稿（双击该演示文稿同样可以打开演示文稿），如图 5-43 所示。

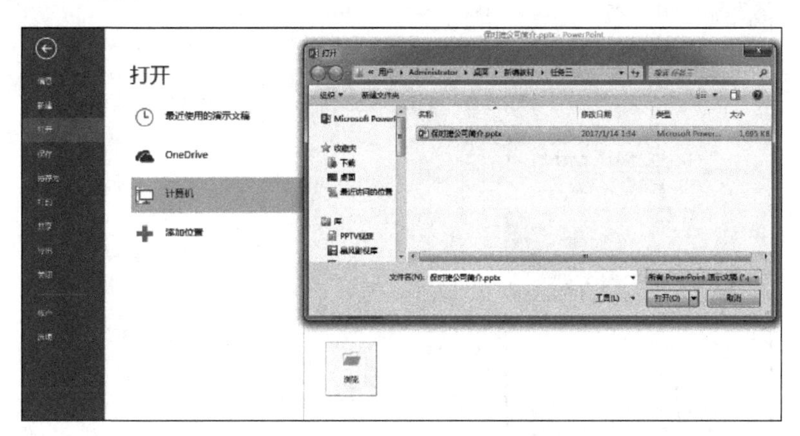

图 5-43　打开已保存的演示文稿

2. 放映幻灯片

制作幻灯片的目的是向观众播放最终的作品，在不同的场合、不同的观众的条件下，必须根据实际情况来选择具体的播放方式。

1）一般放映

（1）从头开始。打开需要放映的文件后，在“幻灯片放映”选项卡的“开始放映幻灯片”组中，单击“从头开始”按钮，快捷键为 F5，如图 5-44 所示。此时，系统就开始从头放映演示文稿。单击即可切换到下一张幻灯片的放映。

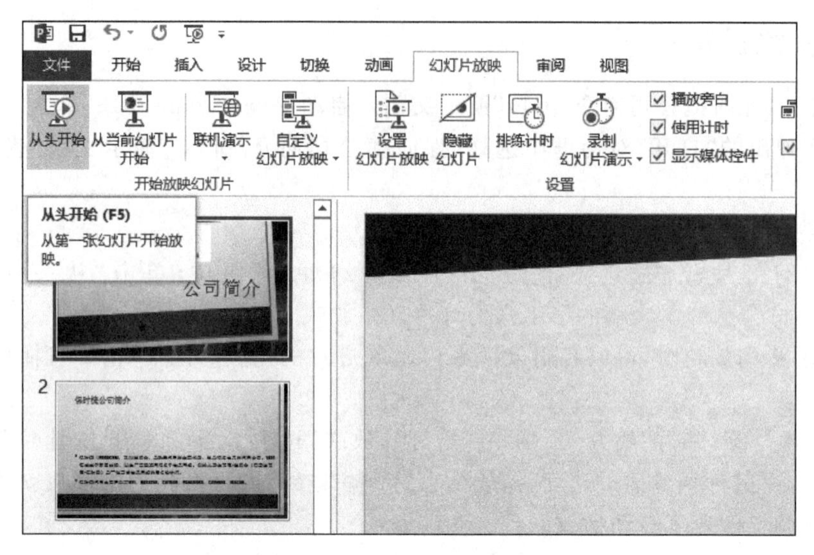

图 5-44 从头开始播放幻灯片

(2) 从当前幻灯片开始。如果不想从头开始放映演示文稿,比如从第 3 张幻灯片开始放映,则选中第 3 张幻灯片,然后在"幻灯片放映"选项卡的"开始放映幻灯片"组中,单击"从当前幻灯片开始"按钮,快捷键为 Shift+F5,如图 5-45 所示,则系统就从第 3 张幻灯片开始放映演示文稿。放映完毕后,系统会提示用户放映结束,然后单击即可退出放映。

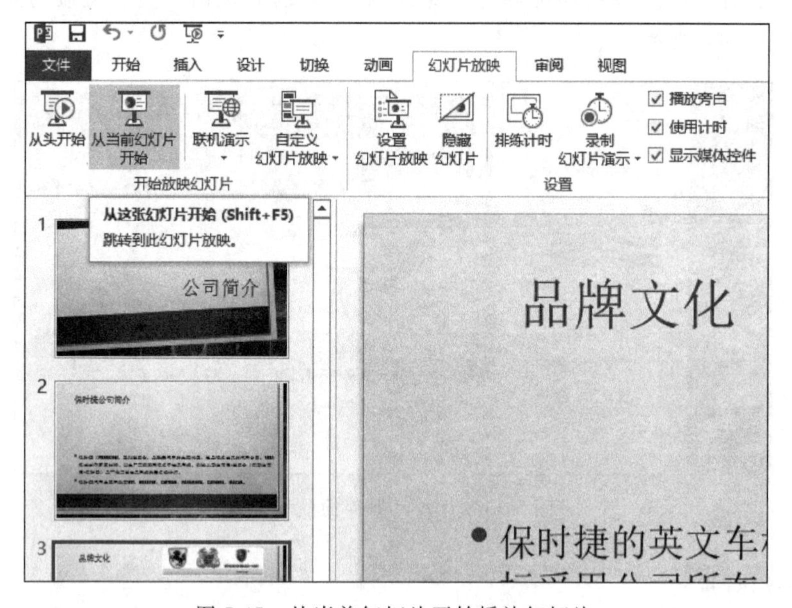

图 5-45 从当前幻灯片开始播放幻灯片

2) 自定义放映

用户还可以根据实际情况进行自定义放映设置。下面通过自定义设置来放映演示文稿中的第 1 张、第 3 张和第 5 张幻灯片。

打开需要放映的文件,在"幻灯片放映"选项卡的"开始放映幻灯片"组中,单击"自定义幻灯片放映"按钮,如图 5-46 所示。弹出"自定义放映"对话框,由于用户还没有创建自定义放映,所以此对话框是空的,因此单击"新建"按钮,新建幻灯片放映方式。

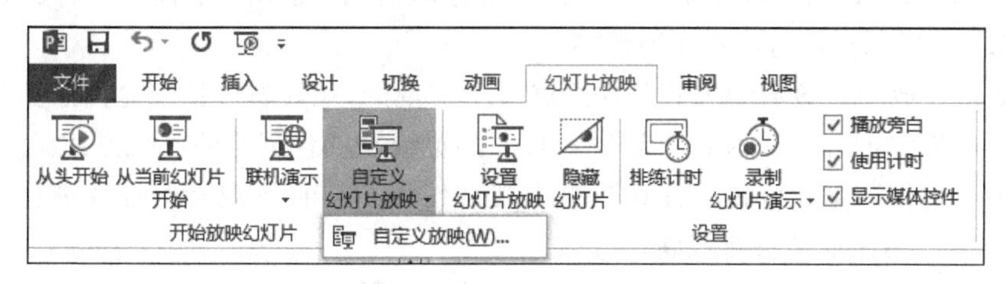

图 5-46 "自定义幻灯片放映"按钮

此时会弹出"定义自定义放映"对话框,在"幻灯片放映名称"文本框中输入放映名称,这里使用系统提供的名称"自定义名称 1",在"在演示文稿中的幻灯片"列表框中选中"幻灯片 1"复选框,然后单击"添加"按钮。此时"幻灯片 1"被添加到"在自定义放映中的幻灯片"列表框中了,如图 5-47 所示。

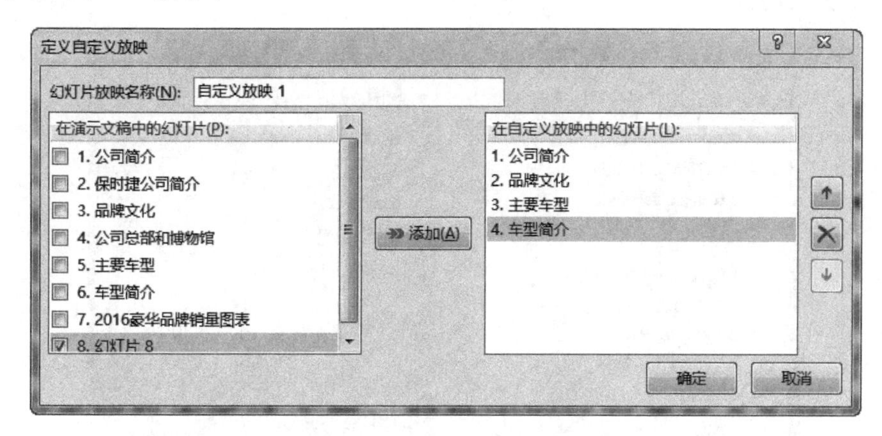

图 5-47 "在自定义放映中的幻灯片"列表框中添加幻灯片

按照相同的方法将其他要放映的幻灯片添加到"在自定义放映中的幻灯片"列表框中即可。

最后,单击"确定"按钮返回"自定义放映"对话框,此时在"自定义放映"对话框中出现了用户自定义的放映名称,如图 5-48 所示。单击"放映"按钮系统就开始自定义幻灯片放映演示文稿了。

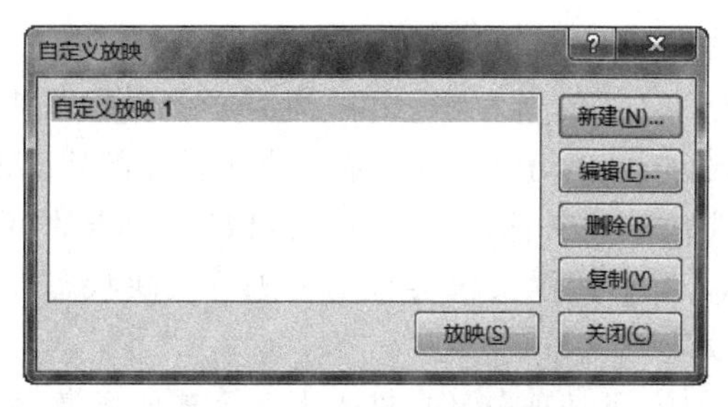

图 5-48 "自定义放映"对话框

3. 设置幻灯片放映方式

在 PowerPoint 2013 中,为满足不同放映场合的需要,为用户设置了 3 种浏览方式,包括演讲者放映、观众自行浏览和在展台浏览。

(1) 演讲者放映。该放映方式是在全屏幕上实现的,在放映过程中允许激活控制菜单,进行勾画、漫游等操作,是一种便于演讲者自行浏览或在展台浏览的放映方式。

(2) 观众自行浏览。该放映方式是提供观众使用窗口自行观看幻灯片进行放映的,只能自动放映或利用滚动条进行放映。

(3) 在展台浏览。该放映方式在放映时除了保留鼠标指针用于选择屏幕对象进行放映外,其他功能将全部失效,终止放映时只能按 Esc 键。

设置方法:打开需要放映的文件,在"幻灯片放映"选项卡的"设置"组中,单击"设置幻灯片放映"按钮,弹出"设置放映方式"对话框,如图 5-49 所示,在"放映类型"组合框中列出了 3 种放映方式,这里根据自己的需要设置放映方式。单击"确定"按钮返回演示文稿中,即可完成放映方式的设置。

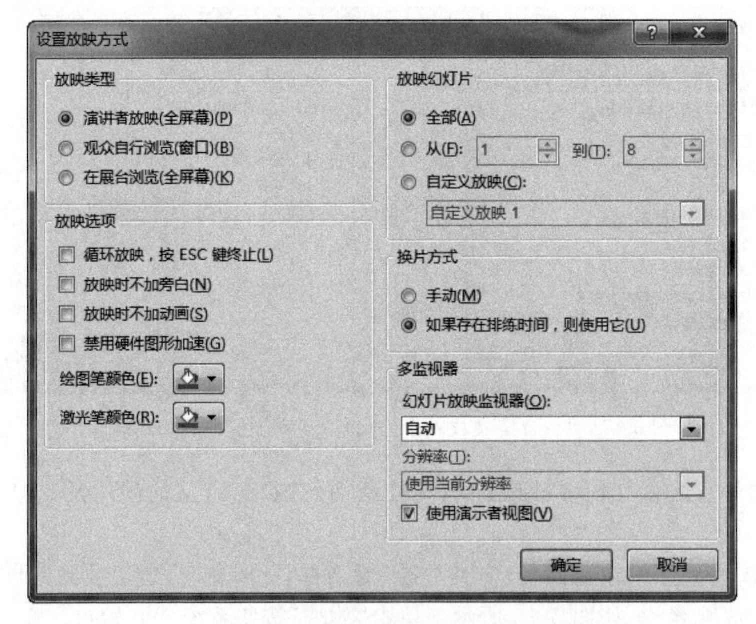

图 5-49 "设置放映方式"对话框

4. 排练计时放映方式

一般情况下,在放映幻灯片的过程中,用户都需要手动操作来切换幻灯片,如果为第 1 张幻灯片定义具体的时间,可让幻灯片在不需要人工操作的情况下自动进行播放。

操作方法:打开需要放映的文件,在"幻灯片放映"选项卡的"设置"组中,单击"排练计时"按钮,如图 5-50 所示。此时演示文稿会自动地进行放映状态,同时弹出"预演"工具栏,如图 5-51 所示,并开始放映计时。

在"预览"工具栏中单击"下一项"按钮,进入下一个播放场景,则系统就自动地开始重新记录此场景的播放时间。按照相同的方法设置其他幻灯片的播放时间。用户还可以根据实际需要,单击"预演"工具栏中的"幻灯片放映时间"文本框,然后输入一个合适的时间,例如

图 5-50　“排练计时”按钮

输入“0:00:06”,即可设置其放映时间了。

所有的幻灯片都设置完毕后,会弹出一个提示框,如图 5-52 所示,提示用户是否保留排练时间。单击“是”按钮返回演示文稿中。

图 5-51　“预演”计时对话框

图 5-52　结束放映提示框

此时幻灯片自动地切换到了幻灯片浏览视图下,如图 5-53 所示。用户可以在此查看前面排练的放映时间,今后放映演示文稿时系统就会按照此时间来放映各张幻灯片。

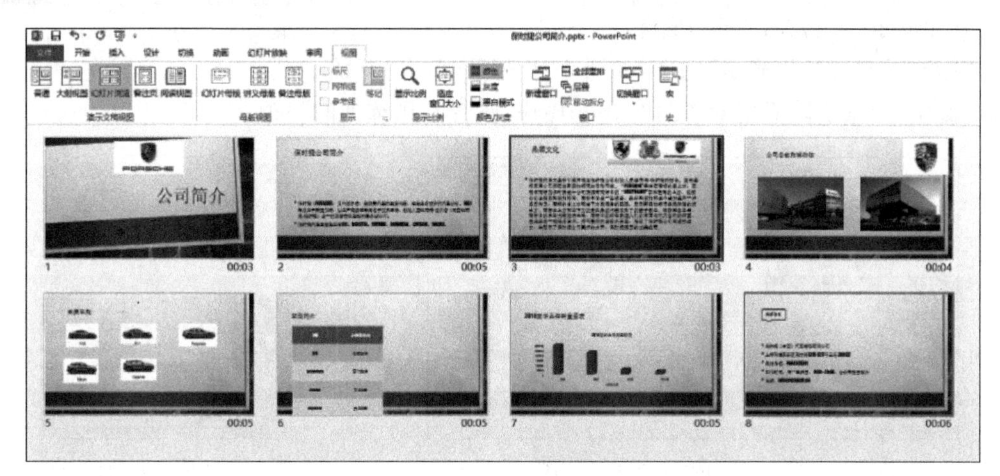

图 5-53　查看前面排练的放映时间

5. 变更动画播放的顺序

在播放幻灯片时,正常播放的情况下,幻灯片是按照从前到后的默认顺序进行播放的,如果要修改幻灯片的播放顺序,需要按下面的步骤操作。

(1) 在“幻灯片放映”选项卡的“开始放映幻灯片”组中单击“自定义幻灯片放映”下三角按钮。在弹出的“自定义放映”对话框中单击“新建”按钮。

(2) 在弹出的“定义自定义放映”对话框中,将第 1 张想要放映的幻灯片选中,单击“添加”按钮,第 1 张放映的幻灯片即被添加到“在自定义放映中的幻灯片”栏中。

(3) 按照需要放映的顺序依次添加到“在自定义放映中的幻灯片”栏中,即可完成“自定义放映”的操作。

6. 显示和隐藏幻灯片

在 PowerPoint 2013 中,如果幻灯片较多、较为复杂时,并希望在正常的放映中不显示这些幻灯片,就可以使用幻灯片的隐藏功能。

(1) 在普通视图下,右击幻灯片预览窗口中的幻灯片缩略图,在弹出的快捷菜单中选择“隐藏幻灯片”命令,如图 5-54 所示。

(2) 在“幻灯片放映”选项卡中单击“隐藏幻灯片”按钮即可隐藏幻灯片。被隐藏的幻灯片编号上将显示一个带有斜线的灰色小方框,则该张幻灯片在正常放映时不会被显示。

按照此方法,可以隐藏其他不需要放映的幻灯片。设置完毕后在“开始放映幻灯片”组中单击“从头开始”按钮,系统即可开始放映幻灯片,而隐藏的幻灯片则不会被放映。

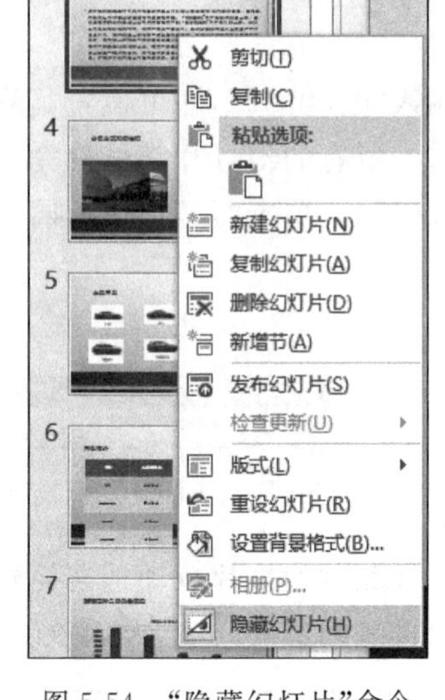

图 5-54 “隐藏幻灯片”命令

7. 录制幻灯片演示

录制幻灯片与排练计时类似,可以将整个演示过程录制下来,下次播放时包括播放动作和笔迹都会被演示出来,录制幻灯片演示功能如图 5-55 所示。

打开“录制幻灯片演示”功能,如图 5-56 所示,单击“开始录制”按钮,根据实际需要对幻灯片进行操作,流程与排练计时类似。

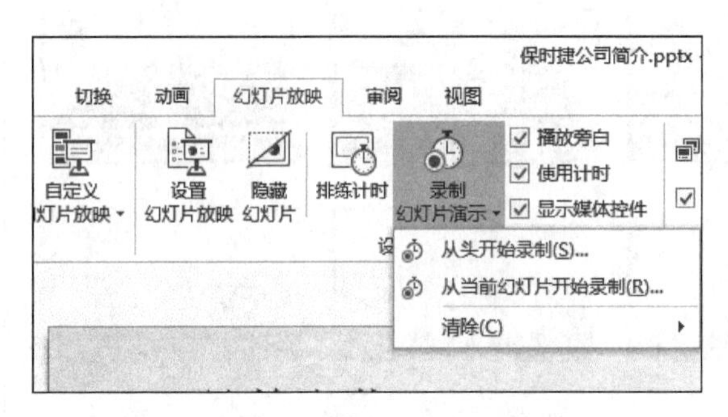

图 5-55 “录制幻灯片演示”功能

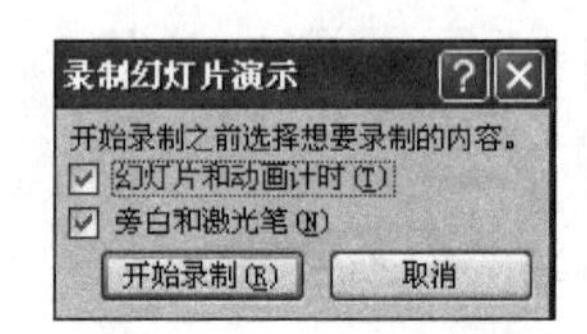

图 5-56 开始录制幻灯片演示

5.3.5 知识拓展

幻灯片设置标记

在放映幻灯片时,可以在幻灯片中的重点内容上做标记,或者添加注释等,以便更清晰地演示幻灯片内容。

(1) 打开第 3 张幻灯片,切换到“幻灯片放映”选项卡中,在“开始放映幻灯片”组中单击“从头开始”按钮,开始放映幻灯片,然后在放映的幻灯片中右击,从弹出的快捷菜单中选择“指针选项”中“荧光笔”选项,此时鼠标就变成“荧光笔”的形状了,如图 5-57 所示。

(2) 再次右击,在弹出的快捷菜单中选择“指针选择”中“墨迹颜色”选项,从弹出的下拉列表中选择一种合适的颜色效果。

(3) 设置完毕,按住鼠标左键不放,在要做标记的位置拖动鼠标至合适的位置后释放,即可做标记了。

(4) 按照相同的方法为其他幻灯片做标记,放映完毕后会弹出一个提示框,提示是否保留墨迹注释,如图 5-58 所示。

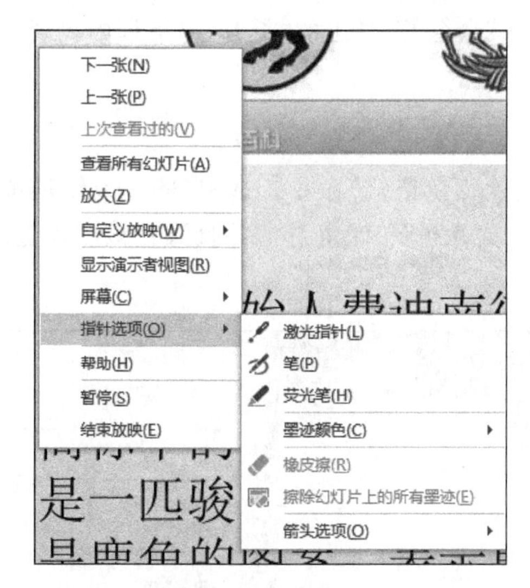

图 5-57 幻灯片放映时"荧光笔"的选择

图 5-58 选择"墨迹保留"对话框

(5) 单击"保留"按钮返回演示文稿中,此时用户可以在相应的幻灯片中发现前面做的标记。

5.3.6 技能训练

练习:使用排练计时方式对上节课制作的"学院介绍.pptx"演示文稿进行放映。

(1) 首次放映使用顺序放映,并结合鼠标调整播放速度。

(2) 再次放映使用排练计时功能对"学院介绍.pptx"演示文稿进行自动放映的编辑。

任务 5.4 "保时捷公司简介"演示文稿的动画效果设计

5.4.1 任务要点

(1) 自定义背景。

(2) 制作电影胶片特效。

(3) 制作车轮滚动特效。

5.4.2 任务要求

本任务中学习使用演示文稿中的动画效果完成一些高难度的特效动画制作。

(1) 打开"保时捷公司简介.pptx"演示文稿。

(2) 为第 1 页设置自定义背景。

(3) 在第 5 页制作电影胶片特效。

(4) 在第 2 页制作车轮滚动特效。

5.4.3 实施过程

1. 打开"保时捷公司简介.pptx"演示文稿

启动 PowerPoint 2013,选择"文件"→"打开"命令,在弹出的"打开"对话框中找到"保时捷公司简介.pptx"演示文稿。

2. 为第 1 页制作自定义背景

右击第 1 页,在弹出的快捷菜单中选择"设置背景格式"命令。选中"图片或纹理填充"单选按钮,添加图片"保时捷总部.jpg",选中"隐藏背景图片"复选框并且调整该图片显示的透明度为 15%,如图 5-59 所示。

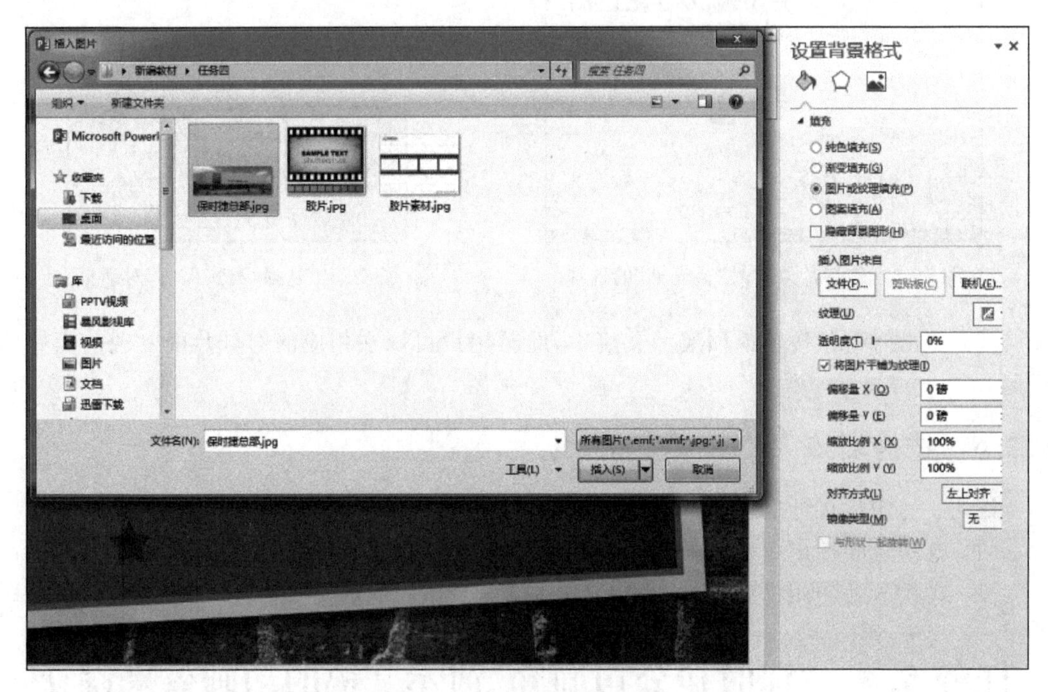

图 5-59 设置幻灯片背景

之后单击页面上方保时捷 Logo,选择"图片工具"→"格式"→"颜色"命令,在弹出的下拉列表中选择"设置透明色"命令,单击图片,完成对第 1 页幻灯片自定义背景的操作。效果如图 5-60 所示。

3. 在第 5 页制作电影胶片特效

(1) 选择第 5 页幻灯片,将页面上所有图片都删除,插入图片"胶片素材"。

(2) 将胶片制成透明边框,方便后期插入的照片能实现穿透的效果:选择胶片照片,选择"图片工具格式"→"颜色"→"设置透明色"命令;按住 Ctrl 键滚动鼠标滚轮,将页面整体缩小,再选择图片,将图片放大,以方便后期在胶片中插入图片,效果如图 5-61 所示。

(3) 选择胶片图片,按 Ctrl+C 组合键复制,再按 Ctrl+V 组合键粘贴,就复制出了一张一模一样的胶片,然后拖动图片,选择合适位置使两张胶片合成为一张图片,如图 5-62 所示。

图 5-60　自定义背景

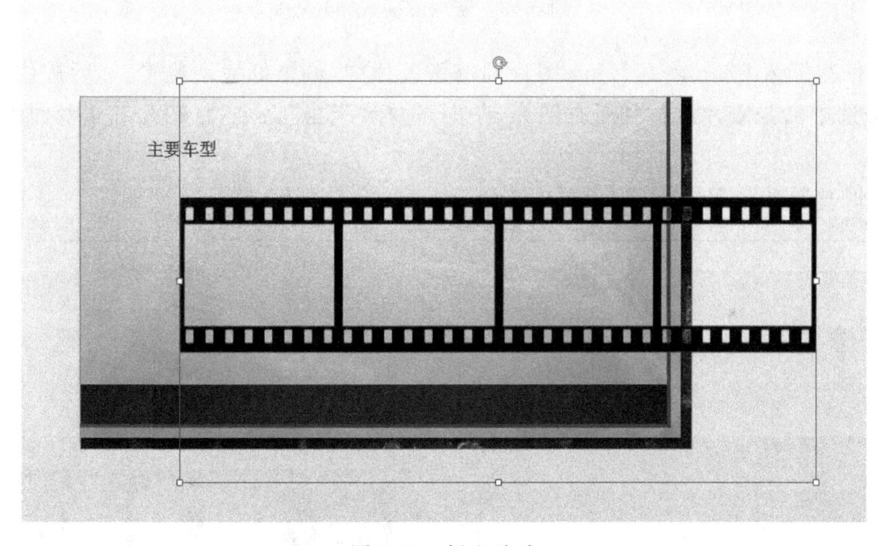

图 5-61　插入胶片

图 5-62　复制胶片

(4) 插入图片 01.jpg,将图片调整大小,使其大小与电影胶片一致,如图 5-63 所示。

图 5-63 胶片中插入图片

(5) 依次插入 02.jpg～07.jpg 图片到每张胶片中,调整好大小位置,然后按住 Ctrl 键,依次单击选中两张胶片素材和所有图片,右击,选择"组合"命令,将图片和素材结合为一个整体。

(6) 调整胶片位置,将其置于页面右侧,注意一定是页面范围之外,如图 5-64 所示。

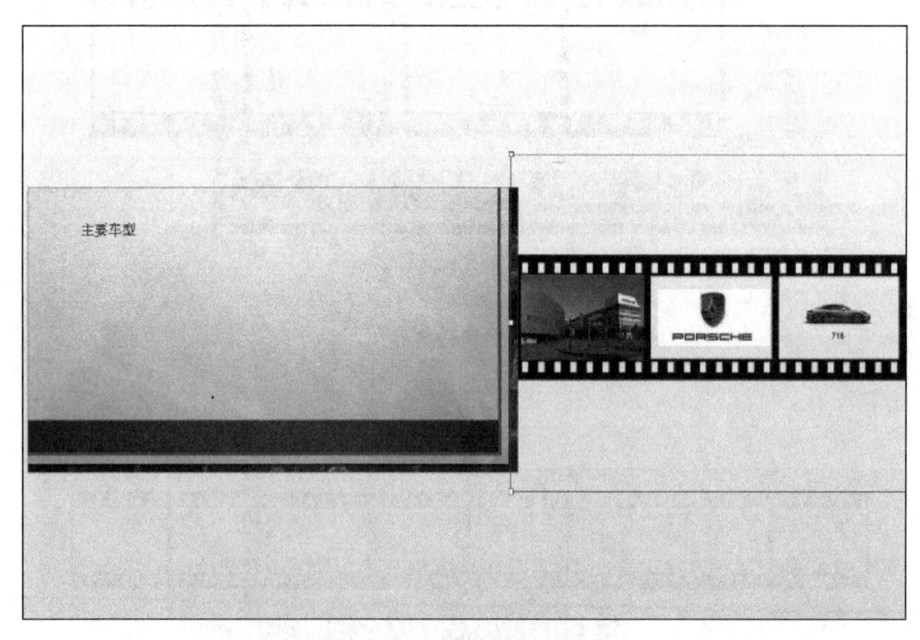

图 5-64 调整胶片位置

(7) 最后一步,至关重要,就是设置动画效果了。选中胶片,在"动画"选项卡中选择"添加动画"→"动作路径"→"直线"命令,如图 5-65 所示。

选择"效果选项"→"靠左"命令,将显示的直线往左拉,拉到页面范围之外,选择"动画窗

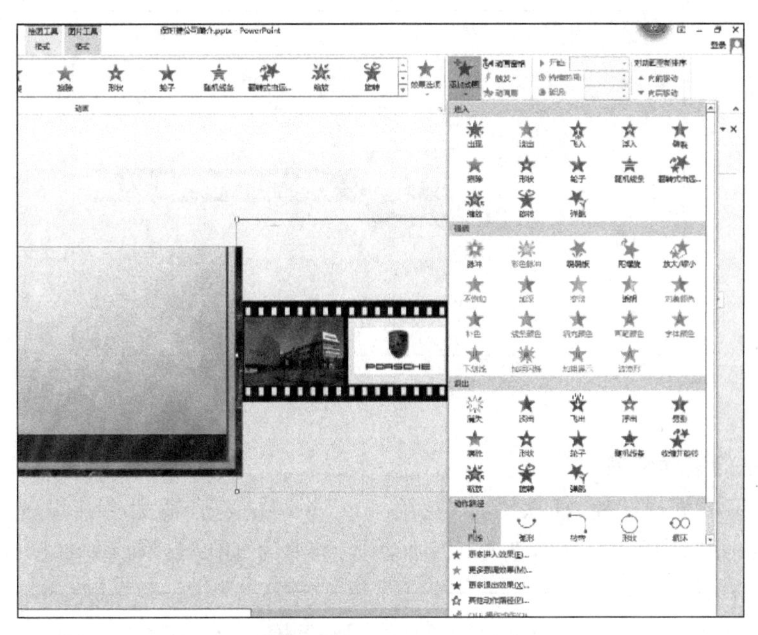

图 5-65　添加直线动画

格"→"效果选项"命令,取消平滑开始和平滑结束,并设置时间为 5 秒,如图 5-66 所示。设置完成后,可以单击动画窗格的"全部播放"按钮,观看预览,完成效果如图 5-67 所示。

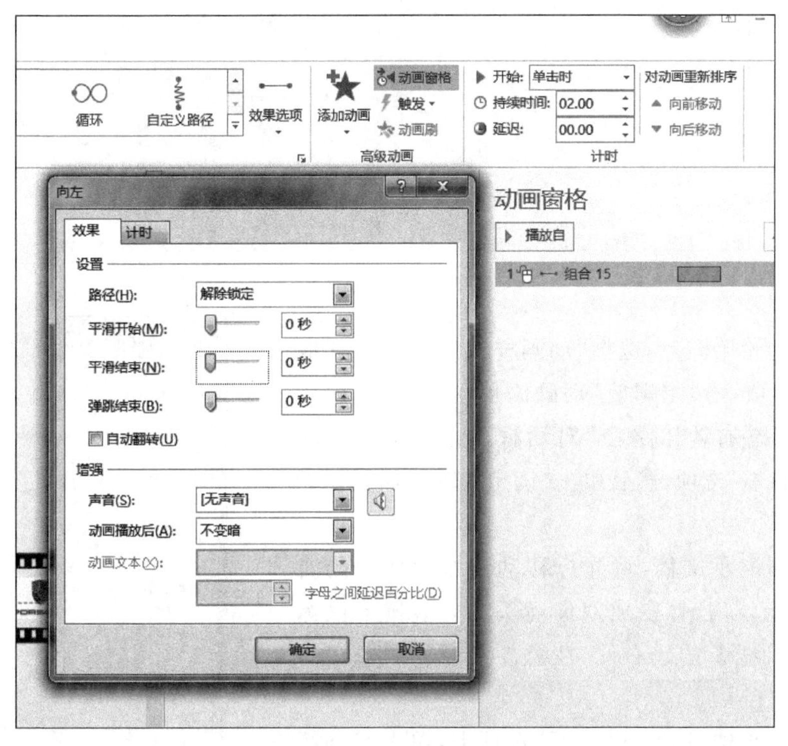

图 5-66　设置动画效果

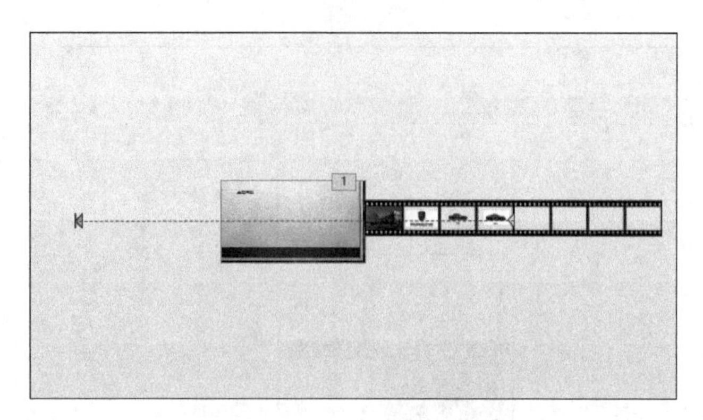

图 5-67 完成效果图

4. 制作车轮滚动特效

(1) 选择第 2 页幻灯片,插入图片“轮胎.jpg”并调整至合适大小并设置透明色。选中轮胎图片,切换到“动画”选项卡,选择“添加动画”组中的“陀螺旋”动画,如图 5-68 所示。

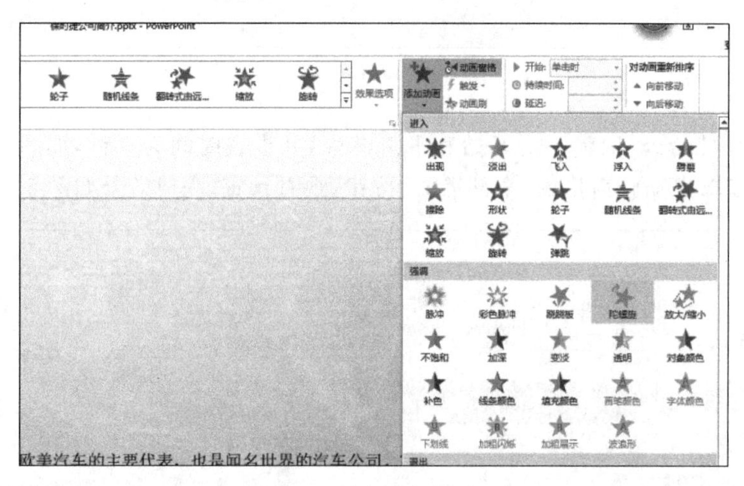

图 5-68 添加陀螺旋动画

(2) 选中轮胎图片,选择“动画样式”组中的“其他动作路径”选项,为“陀螺旋”动画添加动作路径,此时会弹出一个“添加动作路径”对话框,选择“直线和曲线”组中的“向右”选项,然后单击“确定”按钮,如图 5-69 所示。

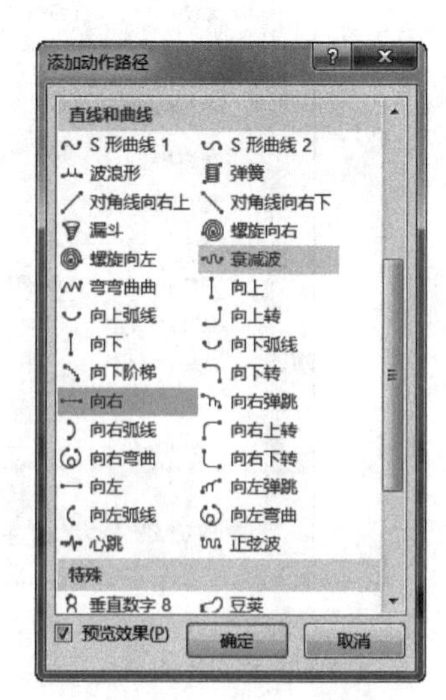

图 5-69 动作路径

(3) 返回演示文稿,将光标移动到右边新增的淡色轮胎图片上,待指针变成双向箭头的时候按下鼠标并将其移动到线条的最右侧,注意要与原先的球在同一条直线上。

(4) 选中小球,切换到“动画”选项卡,单击“计时”组中“持续时间”右侧的上三角按钮,将持续时间调整到 4 秒,并取消平滑开始和结束,便于观看动画的效果，到这里设置就结束了，如图 5-70 所示。之后可以单击“播放”按钮，观看预览。

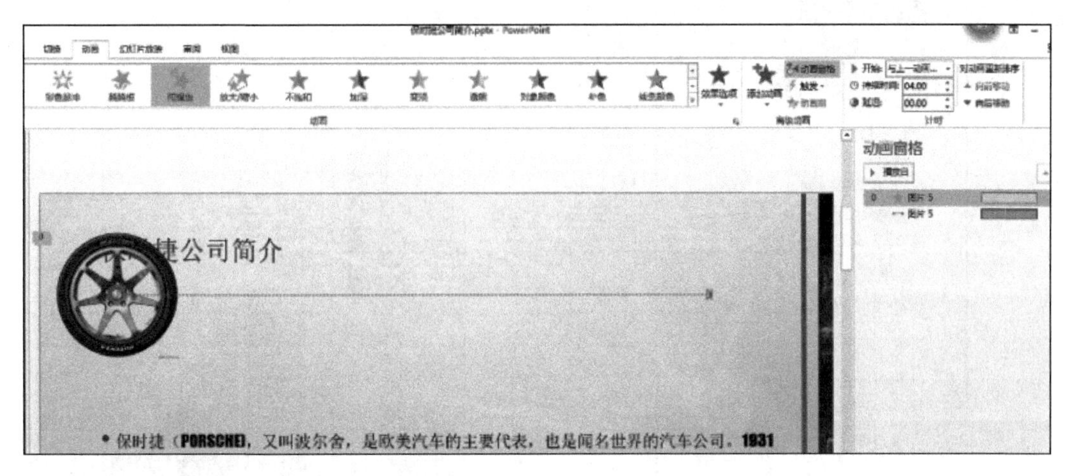

图 5-70　效果选项

5.4.4　知识链接

背景颜色的填充和调整

一个精美的设计模板少不了背景图片的修饰，在设计演示文稿时，除了在应用模板或改变主题颜色时更改幻灯片的背景外，还可以根据需要任意更改幻灯片的背景颜色和背景设计，如删除幻灯片中的设计元素、添加底纹、图案、纹理或图片等。

例如，希望让某个艺术图形(公司名称或徽标等)出现在每张幻灯片中，只须将该图形置于幻灯片母版上，此时该对象将出现在每张幻灯片的相同位置上，而不必在每张幻灯片中重复添加。

(1) 更改背景样式。在“设计”选项卡的“背景”组中单击“背景样式”按钮，从弹出的下拉列表中选择所需要的背景。

(2) 设置渐变填充。如果“背景样式”下拉列表中所提供的样式不能达到预期的效果时，可以在“设计”选项卡的“背景”组中单击“背景样式”按钮，从弹出的下拉列表中选择“设置背景格式”按钮，弹出“设置背景格式”对话框，如图 5-71 所示。在对话框的右侧选中“填充”组的“渐变填充”单选按钮，然后单击“预设颜色”按钮。从弹出的下拉列表中选择一种合适的预设颜色效果，保持其他项目的默认设置不变。单击“全部应用”按钮，则演示文稿中所有幻灯片的背景效果就都变成了此效果。

(3) 设置纹理颜色。选中“设置背景格式”对话框右侧 “填充”组的“图片或纹理填充”单选按钮，然后单击“纹理”按钮，如图 5-72 所示，从弹出的下拉列表中选择一种合适的预设颜色效果，保持其他项目的默认设置不变。单击“全部应用”按钮，则演示文稿中所有幻灯片的背景效果就都变成了此效果。

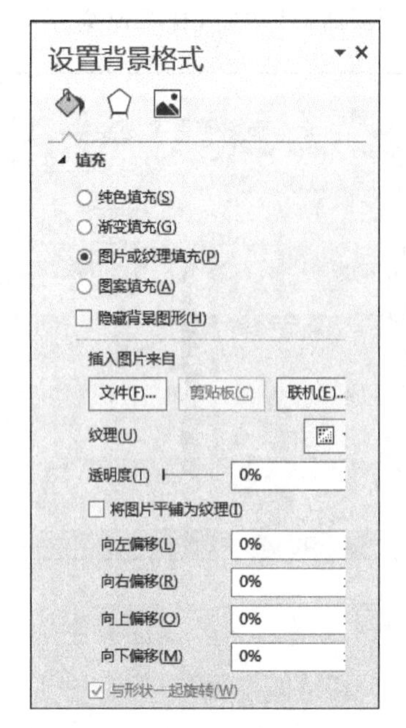

图 5-71 “设置背景格式”对话框

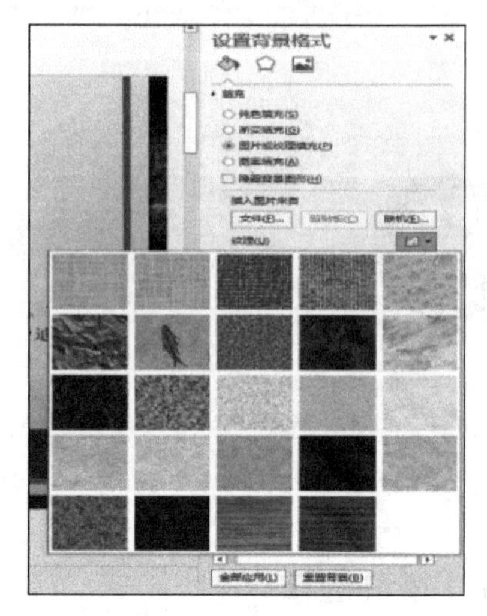

图 5-72 “纹理”下拉列表

5.4.5 知识拓展

插入背景图片

选中“设置背景格式”对话框右侧“填充”组的“图片或纹理填充”单选按钮，然后单击“文件”按钮，随即弹出“插入图片”对话框，如图 5-73 所示。在“查找范围”下拉列表中找到图片保存的正确路径，然后选择要使用的图片，单击“插入”按钮。选中的图片就变成幻灯片的背景了，如图 5-74 所示。

图 5-73 “插入图片”对话框

图 5-74　设置背景图片之后的幻灯片

5.4.6　技能训练

练习：新建演示文稿，插入自选图形绘制风车，利用本节课所学知识，使风车一直旋转。

任务 5.5　幻灯片后期制作

5.5.1　任务要点

(1) 幻灯片母版的制作。

(2) 页眉和页脚的设置。

(3) 打印演示文稿。

(4) 保存演示文稿。

5.5.2　任务要求

(1) 设计幻灯片母版。母版界面中可看见默认新建"保时捷"模板的母版样式，在左侧的缩略图中选定"幻灯片母版"，进行以下操作。

① 设置文本字体：在右侧工作区中将"单击此处编辑母版标题样式"及下面的"第二级、第三级、……"等字符设置成微软雅黑字体。

② 设置文本段落：选中"第二级、第三级、……"等字符，设置段落中段前、段后均为 6 磅。

③ 设置项目符号：选中"第二级、第三级、……"等字符，设置一种项目符号样式。

④ 选择"插入"→"页眉和页脚"命令，打开"页眉和页脚"对话框，切换到幻灯片标签下，对日期区、页眉页脚区、数字区的文本进行格式化设置。

⑤ 将准备好的保时捷 Logo 图片插入母版中，使 Logo 图片显示至每一张幻灯片中，并且显示在幻灯片的相同位置上。

(2) 打印幻灯片。将每页幻灯片设置为 6 页，打印一份。

(3) 保存幻灯片。将制作好的演示文稿保存成多种形式,例如,广播幻灯片、视频或者 CD。

5.5.3 实施过程

打开“PPT 实例\保时捷公司简介.pptx”演示文稿。

1. 母版设计

(1) 设置母版字体。打开“保时捷公司简介.pptx”,在“视图”选项卡中切换到母版设计视图。选中文字“第二级、第三级、……”等字符,设置字体为“微软雅黑”,如图 5-75 所示。

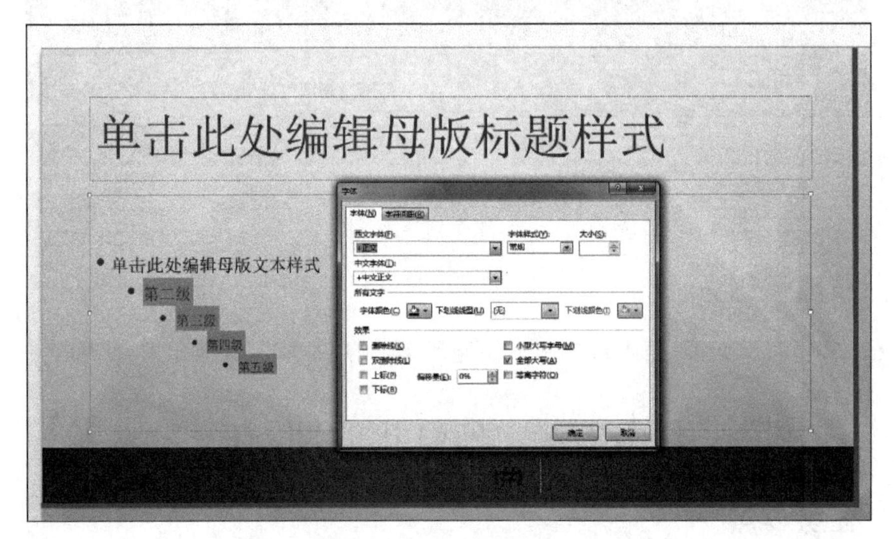

图 5-75　母版字体设计

(2) 设置文本段落。选中“第二级、第三级、……”等字符,右击出现快捷菜单,选中“段落”命令,在“段落”对话框中设置段前、段后均为 6 磅,单击“确定”按钮,如图 5-76 所示。

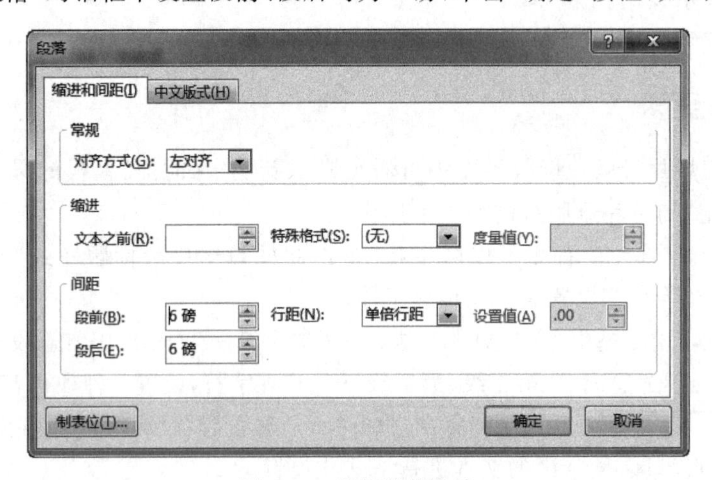

图 5-76　母版段落设计

(3) 设置项目符号。选中“第二级、第三级、……”等字符,右击出现快捷菜单,选择“项目符号”命令,设置一种项目符号样式后,确定退出,如图 5-77 所示。

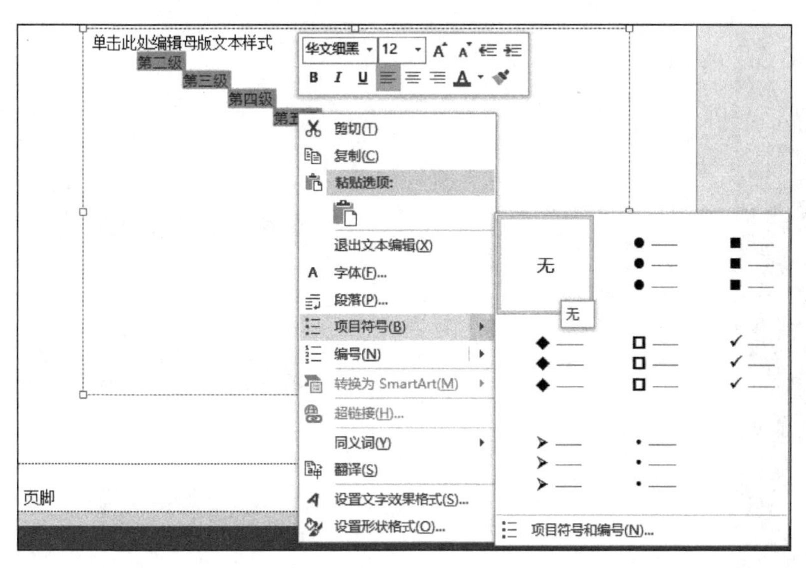

图 5-77　母版项目符号设计

(4) 设置页眉与页脚。选择“插入”→“页眉和页脚”命令，打开“页眉和页脚”对话框，切换到幻灯片标签下，对日期区、页眉页脚区、数字区的文本进行格式化设置，如图 5-78 所示。

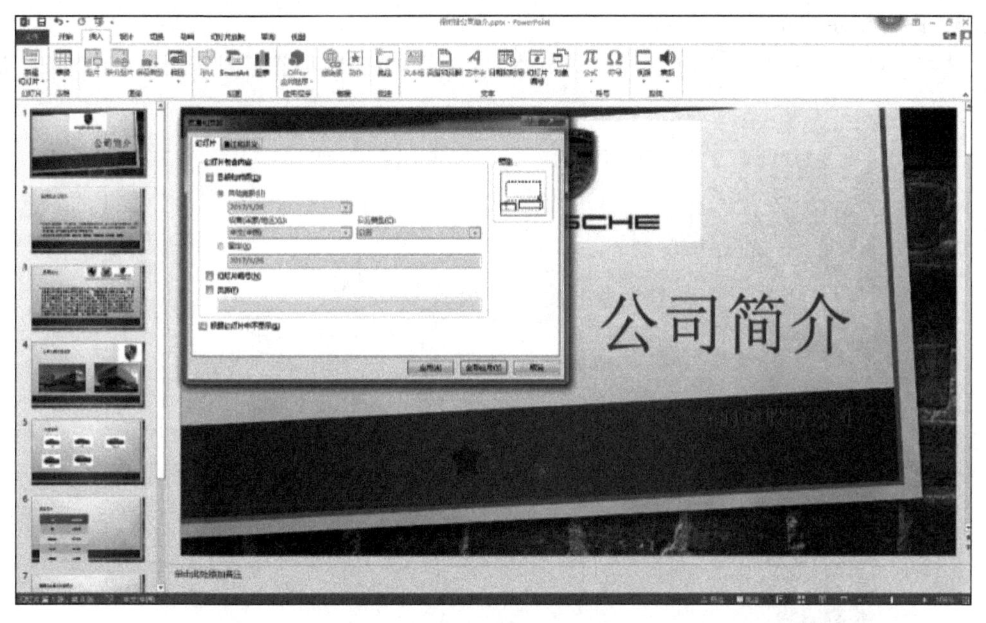

图 5-78　页眉与页脚设置示意图

将日期时间设置为自动更新，并且在页脚位置添加幻灯片编号。

(5) 设置保时捷公司 Logo。在母版第 1 页上插入“保时捷公司 logo. jpg”图片。母版设计完成后，关闭母版设计，回到常规页面视图。

2. 演示文稿的打印

选择“文件”→“打印”命令，进入“打印”界面，如图 5-79 所示，将打印选项设置为水平打

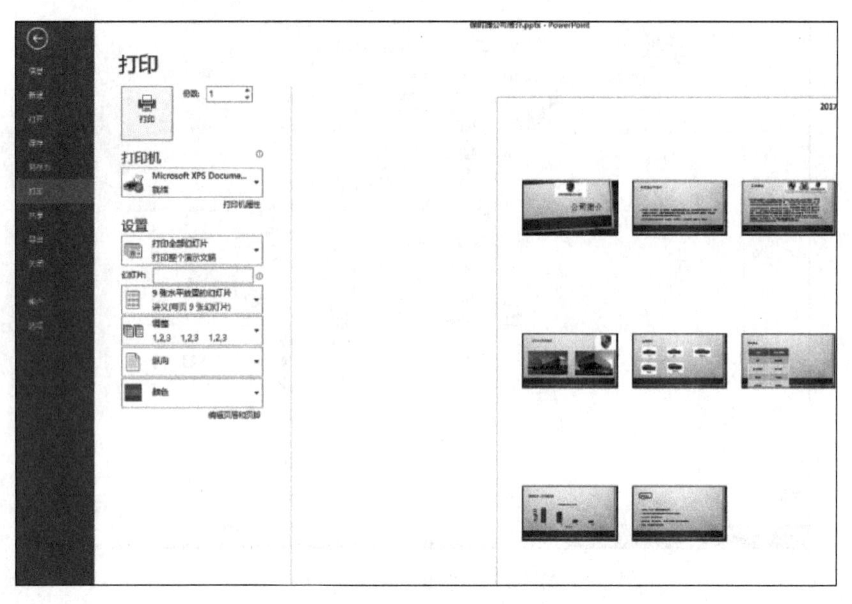

图 5-79 “打印”界面

印 9 页。

3. 保存演示文稿

选择“文件”→“导出”命令,2013 版本的演示文稿提供了多种导出方式,如图 5-80 所示。

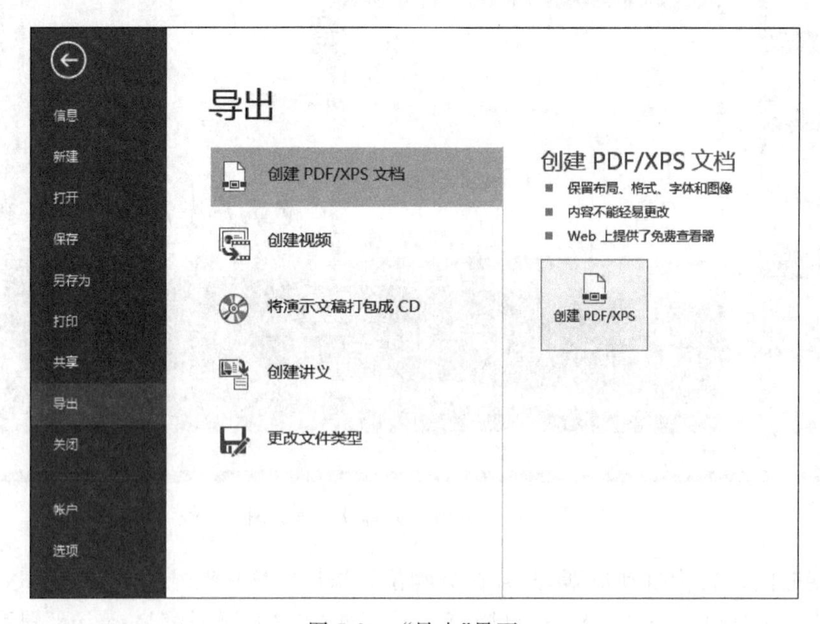

图 5-80 “导出”界面

下面以保存成视频为例,详细介绍保存过程。单击“创建视频”按钮,如图 5-81 所示。单击“创建视频”按钮,将演示文稿制作成 MP4 视频文件,如图 5-82 所示。

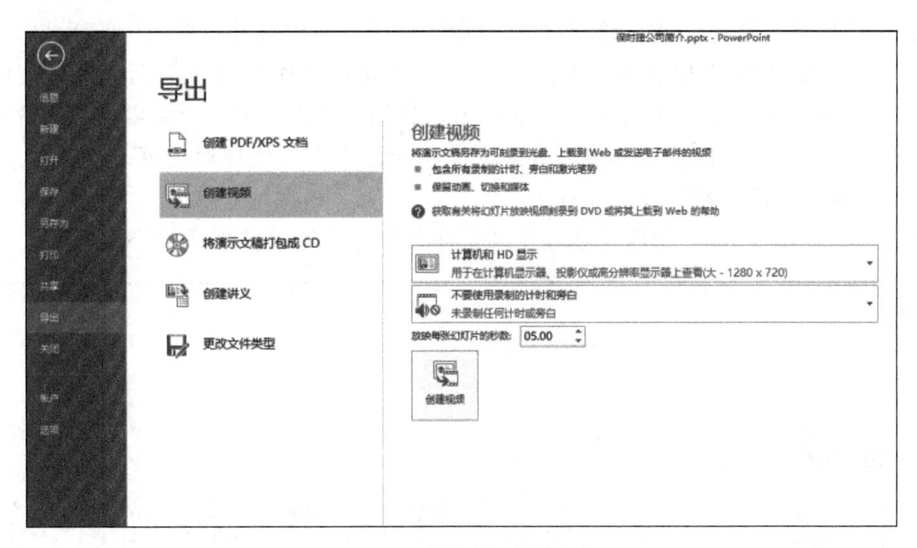

图 5-81 “创建视频”界面

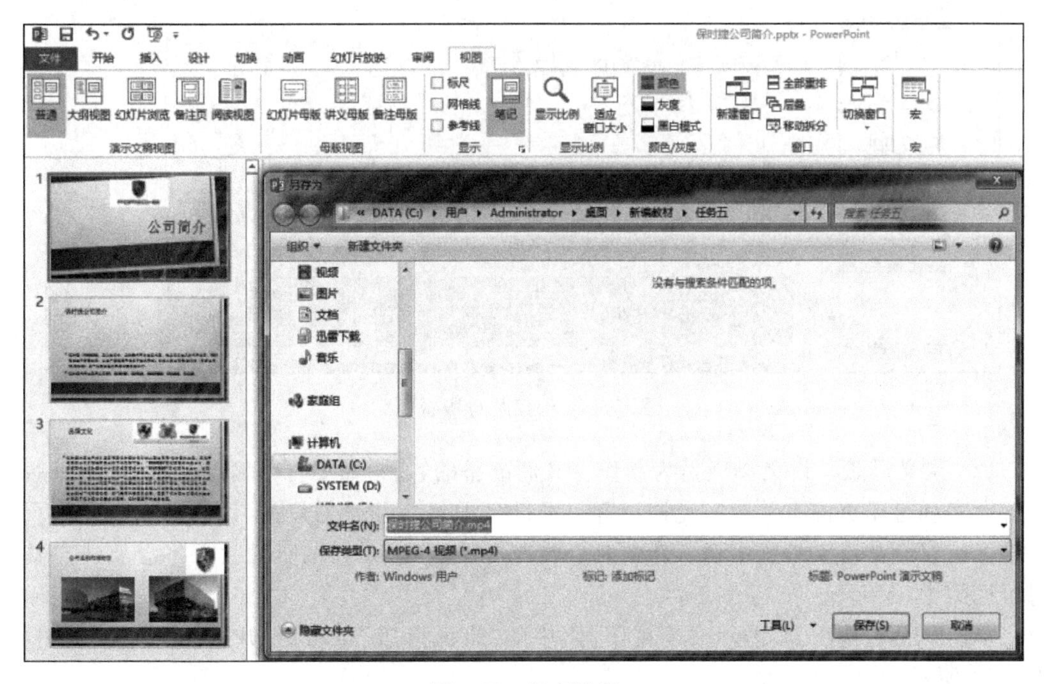

图 5-82 保存视频

在保存文件的目录下找到保存的“保时捷公司简介.mp4”文件,执行该文件即可放映演示文稿。

5.5.4 知识链接

1. 幻灯片母版的制作

母版是用于制作具有统一标志和背景的内容,幻灯片母版决定着幻灯片的外观,用于设置幻灯片的标题、正文文字等样式,包括字体、字号、字体颜色、阴影等效果,也可以设置幻灯片的背景、页眉页脚等。也就是说,幻灯片母版可以为所有幻灯片设置默认的版式。

在 PowerPoint 2013 中有 3 种类型的母版,分别是幻灯片母版、讲义母版和备注母版。

(1) 幻灯片母版。幻灯片母版是存储模板信息的设计模板的一个元素。幻灯片母版中的信息包括字形、占位符大小和位置、背景设计和配色方案。用户通过更改这些信息,就可以更改整个演示文稿中幻灯片的外观。

单击“视图”选项卡的“幻灯片母版”按钮,打开幻灯片母版视图,如图 5-83 所示。

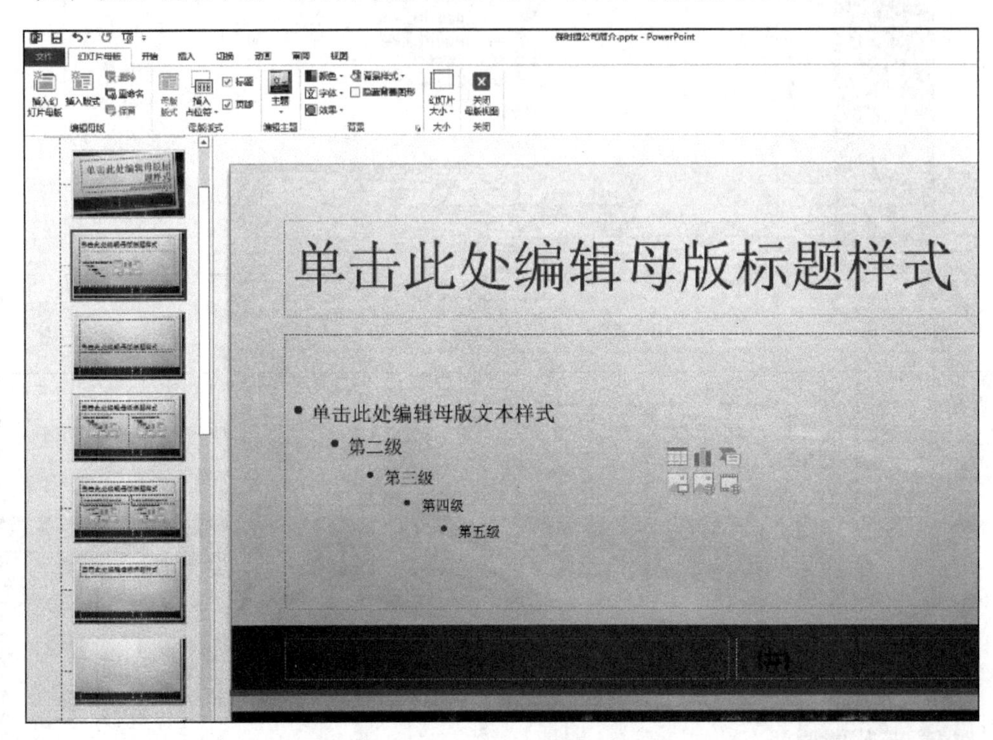

图 5-83 幻灯片母版视图

(2) 讲义母版。讲义母版是为制作讲义而准备的,通常需要打印输出,因此讲义母版的设置大多和打印页面有关。它允许设置一页讲义中包含几张幻灯片,设置页眉、页脚、页码等基本信息。在讲义母版中插入新的对象或者更改版式时,新的页面效果不会反映在其他母版视图中。

单击“视图”选项卡“演示文稿视图”组中的“讲义母版”按钮,打开“讲义母版”视图,如图 5-84 所示。

(3) 备注母版。备注母版主要用来设置幻灯片的备注格式,一般也是用来打印输出的,所以备注母版的设置大多也和打印页面有关。

单击“视图”选项卡“演示文稿视图”组中的“备注母版”按钮,打开备注母版视图,如图 5-85 所示。

2. 页眉和页脚的设置

在制作幻灯片时,用户可以利用 PowerPoint 提供的页眉页脚功能,为每张幻灯片添加相对固定的信息,如在幻灯片的页脚处添加页码、时间、公司名称等内容。

在“插入”选项卡的“文本”组中单击“页眉和页脚”按钮,打开“页眉和页脚”对话框,在

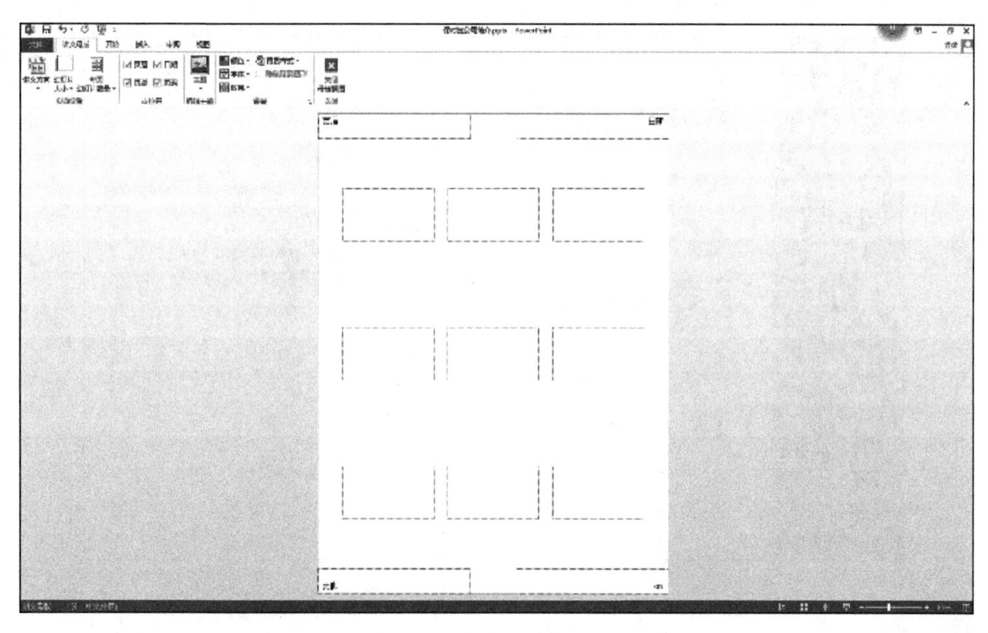

图 5-84　“讲义母版”视图

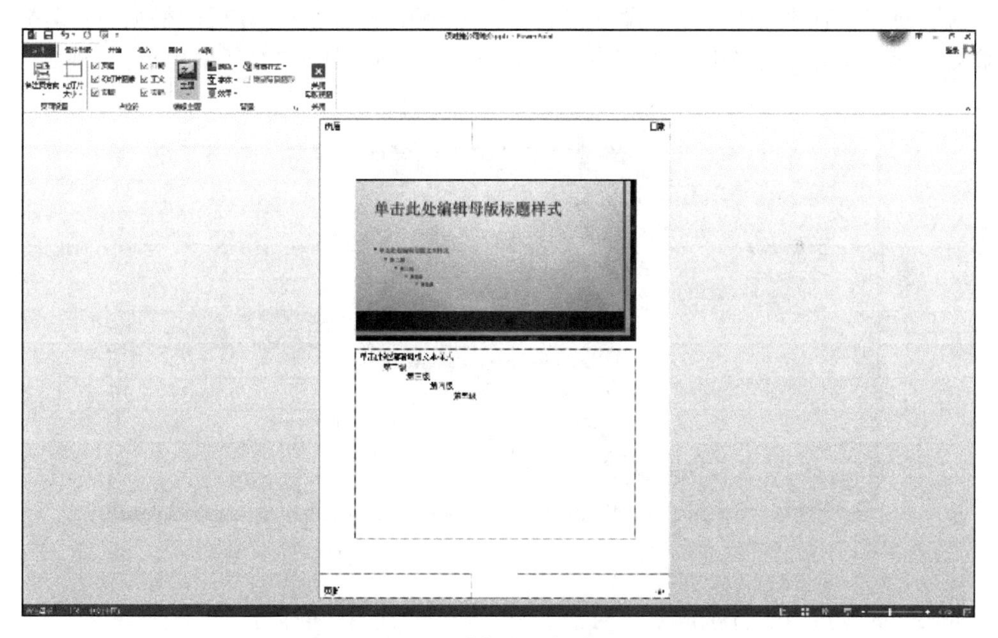

图 5-85　“备注母版”视图

“页眉和页脚”对话框中可设置日期和时间、编号和语言等。

5.5.5　知识拓展

制作 CD 光盘

在 PowerPoint 2013 中，还可以将演示文稿制作成 CD 光盘，制作方法如下。

单击“打包成 CD”按钮，如图 5-86 所示。

图 5-86 “打包成 CD”按钮

在打包时,如果想打包多个文件夹,可以在“添加文件”中将多个文件打包到 CD 中。

为了使打包后的文件可以在没有安装 PowerPoint 2013 的计算机中播放,可以将演示文稿复制到其他文件夹当中,如图 5-87 所示,在“复制到文件夹”对话框中单击“确定”按钮即可。

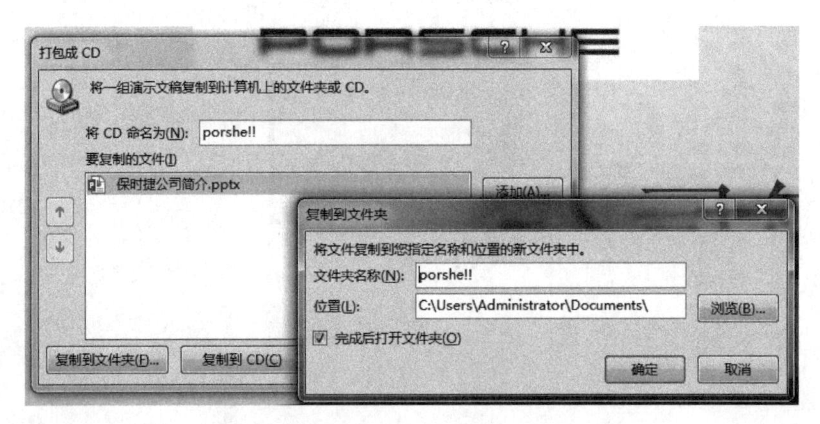

图 5-87 “复制到文件夹”对话框

刻录完光盘后,在“打包成 CD”对话框中,单击“关闭”按钮即可。

5.5.6 技能训练

练习:在打开的演示文稿中新建一张幻灯片,选择版式为“空白”,并完成以下操作。

(1) 设置幻灯片的高度为 20 厘米,宽度为 25 厘米。

(2) 在新建演示文稿中插入任意一幅图片,调整适当大小,然后插入任意样式的艺术字,内容为“休息一下”。

(3) 插入一版式为“空白”的幻灯片,将插入第 1 页中的图片复制到第 2 页,并将图片的高度设置为 11.07 厘米,宽度设置为 10 厘米。

(4) 插入一水平文本框，输入内容为“现在开始计时”，设置字号(48)，字形(加粗、斜体、下划线)，对齐方式(居中对齐)。

(5) 在第2页插入一垂直文本框，在其中输入“我们可以休息到十二点钟”，并调整到适当位置。

(6) 把两张幻灯片的背景设为“漫漫黄沙”。

(7) 设置所有幻灯片的切换效果为“水平百叶窗”。

综合实例练习

制作“年终总结”演示文稿：小张大学毕业后加入某软件公司从事市场部工作，年底公司进行年终总结大会，市场部决定用演示文稿进行部门总结，将制作演示文稿的任务交给小张完成，同时要求小张做好在总结会上的发言准备。小张接受任务，首先整理本年度市场部的相关资料，然后开始演示文稿的设计。

1. 规划演示文稿。

任务要求：启动 PowerPoint 2013，创建新文件，选择一个新的主题，先计划素材应用方法，然后将素材分成多张幻灯片，用户可能至少需要：

(1) 一张主标题幻灯片。

(2) 一张介绍性幻灯片，列出演示文稿中主要内容。

(3) 一张适用于在介绍性幻灯片上列出的内容的表格或图表。

(4) 一张总结幻灯片，重复演示文稿中主要内容。

2. 幻灯片内容设计。

任务要求：

(1) 根据内容新建幻灯片，调整幻灯片版式，确定幻灯片布局。

(2) 在幻灯片中添加内容，并且进行格式排版。

① 设置幻灯片文本格式，PowerPoint 对幻灯片中文字的要求是美观、醒目并且具有吸引力，因此，制作幻灯片的一项重要任务就是对文本格式的设置，尽量选择一些中远距离也能看清楚的醒目字体字形，一般字号不能小于30，并且使用项目符号、编号或者下划线等使文字简洁清楚。

② 设置幻灯片段落，PowerPoint 对幻灯片中段落的要求是层次分明、清晰明确，因此，段落设计尽量选择1倍以上的行间距，并且保持所有段落对齐方式一致。

③ 设置图片，表格与图表，诸如此类的工具，能够更好、更直观地反映出幻灯片的内容，使幻灯片更加生动、富有说服力，因此制作这些内容一般简单明了，样式美观。

(3) 动画设计，在幻灯片中加入动画能够使幻灯片更加生动，吸引人的眼球，但是要注意动作不要过于烦琐，播放时间也不要过长。

3. 放映和保存演示文稿。

任务要求：根据具体要求采用排练计时和自动放映两种方式进行幻灯片的放映，注意放映时间，每页的内容至少要让用户清楚地看完，但也不能停滞时间过长，造成不良反应。

一般计算机都兼容 PowerPoint 2013 演示文稿(.pptx)的文件格式，直接保存成此格式即可，也可以根据具体情况保存成视频等其他文件格式。

小张顺利完成任务,并且制作了一张效果图,如图 5-88 所示。

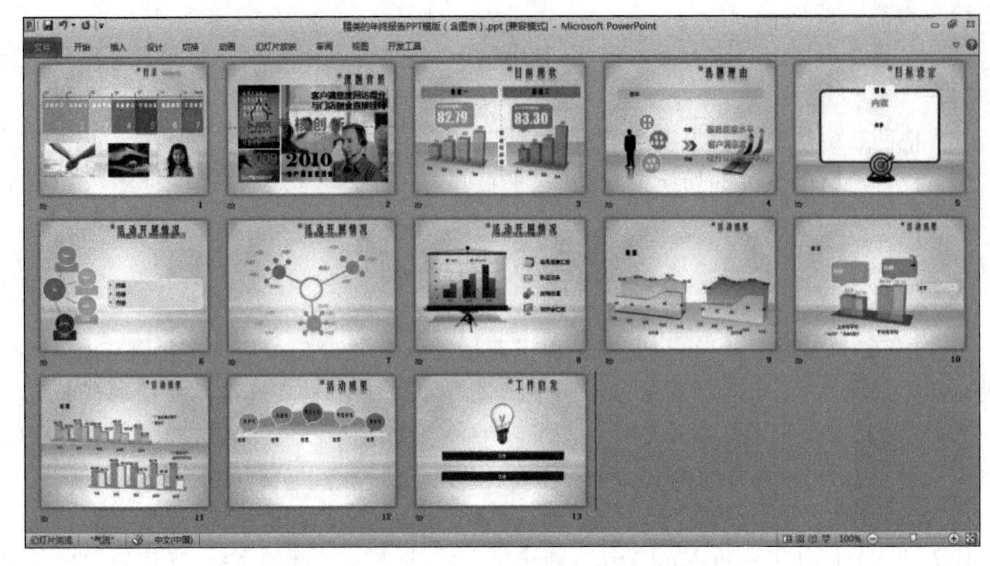

图 5-88 总结大会演示文稿效果参考图

习 题 5

一、选择题

1. 在 PowerPoint 2013 的各种视图中,显示单张幻灯片以进行文本编辑的视图(　　)。

A. 大纲视图　　B. 浏览视图　　C. 页面视图　　D. 放映视图

2. 在 PowerPoint 2013 中,停止幻灯片播放的操作是按(　　)键。

A. Esc　　B. Shift　　C. Ctrl+F4　　D. Alt

3. 让所有的幻灯片具有相同的播放时间,要单击(　　)按钮设置。

A. 开始　　B. 效果选项　　C. 持续时间　　D. 全部应用

4. PowerPoint 提供了多种(　　),它包含了相应的配色方案、母版和字体样式等,可供用户快速生成风格统一的演示文稿。

A. 版式　　B. 模板　　C. 母版　　D. 幻灯片

5. 直接启动 PowerPoint 新制作一个演示文稿,标题栏默认显示文件名称为"演示文稿 1",当选择"文件"→"保存"命令后,会(　　)。

A. 直接保存"演示文稿 1"并退出 PowerPoint

B. 弹出"另存为"对话框,供进一步操作

C. 自动以"演示文稿 1"为名存盘,继续编辑

D. 弹出"保存"对话框,供进一步操作

6. 在 PowerPoint 2013 中,文字借用(　　)呈现在幻灯片中。

A. 图片　　B. 文本框　　C. 图形　　D. 不用任何工具

7. 在 PowerPoint 2013 中,(　　)方式可以实现在其他视图中可实现的一切编辑功能。

A. 普通视图　　B. 大纲视图　　C. 幻灯片视图　　D. 幻灯片浏览视图

8. 母版是 PowerPoint 模板的(　　)。

A. 外部设计　　B. 个人设计　　C. 内部设计　　D. 风格设计

9. 在幻灯片内部,用(　　)来实现页面之间的跳转,提高对 PowerPoint 的操作效率和交互控制能力。

A. 超链接　　B. 自动播放　　C. 单击播放　　D. 控制播放

10. PowerPoint 2013 文件的扩展名是(　　)。

A. .pptc　　B. .docx　　C. .pptx　　D. .xlsx

11. "幻灯片切换"不能设置的选项是(　　)。

A. 效果　　B. 换片方式　　C. 显示方式　　D. 切换声音

12. 在 PowerPoint 2013 中,如果要在普通视图中预览动画,应该使用(　　)命令。

A. 观看放映　　B. 自定义放映

C. 自定义动画中的播放按钮　　D. 幻灯片切换

13. 要设置每张幻灯片的放映时间,需要为其设置(　　)。

A. 预设动画　　B. 排练计时　　C. 动作按钮　　D. 录制旁白

14. 下列说法正确的是(　　)。

A. 通过背景命令只能为一张幻灯片添加背景

B. 通过背景命令只能为所有幻灯片添加背景

C. 通过背景命令既可以为一张幻灯片添加背景,也可以为所有幻灯片添加背景

D. 以上说法都不对

15. "项目符号和编号"对话框中可以设置(　　)。

A. 项目符号的大小　　B. 项目符号的颜色

C. 项目符号为图片或字符　　D. 选择项目符号的样式

二、填空题

1. 在 PPT 2013 中,单击________按钮可以默认从第1张开始放映幻灯片。
2. 在 PPT 2013 中,新建幻灯片的快捷键是________。
3. PPT 2013 的母版视图方式包括幻灯片母版、讲义母版和________。
4. 幻灯片编辑时,如果想同时选中第1、3、6页幻灯片,应在________视图下操作。
5. 如果想在幻灯片中某一位置绘制一个五角星,应先单击功能区中的________按钮。
6. 从当前幻灯片开始放映的快捷键是________。
7. PowerPoint 2013 一共有________种视图方式。
8. 设置幻灯片的主题背景,应该单击功能区的________按钮。
9. 设置幻灯片的动画效果,应单击功能区的________按钮。
10. 播放幻灯片时,如果想使某页幻灯片不显示,应右击幻灯片并选择________命令。

项目 6 计算机网络设置

Internet 起源于美国 ARPAnet(阿帕网)。1969 年,美国国防部高级研究计划局(ARPA)决定建立 ARPAnet,把美国重要的军事基础及研究中心的计算机用通信线路连接起来。首批联网的计算机主机只有 4 台。其后,ARPAnet 不断发展和完善,特别是开发研制了互联网通信协议 TCP/IP,实现了与多种其他网络及主机的互联,形成了国际网,即由网络构成的网络——Internetwork,简称 Internet,也称为因特网或互联网。1991 年,美国企业组成了"商用 Internet 协会"。商业的介入,进一步发挥了 Internet 在通信、数据检索、客户服务等方面的巨大潜力,也给 Internet 带来了新的飞跃。我国于 1994 年 5 月正式接入了 Internet。

由于越来越多的计算机的加入,Internet 上的资源变得越来越丰富。到今天,Internet 已超出一般计算机网络的概念,Internet 不仅仅是传输信息的载体,更是一个全球规模的信息服务系统。它是人类有史以来第一个真正的世界性的图书馆,又是一个全球范围内的论坛。Internet 永远不会关闭。人们足不出户就可以利用 Internet 行万里路、读万卷书,获取和发布信息、交四方朋友、寻找商业机会。

任务 6.1 局域网接入

6.1.1 任务要点

(1) 计算机网络的组成。

(2) 网络 IP 地址的组成。

(3) 网络通信协议。

(4) 常用网络测试命令。

6.1.2 任务要求

某公司行政部门因工作需要添加了一台办公计算机,要求将这台计算机加入局域网,实现数据资源共享,提高工作效率。

6.1.3 实施过程

(1) 向计算机网络管理员索取接入局域网的相关设置信息。

(2) 在 Windows 10 桌面的“网络”图标上右击，在弹出的快捷菜单中选择“属性”命令，打开“网络和共享中心”窗口，选择“更改适配器设置”命令，进入“网络连接”窗口。在“本地连接”图标上右击，在弹出的快捷菜单中选择“属性”命令，弹出“本地连接 属性”对话框，如图 6-1 所示。

(3) 在“本地连接 属性”对话框选择“Internet 协议版本 4(TCP/IPv4)”选项，单击“属性”按钮，弹出“Internet 协议版本 4(TCP/IPv4)属性”对话框，进行网络参数设置，如图 6-2 所示。

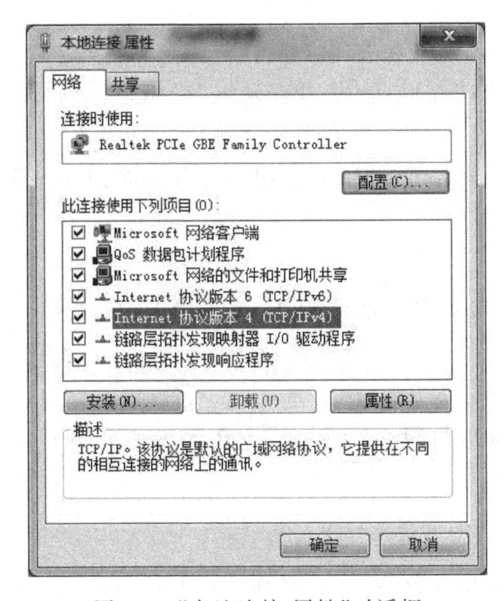

图 6-1　“本地连接 属性”对话框

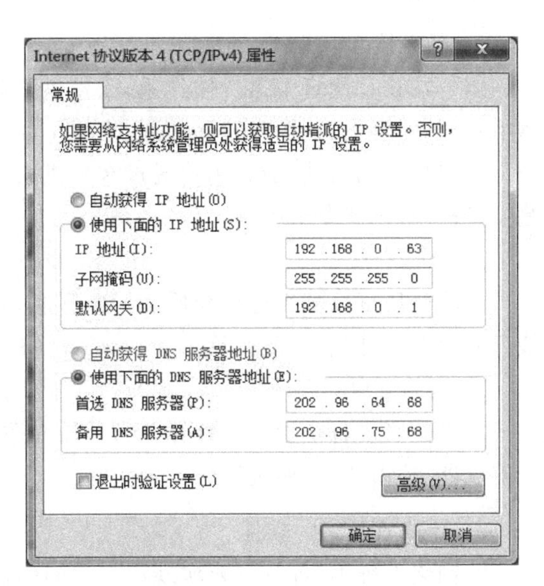

图 6-2　“Internet 协议版本 4(TCP/IPv4)属性”对话框

(4) 选择“开始”→“附件”→“命令提示符”命令，弹出“命令提示符”窗口，输入“Ping 192.168.0.1”命令，按 Enter 键，测试是否能链接网关，如图 6-3 所示为成功加入局域网。

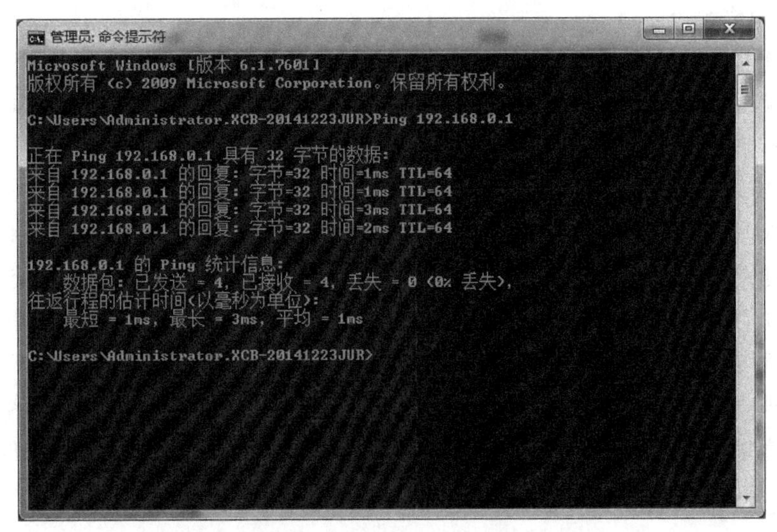

图 6-3　网络链接命令测试

6.1.4 知识链接

计算机网络由硬件、软件两部分组成。硬件包括各种计算机、网络互联设备和传输介质;软件包括操作系统、协议和应用软件。

1. 计算机网络的硬件组成

组成计算机网络的硬件主要有计算机(包括服务器和客户机)、传输介质和网络互联设备3个部分。

1) 服务器和客户机

服务器是在网络中运行操作系统、提供服务的计算机,一般由大型机、小型机或高档微型机担任,对容量、速度有较高的要求。

客户机是网络的终端,用户通过客户机去访问网络资源和享受网络服务。客户机一般是微型机,对性能要求不高。

2) 传输介质

传输介质可以分为有线介质和无线介质。有线介质包括双绞线、同轴电缆、光缆等;无线介质包括红外线、电磁波等。

3) 网络互联设备

网络互联设备是指连接计算机与传输介质、网络与网络的设备。常用的设备有网卡、调制解调器、路由器、交换机等。

2. 计算机网络的软件

在网络系统中,各节点要实现相互之间的通信及资源共享,就必须有控制信息传输的协议,以及对网络资源进行协调和管理的网络软件工具。网络软件的作用就是实现网络协议,并在协议的基础上管理网络、控制通信、提供网络功能和网络服务。根据功能与作用的不同,网络软件大致上可分为以下几类。

1) 网络操作系统

网络操作系统在服务器上运行,是用以实现系统资源共享、管理用户对不同资源访问的应用程序。从根本上来说,它是一种管理器,用来管理、控制资源和通信的流向。常用的网络操作系统有 Netware、UNIX、Linux、Windows NT 等。

2) 网络协议

网络协议是网络设备之间进行互相通信的语言和规范。通常,网络协议由网络操作系统决定,网络操作系统不同,网络协议也不同。常用的网络协议有 Internet 包交换/顺序包交换(IPX/SPX)、传输控制协议/网际协议(TCP/IP),其中 TCP/IP 是 Internet 使用的协议。

3) 网络管理及网络应用软件

网络管理软件是用来对网络资源进行管理和对网络进行维护的软件。网络应用软件是为网络用户提供服务并为网络用户解决实际问题的软件,如远程登录、电子邮件等。

3. IP 地址

为了使连入 Internet 的众多计算机在通信时能够相互识别,Internet 上的每一台主机都必须有一个唯一地址,该地址称为 Internet 地址,也称为 IP 地址。

Internet 上的主机地址采用的是分层结构，每台主机的 IP 地址由两部分组成：一个是物理网络上所有主机通用的网络地址（网络标识）；另一个是网络上主机专有的主机地址（主机标识）。在全球范围内由专门的机构进行统一的地址分配，这样就保证了 Internet 上的每一台主机都有一个唯一的 IP 地址。在数据通信过程中，首先查找主机的网络地址，根据网络地址找到主机所在的网络，再在一个具体的网络内部查找主机。

IP 地址由 32 个二进制位构成，分为 4 组，在实际表示中，每组以十进制数字 0～255 表示，每个组间以“.”分隔，如 202.96.64.68。

Internet 是一个网际网，它由大大小小各种各样的网络组成，每个网络中的主机数量是不同的，为了充分利用 IP 地址以适应主机数量不同的各种网络，IP 地址进行了分类，共分为 A、B、C、D 和 E 5 类，其中 A 类、B 类、C 类地址经常使用，分别适用于大、中、小型网络。

A 类地址的第一组数字首位为 0。IP 地址规定第一组数字不能为 0 和 127（十进制），A 类地址的网络地址范围为 1～126，所以全世界范围内只有 126 个 A 类网络，每个 A 类网络能容纳的主机数量最多为 16777214 台。

B 类地址用两组数字表示网络地址，其中第一组数字为 128～191，每个 B 类网络能容纳的主机数量最多为 65534 台。

C 类地址用 3 组数字表示网络地址，其中第一组数字为 192～223，每个 C 类网络能容纳的主机数量最多为 254 台。

IP 地址不能任意使用，在需要使用时，必须向管理本地区的网络中心申请。

4. 常用的网络测试命令

1）ping 命令

ping 命令工作在 OSI 参考模型的第 3 层——网络层。

ping 命令会发送一个数据包到目的主机，然后等待从目的主机接收回复数据包，当目的主机接收到这个数据包时，为源主机发送回复数据包，这个测试命令可以帮助网络管理者测试到达目的主机的网络是否连接。

ping 无法检查系统端口是否开放。

2）telnet 命令

Telnet 工作在 OSI 参考模型的第 7 层——应用层上的一种协议，是一种通过创建虚拟终端提供连接到远程主机终端的仿真 TCP/IP 协议。这一协议需要通过用户名和口令进行认证，是 Internet 远程登录服务的标准协议。应用 Telnet 协议能够把本地用户所使用的计算机变成远程主机系统的一个终端。它提供了 3 种基本服务。

（1）Telnet 定义一个网络虚拟终端为远程系统提供一个标准接口。客户机程序不必详细了解远程系统，它们只须构造使用标准接口的程序。

（2）Telnet 包括一个允许客户机和服务器协商选项的机制，而且它还提供一组标准选项。

（3）Telnet 对称处理连接的两端，即 Telnet 不强迫客户机从键盘输入，也不强迫客户机在屏幕上显示输出。

Telnet 可以检查某个端口是否开放。

```
telnet IP: Port
```

6.1.5 知识拓展

计算机网络拓扑结构是指网络中各个站点相互连接的形式,现在最主要的拓扑结构有总线拓扑、星状拓扑、环状拓扑、树状拓扑以及它们的混合。

1. 总线拓扑结构

总线拓扑结构是目前局域网中采用最多的一种拓扑结构。它采用一个信道作为传输媒体,所有站点通过相应的硬件接口连到这一公共传输媒体上,或称总线上。任一个节点发送的信号都沿着传输媒体传播,而且能被其他节点接收。因为所有站点共享一条公用的传输信道,所以一次只能由一个设备传输信号,如图 6-4 所示。

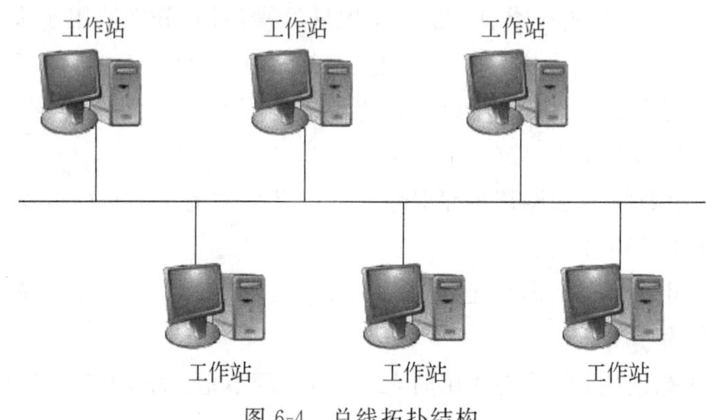

图 6-4 总线拓扑结构

优点:

(1) 总线拓扑结构所需要的电缆数量少。

(2) 总线拓扑结构简单,又是无源工作,有较高的可靠性。

(3) 易于扩充,增加或减少用户比较方便。

(4) 布线容易。

缺点:

(1) 总线的传输距离有限,通信范围受到限制。

(2) 故障诊断和隔离较困难。

(3) 分布式协议不能保证信息的及时传送,不具有实时功能。

(4) 所有的数据都需经过总线传送,总线成为整个网络的瓶颈。

(5) 由于信道共享,连接的节点不宜过多,总线自身的故障可以导致系统的崩溃。

(6) 所有的 PC 不得不共享线缆,如果某一个节点出错,将影响整个网络。

2. 环状拓扑结构

环状拓扑结构是由节点和连接节点的链路组成的一个闭合环。每个节点能够接收从一条链路传来的数据,并以同样的速度串行地把该数据沿环送到另一端链路上。这种链路可以是单向的,也可以是双向的,如图 6-5 所示。

优点:

(1) 结构简单。

(2) 增加或减少工作站时,仅需简单的连接操作。

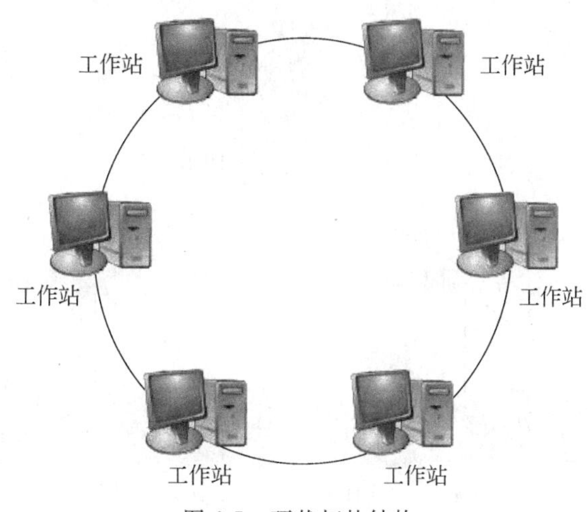

图 6-5　环状拓扑结构

(3) 可使用光纤,传输距离远。

(4) 电缆长度短。

(5) 传输延迟确定。

(6) 信息在网络中沿固定方向流动,两个节点间仅有唯一的通路,大大简化了路径选择的控制。

(7) 某个节点发生故障时,可以自动旁路,可靠性较高。

缺点:

(1) 环网中的每个节点均成为网络可靠性的瓶颈,任意节点出现故障都会造成网络瘫痪。

(2) 故障检测困难。

(3) 环状拓扑结构的媒体访问控制协议都采用令牌传递的方式,在负载很轻时,信道利用率相对来说就比较低。

(4) 由于信息是串行穿过多个节点环路接口,当节点过多时,影响传输效率,使网络响应时间变长。

(5) 由于环路封闭故扩充不方便。

3. 树状拓扑结构

树状拓扑结构是从总线拓扑结构演变而来的,一般采用同轴电缆作为传输介质。与总线拓扑结构相比,主要区别在于树状拓扑结构中有"根",树根下有多个分支,每个分支还可以有子分支,树叶是节点。当节点发送数据时,由根接收信号,然后再重新广播发送到全网,如图 6-6 所示。

优点:

(1) 连接简单,维护方便,适用于汇集信息的应用要求。

(2) 易于扩展。

(3) 故障隔离较容易。

缺点:

(1) 资源共享能力较低。

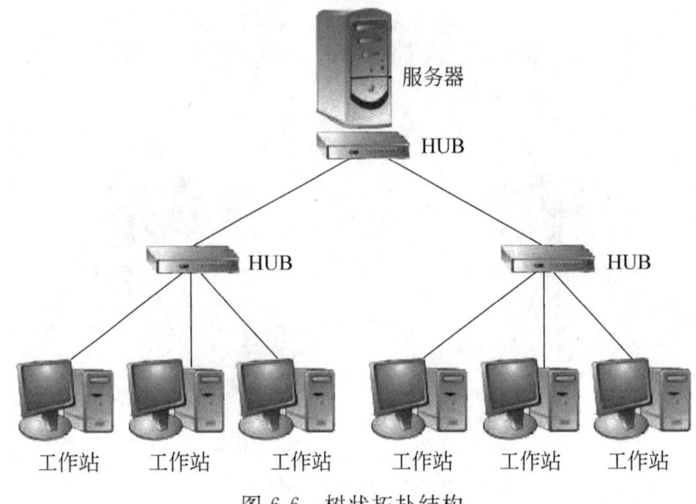

图 6-6 树状拓扑结构

(2) 可靠性不高,任何一个工作站或链路的故障都会影响整个网络的运行。

(3) 各个节点对根的依赖性太大。

4. 星状拓扑结构

星状拓扑结构是以中央节点为中心,把若干外围节点连接起来的辐射式互连结构。中央节点是充当整个网络控制的主控计算机,各个工作站之间的数据通信必须通过中央节点,而各个站点的通信处理负担都很小,如图 6-7 所示。

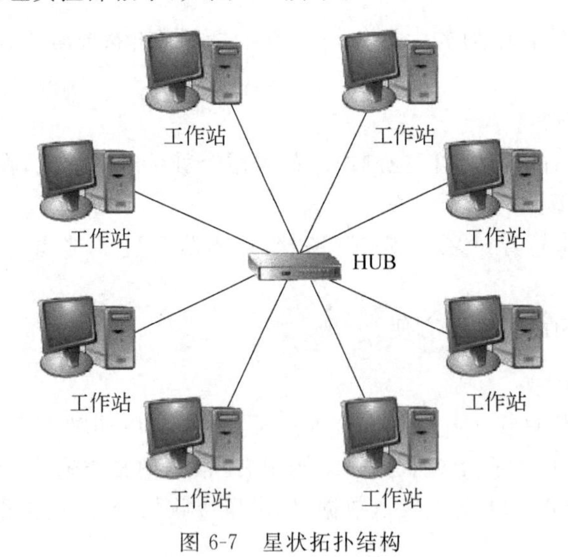

图 6-7 星状拓扑结构

优点:

(1) 集中控制,控制简单。

(2) 故障诊断和隔离容易。

(3) 方便服务。

(4) 网络延迟时间短,误码率低。

缺点：

(1) 电缆长度长，安装工作量大。

(2) 中央节点的负担较重，形成瓶颈。中央节点出现故障会导致网络的瘫痪。

(3) 各站点的分布处理能力较低。

(4) 网络共享能力较差，通信线路利用率不高。

5. 网状拓扑结构

网状拓扑结构又称作无规则结构，节点之间的连接是任意的，没有规律，就是将多个子网或多个局域网连接起来构成网状拓扑结构。在一个子网中，集线器、中继器将多个设备连接起来，而桥接器、路由器及网关则将子网连接起来，如图6-8所示。目前，广域网基本上采用网状拓扑结构。

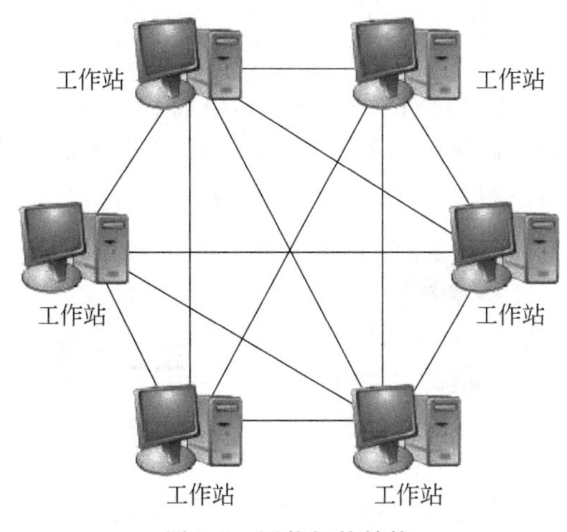

图6-8 网状拓扑结构

优点：系统可靠性高，比较容易扩展。

缺点：结构复杂，每一节点都与多点进行连接，因此必须采用路由算法和流量控制方法。

6. 混合拓扑结构

混合拓扑结构是将多种拓扑结构的局域网连在一起而形成的，兼并了不同拓扑结构的优点。

优点：可以对各种网络的基本拓扑取长补短。

缺点：网络配置挂包难度大。

7. 蜂窝拓扑结构

蜂窝拓扑结构是无线局域网中常用的结构。

优点：无须架设物理连接介质。

缺点：适用范围较小。

6.1.6 技能训练

练习1：将个人计算机接入学校局域网。

练习2：输入命令提示符检查是否能链接网关。

任务6.2 互联网接入

6.2.1 任务要点

(1) 接入互联网的方式。

(2) 计算机网络的划分。

(3) 接入互联网的条件。

6.2.2 任务要求

将某公司新采购的计算机通过电话线宽带连接上网方式接入互联网。

6.2.3 实施过程

(1) 向 Internet 接入服务的网络服务商(ISP)申请登录用户名和密码。

(2) 准备好网卡、ADSL 调制解调器(Modem)、一根电话线,并在计算机中安装好网卡,按照图 6-9 所示将各设备连接好。

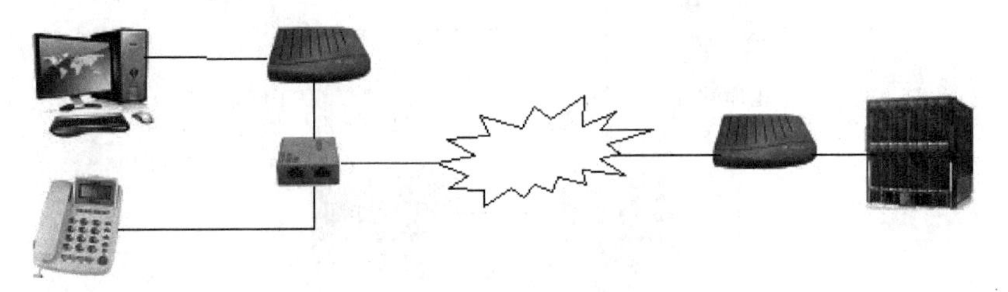

图 6-9 ADSL 虚拟拨号入网连接

(3) 在 Windows 7 桌面的"网络"图标上右击,在弹出的快捷菜单中选择"属性"命令,打开"网络和共享中心"窗口,选择"设置新的连接或网络"命令,进入"设置连接或网络"窗口,如图 6-10 所示。

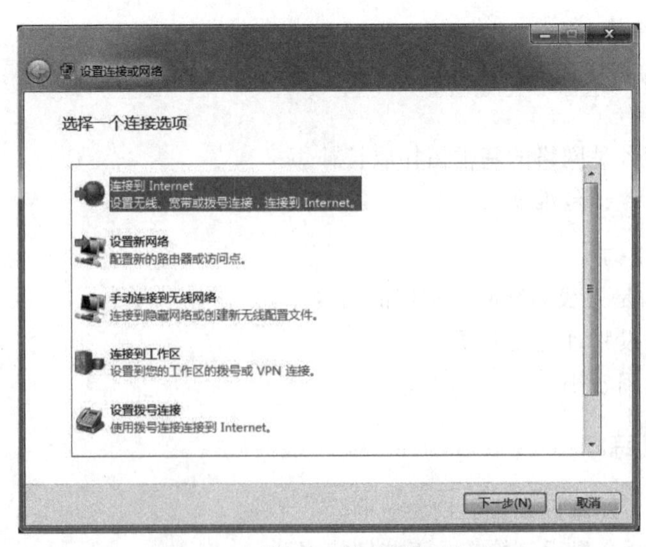

图 6-10 "设置连接或网络"窗口

(4) 选择“连接到 Internet”选项，单击“下一步”按钮选择“宽带(PPPOE)”选项，进入填用户名和密码窗口，如图 6-11 所示。

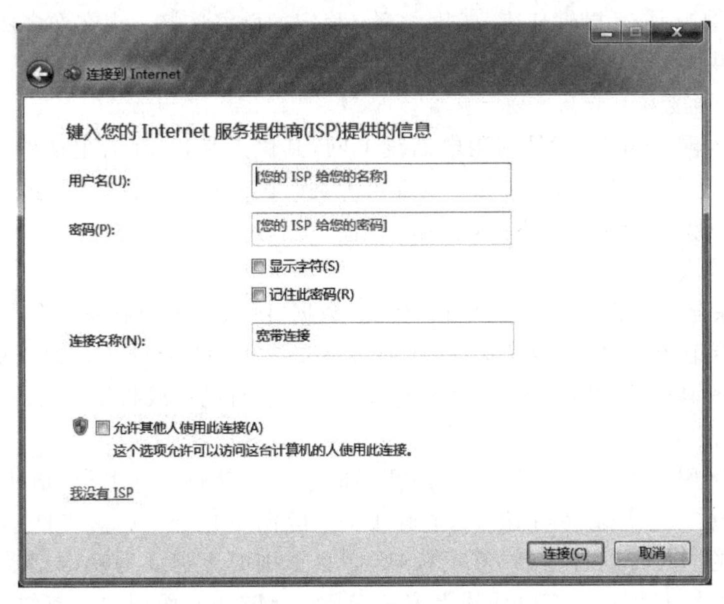

图 6-11　填用户名和密码窗口

(5) 填完用户名和密码后，单击“连接”按钮，在“网络连接”窗口中会有“宽带连接”图标，如图 6-12 所示。

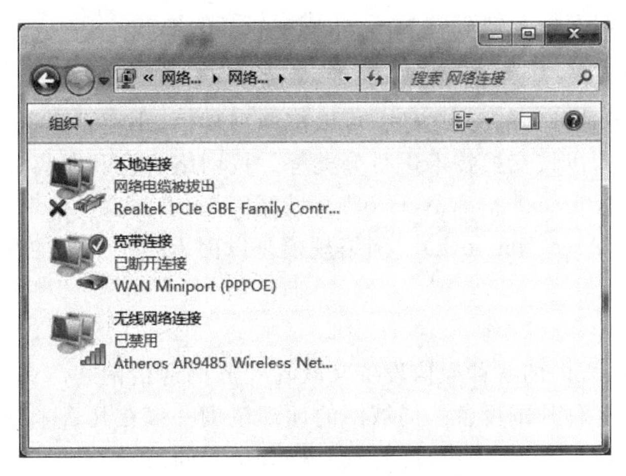

图 6-12　“网络连接”窗口

6.2.4　知识链接

1. Internet 的连接方式

Internet 的世界丰富多彩，要想享受 Internet 提供的服务，必须将计算机接入 Internet。目前，接入 Internet 的方式多种多样，一般都是通过提供 Internet 接入服务的网络服务商(ISP)接入。主要的接入方式有以下几种。

1) 局域网接入

一般单位的局域网都已接入 Internet,局域网用户即可通过局域网接入 Internet。局域网接入传输容量较大,可提供高速、高效、安全、稳定的网络连接。现在许多住宅小区也可以利用局域网提供宽带接入。

2) 电话拨号接入

普通拨号入网(PSDN)就是利用电话线上网,其优点是,只要有电话线、一台调制解调器,通过网络服务公司提供的账号和口令即可上网。其缺点是数据传输能力有限,传输速率较低(最高 56Kbps),传输质量不稳,上网时不能使用电话。

3) ISDN 接入

ISDN 即综合业务数字网,它将电话、传真、数据、图像等多种业务综合在一个统一的数字网络中进行传输和处理,所以又称"一线通"。ISDN 入网特点是上网速度更快,最低传输速率 64Kbps,最高可达 128Kbps。上网的同时还可接、打电话或收发传真。

4) ADSL 接入

非对称数字用户线路(ADSL)是一种新兴的高速通信技术。上行(指从用户计算机端向网络传送信息)速率最高可达 1Mbps,下行(指浏览网页、下载文件)速率最高可达 8Mbps。上网的同时可以打电话,互不影响,而且上网时不需要另交电话费。安装 ADSL 也极其方便、快捷,只须在现有电话线上安装 ADSL Modem,而用户现有线路无须改动(改动只在交换机房内进行)即可使用。

5) 无线接入

利用无线连接设备将上网的计算机连接到 Internet 称为无线接入。采用无线接入方式特别适用于接入距离较远、布线难度大、布线成本较高的地区。

2. 网络的分类

计算机网络有各种各样的分类方法,可以按网络规模、距离远近进行分类,可以按网络连接方式进行分类,可以按交换技术进行分类等。按网络规模和距离远近可以将计算机网络分为:局域网 LAN(Local Area Network)、城域网 MAN(Metropolitan Area Network)、广域网 WAN(Wide Area Network)。网络规模是以网上相距最远的两台计算机之间的距离来衡量的。

1) 局域网

局域网是将小区域内的各种通信设备互联在一起的通信网络。在这里,通信设备是广义的,包括计算机和各种外围设备。局域网的地理范围一般在几百米到 10 千米范围之内。如在一个房间内、一座大楼内、一个校园内、几栋大楼之间或一个工厂的厂区内等。局域网的典型特点是距离短、通信延时小(几十微秒)、数据速率高(10~1000Mbps)和误码率低(10.8~10.11)。

2) 城域网

城域网的地理范围介于局域网和广域网之间,从几十千米到上百千米,通常覆盖一个城市或地区。

3) 广域网

网络系统中最大型的网络,连接距离一般在几百千米到几千米或更远。它是跨地域性的网络系统,常常是一个国家或一个洲。大多数 WAN 是通过各种网络互联而形成的,如国际性的 Internet 网络。

3. Internet 服务商的选择

大量的用户采用主机方式入网，而且是通过拨号途径连接 Internet 主机的。不管用户打算以何种方式进入 Internet，都必须找一家 Internet 服务提供商 ISP（Internet Service Provider），例如“上海热线”与“瀛海威时空”就是 ISP，“金桥网”也是 ISP。ISP 是广大网上用户与 Internet 之间的桥梁。

就像商品一样，入网服务也有质量问题，那么如何选择 ISP 呢？应当考虑哪些因素呢？下面是提供给初次入网的用户的一些建议。

（1）有良好的信誉。向周围的人打听打听，得到对入网服务商的评价并不难。

（2）提供技术服务的时间长。一般按照传统，正常的时间为每周 40 小时，但对于 Internet 入网来说，这种技术服务往往不利于用户解决随时可能发生的问题。最好选择能提供全天 24 小时在线服务的服务商。

（3）能提供本地入网。入网后使用 Internet 最便宜的方法是选择从本地入网。因为 Internet 网络的费用是网络使用费加上电话费。如果当地的 Internet 还没有开通，请选择距离你居住地最近的城市入网。

（4）允许创建个人 WWW 文档页。有些服务商允许用户在它的系统中创建自己的 WWW 文档页，这有助于用户在网络上宣传自己。

（5）合理的价格。随着 Internet 在我国的不断发展，收费标准变化很快，需要经常询问。

（6）提供电子邮件服务器。该服务器允许用户在 Internet 上收取 E-mail 邮件。由于电子服务是最基本的服务，所以绝大多数入网服务商都提供邮件服务器。

（7）IP 地址容量。连接到服务提供者的服务器时，没有什么比经常碰到忙音更使人着急。所以要打听该服务商能同时提供多少人上网，比如是 64 人、128 人还是 256 人甚至更多。

（8）高性能。如果服务提供者的服务器很忙，就不能很快地给用户传送信息，那么即使用户使用高速调制解调器也没有什么意义。

选择 ISP 后，将从 ISP 处获得入网用户名、注册密码等信息。

4. 拨号入网条件

连接到 Internet 上并不难，只要具备下面所述一些软硬件条件就可以。

（1）个人计算机（PC）。相对而言，现在的大多数应用软件只有工作在 Windows XP/7 以上操作系统才会有比较好的效果，所以，为了能轻松地在网上冲浪，计算机起码应具备四核 CPU、4GB 内存、500MB 可用的硬盘空间，而如果能有更大的内存、硬盘空间，更有利于上网。如果要通过 Internet 打电话上网、听网上音乐和网上新闻，计算机中还应配置一块声卡。如果要通过 Internet 打可视电话、开视频会议，还应配置视频采集卡和摄像头。

（2）一台调制解调器。调制解调器是完成“调制”和“解调制”两个互逆过程的设备。在电话线上传输的是通过话筒输入的声音信号，是模拟信号，而在计算机中的信号都是 0、1 这样的二进制数字信号。调制就是在发送方将计算机的数字信号转换为能在电话线路中传输的模拟信号。解调制正好相反，是在接收方将电话线路中传输过来的模拟信号还原为计算机能够识别的数字信号。

(3) 一条电话线路(亦可以是分机线):通过一线通或 ADSL 上网,可以得到比普通电话线路上网快得多的数据传输率。

(4) 网络应用软件:在 Internet 上冲浪,可以进行多种活动,如浏览主页、下载文件、收发电子邮件、参与新闻组讨论、聊天等,这都需要专门的工具支持。正如有了 Word 这样的文字处理软件才能编辑文档一样,浏览主页要使用 Web 浏览器,下载文件要使用 FTP 客户软件,收发电子邮件要使用电子邮件的客户软件等,常用的有微软公司 IE。

(5) 入网账号:需要向 ISP 申请一个上网的账号,以表明你是一个合法的用户。一个账号包括一个用户名和一个对应的密码。每次拨通 ISP 的服务器后,使用这个用户名和密码认证,服务器才会允许你连入 Internet。每次用账号上网时,ISP 会计算连入的时间,并按不同的标准收费,所以账号要妥善保管,尤其是密码,不要轻易让别人知道。

6.2.5 知识拓展

1. 域名系统

用户难以记忆数字形式的 IP 地址,因此,Internet 引入域名服务系统 DNS(Domain Name System)。这是一个分层定义和分布式管理的命名系统,其主要功能为两个:一是定义了一套为机器起域名的规则;二是把域名高效率地转换成 IP 地址。

域名采用分层次方法命名,每一层都有一个子域名。子域名之间用点号分隔,自右至左分别为最高层域名、机构名、网络名、主机名。例如,indi. shcnc. ac. cn 域名表示中国(cn)科学院(ac)上海网络中心(shcnc)的一台主机(indi)。

有了域名服务系统,凡域名空间中有定义的域名都可以有效地转换成 IP 地址;反之,IP 地址也可以转换成域名。因此,用户可以等价地使用域名或 IP 地址。下面是部分域名与 IP 地址对照,见表 6-1。

表 6-1 部分域名与地址对照

位　　置	域　　名	IP 地址	类别
中国教育科研网	cernet. edu. cn	202.112.0.36	C
清华大学	tsinghua. edu. cn	116.111.250.2	B
北京大学	pku. edu. cn	162.105.129.30	B
北京邮电大学	bupt. edu. cn	202.38.184.81	C
华南理工大学	gznet. edu. cn	202.112.17.38	C
上海交通大学	earth. shnet. edu. cn	202.112.26.33	C
华中理工大学	whnet. edu. cn	202.112.20.4	C

注意:从形式上来看,一台主机的域名与 IP 地址之间好像存在某种对应关系,其实域名的每一部分与 IP 地址的每一部分完全没有关系。绝不能把上海交通大学的域名 earth. shnet. edu. cn 与地址 202.112.26.33 之间分别以 earth 对应 202、shnet 对应 112。域名与 IP 之间的关系正如人的名字与他的身份证号码之间没有必然的联系是一样的道理。

Internet 最高域名被授权由 DDNNIC 登记。最高域名在美国用于区分机构,在美国以外用于区分国别或地域。表 6-2 和表 6-3 列出了最常见的最高域名的意义。

表 6-2 常见的机构及对应域名

域名	机构类型	域名	机构类型
com	商业机构	firm	企业和公司
net	网络服务机构	store	商业企业
gov	政府机构	web	从事与 Web 相关业务的实体
mil	军事机构	arts	从事文化娱乐的实体
org	非营利性组织	rec	从事休闲娱乐业的实体
edu	教育部门	info	从事信息服务业的实体
int	国际机构	nom	从事个人活动的个体、发布个人信息

表 6-3 常见的国家或地区的对应域名

域名	国家或地区	域名	国家或地区	域名	国家或地区
au	澳大利亚	gb	英国	nl	荷兰
br	巴西	hk	中国香港	nz	新西兰
ca	加拿大	in	印度	pt	葡萄牙
cn	中国	jp	日本	se	瑞典
de	德国	kr	韩国	sg	新加坡
es	西班牙	lu	卢森堡	tw	中国台湾
fr	法国	my	马来西亚	us	美国

2. E-mail 地址

在 Internet 上，人们使用得最多的是电子邮件功能。用户拥有的电子邮件地址称为 E-mail 地址，它具有统一格式：用户名@主机域名。

其中，用户名就是你向网管机构注册时获得的用户码。“@”符号后面是你使用的计算机主机域名。例如，Fox@online. sh. cn，就是中国(cn)上海(sh)上海热线(online)主机上的用户 Fox 的 E-mail 地址(用户名区分大小写，主机域名不区分大小写)。同样道理，北京大学的网络管理中心接受用户的 E-mail 注册，其 E-mail 地址形如：××××××@pku. edu. cn。

用户标识与主机域名的联合必须是唯一的。因而，尽管 Internet 上也许可能有不止一个的 Fox，但是在名为 online. sh. cn 的主机上只能有一个。

E-mail 的使用并不要求用户与注册的主机域名在同一地区。这就是为什么许多归国人员仍在使用诸如 haidin@ibm. com、chun_t@www. hotmai. com 这样的 E-mail 地址。

3. URL 地址和 HTTP

在 WWW 上，每一信息资源都有统一的且在网上唯一的地址，该地址就叫 URL (Uniform Resoure Locator)。它是 WWW 的统一资源定位标志。URL 由 3 部分组成：资源类型、存放资源的主机域名及资源文件名。例如，http://www. tsinghua. edu. cn/top. html，其中 http 表示该资源类型是超文本信息，www. tsinghua. edu. cn 是清华大学的主机域名,top.html 为资源文件名。

HTTP 是超文本传输协议,与其他协议相比,HTTP 协议简单、通信速度快、时间开销少,而且允许传输任意类型的数据,包括多媒体文件,因而在 WWW 上可方便地实现多媒体浏览。此外,URL 还使用 Gopher、Telnet、FTP 等标志来表示其他类型的资源。Internet 上的所有资源都可以用 URL 来表示。表 6-4 列出了由 URL 地址表示的各种类型的资源。

表 6-4 常见 URL 地址及资源类型

URL	资源名称	功能
HTTP	超文本传送协议	由 Web 访问
FTP	文件传送协议	与文件服务器连接
Telnet	交互式会话访问	与主机建立远程登录连接
WAIS	广域信息服务系统	广域信息服务
News	USENET 新闻	新闻阅读与专题讨论
Gopher	Gopher 协议	通过 Gopher 访问

6.2.6 技能训练

练习 1:将个人计算机设置新的连接。

练习 2:将个人计算机设置 IP 地址。

任务 6.3 网络资源应用

6.3.1 任务要点

(1) 了解网络服务功能。

(2) 学会网络搜索引擎。

(3) 下载网络共享资源。

6.3.2 任务要求

利用浏览器访问免费电子邮箱服务,收发电子邮件;通过网站提供的搜索引擎功能查询信息;下载网络共享资源。

6.3.3 实施过程

(1) 双击桌面上的 Internet Explorer 图标打开网页主页,如图 6-13 所示。

(2) 单击"网易·邮箱"按钮,进入网易电子邮箱服务,注册免费的用户,即可进入电子邮箱系统,可以给远方的朋友发电子邮件,如图 6-14 所示。

(3) 单击网页主页上的"百度一下"按钮,进入百度搜索引擎主界面,在文本框中输入查询关键字,下面有相关词语关联,单击"百度一下"按钮进行查询,如图 6-15 所示。

(4) 在百度搜索界面中选择相应链接进行浏览、查阅和相关内容下载,如图 6-16 所示。

图 6-13　网页主页

图 6-14　网易电子邮箱服务

图 6-15　百度搜索引擎

图 6-16　搜索结果

6.3.4 知识链接

1. 信息浏览服务与万维网

信息浏览服务是目前应用最广的一种基本 Internet 应用。信息浏览服务是 Internet 资源共享最好的体现。

用户通过单击鼠标就可以浏览到的各种类型的信息,这些信息来自一个庞大的信息资源系统,这个系统称为环球信息网 WWW(World Wide Web),又简称为 Web,中文名字为"万维网"。万维网不是普通意义上的物理网络,而是一张附着在 Internet 上的覆盖全球的"信息网",可以从以下几个方面正确地理解万维网的意义。

(1) 万维网是一个支持多媒体的信息检索服务系统。

(2) 万维网是一种基于超文本和超链接的信息处理技术。

(3) 万维网是一种信息服务站点建设的规矩、规则和标准构架。

(4) 万维网是 Internet 上提供共享信息资源的站点的集合。

提供共享信息资源的站点称为"Web 网站";承载资源信息内容的服务器称为"web 服务器"。

Web 服务器、超文本传送协议 http、浏览器是构成万维网的 3 个要素。在万维网上资源信息使用专门的文档形式——网页(称为 Web 网页)记录、表示和存储;使用专门的语言——HTML 语言规范网页的设计制作;使用专门的技术——超链接技术管理和组织众多的信息资源;使用专门的方法——统一资源定位器 URL 标识和寻址分布在整个 Internet 上的信息资源;使用专门的应用层协议 http 实现数据信息的传送;在客户机上使用"浏览器"(如 IE 浏览器)应用软件,实现信息浏览和检索。

2. 电子邮件服务

电子邮件(Electronic Mail,E-mail)是一种基于计算机网络的通信方式。它可以把信息从一台计算机传送到另一台计算机。像传统的邮政系统服务一样,会给每个用户分配一个邮箱,电子邮件被发送到收信人的邮箱中,等待收信人去阅读。

电子邮件通过 Internet 与其他用户进行通信,往往在几秒或几分钟内就可以将电子邮件送达目的地,是一种快速、简洁、高效、廉价的现代化通信手段。

用来收发电子邮件的软件工具很多,在功能和界面等方面各有特点,但它们都有以下几个基本的功能,这些功能和生活中的邮政服务基本一致。

发送邮件:将编辑好的邮件连同邮件携带的附件一起发送到指定电子邮件地址。

阅读邮件:可以选择某一邮件,查看其内容。

存储邮件:可以将邮件转存在一般文件中。

转发邮件:用户如果觉得邮件的内容可供其他人参考,可在信件编辑结束后,根据有关的提示转寄给其他用户。

3. 文件传送服务

文件传送是 Internet 上使用最广泛的应用之一。FTP 服务是以它所使用的文件传送协议(File Transfer Protocol,FTP)命名的,主要用于通过文件传送的方式实现信息共享。目前,Internet 上几乎所有的计算机系统中都带有 FTP 工具,常用的 FTP 工具有 Cute

FTP、Flash FTP、Smart FTP 等。用户通过 FTP 工具可以将文档从一台计算机传输到另一台计算机上。

4. 搜索服务

Internet 是信息的海洋,在大量的信息中如何找到自己需要的信息是许多使用 Internet 的人最关注的问题之一。搜索引擎是一个很好的解决方案。目前,有许多专业搜索服务运营商为用户提供信息搜索服务,如百度(www. baidu. com)等。另外,几乎所有具有一定规模的门户网站也都提供搜索服务。

提供搜索服务的系统称为"搜索引擎"。搜索引擎一般是通过搜索关键词来完成信息的搜索过程,需要用户输入一些与搜索内容有关的简单的关键词来查找相关的包含着此关键词的文章或网址。这是使用搜索引擎最简单、最基本的查询方法,但返回结果往往不尽如人意。如果想要得到比较好的搜索效果,就要借助和使用搜索的基本语法来设置搜索条件。下面介绍几个常用的搜索基本语法。

(1) 引号:搜索引擎会将用引号引起来的关键字看成一个不可分割的词组,如搜索带引号的内容是"计算机网络",则只有完整地出现"计算机网络"这个词的网页才将被检索出来。

(2) AND 关系:可以用"&"表示,表示两个搜索条件是"与"的关系,只有同时满足了给定的两个条件的信息,才会被检索出来。例如,"计算机 AND 软件"。

(3) OR 关系:可以用"I"表示,表示两个搜索条件是"或"的关系,只要满足给定两个条件之一的信息,就会被检索出来。例如,"计算机 OR 软件"。

(4) NOT 关系:可以用"!"表示,表示只有排除了给定条件的信息,才会被检索出来。例如,"软件 NOT 游戏"。

(5) ","分隔符:用于列出多个条件。例如,要查找有关天津、北京、上海的相关内容,可在查询处输入"天津,北京,上海"。

(6) "+、-"连接符:"+"表示必须满足的条件,"-"表示必须排除的条件。如果想要的信息中含有"天津",但是不含有"北京",而"上海"则可有可无,可在查询处输入"+天津,-北京,上海"作为查询条件。

还有其他一些搜索限定词可以帮助搜索信息。以上搜索语法对各种搜索引擎通常都适用,但不同的搜索引擎又有各自的特点。因此,在使用搜索引擎时,充分利用它们各自的优点,就可以得到最佳、最快捷的查询结果。

5. 电子公告板服务

电子公告板系统(Bulletin Board System,BBS)是 Internet 上重要的信息服务之一。它的发展非常迅速,几乎遍及整个 Internet。因为它提供的信息服务涉及主题相当广泛,例如,社会、经济、时事、生活、科研、体育、军事、游戏等各个方面,世界各地的人们都可以加入并开展讨论、发表评论、交流思想或寻求帮助等,所以很受人们的欢迎。几乎所有的用户网站都开辟有 BBS 区。

BBS 服务为用户开辟了一块展示"公告"信息的公用存储空间,就像实际生活中的公告板一样,用户在这里可以围绕某一主题开展持续不断的讨论,可以把自己参加讨论的文字

(称为帖子)“张贴”到公告板上,或者从中读取其他人的帖子。

6. 网上聊天服务

网上聊天是Internet上十分流行的通信方式,目前,以QQ和MSN等聊天工具最为流行。QQ是一款基于Internet的即时通信软件。只要连入Internet,安装好QQ软件,不管身在何处,都可以使用QQ和好友进行交流。QQ除了可以进行文字信息的交流以外,还可以实时传送图片和音频等多媒体信息。如果通信的双方安装了音频和视频设施,还可以进行视频聊天,功能十分强大。此外,QQ还具有手机聊天、聊天室、点对点传输文件、共享文件、QQ邮箱、备忘录、网络收藏夹、发送贺卡等功能。总之,QQ是一种方便、实用、高效的即时通信工具,操作简单、实时性强。

7. 博客

博客(Blog)源于Web日志(Web Blog),是指发布在Web上可供公众访问的个人日志。博客所发布的内容各种各样,可以专注于某个话题,也可以涵盖各种议题。它为人们提供了一个全新的交流空间。常见的博客网页主要包括作者发表的文章、资料和相关的链接。目前,多数大型门户网站都开设了专门的博客专栏,通过博客目录可以非常方便地查到相关的博客,也可以非常方便地申请到博客空间。

8. 微博

微博服务即微博客(Micro-blog),是一种非正式的迷你型博客,是一种可以即时发布消息的类似博客的系统,是一个基于用户关系的信息分享、传播以及获取平台,其最大的特点就是集成化和开放化。用户可以通过Web、WAP网站向自己微博空间发布信息和更新信息,并实现与其他访问用户即时分享。最早、最著名的微博是美国的Twitter。根据相关公开数据,截至2010年1月,Twitter在全球已经拥有7500万注册用户。2009年8月,中国最大的门户网站新浪网推出“新浪微博”内测版,成为门户网站中第一家提供微博服务的网站,微博服务开始正式进入中文上网主流人群的视野。

9. IP电话

IP电话是建立在网际协议上的电话业务,有时也称为网络电话或Internet电话。IP电话是利用现有的Internet通信设施作为语音传输的介质,把模拟的语音信号转换成数字信号后,以分组的方式进行传输,从而实现语音的通信。由于Internet的数据传输速率受到限制,所以通话质量比固定电话和手机要差,而且,有明显的通话延时;但因其费用低廉、接入方便而得到了广泛应用。

10. 电子商务

电子商务(Electronic Commerce,EC)就是借助于计算机网络,通过各种电子通信手段来实现各种网络平台上的商贸活动。在Internet广泛普及的今天,电子商务大多基于Internet进行。目前,比较流行的电子商务活动有网上银行、网上购物、网上股票交易、网上支付等,其应用范围、使用规模和影响力日益扩大,已经成为当今商务活动的一个重要组成部分。

11. 远程登录

远程登录(Remote Login)是 Internet 提供的基本信息服务之一。它可以使用户计算机登录到 Internet 上的另一台计算机中,一旦登录成功,用户计算机就成为目标计算机的一个终端,可以使用目标计算机上的资源(如打印机和磁盘设备等)。远程登录服务基于 Telnet 远程终端仿真协议,提供了大量的命令,使用这些命令可以建立本地用户计算机与远程主机的交互式对话,可使本地用户执行远程主机的命令。

6.3.5 知识拓展

1. 计算机网络的功能

建立计算机网络的基本目的是实现数据通信和资源共享。计算机网络有许多功能,主要体现在 4 个方面。

1) 数据通信

数据通信即实现计算机与终端、计算机与计算机间的数据传输,这些数据包括文字信件、新闻消息、咨询信息、图片资料、报纸版面等,是计算机网络的最基本的功能,也是实现其他功能的基础,如电子邮件、传真、远程数据交换和视频会议等。

2) 资源共享

实现计算机网络的主要目的是资源共享。一般情况下,网络中可共享的资源有硬件资源、软件资源和数据资源,其中共享数据资源最为重要。计算机的许多资源是十分昂贵的,如大的计算中心、大容量硬盘、数据库、应用软件及某些特殊的外设等。计算机网络建成后,网络上的用户就可以共享分散在各个不同地点的软硬件资源及数据库。例如,在局域网中,服务器通常提供大容量的硬盘,每个用户不仅可以调用硬盘中的文件,而且可以独占部分磁盘空间,从而降低了工作站硬盘容量的需求,甚至用无盘工作站也可以完成用户作业。

3) 远程传输

计算机已经由科学计算向数据处理方向发展,由单机向网络方面发展,而且发展的速度很快。分布在很远的用户可以互相传输数据信息,互相交流,协同工作。

4) 实现分布式处理

分布式处理是指若干台计算机可以通过网络互相协作共同完成某个任务。例如,一个较大的计算任务分成若干个子任务,由网络中的多台计算机共同处理,每台计算机处理一个子任务,从而使整个系统的计算能力大大增强。将重要数据的多个复本同时存储在网络上的多台计算机中,一台计算机的损坏,不至于引起数据丢失,大幅度提高了整个系统的数据可靠性和安全性。

2. 设置 IE 的选项

(1) 启动 IE,选择"工具"菜单下的"Internet 选项"命令,弹出如图 6-17 所示的对话框。

(2) 在"地址"文本框中将原来的网页删除,然后输入 http://www.sina.com。

(3) 单击"清除历史记录"按钮,弹出"Internet 选项"确认对话框,如图 6-18 所示。单击"是"按钮,将保存在历史记录中的网页从 IE 中删除。

(4) 将"网页保存在历史记录中的天数"改为 10 天。

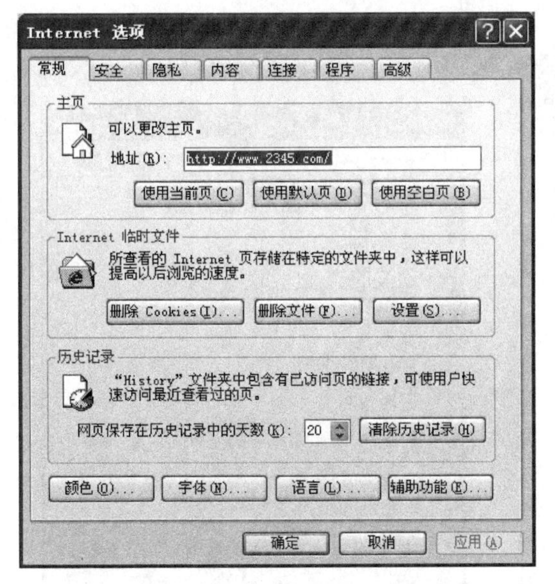

图 6-17　“Internet 选项”对话框

图 6-18　“Internet 选项”确认对话框

(5) 单击“设置”按钮，弹出“设置”对话框，如图 6-19 所示。单击“移动文件夹”按钮，弹出“浏览文件夹”对话框，如图 6-20 所示。选择 C:\tmp 文件夹，单击“确定”按钮，返回“设置”对话框。在“设置”对话框中单击“确定”按钮，返回“Internet 选项”对话框。

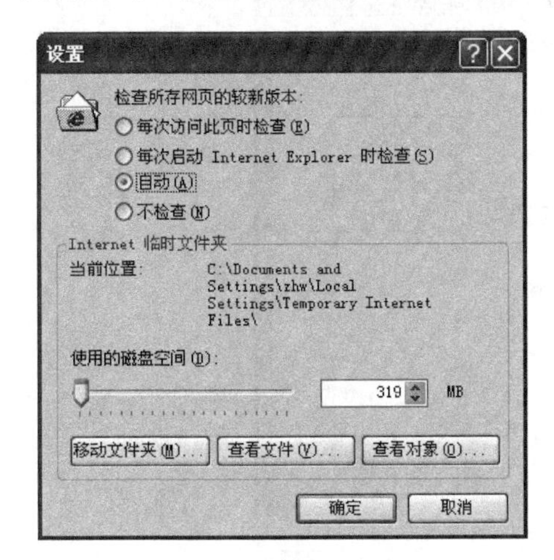

图 6-19　“设置”对话框

图 6-20　“浏览文件夹”对话框

(6) 选择“安全”选项卡，如图 6-21 所示。单击“自定义级别”按钮，弹出“安全设置”对话框，如图 6-22 所示。

向下拖动垂直滚动条，找到“用户验证”下的“登录”选项，选中“用户名和密码提示”单选按钮，单击“确定”按钮返回“Internet 选项”对话框的“安全”选项卡。单击“确定”按钮结束各项设置。

(7) 如果所处的局域网环境是通过代理服务器上网，如小区代理服务器上网、多人共享上网、公司代理服务器上网等，则需要对代理服务器进行设置。在“Internet 选项”对话框中选择"连接"选项卡,如图 6-23 所示。

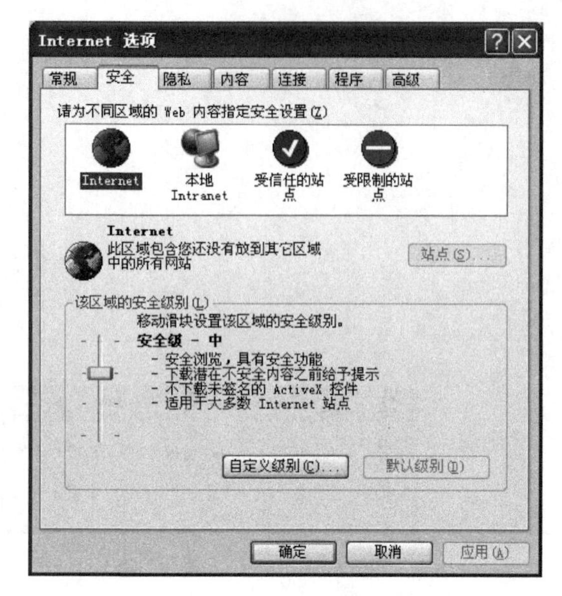

图 6-21 "安全"选项卡

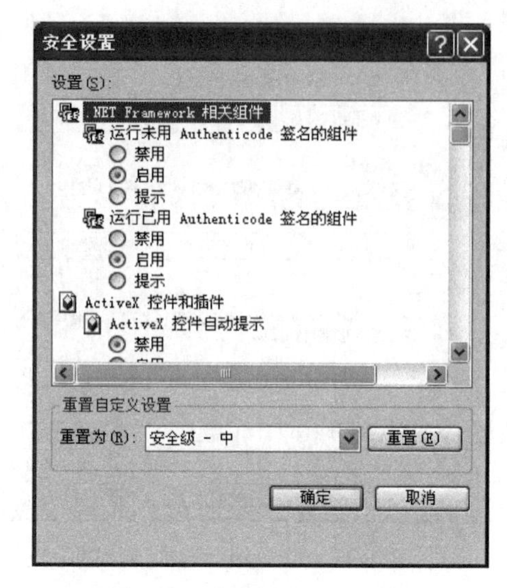

图 6-22 "安全设置"对话框

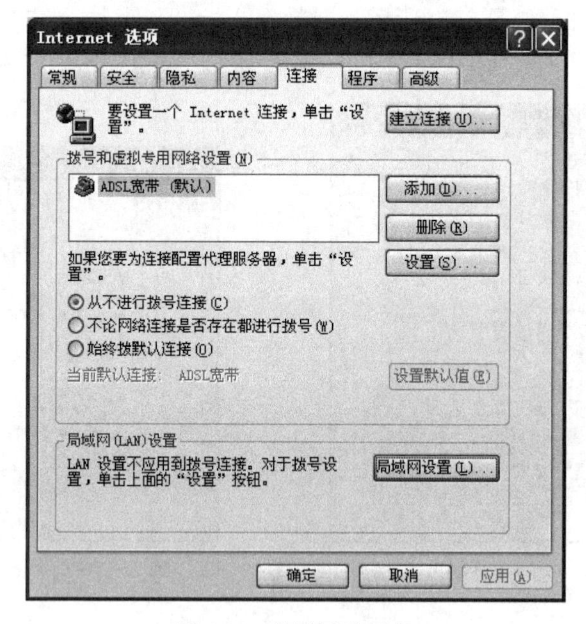

图 6-23 "连接"选项卡

单击"局域网(LAN)设置"区域中的"局域网设置"按钮,弹出"局域网(LAN)设置"对话框,如图 6-24 所示。在"代理服务器"区域中选中"为 LAN 使用代理服务器"复选框,在"地址"和"端口"文本框中分别输入代理服务器的 IP 地址和端口号,如 61.129.45.23 和 8080,并选中"对于本地地址不使用代理服务器"复选框,单击"确定"按钮。

单击"Internet 选项"对话框中的"确定"按钮结束各项设置。

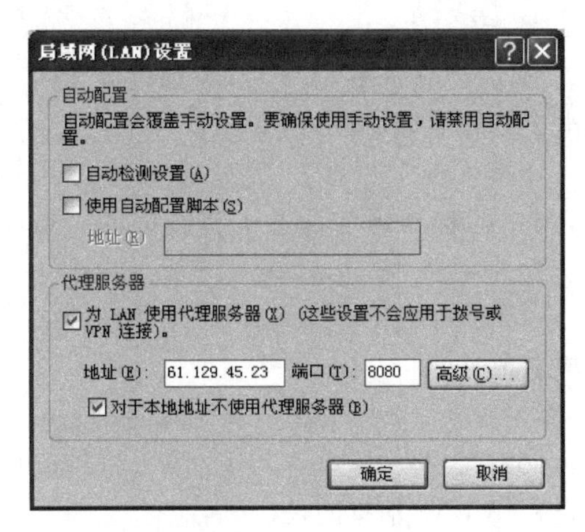

图 6-24　“局域网(LAN)设置”对话框

6.3.6　技能训练

练习 1：为自己申请一个网易的免费邮箱，并进行邮件收发练习。

练习 2：在“百度”中搜索与自己专业相关的论文资料，并进行下载。

综合实例练习

小张是某公司项目开发部的 A 组组长，现在部门新购置了一批计算机，部门经理安排小张带领 A 组将这批计算机接入公司局域网并设置 IP 地址，然后利用互联网对即将开始的项目进行资料搜集整理，共有两项任务。

1. 接入局域网并设置 IP 地址。

任务要求：

(1) 正确填写每台计算机的 IP 地址。

(2) 对计算机进行其他参数设置使其接入公司局域网。

(3) 输入命令提示符检查是否能连接网关。

2. 利用互联网进行资料搜集整理。

任务要求：

(1) 找出跟项目相关的、需要搜集资料的主要关键字。

(2) 利用搜索基本语法在不同搜索引擎中进行资料查找及下载。

(3) 利用 Word、Excel 等软件将下载后的资料进行整理，为即将开始的项目做好准备。

习　题　6

一、选择题

1. 在地址栏中输入的 http://zjhk.school.com 中，zjhk.school.com 是一个(　　)。

A. 域名　　B. 文件　　C. 邮箱　　D. 国家

2. 通常所说的 ADSL 是指(　　)。

A. 上网方式　　B. 计算机品牌　　C. 网络服务商　　D. 网页制作技术

3. 下列 4 项中表示电子邮箱地址的是(　　)。

A. ks@183. net　　B. 192. 168. 0. 1　　C. www. gov. cn　　D. www. cctv. com

4. 浏览网页过程中,当鼠标移动到已设置了超链接的区域时,鼠标指针形状一般变成(　　)。

A. 小手形状　　B. 双向箭头　　C. 禁止图案　　D. 下拉箭头

5. 下列 4 项中表示域名的是(　　)。

A. www. cctv. com　　B. hk@zj. school. com

C. zjwww@china. com　　D. 202. 96. 68. 123

6. 下列软件中可以查看 WWW 信息的是(　　)。

A. 游戏软件　　B. 财务软件　　C. 杀毒软件　　D. 浏览器软件

7. 电子邮箱地址 stu@zjschool. com 中的 zjschool. com 是代表(　　)。

A. 用户名　　B. 学校名　　C. 学生姓名　　D. 邮件服务器名称

8. 设置文件夹共享属性时,可以选择的 3 种访问类型为完全控制、更改和(　　)。

A. 共享　　B. 只读　　C. 不完全　　D. 不共享

9. 计算机网络最突出的特点是(　　)。

A. 资源共享　　B. 运算精度高　　C. 运算速度快　　D. 内存容量大

10. E-mail 地址的格式是(　　)。

A. www. zjschool. cn　　B. 网址 • 用户名

C. 账号@邮件服务器名称　　D. 用户名 • 邮件服务器名称

11. 为了使自己的文件让其他同学浏览,又不想让他们修改文件,一般可将包含该文件的文件夹共享属性的访问类型设置为(　　)。

A. 隐藏　　B. 完全　　C. 只读　　D. 不共享

12. Internet Explorer(IE)浏览器的"收藏夹"的主要作用是收藏(　　)。

A. 图片　　B. 邮件　　C. 网址　　D. 文档

13. 网址 www. pku. edu. cn 中的 cn 表示(　　)。

A. 英国　　B. 美国　　C. 日本　　D. 中国

14. 在因特网上专门用于传输文件的协议是(　　)。

A. FTP　　B. http　　C. NEWS　　D. Word

15. www. 163. com 是指(　　)。

A. 域名　　B. 程序语句　　C. 电子邮箱地址　　D. 超文本传输协议

16. 下列 4 项中主要用于在 Internet 上交流信息的是(　　)。

A. BBS　　B. DOS　　C. Word　　D. Excel

17. 电子邮箱地址格式为 User name @hostname,其中 hostname 为(　　)。

A. 用户地址名　　B. 某国家名

C. 某公司名　　D. ISP 某台主机的域名

18. 如果申请了一个免费电子邮箱为 zjxm@sina. com,则该电子邮箱的账号是(　　)。

A. zjxm　　B. @sina. com　　C. @sina　　D. sina. com

19. http 是一种(　　)。

A. 域名　　B. 高级语言　　C. 服务器名称　　D. 超文本传输协议

二、填空题

1. 上因特网浏览信息时,常用的浏览器是________。

2. 发送电子邮件时,如果接收方没有开机,那么邮件将________。

3. 如果允许其他用户通过“网上邻居”来读取某一共享文件夹中的信息,但不能对该文件夹中的文件做任何修改,应将该文件夹的共享属性设置为________。

4. 个人计算机通过电话线拨号方式接入因特网时,应另外配置的设备是________。

5. Internet 中 URL 的含义是________。

6. ADSL 可以在普通电话线上提供 10Mbps 的下行速率,即意味着理论上 ADSL 可以提供下载文件的速度达到每秒________字节。

7. 区分局域网(LAN)和广域网(WAN)的依据是________。

8. 能将模拟信号与数字信号互相转换的设备是________。

9. 要给某人发送一封 E-mail,必须知道他的________。

10. Internet 的中文规范译名为________。

11. 连接到 Internet 的计算机中,必须安装的协议是________。

12. 在地址栏中显示 http://www.sina.com.cn/,则所采用的协议是________。

13. Internet 起源于________。

14. 计算机网络的主要目标是________。

参考文献

[1] 张尧学,等. 计算机操作系统教程[M]. 北京:清华大学出版社,2002.

[2] 冯博琴,等. 大学计算机基础[M]. 北京:高等教育出版社,2004.

[3] 崔振远,邵丽娟. 计算机应用基础教程[M]. 北京:科学出版社,2004.

[4] 张海文,丛国凤,等. 计算机基础实例教程[M]. 北京:中国水利水电出版社,2012.

[5] 吕润桃,等. 计算机应用基础教程[M]. 北京:中国水利水电出版社,2013.

[6] 柳青,等. 计算机应用基础[M]. 北京:中国水利水电出版社,2013.

[7] 石利平,蒋桂梅. 计算机应用基础实例教程[M]. 北京:中国水利水电出版社,2013.

[8] 张华,李凌. 计算机应用基础教程[M]. 北京:中国水利水电出版社,2013.

[9] 冯明,吕波. 计算机公共基础[M]. 北京:中国水利水电出版社,2013.

[10] 黄国兴,周南岳. 计算机应用基础[M]. 北京:高等教育出版社,2009.